Lingua e testualità dei diari on-line italiani

ÉTUDES DE LINGUISTIQUE, LITTERATURE ET ART
STUDI DI LINGUA, LETTERATURA E ARTE

Dirigée par Katarzyna Wołowska et Maria Załęska

VOL. 35

Notes on the quality assurance and peer review of this publication

Prior to publication, the quality of the work published in this series is reviewed by the editor of the series

Maciej Durkiewicz

Lingua e testualità
dei diari on-line italiani

PETER LANG

Bibliographic Information published by the Deutsche Nationalbibliothek
The Deutsche Nationalbibliothek lists this publication in the Deutsche
Nationalbibliografie; detailed bibliographic data is available online at
http://dnb.d-nb.de.

This publication was financially supported
by the University of Warsaw.

Printed by CPI books GmbH, Leck

ISSN 2196-9787
ISBN 978-3-631-77682-7 (Print)
E-ISBN 978-3-631-78587-4 (E-PDF)
E-ISBN 978-3-631-78588-1 (EPUB)
E-ISBN 978-3-631-78589-8 (MOBI)
DOI 10.3726/b15441

© Peter Lang GmbH
Internationaler Verlag der Wissenschaften
Berlin 2020
All rights reserved.

Peter Lang – Berlin · Bern · Bruxelles · New York ·
Oxford · Warszawa · Wien

All parts of this publication are protected by copyright. Any
utilisation outside the strict limits of the copyright law, without
the permission of the publisher, is forbidden and liable to
prosecution. This applies in particular to reproductions,
translations, microfilming, and storage and processing in
electronic retrieval systems.

This publication has been peer reviewed.

www.peterlang.com

Sommario

Capitolo 1. Considerazioni introduttive 11
   1.1. Studiare i diari on-line 11
   1.2. Un primo sguardo ai contesti teorici della ricerca 14
      1.2.1. La CMC e i nuovi generi di discorso 14
      1.2.2. Ambito varietista: la lingua dei diari on-line e la variazione diamesica 15
      1.2.3. Il concetto di norma linguistica e discorsiva 17
   1.3. Formulazione degli scopi della ricerca 19
   1.4. Articolazione dello studio 20

Capitolo 2. Il diario on-line come genere di discorso 23
   2.1. Il concetto di testo 24
      2.1.1. Testo: verso un'entità multimediale 25
      2.1.2. Testo, discorso, testema 26
      2.1.3. Testo e intertestualità 27
      2.1.4. Testo: verso un'entità prototipica 28
      2.1.5. Testo: verso una definizione 29
   2.2. Sfide poste dalla testualità digitale 30
      2.2.1. L'ipertesto 30
      2.2.2. Il supporto digitale 37
         2.2.2.1. Il concetto di interfaccia e la configurazione paratestuale 45
      2.2.3. Conclusioni 49
   2.3. La problematica dei generi di discorso 50
      2.3.1. Due periodi nello studio dei generi 53
      2.3.2. Concetto di genere 54
         2.3.2.1. Status ontologico 54
         2.3.2.2. Competenza discorsiva 56
         2.3.2.3. Il riferimento a Bachtin 56
         2.3.2.4. Categorizzazione e il concetto di genere 57
      2.3.3. Il diario on-line come genere 65

2.3.3.1. Criteri pertinenti per l'individuazione del genere
'diario on-line' 65
2.3.3.2. Il 'diario on-line' o il 'blog'? Verso una definizione 66
2.3.3.3. I genere testuali e il web 72
    2.3.3.3.1. I generi sul web: continuità e novità 72
    2.3.3.3.2. Il concetto di genere web e la 'funzionalità' 73
    2.3.3.3.3. Il web e la continuità dei generi 74
2.3.3.4. Il diario on-line e il discorso della CMC 77
2.3.3.5. Il diario on-line e il discorso autobiografico 80
2.3.3.6. Il diario on-line e la proposta classificatoria basata
sul criterio del vincolo interpretativo 86

CAPITOLO 3. La lingua nella CMC alla luce della ridefinizione del rapporto parlato / scritto 89

3.1. Premesse 89
3.2. Spazio varietetico e natura della variabilità diamesica 92
    3.2.1. Il diasistema 92
    3.2.2. La lingua scritta nel diasistema 93
    3.2.3. La situazione italiana: un repertorio dinamico 94
    3.2.4. La variabilità diamesica 99
    3.2.5. La proposta di Koch e Oesterreicher 101
        3.2.5.1. La variazione diamesica tra universale e contingente ... 103
        3.2.5.2. La proposta di Koch e Oesterreicher: vantaggi,
riserve, aspetti opinabili 105
        3.2.5.3. Proposte italiane di distinzione fra *medium* e
concezione alternativi a quella di Koch
e Oesterreicher 106
        3.2.5.4. Rapporto fra *medium* e concezione 110
    3.2.6. Collocazione della CMC all'interno dei modelli proposti 111
    3.2.7. Sinossi 114
3.3. La lingua nella CMC alla luce delle differenze fra scritto e parlato 116
    3.3.1. Aspetti relativi alla materialità del *medium*: l'opposizione
fonico-acustico *vs* grafico-visivo 117
        3.3.1.1. Questioni semiotiche generali 117
        3.3.1.2. Caratteristiche semiotiche del mezzo grafico-visivo
in opposizione al mezzo fonico-acustico 120
            3.3.1.2.1. La spazialità 120
            3.3.1.2.2. Elementi grafici discreti 123

        3.3.1.2.3. Il supporto 124
        3.3.1.2.4. Elementi paralinguistici ed extra-linguistici 124
   3.3.2. Aspetti culturali e funzionali: l'opposizione oralità *vs* scrittura 125
        3.3.2.1. Differenze funzionali. Nuove funzioni della scrittura nella dimensione digitale 125
        3.3.2.2. Scrittura e oralità. *Literacy* 126
        3.3.2.3. Scrittura nel mondo digitale: 'scrittura secondaria'? 'oralità terziaria'? *electracy*? 128
   3.3.3. Uno sguardo linguistico alle differenze fra parlato, scritto e scritto trasmesso 129
        3.3.3.1. Il *quid* del parlato 129
        3.3.3.2. Vincoli dati dalla "gestione del mezzo" e i loro corrispettivi linguistici 131
        3.3.3.3. Il parlato ha una grammatica diversa da quella dello scritto? 143
        3.3.3.4. Uno sguardo linguistico allo scritto trasmesso 146
            3.3.3.4.1. Gestione del *medium* digitale 146
            3.3.3.4.2. Videoscrittura 147
            3.3.3.4.3. Scrittura unidirezionale per il web (*web writing*) 148
            3.3.3.4.4. Scrittura interattiva 153

Capitolo 4. Il corpus e la metodologia 181

4.1. L'allestimento del corpus 181
   4.1.1. Selezione del materiale 190
   4.1.2. Le dimensioni del corpus 192

4.2. Caratterizzazione socio-culturale degli scriventi: chi sono i blogger? 193

4.3. Uno sguardo quantitativo sul corpus 195
   4.3.1. La lunghezza dei post 195
   4.3.2. Evidenze statistiche sul corpus in prospettiva diamesica 197
        4.3.2.1. Type / token ratio 197
        4.3.2.2. Distribuzione percentuale delle principali categorie grammaticali 200
        4.3.2.3. Densità lessicale 201
        4.3.2.4. Nomi e verbi 202

4.4. Conclusioni 207

Capitolo 5. Testualità: aspetti paratestuali, testuali e grafici 209

5.1. Aspetti paratestuali 209
    5.1.1. L'apparato paratestuale della pagina web 212
    5.1.2. L'apparato paratestuale del post 218

5.2. La forma esteriore del testo: segmentazione grafica del testo 220

5.3. Correttezza ortografica e interpuntiva. Fenomeni innovativi 224

5.4. *Topoi*, attacco e chiusura. Ricorrenze compositive e tematiche nei post 230
    5.4.1. Come incominciano i post 230
    5.4.2. Come finiscono i post 233
    5.4.3. Tema globale del testo e struttura tematico-rematica dell'enunciato 235
        5.4.3.1. Tema globale del testo 235
        5.4.3.2. Tema, rema, progressione tematica 243
            5.4.3.2.1. Commento 246

5.5. Segnali discorsivi, connettivi e glosse metatestuali nel corpus 248
    5.5.1. Precisazioni terminologiche 248
    5.5.2. Dati e commento 251
        5.5.2.1. Segnali discorsivi 251
        5.5.2.2. Connettivi 254
        5.5.2.3. Glosse 258

5.6. Forme della ripetizione 259

Capitolo 6. La lingua nei post di blog. Aspetti morfosintattici: tratti neostandard e substandard 265

6.1. Pronomi 265

6.2. Tempi e modi verbali 271

6.3. Preposizioni e particelle avverbiali 281

6.4. Posizione dei clitici 282

6.5. Fenomeni di tematizzazione 284

6.6. 'Che polivalente' 287

6.7. Frase relativa 289

6.8. Concordanze a senso 291

6.9. Altre costruzioni 293

6.10. Conclusioni 294

Capitolo 7: La lingua nei post di blog: sintassi del periodo 299

7.1. Individuazione di periodi tipografici e frasi sintattiche.
Fenomeni di frammentazione e giustapposizione assoluta 300

7.2. Frasi verbali e frasi/enunciati nominali 306

7.3. Il computo e la lunghezza delle frasi e delle clausole 308
    7.3.1. Frasi pluriclausali *vs* frasi monoclausali 310
    7.3.2. Principali *vs* subordinate 313
    7.3.3. Subordinazione esplicita e implicita 314

7.4. Subordinazione: grado e tipologia delle subordinate 316

7.5. Costrutti problematici 322

Capitolo 8. Considerazioni conclusive 325

8.1. I risultati 325

8.2. Ulteriori prospettive di ricerca 328

Bibliografia 331

Corpus 331

Riferimenti bibliografici 331

Capitolo 1. Considerazioni introduttive

1.1. Studiare i diari on-line

Anche se la notorietà mediatica del fenomeno del *blogging* può far apparire il tema dei blog come fin troppo trattato e sviscerato, è nostra impressione che alla visibilità mediatica del fenomeno non abbia corrisposto un'altrettanto vasta produzione di ricerca. E ciò, se può essere messo in dubbio per quanto riguarda altre discipline[1], vale di sicuro per la linguistica. Citiamo a questo proposito le osservazioni di Pistolesi (2003: 431), che nei primi anni Duemila cercava di fornire una possibile ragione dell'apparente disinteresse dei linguisti verso le diverse tipologie di comunicazione in rete:

> Se dovessi fare il punto degli studi sulla Comunicazione Mediata dal Computer (CMC) in Italia, direi senza dubbio che essa è monopolio di altre discipline, come la sociologia, la semiologia, la psicologia sociale e le scienze cognitive. L'interesse verso questa forma di comunicazione si è concentrato finora sugli aspetti sociali e psicologici della rappresentazione del sé nella comunità virtuale e sull'interazione uomo-macchina. Mentre la mole di testi prodotta in questi ambiti di ricerca aumenta di giorno in giorno, i linguisti si avvicinano alla CMC con una lentezza che attribuirei principalmente a due fattori: per raggiungere l'oggetto di studio, la lingua, bisogna superare una serie di ostacoli, insieme tecnologici e culturali, considerevoli; la dispersione e la sovrabbondanza della bibliografia sono poi scoraggianti.

A distanza di 15 anni le parole di Pistolesi non sono più attuali per la Comunicazione Mediata dal Computer (d'ora in poi spesso CMC) in generale[2], il che non toglie che mantengono la loro validità in riferimento ai blog, in particolare nella loro decli-

---

1 Si pensi ad es. al lavoro di ampio respiro di Di Fraia (2007), che accoglie tutta una serie di analisi contenutistiche e massmediologiche dei blog diaristici della piattaforma Splinder.
2 Per illustrare il crescente interesse dei linguisti italiani nei confronti della CMC ci limitiamo a dare un elenco di lavori più strettamente linguistici, per altro non esaustivo, pubblicati nella seconda metà degli anni '90 o nella prima metà della prima decade del XXI sec. Va citato in primo luogo lo studio di ampio respiro sull'italiano di chat, e-mail e SMS di Pistolesi (2004). Fra gli altri studi segnaliamo Maggi (1995), Pistolesi (1997), Pistolesi (2002), Orletti (2004) e Cicalese (2007) per le chat; Gheno (2003) e Schwarze (2005) per i newsgroup italiani; Fiorentino (2004) per le e-mail; Fiormonte (2003) e Fiormonte (2004) per quanto concerne la filologia digitale; Ursini (2001), Ursini (2005a) e Ursini (2005b) per gli SMS; Canobbio (2005) per i blog. Ulteriori indicazioni bibliografiche sono ricavabili dalle considerazioni contenute in § 3.3.3.4. Per avere un primo sguardo sulla più recente letteratura sulla CMC sono utili Pistolesi (2014), Prada (2015), Prada (2016), Antonelli (2016), Gheno (2017), Palermo (2017) e la bibliografia ivi contenuta.

nazione diaristica. Lo scarseggiare di ricerche prettamente linguistiche dedicate al genere testuale in questione sarebbe da ricondurre a nostro avviso da un lato alle note difficoltà cui va incontro chiunque si accingesse ad affrontare i fenomeni della comunicazione in Internet dovute a fattori come la velocità e l'imprevedibilità di sviluppo di Internet. Si pensi che ancora nell'anno 2002 molti pronosticavano che lo sviluppo del fenomeno sarebbe stato caratterizzato da una scrematura "fisiologica" delle diverse tipologie di blog che avrebbe "eliminato la fuffa e premiato i weblog più utili, quelli di servizio, consolidandoli su livelli di alta professionalità" (Reboli 2003: 26). Nel 2007 Di Fraia, in risposta a tale prognostico, sottolineava che "le cose non sono andate esattamente in questo modo", dal momento che "a fronte di uno sviluppo accelerato e significativo dei blog giornalistici e di quelli tematici, quella che gli osservatori più critici definiscono «fuffa» non si è affatto ridotta nel tempo" e costituiva all'epoca la parte più consistente del fenomeno. Come si sa, quello stato di cose era destinato a cambiare notevolmente con l'arrivo di Facebook in Italia nel 2008 e il conseguente ridimensionamento della blogosfera. È da quella cesura in poi che il genere 'diario on-line' diventa una fetta del blogging decisamente meno importante di quanto non fosse prima dell'avvento dei cosiddetti *social network*, Facebook *in* primis. Questi ultimi, fruibili agilmente anche attraverso il cellulare e perciò più adatti all'utente orientato non a creare veri e propri post, bensì a stare in contatto con gli altri, sono i principali responsabili del deflusso di quei blogger senza vocazione a scrivere – a quanto pare maggioritari – che una volta aprivano il blog solo perché andava di moda. Non deve stupire, quindi, che avendo perso l'alone di novità e ceduto terreno ai *social network*, il blog nella sua declinazione diaristica non è di certo al centro dell'interesse dei linguisti.

Al menzionato sopra fattore tempo corrisponde infine una moltiplicazione di forme di comunicazione che ciascuna tecnologia permette di realizzare. "Ad esempio, l'e-mail non va vista come un *medium* unico e generale, perché gli usi che se ne fanno in diversi contesti sociali, culturali, economici, più o meno strutturati e codificati (al lavoro, fra innamorati, fra persone lontane o vicine, ecc.), sono ognuna una forma di comunicazione specifica, in cui si producono testi che hanno caratteristiche e seguono regole anche molto diverse" (Cosenza 2004: 11). Lo stesso vale anche per il blog che essendo un'etichetta molto generica e vaga abbraccia produzioni linguistiche molto diverse fra di loro: blog diaristici, giornalistici, aziendali, ecc.[3].

La CMC dunque, al pari dei suoi singoli settori (ad es. blogosfera), appare una costellazione di fenomeni estremamente ricca e variegata[4] che molto spesso risulta difficile da inquadrare entro i limiti di una sola disciplina, il che si ripercuote anche sul carattere di produzione scientifica e interpretativa che si presenta – per lo più

---

3   Per un quadro più approfondito della blogosfera e delle diverse tipologie di blog cfr. § 4.1.1.
4   Nella stessa direzione vanno le considerazioni di Carlini: "è tipica della rete una mescolanza di genere in uno stesso luogo digitale, facendo crollare bordi e confini" (Carlini 1999: 13).

sotto forma di brevi articoli e saggi. Se da un lato il fatto di doversi confrontare con quello che Cicalese (2007: 50) descrive come "un modo potenzialmente infinito, un'infinitezza che ospita un panorama frammentato, inquieto e in continuo divenire, che costringe per la sua instabilità a ridiscutere ogni confine stabilizzato o normativo", risulta estremamente stimolante facendo nascere nuove discipline, quali la *web usability*, la *Net Semiology*, la *Information Architecture*), dall'altro lato può costituire un importante fattore scoraggiante.

Fra le possibili cause del ridotto numero di precedenti bibliografici sulla lingua dei blog nell'ambito della linguistica italiana vi è infine il fatto che molti dei fenomeni che caratterizzano la veste linguistica dei diari on-line coincidono in parte con quelli già studiati in riferimento alle altre forme della CMC, come ad esempio l'uso innovativo della punteggiatura e la compenetrazione dei codici scritto e orale. Ciò non significa però che gli stessi fatti linguistici non debbano essere studiati anche in un corpus di diari on-line, specialmente che alcune delle caratteristiche extralinguistiche dei blog li rendono molto diversi dalle e-mail, chat e sms con le conseguenti ricadute sulla veste linguistica, ponendo interessanti interrogativi anche agli studiosi di lingua.

Il presente studio vuole pertanto affiancarsi ai pochi precedenti bibliografici[5] come ulteriore tassello mancante utile nella ricostruzione dell'identikit linguistico di quella fetta della blogosfera italiana che non a torto va considerata "grado zero" del blogging, ovvero la fetta dei diari on-line (o blog diaristici) con l'esclusione di blog tematici, specialistici o dei vip. Se rimaniamo, quindi, nel settore della "fuffa", documentazione del quotidiano di gente comune, ci è sembrato legittimo allestire il corpus (cfr. § 4.1.) attingendo al più grande bacino di blog diaristici in italiano, piattaforma Splinder, proprio al momento della sua massima fioriture e al tempo stesso alla viglia del suo declino.

In sede di premesse va inoltre precisato che si tratta di un contributo allo stesso tempo di ampio respiro e modesto. Se da un lato il presente studio vuole essere sistematico, dall'altro presenta tutta una serie di rinunce, sia volute che obbligate. Le esclusioni fatte riguardano innanzitutto l'oggetto di studio: si è voluto escludere dall'ambito delle analisi i fatti lessicali, sia per le dimensioni del corpus (cfr. § 4.1.) che per il fatto che, a differenza di quelli sintattici e testuali, sono proprio i più suscettibili di invecchiamento. Per quanto riguarda il materiale analizzato ci si è limitati alla parte autoriale dei blog selezionati, post con i relativi apparati paratestuali, con l'esclusione dei commenti, e ciò per il fatto che durante la raccolta del corpus era emersa a chiare lettere una sostanziale scarsità dei *feedback* dei lettori. Vi è infine il già menzionato fattore tempo in virtù del quale l'ecologia della comunicazione digitale appare notevolmente trasformata rispetto al 2008, l'anno al quale risalgono i blog campionati e inclusi nel corpus, cosa che ha portato a rinunce e omissione nelle parti dedicate alle forme e ai generi della CMC. Di conseguenza la panoramica offerta in § 3.3.3.4.4. si

---

5 Cfr. in particolare Canobbio (2005), Camporese (2009), Tavosanis (2011), Durkiewicz (2008), Durkiewicz (2009) e Durkiewicz (2014).

arresta a quelle che nell'epoca della fioritura dei blog diaristici erano da considerarsi "forme della CMC primarie" (per prendere a prestito la dicitura usata da Folena 1985: 5 in riferimento alle scritture personali per il loro ruolo nello sviluppo della scrittura *tout court*). Ne conseguono infine omissioni bibliografiche, in special modo in riferimento alle più recenti delle forme della comunicazione digitale.

1.2. Un primo sguardo ai contesti teorici della ricerca

Al lettore attento non sarà sfuggito che nella selezione della versione finale del titolo del presente lavoro fra le possibili alternative abbiamo optato per il termine 'diario on-line'. La nostra scelta non è di certo casuale ed è dettata dal suo vantaggio di mettere subito in evidenza due ambiti di riflessione all'intersezione dei quali va collocata la problematica che cerchiamo di affrontare su queste pagine. La prima componente 'diario' rimanda al diario on-line, ovvero al diario cartaceo tradizionale, antenato del blog diaristico, e più in generale al discorso autobiografico, mentre la seconda 'on-line' chiama in causa il discorso della cosiddetta CMC (Comunicazione Mediata dal Computer). Si tratta di due porzioni ritagliate all'interno del continuum verbale in base a due criteri diversi: la prima, ovvero il discorso autobiografico, che abbraccia testi accomunati da un simile contratto di comunicazione, in base a quello che, secondo l'ormai classica formulazione di Lejeune, chiameremo "patto autobiografico"[6]; la seconda, ovvero l'universo delle produzioni in rete, in base al *medium*, quale Internet. Alla luce di quanto detto sopra risultano di prima importanza per la presente ricerca i seguenti ambiti di riflessione:

- quello relativo alla differenziazione dell'universo dei prodotti verbali in generi e tipi testuali;
- quello relativo alla variazione linguistica in generale, in rapporto al *medium* in particolare.

Entrambi i filoni, il primo testuale e il secondo più prettamente linguistico, risultano complementari, giacché il genere testuale può essere considerato elemento fondamentale nell'individuazione delle caratteristiche di registro di un testo o di un corpus di testi (Halliday 1978).

1.2.1. La CMC e i nuovi generi di discorso

L'avvento di Internet ha portato allo sviluppo di nuovi supporti e di nuovi dispositivi tecnologici di comunicazione legittimando l'interrogativo sul loro eventuale comportare la nascita di nuove forme di comunicazione alle quali corrisponderebbero nuovi generi di discorso. Alla questione è sottinteso il problema della proliferazione

---

6 Si tratta dell'identità dell'autore con il narratore e il personaggio di cui si narra, ovvero dell'"affirmation dans le texte de cette identité, renvoyant en dernier ressort au nom de l'auteur sur la couverture" (Lejeune 1975: 26).

di etichette (quali forum di discussione, chat, e-mail, blog) messe in circolazione da Internet, lo status delle quali, data la loro caratteristica di riferirsi al tempo stesso sia a dispositivi tecnologici di comunicazione, sia a prodotti linguistici, è opaco e andrebbe indagato meglio. Il problema, anche se poco indagato nell'ambito della linguistica italiana[7], è ben presente agli studiosi di semiotica. Si pensi a Giovanna Cosenza che afferra il problema ricorrendo ai termini di *medium* e di forma di comunicazione:

> Per quanto riguarda Internet non sono media, dal punto di vista semiotico, le reti di calcolatori (tecnologie hardware) né i protocolli Tcp/Ip che regolano la trasmissione di dati sulle reti (tecnologie software), il che può sembrare ovvio, ma non lo sono neanche i vari applicativi software che permettono la comunicazione interpersonale su Internet (e-mail, chat, forum, ecc.), né tanto meno il web come tale.
> Quest'ultimo punto è meno ovvio, evidentemente, come mostrano le numerose discussioni che trattano queste tecnologie come se ognuna fosse una forma comunicativa: si parla, ad esempio, della comunicazione via mail o chat e del web, come se la mail, la chat e il web fossero ciascuno una cosa sola dal punto di vista comunicativo, mentre queste tecnologie permettono ognuna una varietà di usi e pratiche sociali che andrebbero indagate separatamente" (Cosenza 2004: 10–11).

Le osservazioni proposte valgono ovviamente anche in riferimento ai blog, i quali, come già detto sopra, si presentano in più di una declinazione, al che si aggiungono siti di mass media che incorporano caratteristiche dei blog.

1.2.2. Ambito varietista[8]: la lingua dei diari on-line e la variazione diamesica

Fin dai primi lavori sulla comunicazione mediata dal computer – fra i quali spicca quello di Baron (1984), studio ritenuto unanimemente l'antesignano delle succes-

---

7   Valgono qui le osservazioni di Bice Mortara Garavelli sullo scarso interesse degli studiosi italiani a elaborare una tipologia di testi precisa negli aspetti definitori e terminologici: "L'espressione italiana *tipo di testo* (...) si trova attualmente con una certa elasticità e varietà di contenuti. (...) Questa apparente anarchia nell'uso di un'espressione a cui intuitivamente sembra facile dare un contenuto preciso è dovuta solo in parte a plausibili criteri di economia terminologica (per es., quando si parla di "tipo" nella descrizione di un sottotipo preso singolarmente). In parte maggiore le discordanze e le sovrapposizioni nomenclative derivano vuoi dall'applicazione di parametri tipologici di volta in volta differenti, (...) vuoi infine dall'assenza di una base tipologica esplicita, per cui si dà per scontato il riferimento o si tende ad affidarsi all'esperienza e al senso comune" (Mortara Garavelli 1988: 157–168).
8   L'aggettivo varietista non è stato scelto a caso. Nelle scienze del linguaggio vi sono, infatti, due correnti, per altro compenetrantisi a vicenda, che hanno come oggetto di studio la variazione: la linguistica delle varietà (nel solco di Flydal e Coseriu) e la variazionistica (nel solco di Labov). La presente ricerca si colloca nella tradizione coseriana (continuata nell'ambito italiano da Berruto, Mioni e altri) ponendosi fra gli obiettivi – anticipiamo – l'interrogativo fino a che punto la veste

sive ricerche linguistiche sulle diverse forme della CMC nel quale veniva messa in evidenza l'esigenza di un confronto fra scritto, parlato e CMC – il posto centrale nella stragrande maggioranza dei casi, compreso il presente studio, è riservato alla collocazione della lingua usata nelle produzioni linguistiche veicolate dai nuovi mezzi di comunicazione rispetto alla dicotomia lingua scritta-lingua parlata (cfr. Collot/Belmore 1996; Fiorentino 2004). Tale esigenza appare più che legittima se consideriamo l'esempio seguente:

(1) (swamottola.splinder.com) (es. fuori dal corpus)
Sono tornata. E sono pure raffreddata, mannaggia. Tornare all'università oggi è stato un trauma...sfido io, dopo due settimane...! Milano è caruccia diciamo, fiore all'occhiello i negozi gh ☺ Al duomo mi ha pure fermato una tipa proponendomi un colloquio x non so cosa, peccato che sto un attimino lontana. M'ero sistemata eh ☹.
Roma è bellissima, come sempre, nulla da dire. E naturalmente mi sembra superfluo dire che mi sono divertita da matti. Non ho tanta voglia di scrivere stasera, mi sa che si vede. Commento del giorno, prima o poi capirò perchè m'innamoro un giorno si e uno no. Oggi in uni ho visto un tipo carinissimo, mai visto prima...pooooositivo. Poi c'è il mio collega che non è male, e poi... be, poi l'amore mio storico. Aaah poooovera me! A Milano poi non si sa quanti figoni. Uuuuuhh che meraviglioso mondo di bei figlioli :) Mannaggia a me...e quando mi sistemo (ahahahahah)!

Il brano in esame, tratto da un diario on-line, anche se realizzato nel codice grafico-visivo, sorprende per una veste linguistica caratterizzata dalla presenza di tratti comunemente ritenuti rappresentativi del parlato, quali ad esempio la prevalenza di un lessico verbale su quello nominale, le interiezioni, una sintassi che procede per nuclei informativi giustapposti a scapito di forme di subordinazione più complesse[9].

Il nostro studio trae spunto dalla reazione che si ha mettendo a confronto i testi che frequentiamo nel mondo delle pubblicazioni cartacei con post come quello in (1) e potrebbe chiedersi: "Ma questi blogger scrivono come parlano?". Tale domanda, per quanto possa sembrare grossolana e banale – riformulata in termini più consoni

---

dei post di blog diaristici possa risultare vicina al parlato italiano inteso in termini di una varietà individuabile sull'asse diamesico. A tal fine viene allestita un'analisi che si avvale di una serie di tratti, i quali, però, non sono variabili nell'accezione stretta proposta da Labov. La presente ricerca risulta pertanto più interpretativa e meno incentrata sull'esame statistico di variabili definiti rigorosamente in termini laboviani. Per una discussione sulla natura delle variabili laboviane si veda ad es. Berruto (1995).

9 Per una rassegna dei tratti tipici del parlato cfr. ad esempio Berretta (1994), Simone (1996). Per quanto riguarda la frequenza di nomi e verbi osservazioni molto interessanti sono contenute in Basile (2006).

alle esigenze di uno studio che vuole inserirsi nell'antico[10] e controverso[11] dibattito sul rapporto tra oralità e scrittura – trova corrispondenza nelle varie etichette che sono state coniate dagli studiosi di lingua e comunicazione in riferimento alla commistione di parlato e scritto caratteristica dei nuovi media, ad es.: "written speech" (termine proposto da Maynor 1994 per la lingua dell'IRC), "creolo scritto/orale" (Baron 1998), "discorso scritto interattivo" e "visibile parlare" (Pistolesi 1997)[12], "parlar spedito" (Pistolesi 2003), "italiano parlato digitato" (termine usato da Gastaldi 2002 per la lingua delle chat), "testo chiacchierato" (termine di Allora 2000 usato in riferimento alle chat), "scrittura conversazionale" (termine proposto da Fiorentino 2002 a proposito dell'e-mail).

La questione posta in evidenza dalle scelte terminologiche dei vari autori, ovvero la penetrazione di tratti dell'oralità nei testi realizzati nel codice grafico-visivo, non è di poco conto e richiede pertanto una riflessione su tutta una serie di interrogativi sulla natura semiotico-funzionale dei diversi canali con le relative ricadute sulle modalità di comunicazione, nonché, infine, sulla veste linguistica dei testi circolanti nei rispettivi canali.

1.2.3. Il concetto di norma linguistica e discorsiva

I due filoni di riflessione trovano un punto di convergenza nel concetto di norma, indispensabile punto di riferimento per tutte le ricerche che, come la presente, di fronte a un testo o un corpus di testi, si pongono finalità descrittive. Risultati di tali ricerche sono infatti riconducibili in ultima analisi a un commento sul loro più o meno accentuato distacco da una norma. Sta poi allo studioso precisare di quale norma si tratta.

Per norma linguistica tradizionalmente si intende un "insieme delle regole grammaticali, sintattiche e semantiche, per le quali una lingua si definisce come una realtà omogenea" (Barberi Squarotti *et al.* 2004: 278) e "accettata da una comunità di parlanti e scriventi (o per lo meno dalla stragrande maggioranza) in un determinato periodo e contesto storico-culturale" (Giovanardi 2010: 17). Il concetto di norma così definito si profila come formale, ovvero legato alla forma materiale della lingua intesa come sistema (è infatti possibile individuare sottoinsiemi di regole in

---

10 Basti ricordare che già Platone pensava alla scrittura come ad una tecnologia aliena accusando nel *Fedro* la scrittura di penalizzare la memoria.
11 Sebbene l'affermazione che l'avvento dei nuovi sembri favorire forme miste tra scritto e parlato riceva l'adesione decisamente maggioritaria degli studiosi di lingua e antropologi, non mancano voci, come quella di Albano Leoni, secondo cui "i presunti testi intermedi (SMS ecc.) sono in realtà testi scritti" (Albano Leoni 2005: 51). Sulla riflessione teorica relativa al rapporto oralità *vs* scrittura si tornerà in maniera più approfondita nei paragrafi successivi.
12 L'espressione metaforica "visibile parlare" è stata adottata da Pistolesi in riferimento alla comunicazione in IRC, ma con la stessa etichetta ("visible speech") era già stata chiamata la scrittura in senso proprio da De Francis (1989).

corrispondenza, al che si aggiungono le periferie del 'sistema lingua': ortografia e ortoepia) e prescrittivo. Quest'ultima caratteristica è strettamente legata al carattere sociale della norma linguistica che "si identifica (...) con l'autorità espressa dalle grammatiche e dai vocabolari" (Marazzini 2004: 541). In altri termini essa è frutto dell'operazione di standardizzazione che in base a criteri extralinguistici, autorità ed esteticità *in primis*, connota "positivamente solo una della varietà sociali e negativamente tutte le altre, marcate all'origine solo da fattori oggettivi e non di valore" (Catricalà 2004: 60).

Con il progressivo abbandono del punto di vista prescrittivo come quello da privilegiare, nel corso del XX sec. (cfr. Hjelmslev, Martinet, Coseriu) nelle scienze del linguaggio è maturata un'idea di norma diversa dalla definizione tradizionale. Sulla scia di Coseriu è possibile parlare di norma non più in termini di un insieme esplicito di forme da applicare negli usi che vogliano qualificarsi come standard, bensì in termini di "sistema di realizzazioni normali" delle possibilità esistenti in astratto nel sistema lingua, dove "normale" non equivale a normativo, bensì comune. Si tratta quindi di una norma implicita che "seguiamo necessariamente se vogliamo essere membri di una comunità linguistica" (Coseriu 1971: 76). La norma così concepita, anche se viene identificata "per astrazioni successive", si colloca ad un livello decisamente più concreto venendo a coincidere quasi con la norma statistica. Quest'ultima, elaborata nell'ambito della linguistica quantitativa, "si definisce come tendenza di una distribuzione, indicata di solito dalla moda (il caso più frequente), dalla mediana (il caso più equidistante dagli estremi) e dalla media (il caso che si avrebbe se tutti i casi fossero resi uguali)" (Catricalà 2004: 58).

Accanto alla norma a monte della quale sta il sistema lingua vi è infine una pluralità di norme discorsive legate al differenziarsi dell'universo delle produzioni verbali in diversi generi testuali. Questi ultimi – essendo dispositivi di comunicazione apparsi in precise condizioni sociostoriche[13] – sono anche "norme" di fruizione per i lettori e di produzione per i parlanti/scriventi. Se ci poniamo quindi in una prospettiva procedurale della comunicazione e della elaborazione del linguaggio ogni genere testuale impone una serie di filtri legati ai diversi fattori extralinguistici pertinenti per il funzionamento dei generi nelle concrete condizioni socio-storiche (partecipanti all'evento comunicativo, canale, scopi da raggiungere, ecc.). Tali filtri vincolano più o meno rigidamente il parlante o scrivente nella produzione del proprio messaggio nel duplice senso: lo guidano sia nella scelta di forme e di loro combinazioni, potenzialmente infinite, offerte dal sistema lingua sia nelle scelte di soluzioni che si collocano a livello della testualità. In virtù delle scelte del primo tipo la sua produzione linguistica risulterà qualificabile come concepita in una varietà più o meno in linea o con la norma prescrittiva o con la norma statistica di una delle varietà del diasistema, mentre le scelte del secondo tipo incideranno sulla veste del

---

13 Cfr. Maingueneau (2007: 38): "dispositifs de communication qui ne peuvent apparaître que si certaines conditions sociohisoriques sont réunies".

testo prodotto, che lo qualificherà come esemplare più o meno tipico della testualità prevista dal genere testuale in questione.

1.3. Formulazione degli scopi della ricerca

Tirando le somme di quanto detto finora va ribadito che si tratta di un contributo volutamente parziale che di fronte alla ricchezza delle tematiche connesse al fenomeno dei blog ritaglia un campo di studio dai confini stretti e, nella misura del possibile, ben precisi, ovvero dai confini delimitati dalle due piste di lavoro proposte da Fiorentino (2004: 83), secondo la quale i due principali compiti per chi si approccia allo studio delle diverse forme di comunicazione elettronica sono "da un lato l'analisi e la classificazione delle nuove tipologie testuali (*e-mail*, conversazioni in *chat rooms*, *blogs*, *joint-compositions*, *home pages*, ecc.), e dall'altro l'analisi della variabilità linguistica all'interno delle diverse tipologie testuali". Ci proponiamo, in altri termini, di inquadrare il fenomeno dei diari on-line entro due prospettive:

- quella testuale – che fa da sfondo a quella più propriamente linguistica – all'interno della quale si intende indagare il diario on-line in termini di un nuovo genere di discorso, ovvero studiare le sue peculiarità testuali e comunicative che lo contraddistinguono all'interno di tre insiemi: famiglia dei generi autobiografici, famiglia dei generi della comunicazione mediata dal computer e categoria dei testi poco vincolanti. Ci si propone inoltre di esaminare alcuni aspetti della testualità dei post del corpus (i punti più esposti del testo, ovvero l'incipit e la chiusura, progressione tematica, segnali discorsivi e connettivi testuali) per scoprire se si possa parlare di preferenze nella testualizzazione del messaggio che risultino più comuni delle altre e perciò si possano qualificare come implicite norme discorsive del genere in questione.
- quella più propriamente linguistica – a cui il nostro studio riserva una posizione centrale – volta a studiare le peculiarità linguistiche dei post del corpus. Si tratta in particolare di esaminare la presenza nel corpus di una serie di tratti morfosintattici al fine di poter qualificare la veste linguistica dei diari on-line in termini di distanza/vicinanza rispetto alla norma dell'italiano standard e neo-standard. Ci si propone inoltre di compiere l'analisi di una serie di tratti sintattici che con accordo più o meno ampio dei linguisti di varie scuole sono considerati tipici del parlato. Attraverso tale analisi si cercherà di rispondere all'interrogativo in che misura la tesi secondo cui la veste linguistica dei testi presenti in rete sarebbe orientata verso l'oralità sia vera in riferimento ai diari on-line. La verifica risulterà possibile mettendo a confronto i dati ottenuti in seguito alle analisi proposte con i dati ricavabile da altri studi dedicati alla tematica delle differenze fra scritto e orale.

1.4. Articolazione dello studio

Come si può evincere dalle considerazioni fin qui proposte il presente studio si articola in due parti, teorica e analitica. La prima si suddivide a sua volta in due capitoli, dedicati rispettivamente ai due grandi ambiti di riflessione individuati sopra, quello testuale (relativo alla differenziazione dell'universo verbale in generi di discorso) e diamesico. La parte analitica si apre con un capitolo che fornisce dati sul corpus corredati da note metodologiche. Seguono tre capitoli, dedicati rispettivamente alla testualità dei diari on-line, alla presenza nei post del corpus dei tratti morfo-sintattici del neo-standard e all'analisi dei post del corpus a livello macro-sintattico.

Il Cap. 2 inizia con una riflessione sulle sfide poste dalla codifica digitale al concetto di testo per passare in un secondo momento alla problematica dei generi di discorso in generale e di quelli circolanti nella CMC in particolare. Uno spazio centrale è dedicato alla distinzione tra i concetti di 'blog' e di 'diario on-line', nonché alla collocazione dei diari on-line all'interno di tre famiglie di generi testuali, quella dei generi autobiografici, quella dei generi della CMC e quella dei generi poco o mediamente vincolanti.

Il Cap. 3 offre un inquadramento alla problematica che ormai da tempo è invalso chiamare diamesica. Esordisce con osservazioni sulle opposizioni che si nascondono dietro alla dicotomia scritto / parlato per arrivare a proporre una collocazione della CMC rispetto alle differenze tra scritto e parlato, sia sul piano delle caratteristiche semiotiche, culturali e funzionali, sia sul piano dei concreti fatti linguistici.

Il Cap. 4 si apre con la giustificazione delle scelte a monte dell'allestimento del corpus. Seguono una caratterizzazione socio-culturale degli autori dei post del corpus e tutta una serie di evidenze statistiche sul corpus, fra le quali non mancano misure statistiche pertinenti per la descrizione del materiale linguistico in chiave diamesica (type-token ratio, distribuzione delle parole piene e vuote, distribuzione delle diverse categorie grammaticali, nome e verbi in particolare).

Il Cap. 5 presenta i risultati di un esame di alcuni aspetti della testualità (grafici, strutturali, logici e tematici) dei diari on-line del corpus, a cominciare da quelli macro (paratesto, tema globale del post, incipit e chiusura del post) fino ai connettivi e segni paragrafematici.

Il Cap. 6 offre un'analisi della veste linguistica dei post del corpus alla luce dei tratti caratteristici dell'italiano neo-standard. La lista dei tratti usati ai fini dell'analisi è quella proposta in Tavoni (2006) e si articola nelle seguenti sottosezioni: pronomi, tempi e modi verbali, preposizioni e particelle avverbiali, posizione dei clitici, fenomeni di tematizzazione, *che* polivalente, frase relativa, concordanze a senso, altre costruzioni.

Il Cap. 7 propone un esame dello stile sintattico dei post del corpus attraverso l'analisi di una serie di tratti sintattici ritenuti comunemente pertinenti per la caratterizzazione di testi in prospettiva diamesica. Tali tratti, sulla scia di Voghera (1992), (2001) e Voghera *et al.* (2004) sono i seguenti: lunghezza di frasi e clausole; presenza di enunciati nominali, ovvero materiali predicativi non aventi struttura frasale; proporzione di frasi pluriclausali e monoclausali; proporzione di principali e subordinate; distribuzione di modi finiti e non finiti; quantità e natura della subordinazione.

Il Cap. 8 offre un breve sunto dei risultati emersi dalla analisi proposte con tanto di riflessione finale su eventuali ricerche ulteriori in cui il presente studio potrebbe risultate spendibile.

A corredo della tesi vi è il Corpus Splinder, scaricabile dal link indicato nella bibliografia.

Capitolo 2. Il diario on-line come genere di discorso

Il continuo progresso tecnologico in campo informatico e i conseguenti cambiamenti nella nostra esperienza quotidiana di fruitori-produttori di testi fanno sì che – dal punto di vista teorico, preliminarmente ad un lavoro di ricerca volto a esaminare materiali linguistici attinti a un ambito della CMC in termini di genere di discorso (o anche genere testuale)[14] – sia indispensabile indagare l'applicabilità degli strumenti e dei concetti elaborati nell'ambito della linguistica del testo (o, da un punto di vista più ampio, della teoria del testo) alla riflessione teorica sulla Comunicazione Mediata dal Computer.

Tale esigenza pare più che legittima se si tiene presente che negli ultimi almeno tre decenni da più parti sono stati messi in evidenza una serie di aspetti innovativi degli ipertesti dati da almeno i seguenti elementi: immaterialità, multimedialità, illimitatezza, ecc. Si tratta di aspetti la cui novità sarebbe di portata talmente notevole[15] da privare la linguistica testuale di strumenti in grado di cogliere teoricamente gli ipertesti. Profondamente diversi dal testo tradizionale – si noti il modo stesso di definire gli ipertesti in opposizione al testo tradizionale, termine che, come fa notare Witosz (2009: 15), si carica di conseguenza di connotazioni negative – essi sfuggirebbero al modello di comunicazione e al concetto di testo elaborati nell'ambito della linguistica testuale. Si tratta però di una posizione estrema che, passata una prima fase di entusiasmo, riceve sempre meno consensi da parte degli studiosi di lingua. La sua eventuale inadeguatezza non porta automaticamente ad assumere la posizione all'estremo opposto secondo cui tutti gli aspetti nuovi della testualità in rete sarebbero descrivibili con gli strumenti ideati per l'analisi dei testi a stampa. Lungi dall'assumere uno dei due punti di vista estremi ci pare opportuno sottolineare che i testi circolanti nei due universi, quello virtuale e reale, dato il carattere labile dei loro confini[16] presentano molte sovrapposizioni e la loro analisi può dare risultati validi a partire dai concetti della linguistica testuale, specialmente se si tiene presente quanto complessa e poliedrica sia la nozione di testo nei più recenti sviluppi della disciplina in questione.

---

14 Nel presente lavoro le due diciture sono usate indistintamente.
15 Cfr. a questo proposito Warchala (2006: 54) che scrive: "L'invasione delle tecnologie digitali nel dominio della comunicazione testuale ne stravolge le basi teoriche, regole di creazione, nonché le modalità di processamento dei testi, e con ciò trasforma anche lo status di emittenti/riceventi degli attori degli scambi comunicativi" (traduzione mia).
16 Cfr. Witosz (2009: 16), che parla del penetrarsi dei due mondi a vicenda ricorrendo all'esempio dei giornali cartacei, che molte volte nell'organizzare le prime pagine si ispirano alle modalità di gestione dello spazio tipiche dei siti www.

La riflessione sull'effettiva portata delle differenze fra l'ipertesto e il testo che si vuole proporre nelle pagine a seguire non può prescindere dall'interrogativo su cosa sia il testo, questione di non poco conto che ha consumato gran parte degli sforzi intellettuali dei teorici del testo di varia provenienza, linguisti, semiologi, teorici della letteratura, sin dalla nascita della linguistica testuale. Partiamo dunque da una serie di definizioni.

2.1. Il concetto di testo

Il nostro percorso prende inizio, quindi, inevitabilmente dalle definizioni e la prima che riteniamo opportuno proporre è quella offerta dalla Wikipedia sotto la voce "Testo":

> Il testo, dal latino *textus* (con significato originario di «tessuto» o «trama»), è un insieme di parole correlate tra loro per formare un'unità logico-concettuale, rispettando sintassi e semantica della lingua utilizzata, ovvero la sua grammatica e il suo lessico.
> Con il termine testo, inoltre, si può indicare un insieme di segni quali gesti, espressioni facciali o altre componenti della comunicazione non verbale (con un loro significato, appunto, coerente o meno col linguaggio verbale): in generale, è possibile definire 'testo' il messaggio di qualsiasi mezzo di comunicazione (Wikipedia: on-line).

Questa definizione può costituire a nostro avviso un utile punto di partenza poiché mette in evidenza i due aspetti diversi del concetto di testo, uno più specifico, che si richiama alla linguistica del testo e più precisamente alla sua fase transfrastica, in cui il testo veniva inteso come "une séquence bien formée de phrases liées qui progressent vers une fin" (Slatka 1985: 138), ed uno più generale e semiotico che si richiama ad un punto di vista che mette l'accento sull'accezione di "pratica significante". Secondo quest'ultimo punto di vista è possibile chiamare testo "qualunque comunicazione registrata in un dato sistema segnico" (Lotman 1980: 22) e, data l'estrema ampiezza del concetto di sistema segnico, la nozione 'testo' può riferirsi in pratica ad ogni forma di espressione umana[17].

Anche se ci si limita al terreno della riflessione più prettamente linguistica prescindendo da quei punti di vista che dilatano a dismisura la nozione, occorre riconoscere l'estrema varietà dei modi di concepire il testo che – a seconda delle epoche e subdiscipline delle scienze del linguaggio – è stato definito un fenomeno dal carattere materiale, verbale, semiotico, sintattico, pragmatico, comunicativo, situazionale, sociale, cognitivo. I suoi confini tracciabili nell'ambito della speculazione linguistica vanno cercati all'intersezione di numerose dicotomie che possono essere desunte dalle seguenti domande che pone Petöfi (2004: 19) riflettendo su cosa andrebbe considerato testo:

---

17 Cfr. a questo proposito anche Rapallo (1994: 86–87): "(…) da un lato è dilagante un orientamento semiotico alla luce del quale tutto è testo e i criteri della testualità sfumano, dall'altro c'è un orientamento minimalistico e *stricto sensu* linguistico".

i) Un oggetto semiotico fisico o un oggetto semiotico relazionale (cioè la manifestazione di una relazione significante-significato)?
ii) Un oggetto unimediale o multimediale?
iii) Un oggetto che costituisce un elemento di un sistema o un oggetto che appartiene al campo dell'uso di un tale sistema?
iv) Un oggetto semiotico totalmente autonomo oppure parzialmente autonomo?

A monte della prima opposizione vi è una domanda più generale discussa in semiotica: che cosa andrebbe chiamato segno? Il termine in questione viene usato in maniera incoerente nella letteratura. Basti pensare alle diverse concezioni della relazione segnica: quella diadica di de Saussure (signifiant – signifié), in cui il 'segno' riferendosi alla relazione segnica stessa rimane entità astratta[18] e quella triadica di Lyons (1977: 96) ($_{signe}{}^{concept}{}_{significatum}$), che ripropone il famoso triangolo di Ogden/Richards ($_{symbol}{}^{reference}{}_{referent}$) come riformulazione della triade scolastica *vox/conceptus/res* negligendo volutamente la differenza tra lessemi ed espressioni, il che si traduce in uno status ambiguo del 'segno'. In riferimento a lessemi (*types*) esso va inteso come un'entità astratta, mentre in riferimento a espressioni (*tokens*) come un'entità concreta, quindi materiale. Con Petöfi (2004: 20) potremmo riformulare il problema in rapporto ai testi nei termini seguenti: "chiamiamo testo una stringa di parole scritte a mano o stampate che costituisce un oggetto fisico, oppure a meritare il nome di testo è un oggetto scritto a mano o stampato unitamente a un significato assegnatogli?".

2.1.1. Testo: verso un'entità multimediale

A lato dell'interrogativo proposto, in cui, così come formulato da Petöfi, si fa riferimento esclusivamente al mezzo scritto, ne emerge un altro, ovvero quello espresso all'opposizione ii). La nozione di testo dovrebbe riferirsi – come vorrebbe l'uso comune e il concetto preteorico basato sull'etimologia latina del termine 'testo' (dal latino *textus*) – alle produzioni linguistiche fissate su un supporto oppure a tutti i prodotti verbali che soddisfano le principali condizioni di testualità (cfr. Beaugrand/Dressler 1994)? Se ci poniamo in un'ottica storico-metodologica si osserva una continua espansione del concetto di testo, che, varcato il confine della frase come unità massimale di analisi, ha già da tempo oltrepassato l'opposizione scritto/orale diventando plurisemiotico. Citiamo a tal proposito Adam (2002: 570):

> Opposer *texte écrite à discours oral* réduit la distinction au support ou media et dissimule le fait qu'un text est, la plupart du temps, plurisemiotique. Une recette de cuisine, un placard pubblicitaire ou un article de journal, un discours politique, un cours unive-

---

18 Si veda Saussure (2005: 98–99): "Le signe linguistique unit non une chose et un nom, mais un concept et une image acqoustique. Cette dernière n'est pas le son matériel, chose purement physique, mais l'empreinte psychique de ce son, la représentation que nous en donne le témoignage de nos sens (…) Le signe linguistique est donc une entité psychique".

sitaire ou une conversation, ne comportent pas que des signes verbaux, ils également faits de gestes, d'intonation et d'images (photographies et photogrammes, dessins et infographies).

Tutto ciò non toglie però che in linguistica si continui a usare il termine 'testo scritto' non in riferimento a un testo inteso come oggetto semiotico fisico o relazionale fissato su un supporto, bensì in riferimento al modo di produrre il messaggio linguistico per iscritto in opposizione all'*impromptu speech* o conversazione (cfr. Petöfi 2004: 20).

2.1.2. Testo, discorso, testema

Il quadro dei possibili usi del termine 'testo' si complica ulteriormente se teniamo presente che l'esistenza della nozione di discorso che – a seconda dell'orientamento teorico in cui si opera – ora coincide con il testo[19] ora entra con esso in opposizione. Quest'ultima visione del testo può essere illustrata dalla dicotomia tra testo inteso come entità astratta e discorso inteso come testo attualizzato nel contesto.

> Per come viene inteso qui, il testo è una componente dell'organizzazione del discorso, che si aggiunge a quella linguistica e a quella contestuale. Non c'è dunque sinonimia tra testo e discorso: il discorso è un'entità concreta, che appartiene alla *parole*; il testo è dunque un'entità teorica, ipotizzata dal linguista per astrazioni successive a partire da discorsi reali: esso ha un suo "lessico", le sue unità costitutive, e una sua "grammatica", un insieme definito di prospettive semantico-pragmatiche all'interno delle quali tali unità si combinano (Ferrari 2009: 777).

L'ambiguità dello status ontologico ci porta a chiamare in causa il concetto di testema. Il termine – usato per la prima volta da Koch (1966, 1969) e Dressler (1970) sulla scia della distinzione saussuriana *langue / parole* in riferimento al testo inteso come entità astratta (modello di testo) contrapposto al testo attualizzato – è stato usato quasi esclusivamente da linguisti tedeschi, fra i quali Bußmann (2002: 685), che ne dà la definizione seguente:

> Analog zu Phonem, Morphem gebildete Bezeichnung der Textgrammatik für eine Grundeinheit des Sprachsystems, die die spezifischen Eigenschaften einer abstrakten Einheit Text repräsentiert und sich im Einzelkontext konkretisiert.

Fra i linguisti di aree diverse da quella tedescofona fa eccezione ad esempio Bartmiński (1998: 18), che rifacendosi ai summenzionati lavori tedeschi accoglie il concetto di testema in termini di "modello astratto esistente *in potentia* che in singoli usi concreti si riempie di materiale lessicale caratterizzato da un diverso grado di stabilità".

---

19 Cfr. ad esempio l'uso sinonimico di *text* e *discourse* in *The Cambridge Encyclopedia of Language* di Crystal (1993: 116–119).

2.1.3. Testo e intertestualità

A ritenere troppo stretta l'accezione del testo come entità astratta, alla quale pare più opportuno riservare il termine 'testema', occorre far notare l'espansione del concetto di testo avvenuta a cavallo degli anni '70 e '80[20], momento dal quale in poi nelle definizioni del testo si fa rientrare anche il contesto situazionale[21]:

> Dès le début des années 1980, la linguistique textuelle a ajouté à l'observation des fait co-textuels de texture et de structure, celle de l'intentionnalité (axe de la production) et de l'acceptabilité (axe de la réception) du texte, c'est-à-dire un jugement de pertinence contextuelle (Adam 2005: 29).

Al contesto enunciativo se ne aggiunge un altro, ovvero quello 'enciclopedico', che abbraccia più elementi:

> Les conaissances générales présumées partagées : connaissances lexicales, préconstruits encyclopédiques et culturels, lieux communs argumentatifs inscrits dans l'histoire d'une société donnée (Kleibert 1994: 14).

L'attenzione al contesto (inteso in senso lato) presuppone una riflessione anche sui rapporti testo – testo, testo – genere testuale e, infine, testo – realtà[22]. Si tratta in altri termini di un insieme di problematiche che – evocate dall'ultima delle quattro domande di Petöfi ed etichettate dapprima nell'ambito degli studi letterari (Kristeva 1967) e successivamente della linguistica testuale (Beaugrande/Dressler) con il nome di 'intertestualità' – vengono fatti rientrare a pieno titolo negli interessi della riflessione linguistica sui testi:

> La comunicazione serve a una grande quantità di scopi in condizioni e circostanze disparatissime; in ciò sorprende che i parlanti utilizzino mezzi per niente dispendiosi che, tuttavia, provocano disturbi e fraintendimenti nella comunicazione solo saltuari. Da un lato, non dovremmo tentare di definire la funzione degli elementi linguistici in *tutti i contesti immaginabili*; dall'altro, dovremmo respingere l'idea che ogni contesto

---

20 Cfr. Schmidt (1982: 172): "i testi sono sempre degli insiemi di segni linguistici enunciati in una testualità, cioè in una funzione socio-comunicativa e perciò testi-in-funzione collocati entro giochi d'azione comunicativi".
21 Cfr. anche Soutet (2001: 314): "Ciò che crea il testo non è la lunghezza, che può essere estremamente variabile, quanto invece la natura essenzialmente contestuale della sua interpretazione. In maniera del tutto singolare, il testo si rivela dunque molto vicino all'enunciato, definito – come si ricorderà – come la somma di una frase e di una situazione (o di un contesto) enunciativa. Nel caso in cui il testo sia di una certa lunghezza, esso equivale ad una somma di enunciati, i quali, da un punto di vista formale, si identificano con un insieme di frasi o di sequenze frastiche (paragrafi, capitoli ecc.). Ognuna di queste sequenze attinge a due tipi di contesti: a) un contesto propriamente linguistico, che fa riferimento ad una o più sequenze che la precedono o la seguono; b) un contesto enunciativo".
22 Cfr. Nycz (1993: 59–75).

sia tanto *originale* da non consentire l'individuazione di nessuna regolarità sistematica (Beaugrande/Dressler 1994: 224).

2.1.4. Testo: verso un'entità prototipica

Fra le definizioni di testo che hanno aperto quella che potremmo chiamare una fase "comunicativa"[23] della linguistica testuale la più citata è senz'altro quella di Beaugrande/Dressler (1994: 18):

> Definiamo il TESTO come una OCCORRENZA COMUNICATIVA che soddisfa sette condizioni di TESTUALITÀ. Quando una di queste condizioni non è soddisfatta, il testo non ha più valore comunicativo. Tratteremo pertanto i testi non-comunicativi come non-testi.

Le sette condizioni – a ognuna delle quali gli autori dedicano un capitolo a parte – sono le seguenti: coesione, coerenza, intenzionalità, accettabilità, informatività, situazionalità e intertestualità.

Quella di de Baugrand/Dressler – come fa notare Damiani (2008: 21) – così come formulata sopra, risulta una categoria specialistica[24]:

> Gli Autori, che possono a buon diritto essere considerati degli esperti, disegnano una categoria tracciando dei criteri per giudicare, sulla base della loro competenza, che cosa sia un testo e che cosa non lo sia.

Contrariamente a quanto propongono nella definizione che apre la "Introduzione alla linguistica testuale" il confine fra i testi e i non-testi appare in seguito sfumato:

---

23 Cfr. Damiani (2008: 1): "Rifacendomi al tentativo di chiarificazione operato da Micaela Verlato (1983) all'inizio degli anni Ottanta, sarei propenso a distinguere tre fasi della ricerca linguistico-testuale, idealmente in successione cronologica ma non necessariamente, a proposito delle quali sarebbe piuttosto opportuno parlare di fasi di dominanza nella ricerca (per mutuare un'espressione cara a Beaugrande e Dressler), nel senso che il momento di massima fioritura dell'una non segna né la fine né la sospensione momentanea delle ricerche riconducibili alle altre. Le tre fasi di ricerca in questione sono, nell'ordine, quella dell'analisi transfrastica, quella delle grammatiche testuali e quella relativa alle teorie improntate ad un approccio al testo inteso come unità comunicativa".

24 Cfr. Tylor (2007: 75): "Categories defined by the imposition of a set of criteria for category membership I shall refer to as expert categories, in contrast to the folk categories, or 'natural categoires', of everyday use. Folk categories are structured around prototypical instances and are grounded in the way people normally perceive and interact with the things in their environment. On the other hand, expert categories (...) have been specifically created, usually in conformity with Aristotelian principles, i.e. the categories have necessary and sufficient conditions for membership, such that the relevant experts are competent to say whether, and on what grounds, any particular instance is or is not a member of the category".

gli autori, più di una volta[25], sono disposti ad accettare come testi anche produzioni che non soddisfano pienamente tutte le condizioni di testualità:

> È possibile considerare, ma solo fino a un certo punto, la coesione e la coerenza esse stesse come fini operazionali senza il raggiungimento dei quali verrebbero bloccati altri fini del discorso. Chi utilizza un testo, osserva di solito una certa TOLLERANZA nei riguardi di esiti linguistici prodotti in condizioni tali da ostacolare la salvaguardia della coerenza e della coesione [. . .], come nel caso più tipico delle conversazioni occasionali. Una struttura ibrida come la seguente [documentata in Coulthard 1977, 72]:
> Allora, dove. . . in quale quartiere abiti?
> non disturba la comunicazione se raggiunge il fine più importante di apprendere l'indirizzo dell'interlocutore, e questo anche se il fine subordinato del mantenimento della coesione non è stato raggiunto completamente (Beaugrande/Dressler 1994: 22–23).

Queste deroghe sono perfettamente in linea con l'argomentazione di fondo proposta dai due linguisti, ovvero con l'idea che una produzione linguistica sia testo sole se accettata come testo in una data situazione comunicativa. Va da sé che le categorie classiche mal si prestano a cogliere la realtà della pratica comunicativa, il che ha portato in tempi successivi alla "Introduzione alla linguistica testuale" al riconoscimento dell'utilità di concettualizzare la nozione 'testo' in termini di una "categoria prototipica organizzata attorno a membri percepiti come più centrali rispetto ad altri" (Damiani 2008: 23). L'esistenza di un centro presuppone per forza la presenza di periferie, nelle quali andranno collocate produzioni che, non soddisfacendo uno o più criteri, appariranno come esemplari marginali e difficilmente classificabili come testo.

2.1.5. Testo: verso una definizione

Tirando le fila da quanto detto finora ci pare opportuno sottolineare la complessità della nozione di testo che appare un'entità a più piani inglobando in sé i due concetti più dettagliati, testema (così come definito sopra, è un oggetto teorico ottenuto per astrazioni operate dal linguista a partire da testi) e discorso. Il testo è un oggetto concreto, materiale ed empirico, ma anche relazionale. Per dirla in termini usati da Petöfi (2004) è un oggetto segnico che consiste in una manifestazione fisica, sia essa scritta o orale, indipendente dalle sue dimensioni, ma anche nel significato ad essa ascrivibile. La sua articolazione co-testuale, ovvero logico-compositiva ne definiscono la valenza linguistica, mentre "tutto ciò che concerne la funzione comunicativa, come i ruoli e le conoscenze presupposte che si stabiliscono tra emittente e ricevente, le intenzioni, i contesti di realizzazione, ne definiscono la valenza comunicativa" (Cicalese 1999: 172). Quest'ultima caratteristica mette in risalto l'intrinseca vocazione

---

25 Oltre al passo sulla TOLLERANZA si confronti anche (Beaugrande/Dressler 1994: 131): "La coesione, ad esempio, viene meno talvolta quando si parla spontaneamente".

dei testi a diventare discorsi. Mentre in riferimento ai testi parlati la distinzione fra testo e discorso risulta trascurabile[26], non lo è in riferimento ai testi scritti. Questi ultimi, data la separazione del momento della produzione da quello della ricezione, una volta prodotti e archiviati possono essere riprodotti in circostanze non previste dall'emittente e dar luogo a diversi fatti di discorso. Si pensi a titolo di esempio ad una poesia d'amore che realizza un preciso schema metrico e compositivo ('testema') utilizzata nello spot pubblicitario di una macchina ('discorso'). Se sul piano teorico è auspicabile tenere i concetti in questione ben distinti, nella prassi analitica[27] spetta allo studioso scegliere se usare il termine 'testo' nella sua accezione ampia o affinare l'apparato terminologico operando distinzioni conformi all'indirizzo di ricerca in cui vuole porsi.

2.2. Sfide poste dalla testualità digitale

Alle dovute considerazioni sul concetto di testo segue inevitabilmente una sezione dedicata all'ipertestualità, o meglio, testualità digitale. L'indagare l'effettiva portata della sua innovatività ci permetterà di affrontare l'interrogativo sull'eventuale necessità di ridimensionare, se non addirittura rivoluzionare quello che la linguistica del testo ci mette a disposizione come definizione di testo. È opportuno partire, dunque, da una riflessione su quegli aspetti dei testi digitali (il venir meno dei confini del testo e il ridimensionamento del rapporto autore/lettore) che con più evidenza, almeno a prima vista e non più necessariamente dopo un'analisi un po' più attenta, si pongono in opposizione al testo tradizionale, organizzandoli attorno a due problematiche: quella dell'ipertesto e quella del supporto digitale.

2.2.1. L'ipertesto

L'ipertestualità con una prima approssimazione consiste in un'organizzazione non sequenziale del testo. Quello che risulta essere il carattere precipuo dei testi circolanti in rete nell'ottica del loro fruitore ingenuo, emerge in primo piano anche nelle

---

26 Cfr. Żydek-Bednarczuk (2005: 69), che non ritiene opportuno insistere sulla distinzione fra testo e discorso proprio per il fatto che il suo sia un lavoro dedicato all'analisi di testi parlati contrassegnati dal carattere processuale e dinamico. Di parere simile è Boniecka (2003), che parla di dialoghi orali in termini di entità semiotiche globali.
27 Cfr. Adam (2005: 29): "Confrontée à un evenement singulier de parole, l'analyse textuelle du discours ne peut pas faire l'économie de l'articulation du textuel et du discoursif car ces deux points de vue complémentaires ne sont séparés que pour des raisons méthodologique. Cette séparation est liée à des programmes de recherche qui mettent l'accent sur l'articulation de l'énoncé et d'une situation d'énonciation singulière (dimension proprement discursive) ou qui insistent plutôt sur ce qui donne au texte une certaine unité, sur ce qui en fait un tout et non une simple suite de phrases. Dans la pratique d'analyse textuelle des discours, cette distinction est appelée à s'estomper".

definizioni degli esperti. Basti dare la parola a Theodor Nelson (1992: 2), uno degli inventori del *Word processing* e autore del termine 'ipertesto': "con ipertesto intendo scrittura non sequenziale, un testo che si dirama e consente al lettore di scegliere". I tratti individuabili a partire dalla definizione proposta come pertinenti dell'ipertesto si dispongono su due piani:

- quello della fruizione, che, favorita dalla struttura discontinua, risulta in virtù della molteplicità dei percorsi da scegliere multisequenziale in opposizione alla sequenzialità del testo tradizionale;
- quello della struttura, che risulta frammentata e multisequenziale in opposizione alla continuità del tipico testo tradizionale.

Occorre precisare – dato che nelle parole citate non vi è alcun riferimento al supporto – che l'ipertestualità definita come sopra, ovvero come una particolare organizzazione del testo o come una particolare forma di fruizione del testo, può riferirsi sia a documenti elettronici che a quelli a stampa. Chiamiamo in causa a tal proposito George Landow, che può essere considerato il punto di riferimento più importante della teoria dell'ipertesto e che, pur avanzando la tesi secondo cui il progressivo imporsi dei nuovi mezzi di comunicazione rivoluzionerebbe profondamente l'esperienza pratica della lettura e della scrittura, riconosce la possibilità di una lettura multisequenziale esistente in modo latente anche nella fruizione di un documento cartaceo (cfr. Landow 1998: 25–26). L'esempio più evidente di tale possibilità è dato dalla consueta pratica di leggere il giornale che presenta in prima pagina i titoli che rimandano ad articoli collocati in pagine successive. Gli articoli, a sua volta, possono essere accompagnati da tutto un corredo di sostegno: occhielli, grafici ecc. avvicinandosi molto agli ipertesti digitali a blocchi.

Vi sono poi testi a stampa superficialmente lineari, ma fruiti normalmente secondo una modalità multisequenziale. Si pensi a titolo di esempio alla *Bibbia* che da diversi secoli è affrontata dagli studiosi con approcci definibili come ipertestuali. La *Bibbia*, infatti, non viene di solito letta come una storia sequenziale e il più delle volte se ne propone una lettura che accosta diversi passi in relazioni che rivelano la continuità della presenza divina nella storia umana[28]. Estremizzando si può arrivare a sostenere che qualsiasi testo, indipendentemente dalla sua organizzazione formale, lineare o a blocchi che sia, può essere, a seconda delle finalità, più o meno consuete che si propone il lettore, fatto oggetto di una lettura ipertestuale. Tale osservazione è del resto in linea con quanto afferma lo stesso Nelson:

> Molti considerano queste forme di scrittura come nuove, radicali e intimidatorie. Comunque, vorrei sostenere la posizione che l'ipertesto sia fondamentalmente cosa consueta e parte della nostra tradizione letteraria (Nelson 1992: 17).

---

28 Cfr. a tal proposito le osservazioni contenute in Dillon/McKnight/Richardson (1991), in cui si propone di definire la pratica di leggere il *Talmud* in termini di lettura ipertestuale.

Non bisogna infine dimenticare che sul piano della fruizione la linearità non viene mai infranta, dal momento che ogni atto di lettura si dipana lungo l'asse temporale del prima e del poi[29].

Smussato il contrasto sul piano della ricezione veniamo ora al piano della struttura, al quale la differenza fra testi e ipertesti, almeno in apparenza, dovrebbe risultare più evidente. Ricordiamo che nella sua caratterizzazione più comune

> un ipertesto consiste di un insieme di blocchi testuali (chiamati spesso *lessie*) e di un insieme di collegamenti e rimandi (*link*) istituiti fra tali blocchi, fra porzioni di tali blocchi, o all'interno di un singolo blocco. Dal punto di vista formale, dunque, un ipertesto può essere visto come un grafo i cui nodi corrispondono a blocchi testuali o a porzioni di blocchi testuali, e le cui frecce o relazioni corrispondono ai link istituiti fra i nodi. Quando almeno alcuni dei nodi corrispondono, anziché a blocchi testuali, a informazioni di altra natura (immagini, suoni, filmati...), si parla in genere di *ipermedia* (Roncaglia 1997: on-line).

Come prima cosa va fatto notare che in ogni ipertesto la linearità viene meno solo da un certo livello di organizzazione in su, ovvero i blocchi di testo che lo compongono devono essere per forza lineari[30] anche se ad un certo punto dentro ad essi si trovano segnalatori di collegamento che rimandano ad altre lessie.

Inoltre, se prescindiamo da quelle che avevamo anticipato come conseguenze dell'organizzazione ipertestuale (che rimangono caratteristiche più postulate che reali, come si argomenterà in seguito), occorre dire che non esiste una vera e propria differenza di natura tra testo e ipertesto tenendo presente la possibilità di interpretare la testualità lineare come un caso particolare dell'ipertestualità intesa come testualità potenzialmente plurilineare. Tale conclusione non è ovviamente originale risultando presente esplicitamente in diversi autori:

- Innanzitutto, possiamo pensare anche a un singolo blocco testuale come a una forma 'degenere' di ipertesto – una possibilità che potrà rivelarsi utile volendo analizzare un ipertesto complesso in strutture ipertestuali più semplici. In secondo luogo, anche un testo lineare del tutto tradizionale può ricadere all'interno della definizione di ipertesto appena proposta: potete ad esempio pensare all'articolo che state leggendo come a un insieme di cinque blocchi testuali (corrispondenti alla premessa e alle quattro sezioni che lo compongono), con dei link che vanno dalla

---

29 Cfr. Jücker (2005: 36): "(...) hypertexts, in spite of their non-linear overall structure, do not suspend the linearity of text reception". In linea le considerazioni di D'Alessandro (2005: 36): "non si dovrà fore ammettere che proprio l'esperienza di lettura riconduce la forma di scrittura ipertestuale alla sequenzialità?".

30 E ciò in virtù del concetto di linearità, accanto a quello dell'arbitrarietà, di prima importanza per l'intero meccanismo della lingua. Cfr. a tal proposito Saussure (2005: 170): "(...) dans le discours, les mots contractent entre eux, en vertu de leur enchaînement, des rapports fondés sur le caractère linéaire de la langue, qui exclut la possibilité de prononcer deux éléments à la fois".

fine del primo blocco all'inizio del secondo, dalla fine del secondo all'inizio del terzo, e così via. Da questo punto di vista, il concetto di ipertesto non è necessariamente contrapposto a quello di testo lineare, ma è semplicemente più generale... (Roncaglia 1997: on-line);
- In the conceptual framework presented here, the linear text may be seen as a special case of the nonlinear in which the convention is to read word by word from beginning to end (Aarseth 1994: 51).

Ecco come spiega in termini di semiotica interpretativa la vicinanza dei testi ed ipertesti Panosetti (2004):

> Si ripete spesso che l'ipertesto rappresenta la realizzazione testuale del rizoma, struttura topologica contrapposta a quella sequenziale del testo tradizionale (Deleuze/Guattari 1976). (...) In realtà la struttura a rete, composta da nodi e legami, è comune al testo tradizionale e all'ipertesto: il rizoma, d'altra parte, non è che una rete n-dimensionale. Se si ammette, a monte di una riflessione sull'ipertesto, questa analogia strutturale, le differenze specifiche dovranno (o potranno) essere ricercate nel grado di esistenza semiotica: virtuale, attuale o realizzato. (...) Il racconto tradizionale è *realizzato* come sequenziale, ma possiede una configurazione rizomatica *virtuale*, che viene ri-evocata, secondo la semiotica interpretativa, attraverso il meccanismo abduttivo: il lettore trasgredisce, per usare un termine di De Certeau, i confini del testo, attivandone i percorsi virtuali e rievocando la struttura rizomatica esclusa al momento della testualizzazione. In altre parole, in un testo tradizionale la reticolarità è un tratto attuabile, non realizzato. Da tale premessa consegue che, potenzialmente, la rete virtuale dei percorsi di un testo tradizionale può ritrovarsi realizzata in un ipertesto dai confini imprecisati. E questo è pacifico. Rovesciando la prospettiva, tuttavia, si può notare qualcosa di altrettanto ovvio ma forse meno evidente, ovvero che nel caso dell'ipertesto il tratto virtuale, potenzialmente attuabile è la linearità, non la reticolarità. Nell'ipertesto, ad essere virtuale è il percorso lineare, che attende di essere attualizzato attraverso l'atto di lettura. Come si vede, l'operazione è esattamente inversa: la lettura di un testo tradizionale attualizzando *moltiplica* i percorsi, la lettura di un ipertesto attualizzando *li riduce*.

Smussata l'opposizione linearità vs non linearità, viene da chiedersi sulla portata di quelle che abbiamo anticipato come le conseguenze dell'organizzazione ipertestuale: il ridimensionamento del rapporto autore/lettore e il venir meno dei confini del testo. La novità della prima si spiegherebbe per il fatto che rispetto all'atto di lettura di un documento a stampa la fruizione dell'ipertesto comporta un ruolo più creativo del lettore, che operando scelte di percorso "partecipa difatti alla redazione e alla edizione del testo che legge" (D'Alessandro 2005: 38), al che si possono rivolgere almeno due obiezione.

La prima liquida la questione: se il lettore diventa autore, lo diventa esclusivamente del testo della propria lettura[31]. La seconda obiezione, a differenza della prima, non sminuisce il ruolo del lettore, anzi, ne riconosce a pieno titolo la creatività solo

---

31 Cfr. a tal proposito Hopfinger (2003: 28).

che senza distinzione fra testi e ipertesti avvalendosi di quelle concezioni di testo che mettono in risalto il carattere dinamico dell'interpretazione all'atto di lettura. Si ricordi a tal proposito la voce di Ricoeur (1998), secondo cui la lettura trasforma soggettivamente la staticità dell'organizzazione formale ideata dall'autore in un evento dinamico che "crea" testo. La dinamicità del testo che – se ci poniamo nell'ottica del ricevente – viene concepita in termini di attualizzazione soggettiva ricreante testo ad ogni lettura sembra ormai acquisita dai recenti tentativi di formulare definizioni di testo. A titolo di esempio citiamone una in cui il testo è definito:

> non come un set di segni stabile e organizzato linearmente, bensì come un meccanismo dinamico di creazione di sensi, applicabile a tutti i prodotti culturali funzionanti in diversi ambiti discorsivi, messo in opera ad ogni singolo atto di lettura (Skowronek/Skowronek 2007: 38).

La terza obiezione verte sulla tanto esaltata creatività del fruitore dell'ipertesto che risulta limitata da quella che è stata definita "ansia da dispersione" dovuta ad una diversa tangibilità del testo elettronico (Scavetta 1992: 105). Un testo su carta, a differenza di un ipertesto digitale, trasmette immediatamente una più precisa coscienza delle sue dimensioni, dei rapporti spaziali e delle distanze fra gli elementi. Consentita una maggiore possibilità di orientamento, il lettore, nel caso volesse ritornare a un passo che qualche tempo prima lo aveva intrigato, può farlo con buona rapidità, indipendentemente dal fatto che l'autore l'avesse previsto o meno[32]. Di conseguenza il testo cartaceo può risultare più accessibile dell'ipertesto, specialmente di quello non dotato di una mappa di navigazione sempre visibile, offrendo una maggiore libertà di scelta. È legittimo, dunque, chiedersi fino a che punto le scelte operate dal fruitore di un ipertesto siano consapevoli e creative, cosa che facciamo con Manovich (2002: 61):

> The very principle of hyperlinking, which forms the basis of much of interactive media, objectifies the process of association often taken to be central to human thinking. Mental processes of reflection, problem solving, recall and association are externalized, equated with following a link, moving to a new page, choosing a new image, or a new scene. Before we would look at an image and mentally follow our own private associations to other images. Now interactive computer media asks us instead to click on an image in order to go to another image. Before we would read a sentence of a story or a line of a poem and think of other lines, images, memories. Now interactive media asks us to click on a highlighted sentences to go to another sentence. In short, we are asked to follow pre-programmed, objectively existing associations. Put diffidently, in

---

32 Cfr. a questo proposito Roncaglia (1997: on-line): "Va ricordato inoltre (...) che i collegamenti fra i nodi di un ipertesto sono di norma (e di necessità) solo un sottoinsieme assai limitato di quelli possibili. Davanti all'orizzonte di tutti i link che potrebbero essere istituiti, l'autore o gli autori dell'ipertesto ne scelgono alcuni: questa scelta (...) corrisponde comunque alla creazione di una struttura forte, anche se a volte assai complessa".

what can be read as a new updated version of French philosopher Louis Althusser's concept of "interpellation," we are asked to mistake thestructure of somebody's else mind for our own.

Quanto all'ipotesi del venir meno dei confini del testo ci pare utile ricorrere alla distinzione terminologica proposta da Storrer (1999: 38–39; 2001: 180) tra ipertesti, reti ipertestuali ed e-testi. La studiosa definisce l'ipertesto come testo dotato di una riconoscibile funzione comunicativa caratterizzato da un'organizzazione non lineare e gestito da un sistema informatico. Tale definizione esclude quindi sia i testi digitali lineari sia gli ipertesti su carta come anche costruzioni quali world wide web, le quali risultano eccessivamente ampie per avere un'unica comune e riconoscibile funzione comunicativa. Le reti ipertestuali combinano diversi ipertesti e e-testi. Questi ultimi, infine, sono – sempre secondo Storrer – testi digitali caratterizzati da un'organizzazione lineare che possono entrare a far parte di un ipertesto oppure conservare la loro autonomia.

Per mettere in chiaro il vantaggio dell'adozione della distinzione offerta da Storrer diamo la parola a Jücker (2005: 35):

> Texts are finite sequences of linguistic elements. Here the distinction between hypertexts and hypertext nets is useful. For individual hypertexts it may be possible – albeit difficult in individual cases – to establish all the elements that belong to it. An electronic textbook or an online manual, for instance, are both clearly delimited. They can be stored on a CD-ROM, for instance. A hypertext net, on the other hand, as a conglomeration of hypertexts, does not have clear boundaries. While even the world wide web, in spite of its enormous size, is at any given point in time finite, it does not constitute a limitation that makes linguistic sense.

Il problema di identificazione dei confini testuali si restringe così a due entità: reti ipertestuali – e precisiamo – digitali nonché a quei difficili casi individuali costituiti ad esempio dai portali. La precisazione riguardo alle reti ipertestuali si legittima per il fatto che – come fa notare Jücker (2005: 31) – esistono reti ipertestuali anche su carta:

> Even hypertext nets exist in printed form. Scientific books and articles, for instance, always refer to a great number of other books and articles. In this sense the totality of all the books and articles in a particular scientific field can be viewed as a hypertext net.

Per l'ovvio motivo della finitezza, anche fisica, dei testi che le costituiscono, il problema non si pone in riferimento alle reti ipertestuali su carta, diversamente da quanto accade per il WWW. Quanto invece ai portali si tratta di un particolare sito internet che – essendo precipuamente finalizzato a svolgere la funzione di finestra su una sezione del web più o meno tematicamente coerente – mescola i link agli e-testi appartenenti alla propria struttura ipertestuale con i link ad altri siti risultando così un'entità ibrida rispetto alla classificazione di Storrer.

Al termine del nostro percorso volto a smontare l'idea dell'innovatività dell'ipertesto tale da farne un'entità in netto contrasto con il testo occorre precisare che quelle che avevamo voluto presentare come conseguenze dell'organizzazione ipertestuale sono piuttosto assunzioni – più o meno esplicitamente incluse nelle definizioni di ipertesto proposte dai teorici del settore – che sono state avanzate in un particolare contesto:

> va ricordato che la discussione teorica sugli ipertesti è stata fortemente influenzata da tematiche che potremmo chiamare, in senso generale, decostruzioniste e poststrutturaliste. I blocchi costitutivi di un ipertesto sono così ad esempio avvicinati da Landow ai *morceaux*, ai frammenti di testo "strappati coi denti", risultato della "metodologia della decomposizione" applicata da Derrida al linguaggio. L'impressione che se ne ricava è quella di una definizione spesso 'militante' del concetto di ipertesto, considerato come la risposta teorica al riconoscimento del carattere non strutturato, fluido, aperto e polisemico dei testi, e in definitiva come il modello testuale caratteristico della post-modernità (Roncaglia 1997: on-line).

Si tratta quindi, almeno nella sua teorizzazione militante, di un modello testuale che rimane sempre piuttosto nella sfera del postulato che non nella sfera del riscontrabile in pratica. Si pensi a titolo di esempio non solo ai testi argomentativi[33] in riferimento ai quali l'organizzazione ipertestuale rimane di difficile applicazione in virtù del suo intrinseco prestarsi male a rappresentare tutto ciò che è gerarchico, bensì anche ai testi narrativi. In altri termini neanche la narrazione si sposa bene con l'organizzazione ipertestuale per blocchi[34]. Panosetti (2004: on-line), ad esempio, partendo dall'idea di un ipertesto narrativo ideale (una narrazione a bivi, virtualmente illimitata) arriva a negarne l'esistenza:

> la rivoluzione ipertestuale si sarebbe annunciata con un'improvvisa epifania del mitico libro borgesiano di T'sui Pen (Borges 1956). L'utopico libro di Borges, descritto nel *Giardino dei sentieri che si biforcano*, è composto da una molteplicità di sviluppi narrativi mutuamente esclusivi, ma tutti realizzati e, per così dire, pronti all'uso: i personaggi a e b si incontrano, al lettore la scelta delle possibilità di sviluppo: a uccide b e scappa, b uccide a e lo taglia a pezzetti, a si innamora di b e vissero felici e contenti.... e così via. Ma un oggetto simile, fortunatamente o sfortunatamente, non esiste.

Le due tipologie di ipertesto più diffuse sul web sono gli ipertesti informativo-espositivi e divulgativi, quindi due tipi testuali che da sempre – indipendentemente dall'organizzazione ipertestuale o lineare e indipendentemente dal tipo di supporto, cartaceo o digitale che sia – si prestano alla lettura estensiva, quindi non necessariamente lineare. Si pensi a enciclopedie, orari dei treni, elenchi telefonici, guide

---

33 Cfr. Lana (2004): "a oggi non esiste consenso o pratica consolidata su come si possa costruire una struttura argomentativa per mezzo di un ipertesto a blocchi".
34 Cfr. Lughi (1996: 96): "(...) l'ipertesto narrativo sembra infatti essere nato più per soddisfare il gusto della speculazione narratologica, per riempire una casella vuota della teoria letteraria, che non per aprire la strada a nuove forme di creazione e fruizione estetica".

turistiche, ricettari ecc., che sono sempre stati letti per frammenti e mai per intero. L'organizzazione ipertestuale non basta, quindi, da sola a mettere in crisi il concetto di testo risultando ben più gravida di conseguenze se abbinata al supporto digitale, grazie al quale i testi, siano essi lineari o meno, vengono fruiti in un contesto particolare che favorisce letture, più che associative, estensive.

2.2.2. Il supporto digitale

L'estrema malleabilità visuale dei testi digitali li fa apparire nella percezione comune come instabili ed evanescenti al punto tale che si parla di 'smaterializzazione' del testo. Paradossalmente queste caratteristiche sono basate su una precisa tecnologia materiale. "Il problema è l'esistenza di un denso ingorgo semantico attorno ai termini 'immateriale', 'virtuale', 'digitale'" (Tozzi 2007: 235), il che ci porta a parlare di una diversa materialità dei testi digitali anziché di immaterialità. Se si vuole conservare il termine 'smaterializzazione', esso va inteso non in senso di sparizione dei testi, bensì di una loro codifica numerica che poi si manifesta sullo schermo attraverso un'immagine luminosa prodotta da un fascio di elettroni a scansione progressiva[35]. "Questo conferisce un'estrema precarietà e mutabilità al significante elettronico, la cui forma dipende interamente dai processi, invisibili per l'utente, della codificazione digitale" (Tozzi 2007: 237). Di conseguenza qualunque testo digitale visualizzato sullo schermo del computer è dotato di due livelli di codifica: culturale e informatico. Il primo è quello di superficie in cui il testo si pone come un significante percepibile agli occhi del lettore, mentre il secondo è quello in cui il testo si pone come documento[36] dotato di un intero corredo metatestuale della codifica. Senza entrare troppo nel dettaglio la codifica digitale si articola su due strati:

---

35 Cfr. A tal proposito Hayles (2002), che in riferimento al significante elettronico parla di *flickering signifier*, termine che con la sua prima componente rimanda a "sfarfallamento", termine di provenienza tecnica che si riferisce all'instabilità intrinseca dell'immagine elettronica.

36 I due livelli sono strettamente interrelati e il formato elettronico non è neutro, il che pone – soprattutto alla filologia digitale e alla linguistica dei corpora – interrogativi di sicuro interesse teorico e pratico. Si pensi a tal proposito alla distinzione proposta da Pierazzo (2005: 17): "(...) il testo si distingue dal documento, che si riferisce invece al supporto materiale in cui il testo viene conservato (un libro, un foglio di carta, una lapide); si può quindi parlare di documenti cartacei e di documenti digitali, ma non di testi cartacei o digitali". E poco dopo: "ci si potrebbe chiedere quale dei due – se non entrambi – costituisca l'oggetto della codifica". Ritorna così la questione di sicuro interesse teorico segnalata con la prima delle domande di Petöfi (2004: 19) (cfr. § 2.1.) e riguardante l'ambiguità del termine testo che può riferirsi sia a un supporto fisico, sia alla sequenza di caratteri che vi è contenuta, sia al significato degli stessi. Un esempio di problemi pratici che pone la relazione testo – il suo formato elettronico è dato dalla domanda di Santini/Sharof (2007) posta nel call for papers di del convegno sulla linguistica computazionale *Towards a Reference Corpus of web Genres* (accessibile all'indirizzo URL: http://corpus.leeds.ac.uk/serge/webgenres/colloquium/): "

1. una codifica di basso livello, o *codifica di livello zero*, che riguarda la rappresentazione binaria della sequenza ordinata dei caratteri del testo;
2. una codifica di alto livello, che arricchisce il testo codificato al livello zero con informazione relativa alla struttura linguistico-testuale e, più in generale, con informazione interpretativa di un qualche tipo (Lenci/Montemagni/Pirrelli 2005: 57).

La codifica nei suoi dettagli – essendo una realtà composta da microtesti normalmente non visibili al fruitore di un testo digitale – anche se si colloca ai margini delle nostre riflessioni, ci permettono di mettere in risalto l'importanza del passaggio di passaggio dall'analogico al digitale:

> Qualunque progresso tecnico – compresa la riproducibilità: diffusione della carta, stampa, fotografia, microfilm, fotocopia – non ha fatto che ribadire il primato dell'oggetto fisico. Quelle tecnologie infatti, per quanto rivoluzionarie, non attuano il passaggio da uno stato fisico a un altro. Tuttalpiù lo immortalano. Lo stesso passaggio dal manoscritto alla stampa non può essere paragonato a ciò che accade quando un documento entra nella dimensione digitale e, spogliandosi dei suoi abiti analogici, "si disfa" nel flusso dei bit (Fiormonte 2003: 161).

Le conseguenze di questo passaggio sono difficili da sopravvalutare: in primo luogo nella dimensione digitale "ogni scrittura ha in sé, o acquisisce, il DNA di una disponibilità al trasferimento testuale" (Baule 2004). I testi diventano "migranti", ovvero capaci di fluttuare da un supporto all'altro e – grazie alla possibilità di essere trasmessi attraverso canali particolari (onde radio, cavi ottici, cavi di rame ecc.) – fruibili al di là dei vincoli spaziali e temporali nel web.

Un utile punto di partenza per la riflessione sulle sfide poste dal mezzo telematico è la griglia di caratteristiche dei testi web proposta da Prada (2003: 251–254), che ne elenca sei: "quelle di essere a) *trasmessi (o diffusi)*, b) *mobili, compositi e ipertestuali*, c) *multimediali* e d) *interattivi*".

a) Il testo web come *trasmesso*

Di particolare importanza al riguardo pare l'osservazione di Prada (2003: 251) secondo cui "il testo web (...) è trasmesso in quanto fruibile solo attraverso un'interfaccia tecnica specifica". Questa sottolineatura è importante perché mette in risalto l'importanza dei singoli dispositivi tecnologici, che con le rispettive interfacce pongono ai loro fruitori vincoli semiotici che si collocano a monte delle scelte riguardanti sia i contenuti sia la veste linguistica.

b) Il testo web come *mobile, composito e ipertestuale*

> (...) is represented by the 'format' that should be used to store the 'units of analysis' in a collection. In what form can a web page or a website be included in a corpus? In HTML format or in a text-only version? Including images or leaving them out? Removing boilerplates or keeping them? In, a database-like form, as DOM trees, as a net of graphs, in HTML format, or simply in a text-only version?".

I testi circolanti nel web mobili nel senso di prestarsi ad essere modificati, trasformati e rielaborati senza che ne rimanga traccia sulla superficie, il che li rende suscettibili dell'accusa di "destabilizzare l'oggettivabilità del testo" (Domanin 2005: 57). Le due restanti caratteristiche sono strettamente interrelati e alludono al fatto che gli ipertesti si compongono di unità discrete di livello minore, ovvero *lessie*.

c) Il testo web come *multimediale*

Nella dimensione digitale il testo diventa multimediale grazie al fatto che l'omogeneizzazione della codifica dei testi, suoni e immagini permessa dal trattamento numerico ha sopperito all'eterogeneità dei supporti – carta, microfilm, nastro magnetico – rendendo possibile la coesistenza dei diversi media all'interno di un unico documento elettronico, sia esso ipertestuale o meno. La tensione tra visuale e verbale, forse più evidente nel mondo degli ipertesti, risale però al mondo verbale pre-digitale. Basti menzionare a tal proposito quei meccanismi di coesione che fanno leva non sugli elementi lessicali o grammaticali, bensì sulle potenzialità spazio-visive della scrittura (espedienti *medium-dependent*): segmentazione visuale del testo, variazione dei caratteri, disposizione grafica dell'apparato paratestuale, presenti da sempre nei documenti a stampa.

Non bisogna inoltre dimenticare che – come risulta dalle recenti definizioni – il testo è un oggetto plurisemiotico e la presenza di elementi non verbali è stata fatta oggetto anche di teorizzazione retorica. Si pensi ad esempio alla griglia proposta di Hoek (1995: 77).

Tabella 2.1. Relazioni testo/immagine secondo Hoek (1995: 77)

texte/image:	relation transmédiale	discours multimédial	discours mixte	discours syncrétique
séparabilité:	+	+	+	–
autosuffisance:	+	+	–	–
polytextualité	+	–	–	–
imbrication:	transposition	juxtaposition	combinaison	fusion
schéma:	image →texte texte → image	image texte	image texte	Image
exemples:	ekphrasis, critique d'art., roman-photo	emblème, illustration, titre	affiche, bande des sine, publicité	typographie, calligramme, poésie visuelle

Hoek, commentando la tabella, precisa che:

> transposition (relation transmédiale), juxtaposition (discours multimédial), combinaison (discours mixte) et fusion (discours syncrétique) représentent ainsi des degrés augmentants d'imbrication du texte et de l'image (cf. Clüver 1993:8; Butor 1994:19).

Ces quatre degrés se laissent distinguer à base de trios traits pertinent: séparabilité (le signe visual et le signe verbal appartiennent à des systems signifiants different et se laissent isoler l'un par rapport à l'autre), autosuffisance (la cohérence individuelle de l'un et de l'autre est restée intact), et polytextualité (plusieurs oevres different sont en jeu) (Hoek 1995: 77).

All'interno delle relazioni tra testuale e visivo individuate, il più problematico, dato il grado massimo di fusione, appare il discorso sincretico e il meno problematico quello multimediale, per la relazione tra testo e immagine definibile in termini di giustapposizione.

Alla luce di quanto sopra ci pare legittimo affermare che l'apporto del visuale come componente dei testi digitali non solo non risulta nuovo, ma neanche – dal momento che nella maggior parte dei casi i rapporti fra immagine e testo su Internet sono quelli caratterizzati dalla giustapposizione – rivoluzionario.

d) Il testo web come *interattivo*

In riferimento ai testi circolanti nel web, o più generale nella CMC, bisogna distinguere due tipi di interattività: quella dovuta all'interazione che avviene per iscritto, e non solo, ma anche nei forum di discussione e nei siti web che danno la possibilità di lasciare un commento ad esempio sulla chat (ma anche nelle sincrone forme di comunicazione, come e-mail, forum di discussione) e quella legata all'interfaccia HCI (Human Computer Interface), che per definizione è interattiva. Quest'ultima può limitarsi alla selezione di un collegamento tramite un *click* sull'apposito bottone oppure può estendersi a operazioni più "complesse, come la comparsa o la scomparsa di parti del testo, l'attivazione di spezzoni sonori o di animazione, la modificazione delle immagini e l'apertura di nuove finestre" (Prada 2003: 253).

Non di rado l'interfaccia interattiva ha ricadute ancora più profonde sull'aspetto del testo.

> In alcune pagine web il click su un collegamento porta all'interrogazione di database remoti e alla costruzione 'al volo' (l'espressione è un calco dall'inglese *on the fly*) del segmento di testo che viene visualizzato. Il testo telematico, insomma, può finire per non esistere se non virtualmente, in quanto risultato di una strategia combinatoria che lo rende mutevole, consentendogli di aggiornarsi anche senza l'intervento diretto dell'autore (Prada 2003: 253–254).

In altri termini il paradigma che può essere abilmente formulato ricorrendo alla nota "obiezione di Lady Lovelace" ("le macchine non possono fare altro se non ciò che noi diciamo loro di fare") è in crisi. Citiamo a tal proposito Castelfranchi (2000: 108–109):

> Già oggi i computer possono eseguire programmi che nessuno ha materialmente scritto, non solo come combinazione autonoma e imprevedibile di istruzioni scritte indipendentemente, ma come possibilità di programmi che sono frutto di apprendimento, ricombinazione e selezione.

Facendo leva sui sistemi di intelligenza artificiale Aarseth (1999: 32–33), un altro teorico della *cyberspace textuality*, ha coniato il termine di letteratura 'ergodica' che si riferisce alle opere digitali "prodotte da qualche tipo di sistema cibernetico, per esempio una macchina (o una persona), che opera come un meccanismo di risposta continuo (*information feedback loop*) che genererà una diversa sequenza semiotica ogniqualvolta è azionato". Tali produzioni pongono sfide di non poco conto agli studiosi delle scienze del linguaggio in senso lato, poiché la teoria semiotica "non è attrezzata per descrivere le modalità ergodiche del discorso" (Aarseth 1999: 36).

Nelle caratteristiche dei testi nella dimensione digitale vi sono da ravvisare non solo conseguenze riguardanti la loro struttura (notevole parcellizzazione del testo) o le modalità di ricezione (lettura estensiva[37]), bensì anche a livello di concettualizzazione della nozione di testo. In altri termini "il mezzo che si usa per fissare il testo in simboli scritti contribuisce a creare la concezione intuitiva che si ha del testo stesso" (Simone 2006: 119). Prima dell'avvento della telematica e del conseguente espandersi della fruizione dei testi on-line, chi si accingeva a prendere in mano un libro accettava tacitamente tutta una serie di presupposizioni la cui sintesi troviamo in Simone (2006: 100–104):

a) Anzitutto, il primato dell'autore. Se il testo è chiuso (cioè completo e compiuto), ci si aspetta che abbia un autore, o più autori in numero definito. E l'autore non è la pura e semplice fonte che ha prodotto il testo; è anche un soggetto giuridico, perché, col puro e semplice fatto di rendersi autore di quel testo, assume diritti e doveri specifici.

b) In base alla seconda presupposizione, ci si aspetta che il testo sia consegnato dall'autore ai lettori in stato di *compiutezza*. Il testo deve presentarsi al lettore nell'*ultima*

---

37 Cfr. a tal proposito Vandendorpe (1999: 169–172): "Caractéristique de la culture traditionnelle, ce mode intensif a cédé la place à un modèle *extensif* dans la seconde moitié du XVIIIe siècle, époque où les historiens ont diagnostiqué une révolution de la lecture. Avec l'expansion des cabinets de lecture et la multiplication des imprimés, on s'est alors mis à encourager un mode de lecture silencieuse et rapide, en privilégiant la quantité et en se souciant beaucoup moins de lire un ouvrage de la première à la dernière page ou d'assimiler un texte en profondeur. Ce modèle est aujourd'hui largement dominant (...). Or, il ne fait pas de doute que la nature même du web va encore accentuer ce mode de lecture extensive. Indépendamment du coût éventuel de la communication téléphonique avec les fournisseur de services, trois raisons au moins incitent à une lecture fébrile et placée sous le signe de l'urgence. D'abord, la lecture sur écran ne permet pas au lecteur d'adopter une posture aussi confortable que la lecture sur papier, ce qui l'amène à lire vite et en diagonale, plutôt que de façon suivie. Ensuite, les textes à lire sont émiettés et les multiples invitations à cliquer qui jalonnent le moindre texte tendent à entraîner le lecteur sur des voies de traverse, en lui faisant perdre son contexte initial. Enfin, l'immatérialité des textes et la rigidité de la *quincaillerie* (clavier, écran) empêchent que le lecteur puisse aisément souligner ou annoter les passages qui l'intéressent et considérer les textes lus comme des candidats éventuels à une relecture".

> stesura voluta dall'autore, o comunque in una forma unica, finale e invariabile (quella che i filologi chiamano *ne varietur*). Neppure all'autore si riconosce il diritto di lasciare il testo 'aperto', cioè incompiuto. Il testo può essere incompiuto solo se l'autore non ha avuto la possibilità pratica o materiale di chiuderlo.
> (...)
> Come conseguenza di queste presupposizioni, si può dire che il testo *ha un corpo*, anzi, che gode di *habeas corpus* vero e proprio, che impedisce ad altri (salvo l'autore) di mettervi mano e che lo protegge dalle intrusioni. Perfino la cultura tipografica occidentale (e, prima ancora, quella degli scrivani che ricopiavano i testi antichi) ha contribuito al costituirsi di questa concezione, inventando via via dei segnali grafici e delle trovate di impaginazione per delimitare questo corpo: il titolo (che è, come è noto, un'invenzione piuttosto recente), il nome dell'autore, i bordi che sulla pagina delimitano e racchiudono lo spazio del testo, e perfino i segni di citazione (...) che permettono di distinguere le parole degli altri distribuendo così le responsabilità e i meriti delle diverse parti del testo.

Ora, sotto l'influsso dei testi circolanti nella dimensione digitale, l'intero sistema di presupposizioni riguardanti il termine 'testo' vacilla: il testo sta diventando "un oggetto aperto e penetrabile, liberamente copiabile e interpolabile senza limiti" (Simone 2006: 118). Il segnale più evidente dell'imminente mutamento della nozione intuitiva di testo profetizzato da Simone è costituito dalla comparsa di alcuni tipi di testo:

> Il più vistoso è l'esplosione mondiale di quelli che sono stati chiamati giustamente non-libri, e che sono in realtà non-testi: raccolte di frasi, brevi storie, citazioni, battute, barzellette, motti celebri di diversi autori. Si tratta, è facile vederlo, di una versione ammodernata delle *compilationes*, dedicate non più a testi dottrinali, ma di altro genere. Accanto a questi non-libri, altre tipologie si presentano, tra le quali spicca nettamente l'ormai immenso scaffale delle opere ci consultazione o di *reference*. Il manuale per l'uso di programmi per calcolatori ne è l'esempio più chiaro: fatto non per essere letto di continuo, ma per essere consultato a intervalli, quasi attraverso continue incursioni; e poi per essere modificato, 'aggiornato', con l'inclusione continua di nuovi pezzetti di testo, addirittura senza un autore (Simone 2006: 119).

È interessante notare che secondo Simone (2006: 119) il cambiamento andrebbe visto non in termini di radicale novità, bensì di ritorno ad una concezione *ante* stampa: "si profila un momento in cui la membrana protettiva dei testi si dissolverà ed essi torneranno a essere, come nel Medioevo, aperti". Il parallelo fra le due concezioni di testo, quella medievale e quella legata al *medium* digitale, per quanto possa risultare azzardato, appare difendibile se consideriamo i due passi seguenti:

> Tutto il cosiddetto 'metodo scolastico', cioè il modo di lavorare dell'intellettuale scolastico medievale[38], si fonda su una gigantesca industria di manipolazioni testuali: i testi

---

38 La descrizione di questo 'metodo' è contenuta nel classico Grabmann (1980).

vengono sezionati in parti, ordinati, glossati, commentati; le loro massime vengono montate in raccolte e in *corpora* (Simone 2006: 111).
Sous format électronique, le Livre est ainsi confronté à son ultime avatar. L'extrême labilité du texte et la facilité avec laquelle on peut maintenant le manipuler, le découper et le copier contribuent à en faire un objet banal, répétitif et d'une valeur plus relative que jamais auparavant (Vandendorpe 1999: 213).

Dario Corno, studioso di antropologia e storia della scrittura, propone un paragone non dissimile attraverso l'idea di ritorno della retorica in generale e della topica in particolare:

> Questi anni sembrano gli anni della topica grazie a Internet. È questa opulenza informatica che ha imposto il cambiamento della prassi di scrittura [...]. Il punto è cioè capire che Internet si presenta come un gigantesco agglomerato di *oralità scritturale*, che presenta un'infinità di moduli ricombinabili, all'interno dei quali ogni testo è la ricostruzione personale di un tessuto i cui fili sono a loro volta microtesti segnati dall'infinito passaggio di altri interpreti. Ma non è una novità, questa, almeno nel suo impianto concettuale. Tornando all'antichità, essa aveva già colto questa istanza di una comunità discorsiva globale che riesce ad articolarsi in archivio di moduli e zone predefinite successivamente riutilizzabili (la topica, appunto) (Corno 1999: 212–213).

Il parallelo tracciato sopra – anche se problematico, data l'eterogeneità dei testi circolanti nel web, la cui buona parte continua a essere ideata e prodotta secondo il modello del testo lineare a stampa – richiama in causa la questione sottesa a tutte le considerazioni fin qui proposte ed esplicitamente anticipata nelle considerazioni fatte a proposito dei testi circolanti nel web in quanto trasmessi, ovvero l'incidenza del *medium* elettronico – e più in generale del *medium tout court* – sul messaggio verbale. Il problema, se affrontato da una posizione determinista, si risolve con la famosa formula di McLuhan "il mezzo è messaggio". Si tratta di una posizione che, oltre ad essere suscettibile dell'accusa di imprecisione, risulta eccessivamente radicale, e perciò va accolta in forma critica come intreccio di influenze fra mezzo e contenuto-messaggio e ciò che ne va ricavato – come suggerisce Gamaleri (1991: 212–13) – è il rifiuto dell'"idea di ipostatizzare una entità (il «contenuto», appunto), al fine di poterlo travasare meccanicamente in contenitori, in forme tra loro profondamente diverse".

In altri termini nella comunicazione il *medium* non è mai trasparente comportando l'apporto di elementi semiotici non strettamente linguistici, ovvero quegli elementi che con Esser (2006: 20) potremmo definire *medium-dependent*. Di conseguenza il passaggio da un *medium* all'altro, ad esempio dall'oralità alla scrittura alfabetica, ma anche nella direzione opposta, comporta sempre una perdita di informazione[39].

---

39 Cfr. Duranti (2000: 117): "(...) trasformando un fenomeno acustico in uno visivo, la scrittura ci consente di manipolare in modo diverso i segnali linguistici, dando vita a forme diverse di astrazione e a nuovi tipi di connessioni. Ma come ogni altro

Il termine *medium* può riferirsi non solo al canale, bensì nasconde tutta una serie di possibili accezioni che – ricorrendo alle distinzioni proposte da Esser (2006: 18) – coprono almeno i seguenti modi di intenderlo:

1. *Medium* referring to the perception of our senses in the sense of channel:
    (a) acoustic channel to perceive sound waves by ear;
    (b) visual channel to perceive graphic symbols, sign language, flags etc. by eye
    (c) tactile channel to perceive raised dots (Braille)
2. *Medium* referring to the physical object that is perceived in the sense of substance:
    (a) via the acoustic channel: sound waves of the natural human voice or of a loudspeaker
    (b) via the visual channel: human body, stone, parchment, paper, blackboard, electronic screen
    (c) via the tactile channel: paper, plastic, metal
3. *Medium* referring to transmission: air, parchment, paper, wire, glass fibre, short wave
4. *Medium* referring to storage: stone, parchment roll, book, letter, newspaper, venyl disk, magnetic tape, hard disk, CR-ROM
5. *Medium* referring to user interface: telegraph, telephone, radio-set, tv-set, computer
6. *Medium* referring to communication system depending on transmission, storage and user interface: book (production, distribution, reception), mail service, telegraphy, radio, television, internet
7. *Medium* referring to conventions of communication depending on communication system, i.e. style: speech, writing, letter, book, telegram, e-mail

Nelle scienze del linguaggio le prime due e l'ultima delle accezioni proposte[40] sono quelle che in maggior misura risultano essere considerate pertinenti: la prima e la seconda nelle riflessioni teoriche sullo status materiale del segno, invece l'ultima nelle ricerche variazioniste (in aumento negli ultimi trent'anni) sulle differenze fra scritto e parlato. Le accezioni restanti – anch'esse interrelate, come si evince dagli esempi proposti da Esser per illustrare ogni categoria – sono state fatte oggetto di riflessione nelle discipline limitrofe: scienze della comunicazione, antropologia e storia della scrittura ecc.[41]. Questo stato di cose, però, è destinato

---

potente strumento analitico, la scrittura non solo mette in luce alcune proprietà, ma ne nasconde altre".
40 Le tre accezioni sono ovviamente interdipendenti e strettamente interrelate.
41 Si pensi ad esempio alle riflessioni di Zaganelli (2008: 164) sul passaggio dal *rotulus* al *codex*: "Una forma di libro diversa da quella con cui greci e romani avevano avuto confidenza si impose progressivamente soppiantando il rotolo che aveva rappresentato fino a quello momento il supporto per la documentazione scritta. Esso permise operazioni e gesti impensabili con il precedente mezzo come ad esempio scrivere mentre si legge, sfogliare le pagine, identificare un particolare passo. Il passaggio dal *volumen* al *codex* si può spiegare in termini naturalmente economico-culturali: il fatto ad esempio di poter contare su *recto* e *verso* rese meno

a cambiare: proprio per guadagnare all'analisi linguistica e semiotica il territorio delle nuove tecnologie della comunicazione Fiormonte (2003: 30–31) propone di integrare il modello variazionistico di Berruto (1987) con una quinta dimensione della variazione, quella diatecnica. La diatecnia, con la radice *téchne*, "senza interferire necessariamente con la dimensione diamesica, rifletterebbe le caratteristiche interne dei linguaggi e degli strumenti tecnologici che generano o *sono* testo digitale, ovvero quegli elementi che circoscrivono, e insieme attualizzano, le sue possibilità semiotiche" (Fiormonte 2007: 3). Riemerge così la questione di prima importanza, già segnalata in § 2.2.2., ovvero il fatto che nella dimensione digitale i testi sono fruibili attraverso interfacce interattive (cfr. i tratti a) e c) dei testi digitali), il che richiama l'attenzione sulle condizioni specifiche in cui ogni singolo testo si presenta e viene fruito.

2.2.2.1. Il concetto di interfaccia e la configurazione paratestuale

La tecnologizzazione del piano di espressione e il conseguente virtualizzazione dei testi nella dimensione digitale richiama l'attenzione sulla materialità dei testi in generale, questione che fino all'avvento della codifica numerica rimaneva fuori dall'interesse dei semiologi e linguisti[42] in virtù di un assunto tacito e intuitivo che separava il mondo degli oggetti da quello dei testi scritti[43], astrazione in netto con-

---

costosi i libri; il *codex* consentiva di contenere un maggior numero di testi rispetto al rotolo e dava loro un aspetto unitario; inoltre era più robusto, più facilmente trasportabile, e più adatto all'uso scolastico. Ma si spiega anche in termini di pratiche intellettuali di lettura, come il passaggio dalla lettura orale e pubblica a quella silenziosa, e poi di pratiche di scrittura, come l'impaginazione, la presenza degli indici e così via".

42 Cfr. a questo proposito Simone (1992: 55–56), che mette in chiaro come lo strutturalismo classico può essere considerato "uno dei maggiori responsabili dell'accantonamento della natura semiotica del linguaggio (fatta eccezione per Hjelmslev). Per convincersi di ciò, è sufficiente notare che la ripresa attuale del PS [paradigma della sostanza] sembra essere tipica di quella parte della linguistica di oggi che è più sensibile alla tematica dei fondamenti semiotici del linguaggio; al contrario, essa risulta del tutto estranea agli interessi della linguistica priva di basi semiotiche, come la grammatica generativa. Va segnalato che secondo Simone nella storia delle scienze del linguaggio sono individuabili due grandi paradigmi: il paradigma dell'arbitrarietà (PA) e il paradigma della sostanza (PS). Quest'ultimo, nonostante la predominanza del PA, pervade tutta la storia della linguistica reggendosi su due principi: a) il principio della sostanza e dell'iconicità, secondo il quale "la sostanza fonica è parte integrante del linguaggio"; b) il principio del determinismo fisico, secondo il quale "la struttura del linguaggio è in parte determinata dall'apparato fisico dei suoi utenti umani, vale a dire da fattori come percezione, struttura muscolare, memoria, facoltà di produzione e di interpretazione, consumo di energia, ecc." (Simone 1992: 46–48).
43 Ci limitiamo all'universo dei testi scritti poiché in riferimento ai testi parlati la questione dei supporti, essendo la materia fonica l'unica scelta a disposizione, non

trasto con la concezione materiale e funzionale della scrittura avanzata da Zinna (2004: 88), che parte

> dall'ipotesi che non ci sono *scritture*. La constatazione è paradossale nella sua formulazione, ma ricca di conseguenze per ciò che vogliamo dimostrare: concretamente, e come sostengono coloro che studiano i sigilli, le tavolette di terracotta, le rovine di abitazioni, le iscrizioni tombali o gli scambi epistolari, non ci sono che *oggetti di scrittura*. Parlare di scritture significa introdurre un'astrazione come quella che per lungo tempo ha nutrito la teoria del segno: come la *lingua* e i *segni*, le *scritture* non hanno alcuna esistenza fuori dal contesto delle altre unità o dal supporto che ne determina l'uso[44]. Questa premessa è necessaria perché ci permette di passare dallo studio astratto delle scritture allo studio concreto dell'oggetto e del discorso scritto. Per molti aspetti questo passaggio è analogo a quello che ha compiuto la linguistica passando dallo studio della *langue* allo studio della *parole*.

Zinna, al quale dobbiamo lo sforzo più articolato di analizzare l'ipertesto digitale dal punto di vista della semiotica teorica, si serve del concetto di oggetto-scrittura per affrontare la tesi centrale del suo lavoro, ovvero quella dell'avvicinamento dei due mondi, quello dei testi e quello degli oggetti, reso possibile dalla codifica numerica. Se da un lato gli oggetti d'uso quotidiano, con il loro aumentare di complessità, integrano sempre più spesso varie forme di scrittura, ad esempio, indicazioni collocate sui comandi, dall'altro lato anche le scritture – integrando i comandi, cosa che accade per i documenti elettronici – evolvono verso gli oggetti. A ciò si aggiunge la sparizione degli oggetti d'uso, o meglio la loro virtualizzazione: si pensi all'assorbimento dal *personal computer* di alcuni oggetti tecnologici, come televisore, radio, mixer musicale. Ciò che ne rimane – grazie alla capacità di implementazione le funzioni attraverso il software, è la loro interfaccia. In altri termini "gli aspetti funzionali delle parti meccaniche, vengono man mano sostituiti dagli algoritmi di calcolo della scrittura elettronica" (Zinna 2004: 17). L'universo che ne emerge, per essere compreso meglio, può essere rappresentato in un grafico che si avvale dell'intersezione dei parametri che assegnano una maggiore o minore presenza del linguaggio con quelli che si riferiscono ad una maggiore o minore interattività del supporto.

---

si pone così problematica. Cfr. a tal proposito Zinna (2004: 90): "In quanto *phôné*, la materia della lingua parlata è una materia necessaria: in altri termini, noi non abbiamo altra scelta per produrre la parola se non quella di ricorrere alla materia sonora della voce articolata".

44 I dizionari di linguistica e i volumi di storia delle scritture sembrano i soli contesti in cui segni e scritture possono vivere in una purezza a-contestuale.

Figura 2.1. Distribuzione di alcuni oggetti di scrittura (Zinna 2004: 120)

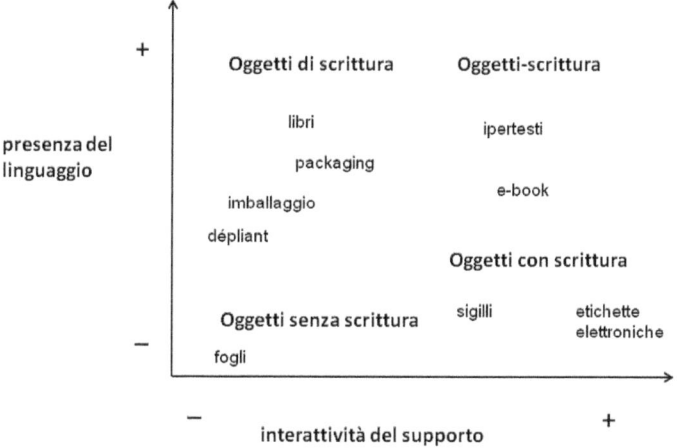

Il concetto di interfaccia, centrale per la semiotica proposta da Zinna, correlando ciò che è proprio dell'oggetto d'uso (disposizione in parti) e ciò che è testuale (testi a valore paratestuale), consente di mettere in relazione sia gli oggetti d'uso sia i testi indipendentemente dalla loro virtualizzazione. La sua utilità risulterà più chiara in seguito ai due seguenti esempi di comparazione:

a) Un imballaggio (oggetto-scrittura) *vs* un libro
   Un cartone d'imballaggio o un libro hanno un'organizzazione funzionale in parti e presentano delle iscrizioni che determinano la loro interfaccia d'uso. Quello che li distingue è invece il rapporto che intrattengono con la scrittura, anche se, a ben guardare, la copertina di un libro e il packaging di un oggetto presentano molte più analogie di quanto non si possa pensare a prima vista. Per esempio, entrambi condividono uno spazio esteriore in cui si collocano le iscrizioni paratestuali (codice barra, indicazioni tecniche sull'oggetto, icone che indicano la fragilità del prodotto) e sopratestuali (destinatario occasionale della spedizione, timbri postali, classificazione da parte del distributore, ecc.) (Zinna 2004: 13);

b) Un libro a stampa *vs* un e-book
   Nonostante le innovazioni progettuali e di design, gli schermi piatti, gli e-book, come altri dispositivi elettronici, non ci hanno ancora spinti a sbarazzarci di un oggetto antico e pertanto irrimpiazzabile come il libro. La scarsa diffusione che incontra l'e-book è in parte dovuta alle difficoltà di lettura a schermo, ma anche alla struttura di un supporto che, in un primo tempo, era stato concepito come un oggetto volumetrico senza alcun spazio intra-oggettuale. Così gli e-book della seconda generazione che sostituiscono i precedenti sistemi di visualizzazione, composti da un semplice schermo piatto, ripropongono una divisione tra lo spazio esterno e lo spazio interno. La forma attuale li fa assomigliare a oggetti che riproducono le modalità di lettura del libro perfino dal punto

di vista gestuale. Ancora una volta, la configurazione del *codex*, con la sua dialettica tra spazio interno e esterno, rimane la guida per la costruzione dell'interfaccia degli oggetti di scrittura. Ancora una volta, le abitudini di lettura inducono gli stessi oggetti elettronici a riprodurre alcune delle funzionalità del libro e della sua unità costitutiva che è la pagina (Zinna 2004: 117).

Come risulta chiaro dalla comparazione b) alle considerazioni di Zinna è sottesa inevitabilmente una riflessione di carattere diacronico, se non anche ontologico, sull'evoluzione tecnologica dei supporti e sul corrispondente sviluppo delle inscrizioni di cui si dota il corpo del testo:

a) metatestuali, il cui lento sviluppo è testimoniato dall'introduzione della virgola con le prime edizioni a stampa nonché dal ricorso a espedienti grafici come spaziatura orizzontale, titolazione, numerazione dei capitoli e paragrafi, tutte innovazioni di non poco conto se confrontate con la *scriptio* continua;
b) paratestuali, la cui nascita avviene con la produzione e la circolazione del libro: numerazione delle pagine, introduzione di sommari, indici, note ecc., tutte innovazioni volte a rendere il libro di facile fruizione;
c) sopratestuali, che costituiscono l'ultima tappa della specializzazione delle iscrizioni accompagnanti il testo e che sono volte a identificare e classificare l'oggetto scritto. Questo tipo di iscrizioni, generalmente poste sulla parte esterna dell'oggetto e sviluppatesi con la nascita delle biblioteche sotto forma di etichette fino al più recente codice barra, risponde all'esigenza di rendere i libri facilmente reperibili.

Le specializzazioni delle iscrizioni su un supporto tratteggiate sopra, metatestuali, paratestuali e sopratestuali, fanno parte di una linea evolutiva della scrittura, confermata dagli sviluppi più recenti dei documenti elettronici e costituita da una progressiva stratificazione dei documenti in informazioni che non "riguardano più il testo, ma l'autore, il genere, le parole chiave, la classificazione e la collocazione" (Zinna 2004: 122).

Va colta in termini di stratificazione non solo la moltiplicazione dei piani di iscrizione presente nei documenti elettronici, bensì l'intero universo discorsuale. Con ciò Zinna – non a torto – fa notare quanto sia diventato ricco il mondo dei testi in cui accanto agli ipertesti continuano ad essere prodotti e consumati testi a stampa, testi scritti a mano senza che una tecnologia si imponga o sostituisca interamente l'altra. In altri termini ciò a cui assistiamo non va inteso nel senso di un passaggio dal cartaceo al digitale, bensì in termini di una stratificazione delle tecnologie di salvaguardia e di trasmissione dei dati con la conseguente specializzazione di ognuna delle tecnologie, orale, scritta o elettronica, nella gestione di comunicazioni di diverso tipo "a seconda del luogo, dell'opportunità, del genere o dello stile di comunicazione che si vuole realizzare[45]" (Zinna 2004: 290).

---

45 "La posta elettronica non ha rimpiazzato la lettera scritta a mano e inviata per posta ordinaria, soltanto, la scelta del tipo di comunicazione da privilegiare è

2.2.3. Conclusioni

In conclusione alle considerazioni proposte finora a partire dalle due caratteristiche più importanti dei testi circolanti nella dimensione digitale, ovvero ipertestualità e virtualizzazione del supporto, va ribadito che la prima non basta a fare la rivoluzione se svincolata dalla seconda. L'innovatività dei testi digitali va cercata nella codifica numerica e nella sua duplice ricaduta sulla loro circolazione materiale: da un lato essi sono fruibili solo attraverso interfacce interattive, dall'altro non fanno più parte di *codex*, oggetti fisici e autonomi, bensì di un'enorme banca dati, biblioteca[46] virtuale, in cui tutto diventa accessibile a portata di un *click*. Il primo dei due problemi può essere affrontato in parte con gli strumenti già da tempo usati da Genette in riferimento a stampa, in parte con strumenti nuovi da cercare – come propone Zinna – nella semiotica degli oggetti. Il secondo problema riguarda il particolare contesto di fruizione che favorisce letture associative. Se nel mondo dei supporti cartacei tali letture risultavano possibili, ma per la distanza fisica che separava gli oggetti solo in modo estremamente più limitato rispetto alle possibilità offerte da un computer connesso al web. Si pensi ai possibili percorsi all'interno di un dizionario tematico che, seppur presentandosi fittamente interconnesso fra le diverse voci, risultano infinitamente meno numerosi dei percorsi effettuabili da chi davanti al pc ha facile accesso ad una miriade di libri e articoli, scansionati o digitali che siano. Ciò che risulta nuovo in primo luogo è, dunque, "l'integrazione di un documento nel contesto della biblioteca" rispetto "all'universo del documento scritto" (Zinna 2004: 292), problema affrontabile con strumenti da attingere forse dalle scienze del libro e archivistica. All'interrogativo sulla validità del concetto di testo è anche, quindi, sottesa una riflessione più generale sui confini da dare alla linguistica del testo. Se da un lato l'apparizione dei nuovi media rende necessario prendere in considerazioni anche le peculiarità semiotiche del supporto digitale, dall'altro occorre riflettere se la disciplina in questione dovrebbe diventare onnicomprensiva abbracciando ogni elemento del contesto extralinguistico immaginabile.

---

diventata una questione di sotto-genere. Tra due interlocutori che fanno uso della posta elettronica, lo scambio epistolare per lettera o per fax diventa dunque una questione d'*importanza*, d'*etichetta* o di *discrezione*. Allo stesso tempo, la tecnica di trasmissione fa subire una mutazione alla forma della composizione: all'inizio, lo stile epistolare della posta elettronica riproduceva quello della lettera postale. Dopo qualche tempo, la posta elettronica ha approfittato della sua velocità di circolazione ed è diventato via via un discorso sempre più sintetico ed essenziale. Ecco un caso in cui lo stile segue la specializzazione funzionale della struttura di comunicazione del messaggio. La nascita di un mezzo più rapido, o più efficace, cambia il valore e l'uso della tecnologia che lo precede ma non lo rimpiazza interamente" (Zinna 2004: 292).

46 Cfr. a tal proposito anche Dróżdż (2009: 250–254) e le sue considerazioni sull'utopia del *Liber Mundi*.

Come si evince da quanto detto finora il concetto di testo non risulta obsoleto o inadeguato di fronte all'universo dei testi digitali anche perché, come si è cercato di argomentato nella parte finale di § 2.2.2.1., i due universi discorsivi, quello digitale e cartaceo non sono perfettamente separati. Infatti, non pochi dei testi presenti on-line sono testi cartacei scansionati o testi, comunque, prodotti e fruiti off-line secondo le modalità non dissimili da quelle tipiche dei testi cartacei, il che, però, non significa che il concetto di testo non richieda integrazioni o ridimensionamenti a seconda dei testi presi in esame e dei limiti disciplinari entro cui ci si propone di operare. Così ad esempio, stando a Eckkrammer (2009: 325–326), i due aspetti dell'organizzazione testuale che richiedono in primo luogo una nuova descrizione sono la deissi e la coerenza a livello macrostrutturale (ovvero delle connessioni fra lessie), mentre la coerenza a livello microstrutturale è completamente analizzabile con gli strumenti descrittivi elaborati per il testo tradizionale. Di conseguenza ci pare legittimo ritenere giustificato il ricorso ai concetti di genere di discorso e paratesto[47] nei paragrafi a seguire del presente capitolo e ai ben conosciuti strumenti di analisi dei meccanismi coesivi nell'analisi dei post proposta nel Cap. 5.

2.3. La problematica dei generi di discorso

Nell'accingerci ad affrontare la questione dei generi testuali nella CMC giova mettere subito in evidenza due tendenze in contrasto: un progressivo ibridismo generico nelle pagine web da una parte e dall'altra una crescente e generalizzata *generification* delle pratiche comunicative.

La prima è stata segnalata di recente da Santini (2007), che in opposizione agli studi precedenti[48] avanza l'ipotesi della necessità di prevedere per i siti web "a zero-to-multi genre classification-scheme, i.e. a scheme that allows zero genre or multi-genre classification in addition to the traditional single-genre classification". Il postulato si spiega con il fatto che "it is often the case that a web page includes more than one genre or has no genre at all" (Santini 2007: on-line).

Il summenzionato sincretismo[49] non mette in crisi il concetto in alcun modo per i motivi che Rastier (2003: 381–382) formula come segue:

---

47 Sul legame tra i due concetti in riferimento ai testi della CMC cfr. la monografia di Loewe (2007).
48 Si confrontino a tal proposito sia ricerche basate sull'approccio automatico ai siti web, Shepherd/Watters/Kennedy (2004), sia quelle basate sull'approccio qualitativo, Askehave/Nielsen (2005).
49 Il problema – prima di diventare oggetto di riflessione anche in riferimento ai testi non letterari – è stato a lungo dibattuto nel campo degli studi letterari. Si confrontino a tal proposito Balbus (1999), Balcerzan (1972) e ovviamente Nycz (1984), l'autore del concetto di 'selve contemporanee' ("*sylwy współczesne*"), che abbraccia tutte quelle forme letterarie, vistosamente dominanti nel panorama letterario polacco a partire dagli anni '60, che non si lasciano facilmente imbrigliare nelle categorizzazioni correnti.

(...) l'eterogeneità (...) non indebolisce affatto il concetto di genere. In effetti, l'idea stessa di mescolanza di generi milita decisamente a favore dei generi, e non a caso vari generi letterari sono definiti in base alla loro eterogeneità: *satira*, ad esempio, significa *mescolanza (satura)* proprio come *commedia*[50]. Eppure – per analogia – il *mixed-grill* [grigliata mista] è pur sempre un piatto, non un miscuglio di piatti; e allo stesso modo gli stili Napoleone III, Biedermaier o postmoderno sono stili compositi e non – purtroppo! – assenze di stile.

(...)

Al di fuori delle pratiche ludiche o letterarie, i generi composti del resto sono molto rari; la maggior parte dei testi, in effetti, ubbidisce a norme esplicite: rapporti di attività, ordini di missione ecc., per non parlare di assegni e cambiali... Quale potrebbe mai essere il carattere eterogeneo di un foglio di istruzioni per il montaggio?

Bisogna, in definitiva, distinguere tra due sezioni di un testo, la tesi è banale ma vera; se, invece, si allude a diverse provenienze è falsa per la maggior parte dei discorsi ma banale per il discorso letterario – nel quale ogni testo riscrive altri testi.

Per chiarire l'apparente contrasto fra le osservazioni di Rastier e quelle di Santini occorre mettere in evidenza che i due parlando di eterogeneità si riferiscono sostanzialmente a due cose diverse: mentre Rastier si riferisce ai testi, Santini dedica le sue considerazioni ai siti, che al pari dei libri, intesi come oggetti, possono ospitare una pluralità di testi, ognuno dei quali può risultare classificabile come genere diverso. Oltre, quindi, alla configurazione meno problematica e forse più prototipica: un solo libro che contiene un solo romanzo, vi sono configurazioni più complesse: un solo libro che contiene una serie di testi di genere diverso. Si pensi a titolo di esempio al volume "Oeuvres complètes, tome 1: Livres, textes, entretiens, 1942–1961" di Roland Barthes (2002), che contiene tutto quello che Barthes aveva scritto e anche detto per il pubblico negli anni 1942–1961: gli interventi, le note su riviste, le prefazioni, i rendiconti di studio, le interviste. Va da sé che – come si è cercato di mettere in evidenza nella sezione precedente – la questione delle relazioni fra testi e supporti va vista come un intreccio di dipendenze eterogenee e le classificazioni operabili e operate da studiosi di linguistica, esperti di editoria e utenti comuni sono sovrapponibili solo in parte. Il problema è particolarmente acuto nel mondo dei media, specialmente in quello italiano, come testimoniano le parole Ilaria Bonomi (2002: 222):

> sul piano teorico-metodologico, non è certo un caso che in Italia non sia stata tentata da parte dei linguisti alcuna classificazione testuale degli articoli di giornale, mentre questo è avvenuto per i giornali di altri paesi.

Ulteriore conferma del processo di ibridazione delle forme di comunicazione nel mondo dei mass media arriva dallo studio di Dardano *et al.* (1992) dall'emblematico titolo «Testi misti»:

---

50 "Sembra che i generi composti siano di solito classificati come bassi al pari di tutte le produzioni eteronime, laddove i generi sublimi sono isonomi" (Rastier 2003: 401).

I tipi testuali di un tempo (per es. I diversi articoli della stampa quotidiana e periodica), che erano differenziati a seconda delle funzioni e delle tradizioni, si fondono ora in tipi ibridi, caratterizzati da nuove finalità e strutture (Dardano *et al.* 1992: 325).

Tutto ciò non deve per forza intaccare l'identità globale dei generi:

> una cronaca sportiva rimane tale anche se in essa si parla a lungo di dietologia e di neurofisiologia; il bollettino delle previsioni del tempo mantiene i suoi scopi e i suoi caratteri di base nonostante l'inserimento di tratti del parlato informale; il testo pubblicitario ha sempre il fine di far vendere un prodotto (Dardano *et al.* 1992: 326).

Il problema è ben presente anche agli studiosi fuori dall'Italia[51]: si pensi al numero 13 della rivista "Semen. Revue de Sémio-linguistique des textes et discours" a cura di Adam/Herman/Gilles (2001) interamente dedicato ai generi della stampa scritta ("*genres éditoriaux*") come *le fait divers, le reportage, le courrier des lecteurs*, ecc.

Il problema dell'eterogeneità, studiato a più riprese da studiosi dell'area francofona, si pone anche in riferimento alla CMC, in riferimento alla quale Mourlhon-Dailles parla di un "décloisonnement complet des supports, des époques et surtout des noms donnés aux genres empiriques" (Mourlhon-Dailles 2007: on-line).

La diversità dei criteri che sta alla base delle categorizzazioni non inficia il bisogno stesso di categorizzare, tanto più necessario quanto più risulta facile l'accesso alla sempre crescente mole di dati in rete. La categorizzazione in senso lato – senza la quale non sarebbe possibile l'operazione di *tagging* indispensabile per il funzionamento dei meccanismi di interrogazione, ormai molto spesso l'unico metodo di rintracciare il dato cercato. Swales (2004: 5) parla addirittura della crescente *"generification"*, processo particolarmente evidente nel mondo accademico e in quello

---

51 Cfr. anche Geertz (1980:165), che parla di "generi offuscati" ("*blurred genres*"): "there has been an enormous amount of genre mixing in intellectual life in recent years, and it is, such blurring of kinds, continuing apace. (...) This genre blurring is more than just a matter of Harry Houdini or Richard Nixon turning up as characters in novels or of midwestern murder sprees described as though a gothic romancer had imagined them. It is philosophical inquiries looking like literary criticism (think of Stanley Cavell on Beckett or Thoreau, Sartre on Flaubert), scientific discussions looking like belles lettres morceaux (Lewis Thomas, Loren Eiseley), baroque fantasies presented as deadpan empirical observations (Borges, Barthelme), histories that consist of equations and tables or law court testimony (Fogel and Engerman, Le Roi Ladurie), documentaries that read like true confessions (Mailer), parables posing as ethnographies (Castenada), theoretical treatises set out as travelogues (Lévi-Strauss), ideological arguments cast as historiographical inquiries (Edward Said), epistemological studies constructed like political tracts (Paul Feyerabend), methodological polemics got up as personal memoirs (James Watson). Nabokov Pale Fire, that impossible object made of poetry and fiction, footnotes and images from the clinic, seems very much of the time; one waits only for quantum theory in verse or biography in algebra".

della pubblica amministrazione, il cui sintomo più facilmente ravvisabile è dato dal diffondersi di nuove accezioni del termine 'genere' nella lingua inglese:

> Another sign of this generification process has been increasing use of the word genre itself, which has continued to expand in scope and frequency from its original uses in art history and literary criticism. So today it is now commonly used when categorizing films, popular music, TV programs, books and magazines, promotional activities, and many other products from other slices of life. I have recently, for instance, heard the term applied to elevators, chairs, garden ornaments, and cuisines... (Swales 2004: 5).

A conclusione delle premesse sovraesposte pare opportuno citare Lemke (2005: 45), che fa notare quanto sia diverso il funzionamento dei generi nella società moderna in virtù del fatto che i parlanti siano a contatto con una pluralità di testi di vario genere su scala temporale sempre minore:

> (...) people cross institutional and genre boundaries on shorter and shorter timescales (surfing across television channels from genre to genre, across websites from institution to institution, and living their lives between as well as within multiple jobs, tasks, and institutions), we increasingly not only hybridize formerly insulated genres, but we now also make meaning along our traversals across traditional genres. Genres are becoming units, raw material, for flexible trans-generic constructions: resources for meaning in a new, externally-oriented sense.

2.3.1. Due periodi nello studio dei generi

Lo studio dei generi affonda le sue radici nel campo degli studi letterari[52] e della retorica e per lungo tempo fu costituito da una riflessione concentrata sulla classificazione dei testi letterari a partire da forma e contenuto (tragedia, commedia, epica ecc.). Nella retorica i generi venivano identificati in base alle caratteristiche quali forma, argomento, situazione e auditorium (cfr. Yates/Orlikowski 1992: 300), invece oggi il concetto di genere, sforati i confini disciplinari della retorica e studi letterari, fa parte dello strumentario proprio di folkloristica, storia dell'arte e ovviamente delle scienze del linguaggio.

Come fa osservare Gajda (1993: 247) nella riflessione teorica sui generi testuali vi sono da ravvisare due periodi: quello prescientifico, che va dall'antichità fino al XIX secolo e quello scientifico i cui inizi risalgono al primo '900. Nel primo periodo, nell'era di Platone e di Aristotele, quello di genere era concepito in una maniera normativa come una serie di regole estremamente restrittive che definivano i contenuti, la composizione e lo stile dei testi, i quali venivano prodotti, recepiti e analizzati in riferimento all'esemplare ideale, capostipite del genere.

Nel periodo scientifico lo scopo stesso e i metodi dello studio dei generi sono mutati verso un approccio più descrittivo che abbraccia non solo le regolarità

---

52 Si rimanda a tal proposito a Frye (1957), Corti (1972), nonché al lavoro di Segre (1985: 234–263) che compendia i diversi accostamenti proposti da secoli di critica.

testuali, bensì riserva uno spazio sempre maggiore agli aspetti sociali e culturali dell'uso dei generi in una data comunità dei parlanti. Di conseguenza il modo di concepire il genere in termini di modello strutturale ha ceduto posto ad una sua visione aperta al contesto extralinguistico e scopo comunicativo (il che risulterà più evidente nella sezione dedicata alle differenze fra genere testuale e tipi di testo). Come argomentano Freedman/Medway (1994: 2), negli approcci più recenti l'accento viene posto sui mezzi atti a "unpack the complex social, cultural, institutional and disciplinary factors at play in the production of specific kinds of writing".

2.3.2. Concetto di genere

2.3.2.1. *Status ontologico*

Prima di addentrarci in una più generale riflessione teorica sulla categorizzazione all'interno della quale – come si evince da quanto sopra – andrebbe colto il concetto di genere, va ricordato che lo status ontologico del concetto stesso non ha una formulazione unica ed unanimemente riconosciuta nell'ampio spettro delle discipline che hanno per oggetto di studio il testo. Come se non bastasse vi sono ravvisabili differenze nel modo di concepire il termine 'genere' all'interno di uno stesso autore o, addirittura, di uno stesso studio. Il più spesso delle volte nella riflessione odierna il genere testuale è concepito – sulla scia di Bachtin – come tipo di testo, quindi costrutto teorico (*conceptus mentis*) situabile a un livello astratto. Si tratta di un modo di concepire che lo vede come un modello dotato di caratteristiche invarianti e quelle mutevoli, regolate dalla prassi (concezioni, abitudini, norme). Il concetto in questione viene altrettanto spesso collocato in una zona intermedia fra il sistema astratto e la sua attualizzazione testuale, ovvero sul piano della norma. In tal caso il genere viene presentato come un modello esistente intersoggettivamente nella competenza comunicativa dei membri di una data comunità dei parlanti, modello che, anche se soggetto a cambiamenti paralleli a quelli storico-culturali, ha un forte potere codificante[53]. Vi è, infine, un terzo modo di concepire il genere, ovvero quello

---

53 Cfr. Todorov (1993: 45): "Il fatto che i generi esistano come istituzioni fa sì che essi funzionino come «orizzonti d'attesa» per i lettori e come «modelli di scrittura» per gli autori. Ecco i due versanti dell'esistenza storica dei generi (o, se si preferisce, di quel discorso metadiscorsivo che prende i generi come proprio oggetto). Da un lato, gli autori scrivono in funzione del (il che non significa in accordo col) sistema di generi esistente, e possono testimoniarlo all'interno come all'esterno del testo, o persino, in un certo senso, fra i due: sulla copertina del libro; tale testimonianza non è ovviamente l'unico mezzo per dimostrare l'esistenza dei modelli di scrittura. D'altro lato, i lettori leggono in funzione del sistema di generi, che conoscono grazie alla critica, alla scuola, alla rete di diffusione del libro o semplicemente per sentito dire; non è tuttavia necessario che siano consapevoli di tale sistema".

che gli conferisce lo status di una realtà ontologica facendolo coincidere con un testo concreto, un'occorrenza che fa da prototipo[54].

È interessanti mettere in relazione quanto sopra con i diversi possibili modi di operare classificazioni. Lo fa Rastier (2003: 367) quando individua tre concezioni di genere: classe, tipo e stirpe.

(i) La concezione classificatoria deve affrontare tutti i consueti problemi delle tassonomie, non ultimo la variabilità dei criteri adottati. Naturalmente si è cercato di riformare questa concezione utilizzando la nozione di "aria di famiglia", ma il rischio è di moltiplicare e indebolire i criteri senza avere alcun mezzo per ordinarli gerarchicamente.

(ii) La concezione tipologica ha il compito di descrivere il rapporto fra tipo e occorrenza. Ma i tipi di testi sono modelli ipotetici, e le occorrenze hanno senso sia se manifestano il tipo sia in quanto se ne discostano. Del resto, nessuna teoria dei tipi è stata in grado di creare una semantica della variazione delle occorrenze rispetto ai tipi: la teoria dei prototipi ha sfumato le tassonomie, ma anch'essa non è riuscita a descrivere tale variazione quando descrive il rapporto fra esemplari centrali e periferici solo mediante la metrica quantitativa del numero dei tratti (la *cue validity*).

Le due prime concezioni del genere, la classe e il tipo, dipendono dalla problematica logico-grammaticale: la prima, infatti, è legata all'immaginario classificatorio della grammatica, la seconda a quello della logica.

(iii) La terza concezione considera il testo come "generazione" in un linguaggio di riscritture. Persino nell'ambito dei generi, i cosiddetti *sotto-generi* sono discendenze genetiche specifiche: ad esempio, a partire da *La Celestina* gli autori di romanzi picareschi si sono imitati gli uni con gli altri – e a ragione; l'*Arcadia* di Jacopo Sannazzaro inaugura la discendenza europea del romanzo pastorale; e si potrebbe continuare

Le tre concezioni non si escludono a vicenda e come fa notare lo stesso Rastier (2003: 367) lo status dei generi cambia a seconda dei discorsi: "nei discorsi normativi i testi sono prodotti e interpretati in funzione della permanenza, come occorrenze del rispettivo tipo; nei discorsi soggetti a norme ma non normativi sono invece prodotti e interpretati come trasformazioni delle loro fonti". Bisogna, infine, tener conto del fatto che tutte e tre le concezioni possano risultare utili a seconda dei singoli generi. Basti pensare al genere enciclopedia on-line che – come uno dei pochi generi non letterari – risulta prestarsi ad essere colto in termini di stirpe, data la notorietà della Wikipedia che assurge allo statuo di enciclopedia on-line per eccellenza[55].

Se teniamo da parte la concezione di genere come stirpe, bisogna riconoscere con Witosz (2003) che il modo giusto di concettualizzare il genere è quello che lo coglie

---

54 Cfr. Witosz (2003: 95).
55 A proposito di Wikipedia come genere testuale in rete cfr. la monografia di Tereszkiewicz (2010).

in termini di una categoria teoretica, e non empirica, che fa parte della competenza comunicativa dei parlanti[56].

2.3.2.2. Competenza discorsiva

Indipendente dal loro status ontologico, i generi sono frutto delle operazioni di categorizzazione a monte delle quali vi è il naturale bisogno dei parlanti di una data comunità di orientarsi nell'universo verbale che – come sostiene Duszak (1998: 198) – appare nella percezione comune come entità continua. Tale necessità risulta ben testimoniata dall'elevato numero di parole entrate nel lessico comune designanti i prodotti linguistici, quali ad esempio predica, partecipazione di matrimonio, ricetta di cucina ecc.[57]. Sono tutti termini che, oltre a far parte della competenza lessicale dell'utente medio dell'italiano, ne testimoniano la competenza comunicativa[58], nella quale rientra fra l'altro la capacità di riconoscere i generi di discorso. In altri termini il parlante nativo di una qualsiasi lingua

> è certamente in grado di operare una qualche classificazione, almeno implicita, di tipi diversi di testi; e rientra nella competenza del parlante comune la possibilità, che potremmo dire "prescientifica" di differenziare testi, di rendersi conto se è di fronte ad una predica, ad un annuncio, ad una conferenza, ad un volantino, alla nota del droghiere, ecc., e di mettere in opera qualche strategia per produrre lui stesso tipi diversi di testi, almeno in qualche misura (Berruto 1981: 30–31).

2.3.2.3. Il riferimento a Bachtin

Il concetto di competenza discorsiva è da ricondurre al pensiero di Bachtin, che costituisce tutt'ora l'imprescindibile punto di riferimento per la moderna riflessione sui generi di discorso. Ne riportiamo un passo significativo che contiene tutte le sue idee più citate: la dipendenza dei generi dalle sfere d'utilizzo del linguaggio, l'idea

---

56 Cfr. Witosz (2003: 95).
57 Cfr. Wierzbicka (1999: 228): "Credo che nello studio degli atti di parola e dei generi di discorso propri di una cultura sia di prima importanza concentrarsi sui loro nomi comunemente riconosciuti, ovvero su quei nomi che rispecchiano le forme del parlare più importanti in una data comunità linguistica. Ciò non significa che tutti i «giochi linguistici», per usare il termine di Wittgenstein, avranno un nome, il che non toglie che i giochi dotati di nomi specifici saranno probabilmente più importanti di quelli che ne sono privi" (traduzione mia).
58 Cfr. a questo proposito Hymes (1972) che per primo formulò – in opposizione all'ormai noto concetto di competenza linguistica di Chomsky – la nozione di competenza comunicativa, al che sono seguite altre proposte simili nel senso di andare oltre la mera competenza linguistica orientata alla lingua come codice. Si confrontino a tal proposito, oltre al già citato Berruto, la competenza testuale (van Dijk 1972: 5; Beaugrande 1980: 221), la competenza discorsiva (Green/Morgan 1981: 176; Swales 1990) e, infine, la competenza generica (Bhatia 2004: 145).

che gli utenti di qualsiasi lingua naturale si esprimano esclusivamente per generi (ovvero tutte le enunciazioni sono di regola passibili di classificazione in termini di genere di discorso) e infine l'idea dell'eterogeneità dei generi:

> L'uso del linguaggio si effettua sotto forma di singole enunciazioni concrete (orali e scritte) dei partecipanti di un determinato campo d'attività umana. Queste enunciazioni riflettono le specifiche condizioni e finalità di ognuno di questi campi non soltanto col loro contenuto (tematico) e col loro stile linguistico, cioè con la selezione dei mezzi lessicali, fraseologici e grammaticali del linguaggio, ma, prima di tutto, con la loro struttura compositiva. Tutti questi tre moment – contenuto tematico, stile e struttura compositiva – sono indissolubilmente legati nella *totalità* dell'enunciazione e sono del pari determinate dalla specificità della data sfera di comunicazione. Ogni singolo enunciazione è, naturalmente, individuale, ma ogni sfera d'uso del linguaggio elabora propri *tipi relativamente stabili* di enunciazioni, tipi che chiameremo *generi di discorso*.
> La ricchezza e la varietà dei generi del discorso sono sconfinati, perché inesauribili sono le possibilità della molteplice attività umana e perché in ogni sfera d'attività c'è tutto un repertorio dei generi del discorso che si differenziano e cresce a mano a mano che si sviluppa e complica quella data sfera. Si deve sottolineare in modo particolare l'estrema *eterogeneità* dei generi del discorso (orali e scritti). In effetti, ai generi del discorso dobbiamo riportare le brevi repliche del dialogo quotidiano (ed estremamente grande è la varietà dei tipi di dialogo quotidiano a seconda del tema, della situazione e del carattere dei partecipanti), il racconto familiare, la lettera (in tutte le sue varie forme), il laconico commando militare standardizzato, l'ordine ampio e circostanziato, il repertorio piuttosto variopinto dei documenti d'ufficio (per lo più standardizzato), lo svariato mondo degli interventi pubblicistici (nel senso ampio della parola: speciali, politici); ma in questo gruppo rientrano anche le forme degli interventi scientifici e tutti generi letterari (dal proverbio al romanzo in più volume) (Bachtin 1988: 260).

2.3.2.4. *Categorizzazione e il concetto di genere*

Le posizioni di Bachtin aprono inevitabilmente tutta una serie di interrogativi – a cominciare da quello sull'obbligatorietà della qualificazione generica di ogni singolo testo – che implicano una riflessione sulla categorizzazione stessa. Dal momento che più rigida è la tassonomia, più sono numerosi i testi che risultano non classificabili, viene da chiedersi sul modello di categorizzazione – e di conseguenza sul concetto di genere da elaborare – sufficientemente flessibile in modo da coprire il maggior numero di tagli classificatori operati dai membri di una data comunità parlante.

Se ci poniamo su un piano più astratto, va ricordare che si tratta della classificazione del mondo *tout court* – riportata nella questione dei generi al caso specifico dei testi – che nella storia del pensiero è stata affrontata secondo tre metodi principali (cfr. Polidoro 2003): i) classificazione gerarchica; ii) combinatoria; iii) tipologia.

i) Classificazione gerarchica

La classificazione gerarchica risale a Aristotele e la sua più chiara esemplificazione è costituita dall'albero di Porfirio. Partendo dall'insieme da classificare – da suddividere in tipi, classi, si procede per disgiunzioni successive (possibilmente binarie) mediante le quali si arriva a insiemi sempre più ristretti e definiti. La rappresentazione grafica di questo metodo di classificazione è appunto l'albero.

ii) Combinatoria

Secondo questo modello la classificazione avviene attraverso due o più parametri, ciascuno dei quali prevede due o più possibilità. La combinazione di questi parametri rende conto dell'insieme delle categorie, che possono essere realizzate o solo potenziali. Ne è l'esempio la griglia proposta nell'ormai classico lavoro di Hjelmslev (1987: 61):

Tabella 2.2. Esempio di griglia classificatoria (Hjelmslev 1987: 61)

	Ovino	**Suino**	**Bovino**	**Equino**	**Ape**	**Umano**
Maschio	*Montone*	*Maiale*	*Toro*	*Stallone*	*Fuco*	*Uomo*
Femmina	*Pecora*	*Scrofa*	*Vacca*	*Giumenta*	*Pecchia*	*Donna*

iii) Tipologia

Il terzo modello è sorto negli ultimi decenni traendo origine dalle logiche *fuzzy*, nonché dalle semantiche che usano i concetti di stereotipo e prototipo (cfr. Violi 1997). Ne sono risultate tassonomie allentate rispetto ai primi due modelli: le categorie sono descritte da una serie non predefinita di caratteristiche, il che significa che le caratteristiche pertinenti possono variare da categoria a categoria. Come se non bastasse, la presenza di queste proprietà o l'appartenenza a una categoria non è stabilita in base ad una logica binaria (sì/no), bensì prevede gradi intermedi.

Nella linguistica del testo – come sostengono non pochi studiosi (Witosz 2009, Rastier 2003, Mazzoleni 2004, Jücker 2005) – è prevalsa l'idea di dover ricorrere nella descrizione dei generi al terzo dei tre metodi delineati sopra: per cogliere la complessità del mondo reale dei testi risultano più adatte categorie continue, ovvero costituite da punti focali con una vasta periferia che sfuma senza limiti precisi nelle categorie vicine. Di conseguenza i generi mal si prestano ad essere studiati secondo griglie classificatorie che incrociano parametri selezionati a priori. Si pensi a tal proposito a quella proposta da Sandig – una delle più conosciute in assolute (citata in Berruto 1981, Duszak 1998, Wilkoń 2002) – che si presenta come segue:

Tabella 2.3. Griglia classificatori di generi testuali (Sandig 1972: 118)

tipo di testo	1	2	3	4	5	6	7	8	9	10	11	12	13	14
intervista	+	±	–	±	+	±	±	–	+	+	+	+	±	–
lettera	–	±	±	–	–	+	+	–	±	+	+	+	±	±
conversazione telefonica	+	±	–	–	+	+	+	–	±	+	+	+	±	±
testo legale	–	–	+	–	–	+	+	–	+	–	–	+	–	–
ricetta medica	–	–	+	–	–	+	+	+	+	–	–	–	–	–
ricetta di cucina	±	–	+	±	±	+	–	+	+	–	–	+	–	–
bollettino meteorologico	±	–	+	–	+	+	–	+	+	–	–	+	–	–
partecipazione di morte	–	–	+	–	–	+	+	+	+	±	–	+	–	±
lezione accademica	+	±	+	+	+	+	±	–	+	±	±	–	±	–
notiziario radiofonico	+	–	+	–	+	+	+	–	–	–	–	+	±	–
notiziario giornalistico	–	–	+	–	–	+	–	–	+	–	–	+	–	–
istruzioni per l'uso	–	–	+	–	–	±	–	–	+	–	–	–	±	–
discussione	+	±	–	±	+	+	+	–	+	+	+	+	+	+
conversazione familiare	+	+	–	+	+	±	–	–	–	+	+	+	+	+
	1	2	3	4	5	6	7	8	9	10	11	12	13	14

I 14 tratti binari usati per analizzare diversi testi del tedesco d'uso sono i seguenti:

1) parlato,
2) spontaneo,
3) in forma di monologo,
   a) in forma di dialogo,
4) contatto spaziale,
5) continuità temporale,
   a) continuità acustica,
6) apertura con formule,
7) chiusura con formule,

8) organizzazione interna regolata da leggi precise,
9) tematica prevista,
10) in prima persona,
11) in seconda persona,
12) in terza persona,
   a) contiene imperativi
   b) consente libertà d'uso dei tempi verbali
   c) usa espedienti 'economici' (sigle, ecc.)
13) usa elementi ridondanti
   a) usa solo segni verbali
14) i partecipanti sono equiparati

Criticando la griglia di Sandig Wilkoń (2002: 205) fa notare quanto siano discrezionali e perciò discutibili le scelte della studiosa tedesca relative all'assegnamento dei tratti – per non parlare della loro selezione, anch'essa discutibile[59] – ai diversi tipi di testo. Ad esempio, l'intervista sarebbe marcata negativamente per il tratto 8, quindi sarebbe priva di un'organizzazione interna regolata da leggi precise, mentre – come risulta dalle ricerche di Kita (1998) – non di rado le intervista sono frutto di una precisa messinscena. Vi è poi almeno un'altra caratteristica opinabile desumibile della griglia di Sandig, ovvero quella legata alla marcatura positiva dell'intervista per il tratto 9: l'intervista avrebbe una tematica prevista, il che non solo non trova conferma nella realtà, bensì va contro la marcatura +/– (ovvero non marcato) dell'intervista per il tratto 2 (spontaneo).

Lascia inoltre un po' perplessi il fatto di trovare nella griglia di Sandig una accanto all'altra, con una caratterizzazione in termini di marcatura per ogni tratto pressoché identica, le categorie 'testo legale' e 'ricetta medica': esse risultano marcate diversamente – per altro in maniera altamente discutibile – solo per i tratti 8 (organizzazione interna regolata da leggi precise) e 12 (in terza persona)[60].

Bisogna infine far notare una certa eterogeneità nella colonna "tipo di testo". Accanto a categorie come 'partecipazione di morte' e 'notiziario radiofonico' che designano generi di discorso vi sono categorie che trascendono i limiti di un solo genere designando classi di testi molto più ampi. Si pensi alla categoria 'testo legale' che abbraccia un'intera gamma di generi di discorso, quali ad esempio costituzione o atto notarile.

Le critiche rivolgibili alla proposta di Sandig sono estendibili a tutte le griglie classificatorie costruite a partire da un elenco di criteri stabiliti a priori. Tali griglie difficilmente riescono a isolare generi di discorso portando all'individuazione di categorie più ampie, tipi di discorso, il che ha portato numerosi studiosi[61] a tenere

---

59 Cfr. inoltre Berruto (1981: 32): "(...) vorrei notare subito come i tratti, cioè i criteri di tipologia dei testi, che vengono utilizzati siano lungi dall'esaurire la gamma delle possibilità che appaiono rilevanti se si considera il testo nella globalità del suo contesto".
60 Per una critica a questa scelta di Sandig cfr. Wilkoń (2002: 205).
61 Gli studiosi italiani fanno eccezione dimostrando disinteresse a elaborare una tipologia di testi precisa negli aspetti definitori e terminologici. Valgono qui le

separati i due concetti, genere di discorso (o genere testuale) e tipo di testo. "Infatti, per quanto entrambe siano relative alla costruzione di 'classi' di testi, le due categorie «genere» e «tipo»[62] sono da distinguere accuratamente poiché si riferiscono a concetti decisamente diversi anche se interagenti" (Mazzoleni 2004: 404)[63]. I primi sono categorie elaborate empiricamente in maniera induttiva di fronte alle quali il compito del linguista è diverso dalle ambizioni della *Textsortenlinguistik* degli anni Settanta (vedi la proposta di Sandig citata sopra): non si tratta più di "elaborare con criteri 'scientifici' una classificazione soddisfacente dei testi (...), bensì di ricostruire in modo realistico possibile le norme discorsive che guidano il comportamento comunicativo dei parlanti" (Wilhelm 2005: 157). Agli studiosi dei generi "le classificazioni a priori dei generi non bastano; essi, invece, si dedicano a enumerare i diversi generi in rapporto alla loro epoca, senza cercare di farli rientrare all'interno di categorie generali" (Rastier 2003: 351). Il che non toglie che, a seconda degli scopi prefissi dall'analista, sono operabili categorizzazioni che portano all'individuazione di classi più ampie, ovvero tipi di testo. Questi ultimi, a differenza dei generi, sono quindi astorici, vengono elaborati in maniera induttiva secondo criteri che dipendono dall'analista[64] dotandosi di nomi irriconoscibili il più delle volte dal parlante comune[65]:

> Si, par exemple, je décide de regrouper sous le terme "entretien" des genres de discours tels que la consultation médicale, les interviews de la presse écrite, les interrogatoires policies,

---

osservazioni di Mortara Garavelli (1988: 157): "L'espressione italiana *tipo di testo* (...) si trova attualmente con una certa elasticità e varietà di contenuti. (...) Questa apparente anarchia nell'uso di un'espressione a cui intuitivamente sembra facile dare un contenuto preciso è dovuta solo in parte a plausibili criteri di economia terminologica (per es., quando si parla di "tipo" nella descrizione di un sottotipo preso singolarmente). In parte maggiore le discordanze e le sovrapposizioni nomenclative derivano vuoi dall'applicazione di parametri tipologici di volta in volta differenti, (...) vuoi infine dall'assenza di una base tipologica esplicita, per cui si dà per scontato il riferimento o si tende ad affidarsi all'esperienza e al senso comune".

62 Nella distinzione fra 'genere di discorso' e 'tipo di testo' – a scanso di confusione – bisogna tenere presente che 'tipo' ha una valenza diversa rispetto al 'tipo' che entra in opposizione a 'occorrenza'.
63 Cfr. anche Maingueneau (2007: 38): "Certains emploient indifféremment «genre» et «type de discours» mais la tendance dominante est plutôt de les distinguer".
64 Cfr. Rastier (2003: 368): "(...) la definizione di un tipo di testo dipende dall'analista; per venir incontro alla necessità di una particolare applicazione o motivazione, questi può inventare una categoria qualunque con cui suddividere un determinato corpus: romanzi in *io* o in *egli*, testi lunghi o corti, scritti prima o dopo il 1945, classificati come alla Biblioteca nazionale di Francia, ecc.".
65 Si pensi a tal proposito ai tipi di testo individuati da Biber (1988). "Douglas Biber's text types, perhaps the best known and the ones that have received the most discussion of method, are of course expert categories: they are an artifact of his statistical approach, and no native speaker would be capable of recognizing them" (Diller 2002:3).

etc., ce terme "entretien" ne désignera pas un genre de discours: c'est seulement une famille de genres de discours construite par un analyst qui aurait pu, avec d'autres critères, en construire d'autres. Pour les locuteurs ordinaires, la seule réalité, c'est le genre de discours: s'ils participent à une consultation médicale, ils n'ont pas à se demander si cette activité entre dans la meme catégorie qùune interview dans un magazine. (Maingueneau 2007: 46).

Il riconoscimento da parte del parlante comune risulta un criterio importante nella identificazione dei generi anche in Biber, che – come risulta desumibile dai seguenti passi – ne individua in totale tre:

a) il già citato riconoscimento da parte dei parlanti competenti (Biber 1989: 5–6):

> Genres are the text categories readily distinguished by mature speakers of the language.

b) Il formato esterno, compresa la situazione in cui il dato genere tende a occorrere (Biber 1989: 6):

> These categories are primarily defined on the basis of external format. Thus, newspaper articles are found in the news sections of newspapers; academic articles are founf in academic journals. These distinctions are related to other differences in purpose and situation.

c) Altri criteri extralinguistici, tra i quali in primo luogo lo scopo comunicativo (Biber 1988: 170):

> I distinguish 'genre' from 'text types': genres characterize texts on the basis of external criteria, while test types represent groupings of texts that are similar in their linguistic form, irrespective of genre. For example, an academic article on Asian history represents formal, academic exposition in terms of the author's purpose, but its linguistic form might be narrative-like and more similar to some types of fiction than to scientific or engineering academic articles. The genere of such a text would be academic exposition, but its text type might be academic narrative.

La questione più discutibile nella proposta dallo studioso americano è data dalla netta separazione tra criteri linguistici e quelli non linguistici. Se è vero che i generi vengono indentificati più che altro in base a criteri extralinguistici, bisogna pur riconoscere l'esistenza di generi fortemente caratterizzati anche a livello linguistico-testuale per la presenza di certe formule o meccanismi compositivi. Non bisogna infine dimenticare che nella moderna riflessione sui generi – in conformità con il modello di categorizzazione ampiamente accolto che è quello prototipico – vi è la tendenza ad arricchire l'elenco dei possibili criteri utili nell'individuazione dei generi di sempre nuove caratteristiche. Sotto la spinta del cognitivismo, la lista dei criteri va oltre gli aspetti strutturali, tematici e pragmatici abbracciando anche quelli assiologici ed emotivi nonché quelli relativi allo status ontologico degli oggetti di cui si parla nel testo[66].

---

66 Cfr. Witosz (2007: 242).

Il ricorso ad un solo criterio non è sufficiente per specificare la categoria 'genere di discorso', definibile quasi sempre da un fascio di criteri[67] portando all'individuazione di classi più ampie, 'tipi di testo'. Si penso a titolo di esempio alla proposta di Wierzbicka di costruire una "tassonomia frammentaria dei generi" (*"fragmentaryczna taksonomia gatunków"*, Wierzbicka 1983) che permettesse di definire in termini di genere di discorso tutte le forme dell'attività verbale dei parlanti nel quadro della "semantica delle unità minime di significato" (*"semantyka elementarnych jednostek zanczeniowych"*, Wierzbicka 1983). Si trattava in altri termini di esplicitare la definizione di un dato genere di discorso "attraverso una seguenza di frasi semplici che esprimono le assunzioni, intenzioni e altri atti intellettuali del parlante" (*"ciąg prostych zdań, wyrażających założenia, intencje i inne akty umysłowe mówiącego"*, Wierzbicka 1983: 130). Tale compito risulta fattibile in riferimento a pochissimi generi, come ad esempio 'testamento', poiché le intenzioni del parlante, ovvero lo scopo illocutivo esplicitato attraverso primitivi semantici, costituiscono unicamente uno fra i tanti criteri pertinenti per la descrizione dei generi. Si pensi a tal proposito all'esplicitazione di due generi, memorie (*pamiętnik*) e di autobiografia (*autobiografia*) riportati sotto (Wierzbicka 1983: 132) (traduzione mia):

MEMORIE
voglio scrivere di cose della mia vita che ricordo
lo scrivo perché voglio dire ciò che ricordo di quelle cose
credo, che la gente vorrebbe sapere di quelle cose e che vorrebbe immaginarsele così come le ricordo io

AUTOBIOGRAFIA
voglio scrivere di quelle cose che sono successe nella mia vita
lo scrivo perché voglio che la gente sappia della mia vita e che possa immaginarsela
credo che la gente vorrebbe sapere della mia vita e potersela immaginare

La differenza a livello illocutorio ricavabile dalle due esplicitazioni risulta minima: tutte e due sono costruite attorno all'atto di informare e il loro pregio non sta nell'individuazione dei singoli generi, bensì nel caratterizzare l'intera classe dei generi autobiografici per i contenuti autobiografici ("cose della mia vita che ricordo" e "cose che sono successe nella mia vita").

Quanto sopra non toglie che nella descrizione e analisi dei testi può risultare fruttuosa l'integrazione dei due approcci, quello deduttivo del tipo e quello induttivo del genere[68]. In altri termini l'analisi dei testi appartenenti a un dato genere di discorso dovrebbe tener conto anche del fatto che il genere in questione appartenga

---

67 Cfr. Rastier (2003: 369): "(...) i generi sono definiti da un *fascio* di criteri, e del resto il loro carattere di oggettività deriva proprio dalla molteplicità di tali criteri (...) Quanto all'evoluzione diacronica del fascio di criteri, essa dà conto dell'evoluzione diacronica del genere – mentre i «tipi» di testo basati su un solo criterio restano astorici".
68 Cfr. Mazzoleni (2004) e anche Wierzbicka (1999: 27), che auspica la sutura fra i due approcci alla categorizzazione, quello classico e quello tipologico.

ad una classe più vasta (o ipoteticamente a più classi selezionate ognuna a partire da criteri diversi scelti dall'analista in funzione degli scopi prefissi). Citiamo a tal proposito Maingueneau (2007: 38), che illustra l'idea come segue:

> les genres de discours relèvant de divers types de discourse, associés à de vastes secteurs d'activité sociale. Ainsi le talk-show constitue-t-il un genre de discors à l'interieur du type de discours télévisuel, lui-même partie prenante d'un ensemble plus vaste quie serait le type de discourse médiatique, où figureraient aussi le type de discours radiophonique et celui de la presse écrite.

Questa subordinazione dei generi a dei discorsi ha come conseguenza l'impossibilità dell'esistenza di generi transdiscorsivi:

> Dato che i generi sono subordinati a dei discorsi, è dubbio che possano esistere generi transdiscorsivi. In effetti, la presenza di altri generi circostanti o – se si tratta di generi inclusi – di altri contesti di inclusione basta a modificarli: un proverbio, ad esempio, non ha lo stesso senso in un discorso ludico o in un discorso giuridico; allo stesso modo la lettera commerciale non ha quasi nulla in comune con la lettera personale del discorso privato, dato che la correlazione fra contenuto ed espressione continua ad essere un criterio essenziale alla definizione del genere[69] (Rastier 2003: 369).

Dello stesso parere sembra Wilkoń quando auspica di far precedere ad un'eventuale operazione di comparazione dei generi (letterari e non letterari) un'attenta analisi dei generi in esame all'interno dei discorsi[70] di cui fanno parte.

Alla luce di quanto sopra ci pare opportuno offrire in § 2.3.3.4., § 2.3.3.5. e § 2.3.3.6. il tentativo di collocare il genere 'diario on-line' all'interno di tre vaste classi individuate in base a criteri diversi:

– il diario on-line all'interno dei generi autobiografici;
– il diario on-line all'interno dei generi della CMC;
– il diario on-line all'interno dei generi poco vincolanti.

A conclusione della ricostruzione della nozione di genere di discorso proposta sopra attraverso le considerazioni sulla distinzione tra 'genere' e 'tipo', nonché sui criteri pertinenti per la sua individuazione, ci pare accennare alla necessità di integrarla con il concetto di norme discorsive.

---

69 "Il progetto di una tipologia transdiscorsiva si rivela pertanto illusorio: ad esempio, un testo tecnico non può essere assimilato a un testo scientifico, e persino nel caso di discorsi abbastanza simili fra loro, come quelli scientifici, i generi non sono esattamente comparabili – poiché ciascuna disciplina ha le proprie tradizioni e le proprie norme" (Rastier 2003: 399).
70 Il termine 'discorso' assume in questo contesto una valenza diversa da quella descritta in § 2.1.2. entrando in opposizione non più con 'testo', bensì con 'genere'.

I generi – essendo dispositivi di comunicazione apparse in precise condizioni sociostoriche[71] – sono anche "norme" di fruizione per i lettori e di produzione per i parlanti/scriventi:

> Queste norme, che chiamiamo *norme discorsive*, possono essere esplicitate in poetiche, retoriche ecc., ma per lo più rimangono implicite. Le norme discorsive sono fondate nella coscienza del parlante: questi riconosce, in base alla sua esperienza di innumerevoli atti comunicativi, le situazioni tipo in cui è adatta l'una o l'altra forma testuale (Wilhelm 2005: 157).

L'idea di 'norma discorsiva', almeno sul versante della fruizione, risale al concetto di "orizzonti di attesa" del teorico della letteratura R. Jauss, concetto che è stato accolto nelle definizioni di testo letterario proposte da diversi studiosi. Si pensi a titolo di esempio a Carla de Benedetti che definisce i generi come

> gruppi empirici o famiglie storiche che formano gli orizzonti di attesa del lettore. Il genere è la continuità di una struttura comune a più opere che si manifestano in una serie storica. Questa continuità che crea il genere non è un canone da riprodurre, ma un orizzonte di informazioni e di attese che si è venuto formando sulle basi di una tradizione – un orizzonte in cui ogni nuovo testo si inserisce rendendolo riconoscibile a un pubblico (Benedetti 1999: 90).

Sostituendo "testi" a "opere" otteniamo una definizione di genere testuale che tiene conto non soltanto delle norme discorsive vincolanti per lo scrivente ma anche per il fruitore. Proprio per questo essa ci risulta di grande utilità, anche in riferimento ai nuovi generi testuali arrivati con lo sviluppo delle tecnologie digitali

> in quanto, una volta createsi le condizioni per l'apparizione di un nuovo genere testuale (…), cominciano subito a formarsi abitudini diverse, alcune condizionate dal mezzo stesso, altre no, di cui alcune creano subito, per diverse ragioni, più "tendenza" e cominciano da subito a fornire possibili modelli da adottare (Calaresu 2004: 87).

È dunque possibile parlare di un determinato orizzonte condiviso di aspettative, che rende possibile distinguere un diario on-line sia da un più tradizionale diario cartaceo sia da altri generi di scrittura caratteristici del web.

2.3.3. Il diario on-line come genere

2.3.3.1. Criteri pertinenti per l'individuazione del genere 'diario on-line'

Il discorso sviluppato nella sezione precedente ci porta a selezionare come pertinenti per la descrizione del genere 'diario on-line' i seguenti criteri fra i tanti possibili:

– il nome;
– l'aspetto strutturale;

---

[71] Cfr. Maingueneau (2007: 38): "dispositifs de communication qui ne peuvent apparaître que si certaines conditions sociohistorique sont réunies".

- gli aspetti situazionali e pragmatici;
- gli aspetti compositivi e più propriamente linguistici, ovvero l'organizzazione sintattica del discorso.

Mentre le prime tre caratteristiche sono facilmente ricavabili dalla percezione comune di quello che appare come diario on-line modello riflessa nelle definizioni di blog (vedi § 2.3.3.2.), quelle compositive e linguistiche rimangono un'ipotesi da verificare. In altri termini è vero che i parlanti pratici dei generi sul web non hanno problemi a riconoscere i blog, ma questa loro capacità di distinguerli da altri generi si basa più che altro non su caratteristiche compositive o linguistiche, bensì extralinguistiche e più in concreto sull'*external format* (cfr. Biber già citato in § 2.3.2.4.): l'interfaccia (e quindi un intero apparato paratestuale) tipica dei blog con le relative funzionalità[72]. Per quanto riguarda, invece, le caratteristiche testuali e linguistiche, esse non fanno parte di alcuna norma discorsiva esplicitamente definita per il genere 'diario on-line', e ciò in virtù dell'appartenenza – come argomenteremo nel § 2.3.3.6. – dei diari on-line alla categoria dei testi poco vincolanti.

2.3.3.2. Il 'diario on-line' o il 'blog'? Verso una definizione

In linea con le considerazioni fin qui proposte (vedi § 2.3.2.2. sulla competenza discorsiva) nonché con il suggerimento di Wierzbicka (1999: 228) – secondo cui la questione dei nomi dati ai generi risulta di prima importanza nello studio dei generi – occorre ritornare al problema della moltitudine di etichette messe in circolazione dall'avvento delle nuove tecnologie (già anticipato in § 1.2.2.) in generale e alla coppia terminologica blog / diario on-line in particolare.

Si tratta di etichette, quali e-mail, chat, blog, che grazie alla loro diffusione appaiono ottimi candidati allo status del nome di genere di discorso, almeno stando a Miller (1984:151–176), secondo cui "when a type of discourse or communicative action acquires a common name within a given context or community, that's a good sign that it's functioning as a genre". Diversi studi condotti da studiosi operanti nell'ambito anglofono analizzano i blog proprio in termini di genere di discorso[73]. Ad esempio Herring *et al.* (2005: 143) giustificano tale scelta rifacendosi alla definizione di genere di discorso proposta da Swales:

> Swales (1990: 24) characterizes a genre as "a class of communicative events" having "a shared set of communicative purposes" and similar structures, stylistic features, content and intended audiences. In addition, Swales notes that a genre is usually named and recognized by members of the culture in which it is found. According to these criteria, weblogs are a good *prima facie* candidate for genre status.

---

72 Per la definizione del concetto di funzionalità vedi § 2.3.3.3.2.
73 A titolo di esempio citiamone alcuni: Herring/Scheidt/Wright/Bonus (2005); McNeill (2003); Miller/Shepherd (2004).

Questa definizione di genere di discorso risulta però difficilmente applicabile al blog vista la notevole eterogeneità delle produzioni linguistiche etichettate 'blog' che spaziano da un diario personale a una raccolta di fotografie ordinata cronologicamente. Consideriamo a questo proposito i seguenti cinque esempi di blog.

(1) un blog aziendale

Figura 2.2. (http://www.lgblog.it)

(2) un blog istituzionale

Figura 2.3. (http://buccinasco.serveblog.net)

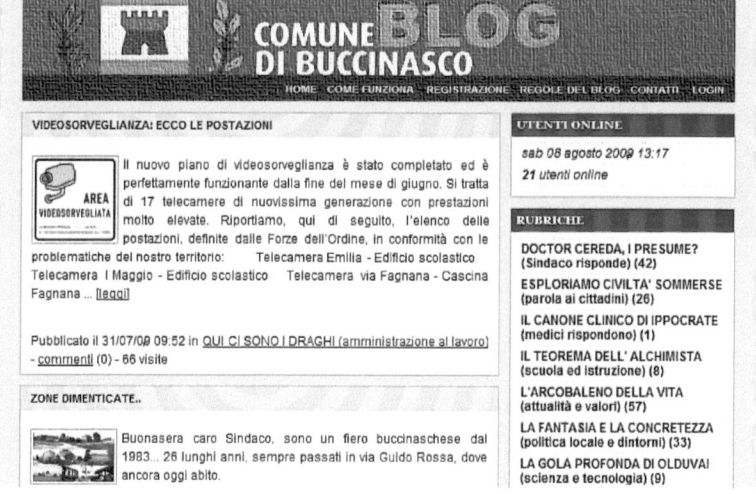

(3) il blog di un personaggio pubblico

Figura 2.4. (http://www.beppegrillo.it)

(4) un blog tematico

Figura 2.5. (http://telefilm-serie-tv.blogspot.com)

(5) il blog giornalistico di Albero Taliani

Figura 2.6. (http://blog.ilgiornale.it/taliani)

(6) un blog diaristico, ovvero un diario on-line

Figura 2.7. (http://ilblogchenonce.splinder.com)

I cinque blog, pur avendo in comune l'etichetta 'blog' nel titolo ed una struttura paratestuale simile, appaiono estremamente eterogenei per quanto concerne le finalità, il destinatario, l'autore, i contenuti e lo stile della veste verbale e così costituiscono un assaggio sufficiente, seppur ridotto, per dare un'idea di quanto i blog possano essere diversi l'uno dall'altro. Non stupisce di conseguenza che – come dimostrato da Santini (2006: on-line) in uno studio dedicato all'evoluzione dei generi sul *web* – il blog nella percezione degli utenti di Internet appartenga alla categoria dei siti considerati ambigui (*ambigous web genres*) a differenza dei siti facilmente riconoscibili (*easy web genres*) e dei siti difficilmente classificabili (*difficult web pages*).

L'estrema trasversalità dei blog – emersa anche dall'assaggio offerto sopra – fa sì che la loro definizione più adeguata secondo Fievet/Turrettini (2004: 5) sarebbe quella che coglie il fenomeno non in termini di genere di discorso, bensì in termini di un formato di pubblicazione (*"format de publication"*).

Per quanto il formato in questione sia ben preciso, la comunicazione sul web ammette usi non necessariamente canonici dei dispositivi tecnologici a disposizione, il che si può tradurre in estrema labilità dei confini anche là dove sembrerebbe che la tecnologia imponga frontiere discrete. Ne sono un'ottima illustrazione le riflessioni di Ash (2003: 159) (traduzione mia):

> Immaginiamo una *mailing-list* moderata dall'amministratore che si basa sulla seguente regola: ogni nuovo topic può essere proposto dal proprietario della *mailing list*, possono commentarlo tutti gli iscritti. Tutta la comunicazione avviene per e-mail. Di sicuro non è un blog. Ad un certo momento il proprietario della *mailing list* apre una pagina web dove vengono pubblicati tutti i contenuti degli iscritti alla *mailing list*, autore della lista compreso. Il nuovo *topic* viene visualizzato subito nel sito indipendentemente dal fatto che viene mandato a tutti gli iscritti come prima. Idem per i commenti che vengono pubblicati tutti nel sito. Sarebbe un blog? Se vedessimo il sito senza la consapevolezza che si tratta praticamente dell'archivio di una *mailing list* non potremmo distinguerla da un blog. E adesso aggiungiamo una funzionalità ulteriore, quella di commentare non per e-mail ma direttamente sul sito. Questo sì che sarebbe di sicuro un blog. Fermo restando che sarebbe allo stesso momento l'archivio di una *mailing-list* e che molti degli iscritti potrebbero continuare a ignorare l'esistenza del sito.

Nonostante il blog rimanga definibile più che altro a partire da caratteristiche strutturali, sono poche le definizioni che fanno a meno dell'equiparazione del blog al diario tradizionale. Basti citarne alcune:

a) In informatica, e più propriamente nel gergo internettiano, un blog (blɔg) è un sito internet, generalmente gestito da una persona o da un ente, in cui l'autore pubblica più o meno periodicamente, come in una sorta di diario online, i propri pensieri, opinioni riflessioni, considerazioni, ed altro, assieme, eventualmente, ad altre tipologie di materiale elettronico come immagini o video (on-line: http://it.wikipedia.org/wiki/Blog);

b) un sito web autogestito dove vengono pubblicate in tempo reale notizie, informazioni, opinioni o storie di ogni genere, visualizzate in ordine cronologico inverso. Il blog è uno strumento di libera espressione, una via di mezzo tra la homepage personale e il forum di discussione, che tiene traccia (log) degli interventi dei partecipanti. Un blog può essere personale, un diario online costantemente aggiornato che tutti possono leggere, oppure può essere uno spazio sul web attorno al quale si aggregano navigatori che condividono interessi comuni (on-line: http://www.pc-facile.com/glossario/blog/).

Le definizioni che fanno ricorso al concetto di diario sono state criticate da Danah Boyde, secondo la quale si tratta di un'approssimazione metaforica escogitata ai fini di una prima spiegazione del fenomeno 'blog' da fornire ai nuovi utenti che, digiuni della realtà del web, hanno bisogno di rimandi ai vecchi generi di discorso per crearsi un nuovo orizzonte di aspettative nei confronti delle nuove forme di comunicazione in rete. Come sostiene la studiosa, se da un lato il ricorso a metafore risulta essere uno strumento valido e frequente nel processo dell'introduzione di nuovi concetti, dall'altro, oscurandone la specificità, esso costituisce ostacolo all'analisi:

> By using metaphors as evaluation schemaes, researchers are building inflexible models, invokin a biased frame and limiting the ability to do meaningful analysis (Boyd 2006: on-line).

Ricorrendo al noto concetto di *medium* inteso come "extension of man" (McLuhan 1964) Danah Boyde propone di considerare il blog in termini di *medium* anziché di genere, il che la porta a formulare un parallelo fra il blog e la carta:

> By conceptualizing the blog as a *medium* instead of a genre, it is possible to see how blogs are more akin to paper than to diaries. It is not the conventions or content types that define blogs, but the framework in which people can express themselves. Using paper, people document their lives. The same is true in blogs. Using paper, people take notes. The same is true in blogs. Paper and blogs are used for everything from creating grocery lists to publishing innovative research, drawing pictures to advertising furniture for sale, tracking personal bills to writing gossip columns. *Mediums* are flexible, allowing all different sorts of expressions and constantly evolving (Boyd 2006: on-line).

Facendo proprie, in parte, le osservazioni di Boyde e tenendo presenti le considerazioni sul *medium* proposte in § 2.2.2. proponiamo la seguente distinzione terminologica: il termine 'blog' si riferisce propriamente a uno dei sistemi di gestione dei contenuti (*Content Management Systems*) dotati di interfacce estremamente facili da usare (con il relativo formato di pubblicazione e quindi con tutto l'apparato paratestuale tipico dei blog) e, meno propriamente, al genere di discorso 'diario on-line'. Si tratta del procedimento metonimico (contenitore per contenuto)[74] non dissimile da quello attraverso il quale i parlanti si riferiscono a diversi generi, fra i quali in primo luogo 'romanzo', ricorrendo al termine 'libro', che, "tecnicamente" parlando, non designa altro che un insieme di fogli stampati o anche manoscritti racchiusi in una copertina. Analogamente il blog – essendo uno strumento che consente di inserire in una specie di database contenuti di vario tipo (testi, fotografie, file audio, filmati, link ad altri siti, ecc.), denominati

---

74 Cfr. a questo proposito Norrick (1981:95), che nella sua tipologia delle relazioni metonimiche fra le sei categorie principali ha individuato anche quella governata dalla "container-content relation".

post e disposti in ordine cronologico inverso – può ospitare diversi generi di discorso, fra i quali in primo luogo – proprio per l'importanza che ha l'archiviazione cronologica nella struttura dei blog (solitamente in cima o in fondo al post viene indicata la data e non di rado l'ora della sua pubblicazione) – i diari che in sostanza sono sempre esistiti in forme molteplici "come registrazione e memoria di eventi quotidiani" (Folena 1985: 7). Sommando, le considerazioni fin qui proposte ci inducono a tenere separati i due concetti: blog inteso come strumento e 'diario on-line' inteso come genere di discorso, il che non toglie che va riconosciuta la loro stretta relazione. Da un punto di vista più generale – occorre precisare – la maggior parte dei generi è circoscritta ad un *medium* molto concreto, sia esso inteso in termini di formato, strumento o dispositivo tecnico. Si consideri a titolo di esempio nuovamente il romanzo che – anche se in teoria fruibile su una molteplicità di supporti – in pratica non viene quasi mai letto su fogli sparsi o spezzettato in una serie di SMS, bensì sotto forma di un libro.

Alla luce di quanto sopra va ribadita la quasi totale coincidenza diario on-line – blog: mentre non tutti i blog sono diari on-line, è difficile che esistano diari on-line realizzati al di fuori del formato blog. Si pensi ad un diario tradizionale scansionato e pubblicato on-line. Privo di tutte le funzionalità tipiche del formato blog risulterebbe qualcosa di profondamento diverso dal diario on-line.

2.3.3.3. I genere testuali e il web

2.3.3.3.1. I generi sul web: continuità e novità

Il rimando al diario cartaceo tradizionale, opinabile per le ragioni esposte nella sezione precedente, non deve essere del tutto fuorviante, perché è proprio in termini di continuità che può essere colto il rapporto fra molti generi tradizionali e quelli digitali. Valgono a corroborare questa posizione alcune ricerche[75] volte a indagare l'influenza dei generi tradizionali sui testi circolanti sul web, fra le quali in primo luogo quella di Crowston/Williams (1997) (vedi sotto).

La notevole attenzione attribuita ai generi di discorso nelle ricerche sulla CMC non dovrebbe stupire dato che l'avvento dei nuovi dispositivi tecnologici di comunicazione comporta inevitabilmente l'emergenza di nuove sfere d'utilizzo del linguaggio, il che rende legittimo porsi tutta una serie di interrogativi che Labbe/Marcoccia (2005: on-line) formula come segue:

> Avec la communication numérique (pages web, messagerie, forums de discussion, chats, etc.), on assiste ainsi à l'émergence de genres nouveaux ou de genres anciens «recomposés»; il est logique que l'arrivée de nouveaux supports contribue à une recomposition des genres écrits et oraux (Moirand 2003). On peut alors s'interroger sur la nature des «genres numériques» et sur leur relation avec des genres «pré-numériques». L'arrivée

---

75 Cfr. ad esempio l'articolo di McNeill (2003) dall'emblematico titolo "Teaching an Old Genre New Tricks: The Diary on the Internet".

d'un nouveau support matériel (le numérique) et de nouvelles pratiques sociales (la discussion en ligne, par exemple) donne-t-elle lieu à l'émergence de genres nouveaux ou à des variations dans un genre préexistant. Par exemple, le courrier électronique n'est-il q'une variation électronique du courrier (...) ou bien un genre spécifique, dont la dimension matérielle devient distinctive?

Le domande proposte sopra necessitano di essere studiate tanto più che – a differenza dei tempi passati in cui il corso dell'evoluzione dei generi era lento e graduale (Witosz 2005: 182) – l'insorgere dei generi dovuto allo sviluppo tecnologico segue ritmi piuttosto accelerati.

L'auspicio di ricorrere alla nozione di genere nello studio del web, espresso per la prima volta dal pionieristico studio di Yates/Orlikowski (1994), al quale si deve l'apertura della riflessione teorica sulla CMC alla questione dei generi, ha trovato nel corso degli anni un riconoscimento pressoché unanime e il concetto ha trovato applicazione in numerosi studi. Crowston/Wiliams (1997), ad esempio, considerano il web un luogo privilegiato per lo studio dei nuovi generi, e ciò in virtù di una sua particolare natura che accorda agli utenti la massima libertà di espressione invitandoli alla sperimentazione. Inoltre, secondo i due studiosi, essendo un *medium* estremamente aperto, il web attira diverse comunità di utenti che – avendo esperienze dissimili in fatto di generi – usano Internet per scopi più disparati, il che non può che contribuire al dinamismo del funzionamento dei generi su Internet.

2.3.3.3.2. Il concetto di genere web e la 'funzionalità'

Uno dei primi e più importanti studi sull'emergenza dei generi digitali è quello di Shepherd/Watters (1998), studiosi che – per cogliere "a powerful trigger" dei nuovi generi sul web – hanno coniato il termine '*cybergenre*'. Come risulta da un altro loro studio (Shepherd/Watters (1999), nonché dai lavori di Lanham (1993), Bardini (1997), Warschauer (1999), Jensen (1998), Bucy (2004) il concetto di '*cybergenere*' non può essere avulso dalla considerazione dell'insieme delle caratteristiche dovute al *medium* inteso come dispositivo tecnologico di comunicazione[76]. Si tratta, quindi, di non rinunciare a tutte quelle proprietà (interconnessione tra le pagine, uso di collegamenti, presenza di multimedia, ecc.) che si nascondono sotto il termine di 'funzionalità' ("*functionality*") proposto da Shepherd/Watters (1998) per dare conto dell'insieme delle possibilità di fruizione offerte da un dato *medium*. Di conseguenza, come argomentano i due studiosi, se i generi sono orizzonti di aspettative per i loro fruitori, "they also have expectations with respect to functionality, i.e. how to interact with the genre and what to expect from it" (Shepherd/Watters 1998: 1). Si pensi a titolo di esempio ai diari on-line, che in virtù delle funzionalità offerte dall'interfaccia tipica del blog, ovvero della presenza di tag, dalla parte del lettore risultano consultabili – a differenza dei diari

---

76 Cfr. l'ampio discorso sul *medium* in § 2.2.2.

cartacei tradizionali – non solo seguendo l'ordine cronologico dei post, bensì anche a partire da criteri tematici.

Come fanno osservare Shepherd/Watters (1998) sono proprio le funzionalità offerte dai nuovi dispositivi tecnologici di comunicazione a essere la forza motrice dell'evoluzione dei generi. Non solo portano a modificazione dei generi esistenti già nei media tradizionali, ma sono anche alla base della nascita di generi nuovi.

Alla luce di quanto detto sopra la funzionalità risulterebbe un elemento di novità da includere nella descrizione dei generi web accanto agli aspetti tradizionalmente indagati nell'analisi dei generi *tout court*, quali funzione, contenuti e forma.

2.3.3.3.3. Il web e la continuità dei generi

Nonostante il concetto di genere sia entrato nella riflessione sui testi circolanti nella CMC trovando applicazione in non pochi lavori volti all'estrazione dei generi più comuni del web, rimangono relativamente pochi gli studi volti a indagare i rapporti dei generi digitali con i generi preesistenti in termini di continuità. Quelli più significativi sono quelli già citati sopra, ovvero Crowston/Williams (1997) e Sheperd/Watters (1998), le cui conclusioni riproponiamo di seguito integrandole con le considerazioni di Santini (2007).

Dallo studio di Crowston/Williams (1997) condotto a partire da 1000 pagine web selezionate in un modo aleatorio ci giunge una tassonomia dei generi del web ripartiti in quattro categorie:

i) generi riprodotti ("*reproduced genres*"): si tratta di riproduzione elettronica di generi tradizionali, ad esempio di un articolo scientifico; essi costituiscono il 61 % del totale del campione;
ii) generi adattati ("*adapted genres*"): basati sui generi tradizionali, presentano non trascurabili modificazioni; oltre il 28 %;
iii) generi nuovi ("*novel genres*"): il 6 % delle pagine selezionate;
iv) generi non classificati ("*unclassified web pages*"): il 5 %.

Oltre alla netta conferma del rapporto di continuità in cui si collocano i generi del web rispetto ai generi tradizionali, ci giungono dal commento ai risultati offerto dagli autori della ricerca due osservazioni. I generi nuovi rispondono a scopi comunicativi inediti, esclusivi del mondo digitale (ad es. *hotlists*), mentre i siti non classificati vanno considerati generi in formazione, la cui presenza testimonia il carattere dinamico dell'intero universo verbale nella dimensione digitale.

Il secondo dei tre studi citati all'inizio della presente sezione, quello di Shepherd/Watters (1998), propone una divisione leggermente diversa, ovvero una tassonomia gerarchizzata ad albero.

Figura 2.8. Evoluzione dei generi digitali secondo Shepherd/Watters (1998)

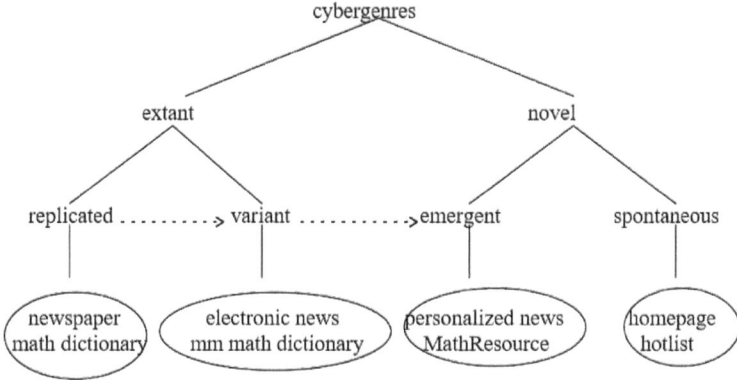

I *cyber*-generi si dividono in due grandi classi, generi già esistenti ("*extant genres*") e generi nuovi ("*novel genres*"). I primi si basano sui generi esistenti in altri media, mentre quelli nuovi dipendono in modo completo dalle funzionalità esclusive del nuovo *medium*. Le due classi presentano al loro interno – come evidenziato nel grafico – un'ulteriore ripartizione. È interessante notare che secondo i suoi autori la tassonomia può essere considerata come un'istantanea dell'evoluzione dei generi in corso: sotto l'influsso delle potenzialità offerte dal *medium* digitale i generi replicati evolvono verso varianti fino a che non diventino talmente distanti dal genere tradizionale di riferimento da assurgere allo status di genere nuovo.

Le due proposte di tassonomia, se raffrontate, presentano le seguenti coincidenze: i generi replicati costituiscono l'equivalente dei generi riprodotti della tassonomia di Crowston/Williams, mentre la sottoclasse delle varianti dei generi già esistenti ("*Variant*") sono analogici ai generi adattati. La principale differenza delle due proposte riguarda la categoria dei siti non classificati e la categoria dei generi nuovi. Shepherd/Watters (1998), contrariamente a quanto avviene nella tassonomia di Crowston/Williamson (1997), non includono nella loro proposta i siti non classificati come una categoria a parte. Quanto invece ai generi nuovi, mentre secondo Crowston/Williamson (1997) si tratta nella maggior parte dei casi di forme derivate da generi già esistenti e adattate alle condizioni del *medium* digitale, Shepherd/Watters (1998) propongono di tenere separati questi ultimi, per i quali coniano il termine 'generi emergenti' ("*Emergent*"), dai generi spontanei ("*Spontaneous*"), ovvero quelli che non hanno alcuna controparte in altri media.

Le due proposte, come sostiene Santini (2007), sono complementari e solo la loro integrazione (vedi sotto la Fig. 2.9.) porta ad una visione in grado di coprire tutto l'universo verbale sul web in cui non mancano sia i generi spontanei sia quelli difficilmente classificabili.

Figura 2.9. Tassonomia dei generi digitali

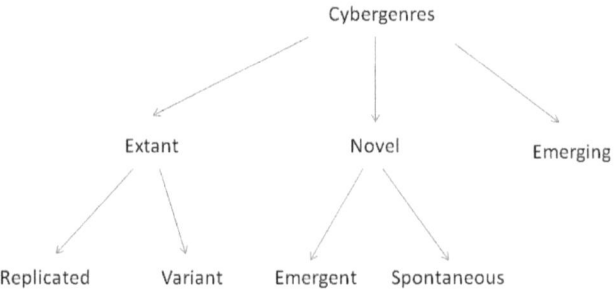

Le diverse classi possono essere descritte come segue (a partire da Crowston/ Wiliamson (1997), Shepherd/Watters (1998), Santini (2007):

a) Generi riprodotti

I generi riprodotti (o replicati) rappresentano generi che sono stati trasportati da altri media nella dimensione digitale e funzionano sul web. Si tratta dei siti web che riproducono fedelmente le caratteristiche della loro controparte sul cartaceo. Il livello di funzionalità aggiunte dal nuovo *medium* è scarso e non inficia la struttura né i contenuti tipici anche della controparte cartacea.

b) Generi adattati

I generi adattati – contrariamente ai generi riprodotti – si discostano dalla loro controparte nei media tradizionali sia a livello strutturale che pragmatico e ciò in virtù del notevole grado di funzionalità aggiunte dal *medium* digitale. Ne sono l'esempio le *e-zines* e gli *e-books*.

c) Generi emersi

I generi emersi rappresentano generi che sono nati sul web e – passata la prima fase di formazione – sono ormai ben radicati nelle pratiche comunicative del mondo digitale come testimoniano i loro nomi perfettamente riconoscibili dal parlante comune: chat, e-mail, blog e altri. Essi risultano dotati di funzionalità determinate dal *medium* digitale fino al punto tale da essere legittimamente considerati generi nuovi seppur con legami di parentela più o meno stretti con generi preesistenti nei media tradizionali.

d) Generi spontanei

I generi spontanei, a differenza dei restanti tipi di generi, sono completamente determinati dalle funzionalità del *medium* digitale e perciò non hanno alcuna controparte in altri media. La loro nascita è frutto dell'evolversi della tecnologia digitale in risposta ai cambiamenti delle necessità comunicative degli utenti del web, prima inedite: *FAQ, homepages*, motori di ricerca, *error pages*, ecc.

e) Generi emergenti

In contrasto ai generi emersi, riconosciuti dagli utenti del web, i generi emergenti, essendo in *statu nascenti*, sono testimonianza della plasticità e dinamicità dell'universo verbale in Internet. Secondo Santini il loro emergere può essere ipotizzato a partire da un *set* di caratteristiche testuali ricorrenti che manca di alcuna denominazione convenzionale. La studiosa fa notare inoltre quanto siano degni di essere studiati i generi in *statu nascenti*, che – visti come l'inevitabile fase di transizione – indicano la direzione di sviluppo di quelli che in un futuro più o meno lontano diventeranno generi pienamente riconosciuti dalla comunità degli utenti della CMC. A tal proposito Santini[77] ricorre all'esempio dei blog che all'inizio venivano considerati siti non classificati per diventare col tempo genere testuale inequivocabilmente riconoscibile nel modo del web.

2.3.3.4. *Il diario on-line e il discorso della CMC*

Il termine 'Computer-Mediated Communication' è stato usato per la prima volta nel 1978 da due studiosi statunitensi di New Jersey Insitute of Technology, Murray Turoff e Star Roxane Hiltz in un loro volume di quell'anno "Network Nation: Human Communication via Computer", che rappresenta un primo tentativo di descrizione delle conseguenze sociali del nascente solo allora *transmedium*. Entrato in uso nella letteratura degli studi sui media, nella sua accezione più ampia si riferisce a tutte le forme di comunicazione realizzate attraverso l'uso del computer. Le definizioni più rappresentative di questo modo di intendere cosa sia la CMC – e al tempo stesso quelle più classiche e più citate nella letteratura massmediologica sul *cyber*-discorso – sono quelle di Naomi Baron, J.M. Metz o John December. Secondo quest'ultimo la CMC è definibile come segue:

> Computer-Mediated Communication is a process of human communication via computers, involving people, situated in particular contexts, engaging in processes to shape media for a variety of purposes (December 1997: on-line).

In altri termini, come segnalato poco anzi, si tratta di un modo di concepire la CMC in senso lato, che – sancito nei primi anni 90 – tende a coprire tutta una serie di fenomeni che poi, nella prassi analitica, sono stati fatti oggetto di studio nell'ambito di discipline ben distinte e separate. Si tenga presenta a questo proposito che – a dispetto della definizione larga della CMC – quasi tutti gli studi dedicati alla CMC, compreso

---

77 Santini (2007): "(...) before 1998, WEB LOGS (or BLOGS) were already present on the web, but they were still not identified as a genre. They were just "web pages" with similar characteristics and functions. In 1999, suddenly a community sprang up using this new genre (Blood, 2000 [4]). Only at this point, the genre label WEB LOG or BLOG started being spread and being recognized". Si noti che il riconoscimento – come fa notare la stessa autrice in uno suo studio precedente (Santini 2006) – è tutt'alto che unanime.

Herring (1996), ovvero quello che può ritenersi la monografia più rappresentativa del settore degli anni Novanta, risultano concentrati sui dialoghi elettronici condotti fra persone attraverso il computer. Il cosiddetto *interactive written discourse* negli anni Novanta è tenuto ben separato dalle interazioni fra uomo e computer, oggetto di studio di HCI, disciplina a parte. Vi è poi un'altra distinzione da tenere in considerazione. La già citata Herring esclude dalla sua analisi del discorso della CMC non sono la HCI, bensì l'intero settore del web giustificando la sua scelta come segue:

> This chapter does not consider the discourse properties of documents on the World Wide web. web 'pages' tend to be prepared in advance and monologic rather than reciprocally interactive; as such, they constitute a separate phenomenon deserving of study on its own terms (Herring 2001: 626).

Come fa notare Barnes (2002: 49), a oltre vent'anni di distanza dalla pubblicazione dello studio che diede i natali al concetto della CMC, non solo la netta distinzione fra HCI e CMC, ma anche la differenza fra il discorso interattivo e dialogico delle chat e delle e-mail e il settore web costituito da *home page* statiche, è destinata inevitabilmente a sfumarsi con lo sviluppo del WWW, che tende a inglobare in sé le vecchie forme di comunicazione interpersonale attraverso il computer[78].

Tirando le fila da quanto detto sopra va fatto notare che la CMC, coprendo una vastità di fenomeni diversi, è suscettibile a diverse ripartizioni fra le quali di prima importanza appare quella che, come segnalato poco anzi, risulta sempre più sfumata, ovvero quella fra le statiche pagine web e scambi conversazionali in tempo reale. La sua validità è legittima se teniamo presente divisioni operabili a un livello più generale, ovvero quello dei media *tout court*, siano essi analogici o digitali. Si pensi a tal proposito alla distinzione proposta da Marcoccia (2003: on-line), che individue tre grandi categorie dei media:

- **les médias autonomes,** comme les journaux ou les disques, qui ne requièrent aucun raccordement à un réseau particulier ;
- **les médias de diffusion,** comme la radio et la télé hertzienne, qui permettent de diffuser des programmes à sens unique, d'un point vers une multitude de récepteurs ;
- **les médias de communication interpersonnelle,** comme le téléphone ou le courrier électronique, qui sont des techniques permettant une relation à double sens entre des personnes.

Le tre categorie sono raggruppabile secondo un'altra opposizione: comunicazione mediatica *vs* comunicazione mediatizzata come segue:

---

[78] A conferma dello spessore diacronico del termine stesso e di un'ulteriore sfumarsi dei confini della CMC è utile citare Prada (2015) e (2016), il quale muovendo dalla costatazione che a disposizione degli utenti degli scambi comunicativi telematici vi siano sempre più spesso dispositivi diversi dal classico computer propone di "fare riferimento alla comunicazione telematica digitale come a una «comunicazione mediata tecnicamente» (CMT) (Prada 2016: 336).

Tabella 2.4. Comunicazione mediatica vs comunicazione mediatizzata

Comunicazione mediatica		Comunicazione mediatizzata
Médias autonomes	Médias de diffusion	Médias de communication (interpersonnelle)
Journaux, livres, disques, cassette vidéo	Radio, télévision..	Téléphone, courrier électronique, fax...

Cogliendo il suggerimento di Marcoccia di applicare le distinzioni appena proposte alla CMC si arriva allo schema proposto sotto:

Figura 2.10. Comunicazione in Internet (Marcoccia 2003)

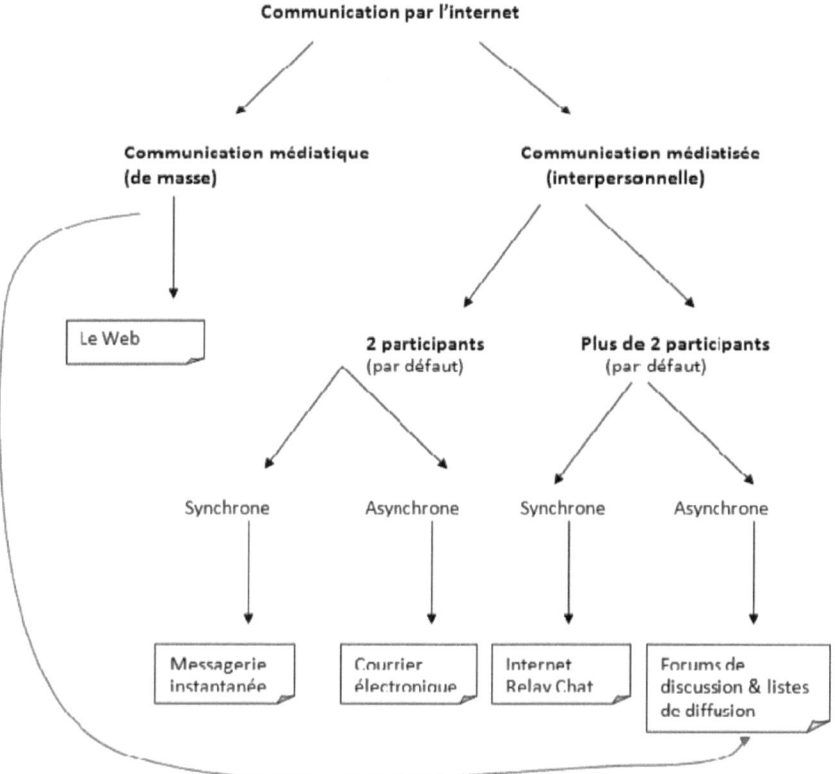

Come evidenziato in colore rosso la posizione dei forum di discussione risulta ambigua. Ricorrendo a quanto argomentato in Baym (1998) Marcoccia mette in risalto il carattere ibrido dei forum, che da un lato sono dispositivi di comunicazione di massa (A posta un messaggio leggibile da un numero di utenti potenzialmente illimitato) e dall'altro lato sono dispositivi di comunicazione interpersonale (A risponde a B).

Se volessimo collocare i blog diaristici all'interno del grafico proposto sopra, la loro posizione sarebbe a metà strada fra comunicazione di massa e comunicazione interpersonale multiutente asincrona coincidendo con lo spazio occupato dai forum di discussione, il che non significa che vi sia una sovrapposizione fra i primi e gli altri. I blog si distanziano dai forum per il ruolo centrale della figura dell'autore cha ha il controllo totale sull'aspetto e sui contenuti del suo blog. I forum, inoltre, a differenza dei blog organizzati secondo l'ordine cronologico, assumono il più delle volte la struttura "ad albero" multigraduale. I post degli utenti si dispongono di conseguenza su più piani a seconda del tema, sottotema o digressione in cui rientrano.

La nostra conclusione è in linea con il suggerimento di Herring/Scheidt/Bonus/Wright (2005) che nel continuum fra pagine web e CMC assegnano ai blog una collocazione a metà strada fra il polo della massima staticità (*rarely updated*) e il polo della massima dinamicità (*constantly updated*).

Figura 2.11. Continuum tra standard HTML documents e CMC

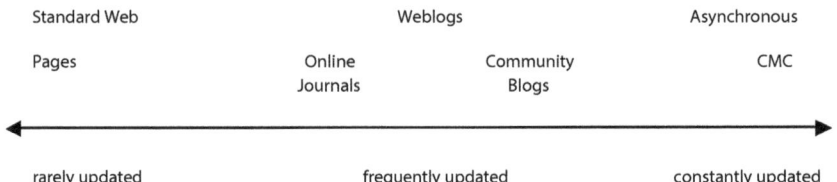

2.3.3.5. Il diario on-line e il discorso autobiografico

Il genere 'diario on-line' risulta riconducibile in una macro-categoria delle scritture/racconti del sé (detti anche identitari), ovvero testi caratterizzati dal contenuto autobiografico (in senso lato). Tutte le varie forme dei testi che fanno parte di questa categoria, autobiografie, diari tradizionali, lettere familiare o private[79], memorie[80], si profilano dunque come

---

79 Il termine 'lettera privata' è stato suggerito da Folena (1985: 7) in analogia con il tedesco '*Privatbrief*'.
80 I diari, le memorie e le lettere private sono classificabili anche come 'scritture primarie'. Si tratta del termine coniato da Folena (1985: 5) a partire dall'ipotesi che tali tipi di testo siano quelli con i quali è nata la scrittura. Bisogna accennare a tal riguardo

insieme organizzato in forma cronologico-narrativa, spontaneo o pilotato, esclusivo o integrato con altre fonti, di eventi, esperienze, strategie relativi alla vita di un soggetto e da lui trasmesse di rettamente, o per via indiretta, a una terza persona (Olagnero/ Saraceno 1993: 10).

Riformulando quanto sopra in termini che prescindono dal contenuto, si tratti di testi accomunati da un simile contratto di comunicazione[81] che secondo l'ormai classica proposta di Lejeune chiameremo "patto autobiografico"[82] in virtù del quale il lettore è portato a costruire il suo "orizzonte d'attesa" nei confronti di un testo autobiografico a partire dall'identità dell'autore con il narratore e il personaggio di cui si narra.

Siccome la specificità del diario on-line emerge con maggior evidenza se confrontata con le peculiarità di altri generi[83], ci pare utile proporre un confronto del genere in questione con alcune forme di scritture autobiografiche a partire dalla griglia di parametri proposti da Koch (2005)[84]. Si tratta di tutta una serie di tratti utili per determinare le condizioni di qualsiasi atto comunicativo lungo un continuum che va dalla massima immediatezza alla massima distanza comunicativa.

La tabella sotto ripropone il tentativo di confronto proposto da Hans-Bianchi (2005:12) integrandolo con le colonne 'Autobiografia' e 'Diario on-line'.

---

che non vi è l'unanimità fra gli studiosi riguardo all'individuazione del tipo più elementare di produzione scritta. Ad es. Goody (1987: 211) lo identifica nella "contabilità elementare" ("elementary bookkeeping"). Va da sé che secondo alcuni (cfr. Weiand 1993, Jungbluth 1996) i generi della memoria traggono le loro origini dalla contabilità. Ne sarebbero prova i libri di famiglia presentando – come argomentato da Cicchetti/Mordenti (1984: 1123) – caratteristiche decisamente somiglianti ai "libri di conti di «ricordanze» economiche dei mercanti".

81 La nozione di 'contratto di comunicazione', largamente utilizzata nelle ricerche nell'area francofono, specie in quelle nell'ambito dell'*analyse du discours*, va intesa, come fa notare Chabrol (1994: 32), in senso metaforico e analogico: "Il est clair, precise-t-il, qu'aucune convention juridique ou légale avérée ne fonde la majorité des échanges dans les rencontres ordinaires. (...) L'emploi et le respect d'un modèle de communication donné dans une situation d'action spécifiée seront conçus comme un jeu de droits et devoirs, en grande partie implicites, supposés mutuellement partagés". Charaudeau (1983: 50) ne fa un concetto centrale dell'analisi del discorso definendolo come l'insieme delle condizioni in cui si realizzano tutti gli atti di comunicazione, a prescindere dalla loro forma, orale o scritta, e dal loro carattere, monolocutivo o interlocutivo.
82 Cfr. Lejeune (1975: 23), secondo cui il patto autobiografico consiste nell' "affirmation dans le texte de cette identité, renvoyant en dernier ressort au nom de l'auteur sur la couverture".
83 Cogliamo in altri termini il suggerimento di Kędzierzawski (2009: 133): "I blog si lasciano studiare soprattutto in categorie relazionali, ovvero prendendo in considerazione altre forme di comunicazione esistenti sia nell'ambito della CMC che fuori dai suoi confini".
84 Per la discussione sulla proposta di Koch/Oesterreicher vedi anche § 3.2.5.

Tabella 2.5. Diario on-line tra i generi autobiografici alla luce dei parametri della distanza/immediatezza comunicativa

	Diario:	Memoria:	Lettera (privata):	Autobiografia:	Diario on-line:
a) distanza/ immediatezza fisica:					
1) nello spazio	immediato	distante	distante	distante	immediato/ distante[i]
2) nel tempo	indeterminato	distante	distante	distante	indeterminato/ immediato[ii]
b) distanza/ immediatezza sociale:					
1) carattere (pubblico vs privato):	intimo	indeterminato	privato	pubblico	indeterminato[iii]
2) grado di familiarità:	identità M-R	indeterminato	familiare	indeterminato	indeterminato[iv]
3) coinvolgimento emotivo:	forte	forte	forte	indeterminato	forte
4) inserimento nel contesto:	limitato	nessuno	limitato	nessuno	limitato
c) distanza/ immediatezza referenziale:					
referenza all' *origo*[85] dell'emittente:	dominante	dominante	dominante	dominante	dominante
d) distanza/ immediatezza elocutiva:					
1) cooperazione:	nessuna	nessuna	nessuna	nessuna	indeterminata[v]
2) dialogicità:	nessuna	nessuna	limitata	nessuna	potenzialmente alta[vi]

---

85 In linea con Hans-Bianchi (2005: 12) non differenziamo "ulteriormente le diverse dimensioni della deissi *ego – hic – nunc*, attribuendo il peso maggiore, per i nostri tipi di testo, alla dimensione dell'io che accomuna lettere, diari e memorie", nonché – aggiungiamo – diari on-line.

	Diario:	Memoria:	Lettera (privata):	Autobiografia:	Diario on-line:
3) grado di spontaneità:	riflessivo?	molto riflessivo	spontaneo	molto riflessivo	spontaneo/ riflessivo[vii]
4) sviluppo tematico:	libero	più rigido	libero	rigido	libero

Come evidenziato con sottolineature, i parametri rispetto ai quali il diario on-line si allontana maggiormente da quello cartaceo tradizionale sono i seguenti:

i) Distanza/immediatezza fisica nello spazio: immediato/distante vs immediato.

La doppia caratterizzazione dei diari on-line è dovuta al fatto che, anche se pubblicati e di conseguenza rivolti ad un pubblico diverso dal mittente stesso (quindi caratterizzati dalla fruizione a distanza nello spazio), non bisogna escludere l'esistenza dei diari on-line l'autore dei quali si rivolge in primo luogo a se stesso (quindi caratterizzati dalla fruizione immediata nello spazio) similmente a quanto avviene nel caso del diario cartaceo tradizionale (vedi il punto iv)).

ii) Distanza/immediatezza fisica nel tempo: indeterminato/immediato vs indeterminato.

Se prescindiamo dalla pubblicazione su Internet, il diario on-line, non dissimilmente da quello cartaceo tradizionale, rimane consultabile sia immediatamente dopo la stesura di ogni singola annotazione che in tempi differiti. La novità del diario on-line sta proprio nella sua pubblicazione su Internet, che permette la sua immediata fruizione da parte di un pubblico potenzialmente illimitato.

iii) Distanza/immediatezza sociale (carattere pubblico vs privato): intimo vs indeterminato.

Essendo tutti i parametri strettamente interrelati, emerge in primo piano di nuovo la pubblicazione on-line, fattore che determina in larga misura il carattere innovativo del genere 'diario on-line'. Bisogna precisare che anche i diari cartacei vengono pubblicati, ma ciò accade estremamente di rado[86] e se ci poniamo sul piano storico non va dimenticato che fino agli anni '60 del XIX secolo era impensabile per un diarista pubblicare il proprio diario[87]. Con l'immediata pubblicazione sul *web* il diario on-line

---

86 Cfr. Rodak (2010: 177), che giustamente fa notare che alla pubblicazione arriva solo una parte infinitesimale dei diari personali.
87 Cfr. Kerebel (2006: 108): "La représentation la plus répandue voit le journal comme le haut lieu du privé, des épanchements secrets, d'où le terme couramment utilisé de «journal intime». Il fait surgir l'image d'un diariste écrivant, retenant l'instant présent sans soucis de publication future, ayant parfois recours aux cachettes les plus ingénieuses (Tolstoï) ou aux cryptages de son écriture les plus retors (Pepys) pour éviter le viol de sa sphère intime".

appare non solo genere radicalmente nuovo rispetto al diario cartaceo tradizionale, ma anche emblematico dei cambiamenti in seno alla società sempre più globalizzata che portano ad un penetrare sempre più accentuato dell'intimo, personale e familiare nella sfera pubblica[88]. È interessante notare che Kerebel (2006: 108), ricorrendo alla formulazione di Tisseron, propone di cogliere questa forma moderna di intimità attraverso la nozione di "«extime», d'intimité exposée, voire «surexposée»".

iv) Distanza/immediatezza sociale (grado di familiarità): indeterminato *vs* identità tra mittente (M) e ricevente (R).

Mentre l'identità tra mittente (M) e ricevente (R) rimane fondamentale per il diario cartaceo tradizionale, nel caso del diario on-line viene a mancare in virtù della pubblicazione on-line. Di conseguenza il grado di familiarità del diario on-line risulta genericamente indeterminato, essendo indeterminato il pubblico cui si rivolge, anche se nella maggior parte dei casi si avvicina al familiare essendo il suo pubblico costituito il più delle volte da:

- **amici** che già si conosceva e con cui si vuole stabilire una forma diversa (più profonda?) di comunicazione;
- **parenti** da cui si è lontani e che si desidera tenere al corrente delle nostre storie;
- **conoscenti** incontrati in rete che costituiscono la micro-comunità di interessi interna alla Blogosfera con cui si è a più stretto contatto; abitanti "residenti" della porzione di essa cui anche il nostro blog risiede e con i quali ci si "scambiano visite" a volte molto sincere, altre volte di pura cortesia;
- **lettori**, che costituiscono il proprio pubblico più o meno ampio[89] e fedele verso il quale i blogger mostrano spesso un atteggiamento di responsabilità e cura che li porta, per esempio, a motivare le proprie possibili assenze prolungate dalla Blogosfera e a darne giustificazione;
- **altri indifferenziati** la cui esistenza (...) è colta a livello razionale, come possibile e forse anche probabile, ma di cui non tener conto in una scrittura vissuta comunque come intima e autoriferita (Di Fraia 2007: 109).

v) Distanza/immediatezza elocutiva (cooperazione): indeterminata *vs* nessuna.

Il parametro è strettamente interrelato a quello successivo.

vi) Distanza/immediatezza elocutiva (dialogicità): potenzialmente alta *vs* nessuna.

La stragrande maggioranza dei diari on-line ha attiva la funzionalità che prevede la possibilità di lasciare commenti da parte dei lettori. Ne consegue un grado di dialogicità potenzialmente elevato, il che non toglie che in pratica, mentre una lettera privata di regola comporta una risposta, sono moltissimi i post che rimangono

---

88 Cfr. a tal proposito le considerazioni di Eco (2006: 81–91) sulla "perdita della privacy" e – sul versante degli studi propriamente linguistici – Radtke (2000) e Simone (1980).
89 Un pubblico nella maggior parte dei casi numericamente limitato tanto da poter parlare di *nanoaudience*.

senza alcun commento. Non bisogna infine dimenticare che l'intera organizzazione testuale della lettera[90] – a differenza di quella di un post – è determinata dal suo carattere dialogico, seppur differito.

vii) Distanza/immediatezza elocutiva (grado di spontaneità):

Il commento alla attribuzione da parte di Hans-Bianchi del valore "riflessivo" al diario riguardo al parametro in questione – scelta per lo meno discutibile (il punto interrogativo è nostro) – non può che partire dalla spiegazione su cosa vada inteso per "riflessivo":

> (...) il rapporto tra l'io autore e l'io interno al testo è di tipo «riflessivo» nel senso di una autorappresentazione voluta. L'autore procede, nel caso della «scrittura riflessiva», ad una inevitabile oggettivizzazione del proprio io, il quale costituisce, grazie alla sua ambivalenza tra l'io esterno e l'io interno al testo, al tempo stesso il soggetto e l'oggetto della produzione scritta. L'interesse dello scrivente di dipingere un ritratto favorevole della propria persona è di conseguenza abbastanza forte, e anche la consapevolezza che tale ritratto emerga non solo nei contenuti, ma anche, e soprattutto, dalla forma linguistica, dalla competenza scrittoria. Quando lo scrivente percepisce fortemente la presenza (perlomeno implicita) di un pubblico di lettori estranei, la necessità di adeguarsi alla norma scritta si fa impellente, perché ne va della propria immagine sociale. Quando, invece, il testo viene prodotto per un ambito più familiare o addirittura solo per un io futuro, questa pressione sociale può essere più ridotta. La figura del ricevente mirato o previsto dall'autore (anche solo a livello inconscio) è, dunque, di cruciale importanza per capire l'atteggiamento nei confronti della norma (Hans-Bianchi 2005: 9).

Alla luce del passo appena citato "riflessivo", entrando in opposizione a "spontaneo", diventa sinonimo di redatto, costruito, curato, "volutamente oggettivizzato". Di conseguenza, se i diari sono riflessivi, lo sono solo in quei pochi casi in cui vengono scritti in vista di pubblicazione. Nella maggior parte dei casi, invece, sono scritture spontanee, scritte non di rado di getto. All'estremo opposto del *gradatum* riflessivo / spontaneo si collocano le memorie e le autobiografie, specie se pubblicate e quindi prodotti editoriali a tutti gli effetti. In riferimento ai diari on-line occorre prevedere un duplice valore motivato come segue: nelle parti relativamente stabili, ovvero nei micro-testi che incorniciano i post costituendone l'apparato paratestuale, vi è da ravvisare una notevole cura dovuta al desiderio di costruzione di un io virtuale accattivante[91], mentre nei post, che costituiscono sezione di frequente aggiornamento, vige una maggiore spontaneità.

---

90 Cfr. Violi (1988: 27), che definisce la lettera come "forme *dialogique* dont le trait spécifique est l'absence du destinataire". E più avanti aggiunge (1988:32): "La distance qui sépare destinateur et destinataire, virtuellement présente en tout texte, devient une modalité d'organisation textuelle".
91 Cfr. a tal proposito Durkiewicz (2008).

2.3.3.6. Il diario on-line e la proposta classificatoria basata sul criterio del vincolo interpretativo

Fra le tante tipologie testuali possibili vi è anche quella di Sabatini (1999). Si tratta di una proposta classificatoria che ha:

- come piano di riferimento generale il puro e semplice rapporto o, meglio, "patto" comunicativo che lega immancabilmente emittente e destinatario;
- come criterio per distinguere i tipi di messaggio realizzabile il grado di vincolo interpretativo che in quel patto l'emittente pone al destinatario (Sabatini 1999: 142).

La diversità dei tipi di testo è quindi strettamente legata ad una minore o maggiore volontà da parte di chi produce un testo di regolare in modo rigido l'attività interpretativa del destinatario. A partire da tale parametro si possono individuare tre grandi classi di testi. La prima classe comprende quei testi per i quali il vincolo interpretativo è massimo e la libertà di interpretazione è esplicitamente regolata. Ne sono l'esempio più evidente i testi di legge, vincolanti per eccellenza. Il secondo gruppo è costituito dai testi 'mediamente vincolanti', quali ad esempio i saggi critici o i testi giornalistici. Infine, la terza categoria, che qui ci interessa maggiormente, comprende quei testi per i quali non vi è da parte dell'emittente una rigida volontà di porre al destinatario vincoli interpretativi.

Riportiamo di sotto la classificazione complessiva proposta da Sabatini (1999).

Tabella 2.6. Testi molto vincolanti, mediamente vincolanti e poco vincolanti (Sabatini 1999)

CLASSI FONDAMENTALI	CLASSI INTERMEDIE DISTINTE IN BASE ALLE FUNZIONI SPECIFICHE	TIPI TESTUALI CONCRETI
A) testi molto vincolanti	A1. Testi scientifici Funzione puramente **cognitiva**, basata su asserzioni sottoposte esclusivamente al criterio di vero / falso.	*Descrizioni e definizioni scientifiche, formalizzate,* specialmente se di materia che consente trattamento quantitativo dei dati.
	A2. Testi normativi Funzione **prescrittiva**, basata su una manifestazione di volontà coercitiva, regolata da un intero sistema di principi enunciati espressamente.	*Leggi, decreti, regolamenti e altri testi assimilabili* (atti amministrativi, giudiziari, notarili, contratti e simili).

CLASSI FONDAMENTALI	CLASSI INTERMEDIE DISTINTE IN BASE ALLE FUNZIONI SPECIFICHE	TIPI TESTUALI CONCRETI
	A3. Testi tecnico-operativi Funzione **strumentale-regolativa**, basata sull'adesione spontanea del destinatario alle istruzioni fornite dall'emittente.	*Istruzioni per l'uso (di apparecchi, strumenti, sostanze, ecc.) o per eseguire operazioni (movimenti, giochi, e simili).*
B) testi mediamente vincolanti	B1. Testi espositivi Funzione **esplicativa-argomentativa**, basata sull'intenzione di "spiegare a chi non sa" o di stabilire trattative su questioni concrete o di proporre e dibattere tesi.	*Trattati, manuali di studio, enciclopedie, saggi critici, relazioni, lettere d'affari, memorie forensi e d'altro genere (discorsi politici, conferenze, lezioni, ecc., messi per iscritto).*
	B2. Testi informativi Funzione **informativa**, basata sull'intenzione di mettere genericamente a disposizione ("divulgare") informazioni, perlopiù sommarie e approssimative.	*Opere divulgative e di informazione corrente; testi giornalistici; corrispondenza familiare e tra amici.*
C) testi poco vincolanti	C1-C2. Test d'arte ("letterari") Funzione **espressiva**, basata sull'intenzione (o bisogno) dell'emittente di esprimere, specie su temi esistenziali, un proprio "modo di sentire" e di metterlo a confronto, potenzialmente, con quello di ogni altro essere umano.	*Opere con finalità d'arte o che assumono forme artistiche per altri fini (letteratura in prosa e in poesia; motti e proverbi; scritture sacre, testi liturgici e di preghiera; particolari testi pubblicitari).*

Il modello proposto da Sabatini non prescinde dalla veste linguistica dei testi. Ogni classe è caratterizzata dalla presenza/assenza o dalla neutralizzazione di precisi tratti linguistici e testuali che Sabatini propone di raggruppare secondo le seguenti tre direzioni:

- scelta tra i vari costrutti previsti nel sistema per una data enunciazione: ad esempio, tra costruzione attiva e passiva (quest'ultima nelle varie forme possibili); tra frasi coordinate, frasi subordinate (con diverso ordine possibile tra reggente e dipendente) e frasi giustapposte (con implicito valore semantico di coordinazione e di subordinazione); tra interrogativa diretta e indiretta; diverso ordine tra la presentazione del "prima" e del "dopo" temporali, o della causa e dell'effetto, ecc.;
- presenza di tutti gli elementi richiesti dal sistema virtuale per la completezza della frase o ellissi di alcuni di essi[92];
- uso o rifiuto di strutture marcate (frase scissa; frase segmentata; diverso ordine tra soggetto e verbo) per ottenere la focalizzazione dell'informazione (Sabatini 1999: 153).

Come si evince dall'elenco di sopra il livello di lingua che più "facilmente risente delle variabili contestuali e cotestuali – a parte quello semantico-lessicale, esposto sempre alle più libere innovazioni individuali o imposte dalle circostanze – è notoriamente quello della sintassi" (Sabatini 1999: 153).

Così i testi molto vincolanti, ad esempio, sono caratterizzati fra l'altro dalla concatenazione dei periodi da chiari legamenti sintattici e dai legamenti semantici del tipo "ripetizioni", mentre quelli poco vincolanti si distinguono per un'elevata presenza della coordinazione per asindeto o per polisindeto, nonché dal ricorso allo stile nominale. Va aggiunto che i testi poco vincolanti – essendo avulsi da esplicite norme discorsive – risultano tendenzialmente più eterogenei dei testi molto vincolanti. Si pensi a tal proposito alle scritture personali, la cui veste linguistica può – almeno potenzialmente – variare molto a seconda dello stile dello scrivente e ai testi giuridici che – prodotti secondo precise norme discorsive – appaiono di contro molto più omogenei dal punto di vista prettamente linguistico-testuale.

Quanto alla collocazione dei diari on-line nella tipologia fondata sul vincolo interpretativo, essa risulta a metà strada – come evidenziato nella tabella con il colore grigio – fra la categoria B2 e C1/C2 e ciò per il fatto che oltre ai diari on-line prettamente intimistici, ovvero concentrati sulla figura dell'autore ve ne sono anche quelli che si avvicinano per il loro contenuto e anche, quindi, per lo scopo comunicativo, ai blog tematici, come ad esempio K-blog o F-blog (vedi § 4.1.1.), ovvero ai blog che più che all'espressione del "modo di sentire" dell'autore su temi esistenziali appaiono volti a informare.

L'appartenenza dei diari on-line ai testi poco o mediamente vincolanti induce a ipotizzare una certa eterogeneità nella veste linguistica dal momento che lo scrivente non si trova a dover rispettare alcun tipo di norma discorsiva, il che non toglie che – a forza di frequentare la blogosfera – possano essersi formate abitudini scrittorie (alcune delle quali legate al *medium* digitale e perciò comuni in buona parte anche agli altri genere della CMC) sul versante della produzione e orizzonti d'attesa sul versante della ricezione, cosa che – conformemente a quanto ci eravamo proposto individuando gli obiettivi del presente studio – rimane da verificare nella parte analitica.

---

92 Sabatini (1999: 165): "(...) io mi riferisco invece alla presenza di tutti gli elementi necessari per costruire il nucleo della frase (verbo e suoi attanti ed eventuali complementi predicativi degli attanti)".

Capitolo 3. La lingua nella CMC alla luce della ridefinizione del rapporto parlato / scritto

3.1. Premesse

Data l'eclettictà dell'approccio adottato nel presente studio ci pare formulare due premesse volte a dar loro alle considerazioni a seguire una corretta collocazione all'interno dei contesti teorici pertinenti per le nostre finalità.

i) Nel Capitolo 2 eravamo partiti dall'esame del rapporto testo scritto/testo digitale (evidenziato nella Tab. 3.1. con il colore blu), opposizione individuabile a partire dal *medium* inteso come supporto materiale e al tempo stesso tecnologia di trasmissione, per spostare ora la nostra attenzione a un'opposizione più generale, ovvero a quella parlato/scritto (evidenziata nella Tab. 3.1. con il colore rosso), dicotomia individuabile a partire dal *medium* inteso come canale di trasmissione (grafico-visivo e fonico-acustico) usato nella comunicazione[93]. In altri termini le due macro-categorie che entrano in opposizione, testi parlati *vs* testi scritti, a valle risultano ulteriormente suddividibili a partire dal criterio della tecnologizzazione del piano dell'espressione.

Tabella 3.1. Dicotomia parlato / scritto dopo l'avvento della tecnologia digitale

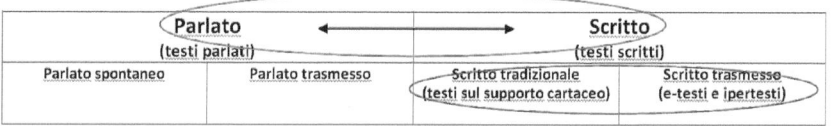

Mentre nel Cap. 2 ci siamo mossi nell'ambito della linguistica del testo, la problematica proposta nel presente capitolo può essere affrontata da almeno due punti

---

[93] Si tratta di una differenziazione già proposta, seppur in un modo approssimativo, ovvero facendo confusione fra canale e tecnologia, da Sabatini. Il trasmesso non è un terzo canale da aggiungere a quello fonico-acustico e grafico-visivo dal momento che il parlato trasmesso si riferisce alla comunicazione via canale fonico-acustico, solo che attraverso una tecnologia, che non entra in gioco negli scambi comunicativi faccia-a-faccia. Di conseguenza il parlato, lo scritto e il trasmesso non si pongono su uno stesso piano, bensì, come presentato nella Tabella 3.1., l'opposizione parlato *vs* scritto a valle risulta ulteriormente differenziabile a partire dalla tecnologizzazione del piano dell'espressione. Tale è del resto il punto di vista di chi, come Sobrero/ Miglietta (2009: 127) e D'Achille (2010: 245–260), simmetricamente, accanto al parlato trasmesso individua lo scritto trasmesso.

di vista. Il primo vede al centro dell'attenzione il concetto di varietà ed è stato tradizionalmente assunto nelle ricerche varietistiche volte a descrivere lo spazio varietetico dell'italiano secondo le diverse dimensioni di variazione, fra le quali quella diamesica. Il secondo, invece, vede al centro dell'attenzione il concetto di testo portando alla costruzione di tipologie dei testi fondate sul mezzo[94]. I due approcci, come suggerisce Berruto nel suo articolo del 1981 dall'emblematico titolo[95] «Tipologia dei testi e analisi degli eventi comunicativi: tra sociolinguistica e "texttheorie"», non devono entrare in opposizione, bensì in cooperazione[96]. La riflessione sulla problematica diamesica è difficilmente separabile da quella della tipologia dei testi anche per il fatto che "la variazione diamesica (...) nella realizzazione effettiva viene poi assorbita dalla variazione diafasica e dai tipi di testi relativi" (Berruto 2004: 38).

ii) La rinuncia ad una rigida riduzione a solo due macro-classi di testi, quelli scritti e quelli parlati, e la conseguente adozione del principio per il quale i testi si collocano in un *continuum* lungo il quale è possibile individuare molteplici "addensamenti" che testimoniano l'esistenza di una molteplicità di tipi di usi scritti e parlati presuppone una riflessione sui seguenti interrogativi:

- Cosa va inteso per 'parlato' e 'scritto'?
- Qual è la natura della variazione diamesica?
- In che senso si può parlare del *continuum* parlato / scritto se la scelta del canale di trasmissione delle produzioni linguistiche, o fonico-acustico o grafico-visivo, è sempre binaria?

Un tentativo di fornire risposte a tali domande pare indispensabile se si vuole evitare conclusioni, se non del tutto fuorvianti, difficilmente accettabili, come quelle a cui arriva Albano Leoni (2005: 51), che – a partire da una matrice di alcune caratteristiche psicofisiche combinate con un elemento pragmatico (bidirezionalità) (vedi la Tabella. 3.2.) – arriva a negare nel passo citato sotto il carattere ibrido dei testi circolanti nella CMC.

> Considerando come tratti di una matrice binaria quattro elementi centrali psicofisici (canale audio-fonico, proprio del parlato; canale visivo, esclusivo dello scritto e importante ausiliario nel parlato; quasi-simultaneità di programmazione e produzione;

---

94 Cfr. a tal proposito Lavinio (1990), che distingue fra testi parlati conversazionali, monologici, recitativi, testi scritti per essere detti, scritti per essere ampliati nel parlato e molti altri.
95 Cfr. anche la già citata Lavinio (1990: 24), che in riferimento alla dicotomia scritto / parlato opta per un incontro "di scuole e tradizioni di studio nate in ambiti geografici diversi e finora difficilmente comunicanti tra loro (da una parte quella tedesca, per la *Textlinguistik*, dall'altra quella americana, per la sociolinguistica e l'etnografia della comunicazione)".
96 Conformemente a questo punto di vista nella Tabella 3.1. abbiamo doppioni terminologici: parlato – testi parlati, ecc.

quasi-simultaneità di percezione e interpretazione) e un elemento pragmatico (bidirezionalità), è possibile costruire una semplice ma soddisfacente classificazione delle tipologie comunicative di base. (...)
Se si condivide questa matrice si vede che i presunti testi intermedi (SMS ecc.) sono in realtà testi scritti. Infatti si dovrebbe concludere che il parlato-parlato (nella sua forma prototipica di scambio faccia a faccia) non può che essere quello che corrisponde positivamente a tutti i tratti, e che la fattispecie descritta da Pistolesi (2003:437–444), cioè la *Internet Relay Chat* (IRC) è assimilabile senza eccessivi residui alla modalità scritta che nella matrice è indicata, semplificando, con 'sottotitoli' (Albano Leoni 2005: 51).

Come risulta dalla Tabella 3.2, proposta in Albano Leoni (2005: 51) e integrata qui con l'ultima riga dedicata alla chat, simmetricamente ai diversi tipi di parlato sembra ragionevole prevedere una serie di tipi di scritto – cosa che risulterà chiara nelle pagine a venire – alcuni dei quali, ad es. le conversazioni in chat, possono avvicinarsi notevolmente al parlato parlato: si badi che la sequenza dei segni "+" della riga 'Parlato parlato' coincide con quella della 'Chat' con una sola eccezione dovuta all'ovvia differenza di canale.

Tabella 3.2. Alcune caratteristiche psico-fisiche dei diversi tipi di scritto e parlato (Albano Leoni 2005: 51)

Canale fonico-uditivo	(Quasi) simultaneità di programmazione ed esecuzione	(Quasi) simultaneità di percezione e decodifica	Canale visivo	Bidirezionalità	Caratteristiche psicofisiche / Tipi di comunicazione
+	+	+	+	+	Parlato
+	+	+	-	+	Parlato telefonico
+	-	+	+	-	Parlato recitato e letto, teatro, TV, cinema
+	-	+	-	-	Parlato recitato e letto radiofonico
-	-	-	+	-	Scritto
-	-	+	+	-	Sottotitoli correnti
-	+	+	+	+	Chat

3.2. Spazio varietetico e natura della variabilità diamesica

3.2.1. Il diasistema

Nella descrizione dello spazio varietetico di una lingua naturale è ormai invalso ricorrere alle dimensioni di variabilità proposte da Coseriu (1975), secondo cui qualsiasi lingua storica, anche esclusivamente orale, presenta un'articolazione interna in diverse varietà di uso a partire da vari fattori di variabilità universali. Le dimensioni individuate dal linguista rumeno, se prescindiamo da quella diacronica dovuta al cambiamento della lingua nel tempo limitandoci alla variabilità nella sincronia, sono le seguenti: diatopica, relativa alla differenziazione geografica; diastratica, dovuta alla diversificazione sociale; e infine diafasica (in altri termini situazionale o funzionale-contestuale), relativa alla pluralità di situazioni in cui si usa la lingua. Tale variabilità si manifesta sullo sfondo di un comune punto di riferimento, reale o ideale che sia.

La Figura 3.1. visualizza i tre assi della variazione, organizzati ognuno in un *continuum* tra due poli estremi.

Figura 3.1. La marcatezza diasistemica (Koch/Oesterreicher 1990: 15)

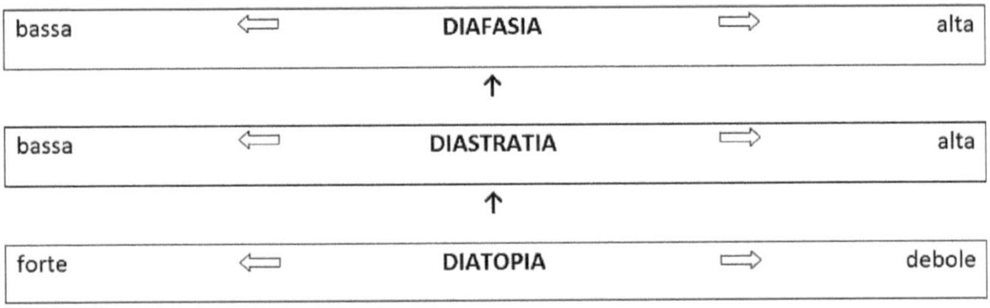

bassa	⇐	DIAFASIA	⇒	alta
		↑		
bassa	⇐	DIASTRATIA	⇒	alta
		↑		
forte	⇐	DIATOPIA	⇒	debole

A parte il fatto che ciascuno degli assi è costituito da un continuum, anche l'intero diasistema, a sua volta, può essere concepito in termini di *continuum*, dal momento che "le strutture linguistiche non sono differenziate nettamente come appartenenti ad una varietà piuttosto che all'altra, ma si organizzano in un *continuum*; è la coscienza linguistica dei parlanti che individua delle distinzioni più o meno nette, dove mancano delle cesure oggettive[97]" (Hans-Bianchi 2005: 43).

Si badi, inoltre, alle frecce verticali che indicano il rapporto fra gli assi di variazione che corrisponde "a una gerarchia sociolinguistica ben nota, secondo cui varietà diatopiche possono fungere anche da varietà diastratiche, varietà diastratiche possono fungere anche da varietà diafasiche (...), ma non viceversa" (Berruto 2004: 11).

---

97 Berruto (1995: 157) parla a tale proposito di "*continnum* con addensamenti".

3.2.2. La lingua scritta nel diasistema

Presentato il quadro dell'articolazione di una lingua in varietà applicabile a tutte le lingue naturali indipendentemente dal fatto se siano dotate di tradizione scritta o meno, vediamo ora che cosa cambia nel diasistema di una lingua storica con l'apparizione della scrittura.

Va sottolineato sin dall'inizio che la grafizzazione interessa unicamente la parte "alta" del diasistema, ovvero quella usata dai ceti alti e, inoltre, quella che copre il dominio della comunicazione in contesti formali, il che – fatte le dovute scelte anche a livello diatopico, dettate da diversi fattori extralinguistici (potere economico e politico *in primis*) relative all'esclusione di varietà non ritenute adatte per la scrittura – porta ad un progressivo ridimensionamento dell'architettura varietetica in virtù di quella caratteristica della lingua scritta che Coulmas (1989: 271) definisce "funzione di controllo sociale". La permanenza del testo scritto, una delle caratteristiche che con maggior evidenze determina la diversità dello scritto dall'orale, produce un effetto di standardizzazione, che influenzando tutte le varietà del diasistema, anche quelle inizialmente avulse dal processo della grafizzazione, porta allo svilupparsi di una norma scritta prescrittiva. Il processo di standardizzazione procede quindi in parallelo alla scritturalizzazione portando alla cosiddetta "elaborazione"[98] della lingua: la grafia si regolarizza, il lessico si arricchisce e la sintassi si sviluppa.

Bisogna ricordare che nel processo abbozzato sopra la scrittura – pur rimanendo fattore basilare in quanto creatrice di una norma di riferimento – non porta automaticamente alla discontinuità rispetto alla modalità parlata avvalendosi delle potenzialità insite nel codice orale[99]. Ne sono l'esempio i casi in cui l'uso scritto "consacra" forme precedentemente bandite dalla norma[100], processo possibile in virtù di un altro fattore essenziale nel formarsi dello standard, prestigio tradizionalmente attribuito alla scrittura. Stando a Foresti (1977: 125) il prestigio della scrittura trarrebbe origine dalla caratteristica del *medium* scritto, fra le quali in primo luogo la già menzionata permanenza nel tempo:

> L'immagine grafica di una parola si esprime e si distingue come un'entità permanente e solida, maggiormente adatta, in confronto del suono, a garantire l'unità della lingua attraverso il tempo.

---

98 Cfr. a tal proposito Berruto (1995: 210), che prende a prestito il concetto di "Ausbau" da Kloss (1978: 37) proponendone la traduzione "elaborazione".
99 Cfr. a tal proposito Vachek (1965: 21): "(...) the written norm is undoutedly a superstructure built over the spoken norm". Vedi inoltre Scinto (1986: 27): "(...) written language (...) is the develpoment of a latent structural possibility of the system of language code".
100 Cfr. Voghera (1992: 43): "(...) da un lato l'uso scritto è associato allo standard, dall'altro la scrittura può accelerare il processo di standardizzazione di varietà substandard".

Nella realtà italiana la funzione standardizzante dello scritto è particolarmente importante dal momento che il versante orale del diasistema per secoli è rimasto dominato dai dialetti inducendo alcuni linguisti[101] a parlare di diglossia addirittura per l'Italia contemporanea[102]. Si badi che nel modello proposto da Trumper i due versanti sono ben separati dando origine a due repertori diversi per ognuna delle due classi di usi sull'asse diamesico:

> In Trumper/Maddalon (1982: 18–24) e in Trumper (1984: 30–33) troviamo un modello che prevede sei varietà per l'uso orale: ital. regionale formale, ital. regionale informale, italiano regionale trascurato (fortemente interferito), dialetto koinè, dial. urbano, patois locale; e quattro per l'uso scritto: ital. standard, ital. sub-standard, ital. sub-standard interferito, dial. letterario (Berruto 2004: 19).

Nel modello in questione nel repertorio orale manca la varietà 'standard', il che trova la sua giustificazione nel fatto che nella realtà italiana la pronuncia standard rimane una norma prescrittiva artificiale modellata sulla grafia alla quale corrispondono "diverse norme *normali* di pronuncia regionale dell'italiano" (Foresti 1977: 141)[103].

La già menzionata continuità dello standard scritto con le varietà che occupano il versante orale del diasistema consiste non solo in un influsso esercitato dall'alto in basso, testimoniato ad esempio dal fenomeno dell'italianizzazione dei dialetti, bensì anche da un rapporto nella direzione opposta. Si tratta della tanto dibattuta negli ultimi due decenni ristandardizzazione della norma scritta sotto la pressione dell'oralità (vedi sotto).

3.2.3. La situazione italiana: un repertorio dinamico

Riallacciandoci al discorso proposto nella sezione precedente veniamo ora a vedere il principio di variazione delle lingue naturali non più in astratto, bensì applicato alla situazione italiana dando uno sguardo a come si presenta il diasistema italiano nel tentativo di descrizione proposto da Berruto, che – riprodotto di sotto (Fig. 3.2.) – ha il vantaggio di mettere in evidenza la pluridimensionalità del repertorio italiano.

---

101 Cfr. ad esempio Dardano (1994: 344).
102 Secondo Berruto (2004: 5) sarebbe più giusto parlare di dilalìa, ovvero di una situazione in cui la varietà alta (l'italiano standard) e la varietà bassa (il dialetto) non sono nettamente separate nell'uso, bensì sono entrambe "impiegate/impiegabili nella conversazione quotidiana e con uno spazio relativamente ampio di sovrapposizione (...)".
103 La dicitura "norma normale" rimanda a Coseriu (1973: 19–103), che concepisce la norma in termini di "realizzazione normale del sistema", "vale a dire il modo di realizzazione che attua la possibilità del sistema in un dato momento per una certa comunità parlante, concetto intermedio tra *langue* e *parole*" (Beszterda 2007: 82). Cfr. inoltre Dardano (1994: 407): "il sistema fonologico dell'italiano è dato dal cosiddetto 'fiorentino emendato', un modello piuttosto ideale nel quale, *sul fondamento della grafia*, si eliminano varianti combinatorie caratteristiche del fiorentino parlato".

Figura 3.2. *Architettura delle varietà italiane (Berruto 1999: 21)*

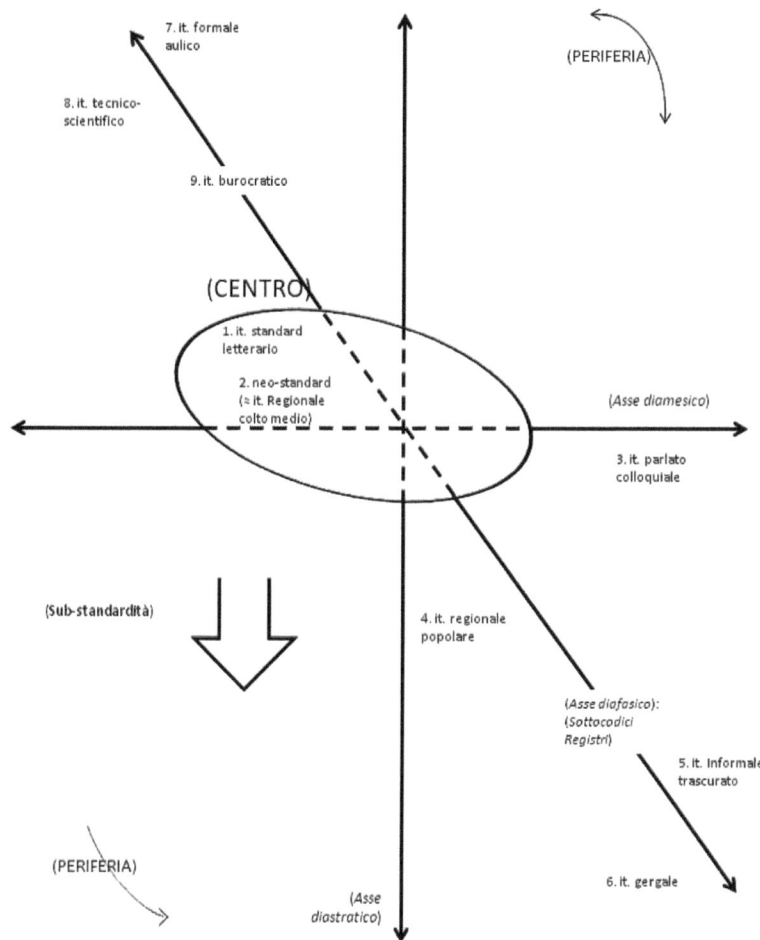

Il modello di Berruto rimane fra i più citati e come tale è ormai l'inevitabile punto di riferimento per tutti gli studi che hanno per oggetto di riflessione la situazione varietetica dell'italiano. Ciò nonostante vi sono almeno due riserve che occorre tenere in considerazione accogliendo il modello in questione. Come osserva lo stesso Berruto, si tratta di una semplificazione "mediante uno schema a tre assi (e tralasciando la dimensione diatopica)" (Berruto 2004: 11). Un altro aspetto da tenere presente è l'opinabilità della rappresentazione della variabilità diamesica come continua al pari degli altri assi del modello.

Sono due le zone di particolare interesse da individuare nello spazio varietetico italiano. La prima, periferica, è occupata dalle produzioni circolanti nella CMC e, data la sua relativa novità assente nella Fig. 3.2., è collocata dalla parte del polo scritto sull'asse diamesico e in corrispondenza di diafasia bassa. La seconda è quella centrale che copre lo standard e il neostandard: si tratta di una delle questioni più dibattute nella linguistica italiana negli ultimi decenni, ovvero la questione della penetrazione nello standard di tutta una serie di tratti innovativi, finora relegati al substandard, il che avrebbe portato alla nascita di una nuova norma a cui, nella bibliografia che si è andata ampliando dai primi anni Ottanta, sono state attribuite diverse etichette: 'italiano tendenziale', 'italiano dell'uso medio' e 'italiano neostandard'.

La prima è quella di Mioni (1983: 515), che mette in risalto l'"italiano tendenziale', anche nello scritto, e una sua maggiore semplicità rispetto all'italiano *ancien régime* dovuta ad un'evidente vicinanza al parlato colloquiale. L'"italiano tendenziale' risulta, inoltre, più variato in diatopia per il policentrismo dei modelli d'uso ammessi, nonché in diafasia a causa della penetrazione nell'uso quotidiano di numerosi termini da linguaggi settoriali. La sua emergenza – sempre secondo Mioni – va messa in relazione con la mutata interazione sociale che ha portato nel giro di pochi decenni all'adozione dell'italiano come lingua di comunicazione da una grande fetta di popolazione.

Sabatini, dal canto suo, preferisce parlare di 'italiano dell'uso medio' illustrandone i 35 tratti distintivi, più che altro morfosintattici. Tali tratti avrebbero carattere panitaliano risultando attestati in tutte le zone dell'italofonia. La varietà individuata da Sabatini si distinguerebbe inoltre dall'italiano standard in diafasia coprendo i contesti mediamente formali e informali implicando un ampissimo raggio di utilizzazione.

Berruto (1987: 23), invece, propone l'etichetta 'neostandard' per una varietà "conglobata con lo standard da un lato, ma dall'altro sensibile a differenziazione diatopica", collocandola al centro dello spazio varietetico dell'italiano contemporaneo (cfr. la Fig. 3.2.) in coabitazione con lo standard letterario in modo tale da render conto degli "evidenti fatti di rinormatizzazione e di ristandardizzazione che nei decenni recenti si stanno verificando, con l'assunzione nello standard di tratti finora substandard e con l'avvicinamento dello scritto al parlato".

Completano il quadro d'insieme delle varietà dell'italiano le osservazioni di Radtke (2000), secondo cui negli ultimi decenni assistiamo ad un'accelerazione del "processo di de-standardizzazione che coinvolge (...) molte lingue europee (...) e la dinamica della lingua italiana s'inserisce così in un contesto europeo in genere" (Radtke 2000: 109). Secondo lo studioso tedesco "la società italiana sta attualmente vivendo un periodo caratterizzato dalla commistione di varietà: oggi fra dialetto e lingua standard quasi tutto è possibile" (Radtke 2000: 113). Questo tumulto, per usare il termine di Sobrero (1997), riguardo non solo le varietà diatopiche e lo standard, bensì tutte le dimensioni di variabilità portando ad una ri-standardizzazione. Tuttavia, non trattandosi dell'eliminazione dell'italiano normativo, bensì di uno spostamento della norma, la nozione di lingua standard non viene soppressa. In altri termini la de-standardizzazione comporta una specie di ri-standardizzazione "nel senso che l'apertura verso gli elementi della dimensione informale anche in contesti formali ridefinisce il grado di accettabilità della norma – gli elementi linguistici in questione stanno per ottenere un nuovo valore diasistemico nell'architettura della lingua italiana" (Radtke 2000: 114). A livello delle varietà vi sarebbe da ravvisare la tendenza a ristrutturare "la diatopia in un'unica dimensione che s'intende come interpretazione diafasica dei dati diastratici e diatopici: l'italiano contemporaneo cerca di far regredire la marcatezza diatopica e distratica per l'allargamento della dimensione diafasica: *tengo fame* a Napoli, o *il pane è sciapo* a Firenze e così via indicano sempre più una specifica situazione e sempre meno la dialettalità tradizionale" (Radtke 2000: 115–116).

Secondo Radtke il processo delineato sopra si presenta in sintesi come segue.

Figura 3.3. Ri-standardizzazione dell'italiano secondo (Radtke 2000)

italiano fino agli sessanta		italiano odierno
dimensione diastratica		
dimensione diatopica	→	dimensione diafasica
dimensione diafasica		

A livello linguistico la sfera diafasica tende, quindi, ad inglobare al suo interno la regionalità e la stratificazione sociale, processo che – a un livello più generale – corrisponde a quello che Simone (1980) nel volume dall'emblematico titolo "Il trionfo del privato" diagnosticò come penetrazione di stili privati, quindi informali, nella sfera pubblica come conseguenza degli avvenimenti del Sessantotto[104]. I nuovi media, potentissimo mezzo di pubblicazione di contenuti privati e intimi, non hanno fatto che radicalizzare questo processo.

L'avvento della tecnologia come fattore che incide sulla variazione linguistica comporta inoltre un altro problema: è legittimo riflettere se non sarebbe il caso di introdurre una quinta dimensione di variazione, ovvero quella che Fiormonte propone di chiamare 'diatecnia'[105]. Il postulato si giustifica per il fatto che "la cornice tecnica *descrive e vincola* le possibilità della comunicazione" (Fiormonte 2003: 112). Ricorrendo all'esempio dei messaggini SMS Fiormonte fa notare l'incidenza sulla comunicazione di due elementi: "le particolarità dell'hardware (per esempio tipo e ampiezza del *display*, della tastiera, ecc.) e del software (sistema di navigazione e tipi menu, possibilità di attingere elementi testuali o disegni da una banca dati, ecc.)". Sommando, "i diversi contesti possono dar luogo a specifiche *miniretoriche*"

---

104 Cfr. a tal proposito § 2.3.3.5 e le osservazioni ivi contenute sulla nozione di "«ex-time», intimité exposée, voire «surexposée»".
105 Cfr. § 2.2.2.

(Fiormonte 2003: 112). Di conseguenza Fiormonte propone di includere nelle analisi linguistiche che vogliono tenere conto delle variabili diamesiche cinque elementi,

> interagenti ma distinti, che costituiscono altrettanti vincoli all'espressione:
> 1) Il tipo di applicazione (posta elettronica, chat, forum, SMS, ecc.);
> 2) Il tipo di hardware;
> 3) Le funzioni del programma;
> 4) Le caratteristiche dell'interfaccia con la sua specifica interrelazione testo-immagini;
> 5) Il contesto cultural-antropologico in cui si svolge la comunicazione (Fiormonte 2003: 112).

La proposta di Fiormonte risulta problematica per la natura della variazione determinata dall'incidenza dei contesti tecnici. Per usare il termine proposto dallo stesso Fiormonte (2003: 112) si tratta di differenti 'miniretoriche', quindi fenomeni testuali e pragmatici collocabili ai livelli altri dell'organizzazione del discorso e per questo mal conciliabili con la nozione classica di variabile sociolinguistica nel senso laboviano del termine[106]. Le differenze determinate dalla tecnologizzazione del piano dell'espressione si prestano piuttosto ad essere analizzate in termini di variabilità legata alla differenziazione dell'universo verbale in generi testuali, ognuno con la relativa interfaccia e le corrispondenti "miniretoriche", o – per attenerci alla terminologia proposta in § 2.3.2.4. – norme discorsive che abbracciano scelte sia a livello della varietà di lingua da usare sia a livello compositivo e contenutistico. Problemi diversi pongono invece le grafie devianti, fenomeno certamente di livello basso dell'organizzazione del discorso. Dato il loro potere di caratterizzare i testi come marcati diatecnicamente, esse potrebbero risultare *register markers*[107], il che potrebbe legittimare il postulato di riconoscere la diatecnia come un'ulteriore dimensione di variazione da aggiungere a quelle restanti del modello di Berruto. Se al variare della pronuncia di una certa parola possiamo attribuire il potere di caratterizzarla come marcata ad es. sull'asse diatopico, forse potremmo riconoscere un potere analogo alla variazione grafica, ad es. *nn* anziché *non*? La risposta sembra negativa giacché nel caso delle grafie innovative il fenomeno in questione riguarda l'uso di risorse che si collocano fuori dal sistema 'lingua': trattandosi di convenzioni grafiche, un sistema semiotico diverso che entra in gioco ad ogni uso del sistema 'lingua' per iscritto, non c'è simmetria rispetto alla realizzazione fonica. La diatecnia risulta

---

106 Per la discussione sul problema dell'applicabilià della nozione di variabile sociolinguistica ai livelli alti dell'analisi linguistica cfr. Berruto (1999: 166–173).

107 A proposito di *register markers* e *register features* cfr. Biber *et al.* (2009: 823): "In most cases, though, register differences are realized through the relative presence or absence of *register features* – core lexical and grammatical features – rather than by the presence of a few distinctive register markers. Register features are found to some extent in almost all texts and registers, but there are often large differences in their relative distributions across registers. In fact, many registers are distinguished only by a particularly frequent or infrequent occurrence of a set of register features".

di conseguenza una dimensione di variazione diversa da quella classica ed il suo eventuale accoglimento nei modelli varietetici al pari delle restanti dimensioni necessiterebbe una rivisitazione dei concetti di sistema e di variabile sociolinguistica, cosa che di certo esula dai limiti del presente studio che oltre alle finalità puramente descrittive si limita a segnalare punti problematici posti dall'oggetto di studio, lingua trasmessa, ai modelli di descrizione esistenti.

3.2.4. La variabilità diamesica

Alla luce di quanto esposto nelle sezioni precedenti, in riferimento alle lingue dotate di un diasistema complesso con al centro standard, ovvero varietà che funge da norma scritta, risulta di prima importanza una riflessione sulla natura delle due modalità, scritta e parlata. Il problema, che è anche una delle questioni più controverse nell'ambito della linguistica delle varietà: è legittimo parlare di varietà di lingua definibili a partire dalla sola distinzione fra scritto e parlato? E di conseguenza, è possibile parlare di una dimensione di variabilità a sé stante da aggiungere alle altre dimensioni? Oppure i tratti variazionali rilevati per lo scritto e il parlato sono da considerarsi riconducibili e subordinabili alle altre dimensioni di variabilità?

Le posizioni al riguardo riscontrabili nella letteratura sono in linea di massima due: la prima, a favore di far rimanere inalterato il modello di Coseriu, non riconosce l'autonomia alla dicotomia scritto/parlato considerando che "l'attivazione del canale orale o scritto d'uso della lingua avviene pur sempre in dipendenza dal costrutto «situazione di comunicazione»"[108] (Berruto 2004: 9); la seconda si esprime a favore del riconoscimento della diamesia come una dimensione di variabilità a sé stante e non riducibile a quella diafasica:

> L'accoglimento di tale quarta dimensione fondamentale di variabilità (...) appare (...) utile e plausibile, giacché, pur essendo naturalmente in sovrapposizione e intersecazione con le altre dimensioni di variazione e in particolare appunto con la differenziazione diafasica, le modalità dell'uso parlato e scritto sono troppo nette e caratterizzanti e, in parte, preliminari alla situazione, perché ci si possa limitare ad una loro trattazione in termini di mere varietà situazionali (Berruto 2004: 9).

La nozione di 'diamesia', che risale in questo senso a Mioni[109], risulta comunemente accolta e ben radicata nell'ambito della linguistica italiana e se ne riconosce lo status particolare rispetto alle altre dimensioni di variazione:

---

108 Albrecht (1986: 66) ad es. non accetta la diamesia come dimensione autonoma di variazione, riconducendo la differenza fra lingua parlata e lingua scritta a una caratterizzazione particolare sull'asse diafasico.

109 Mioni (1983: 508): "Il diverso grado di standardizzazione degli italiani è connesso con tutte le dimensioni della variabilità linguistica: diatopica (città ~ campagna, regioni più o meno sviluppate, ecc.); diastratica (differenze 'demografiche', di età, sesso, classe socioeconomica, livello di istruzione, ecc.), diafasica (registri, stili fun-

(...) la distinzione fra parlato e scritto ha una posizione particolare nella variazione linguistica, in quanto non si tratta di una dimensione accanto alle altre, bensì di un'opposizione che percorre le altre dimensioni di variazione e allo stesso tempo ne è attraversata" (Berruto 2004: 37).

Quanto sopra non toglie che il riconoscimento della sua autonomia viene in qualche modo indebolito sia a livello teorico[110] che a livello pratico[111].

Un'ulteriore conferma delle incongruenze relative al modo di concepire la diamesia è data dall'uso indistinto dei termini 'scritto' e 'parlato' sia per i mezzi di comunicazione sia per i fenomeni variazionali ad essi collegabili. Il problema della confusione terminologica si fa di certo più pressante per chi si prefigge il compito di indagare la CMC ma risale ai tempi anteriori alle prime ricerche sulla lingua dei nuovi mezzi di comunicazione, come testimoniano le seguenti osservazioni di Voghera (1992: 14–15) sulla fusione nel termine 'parlato' di più accezioni:

1) Parlato come comunicazione linguistica di base ("linguaggio orale spontaneo e quotidiano");
2) Parlato come canale di trasmissione ("in senso generico usato nella comunicazione orale");
3) Parlato come insieme di usi linguistici propri "di un ambiente culturale o di un luogo geograficamente ristretto e ben definito, in contrapposizione al linguaggio scritto, letterario o ufficiale, di un ambiente colto"

(...)

Nell'accezione 1 il parlato è considerato una modalità semiotica di emissione; nell'accezione 2 una modalità fisica di trasmissione; nell'accezione 3 una modalità d'uso di una lingua. Come modalità semiotica il parlato entra in rapporto di parziale sovrapposizione con la nozione di oralità, con la quale si designa l'insieme delle pratiche più naturali e immediate della comunicazione verbale; come modalità fisica di trasmissione il parlato si sovrappone parzialmente alla nozione di sistema fonico-uditivo; infine, come modalità d'uso di una lingua il parlato può essere considerato una porzione dello spazio linguistico di una lingua, cioè una varietà linguistica (Voghera 1992: 15).

---

zionali, ecc.), differenze del mezzo via via usato per comunicare (per le quali si potrebbe usare il neologismo di 'dimensione diamesica')".
110 Cfr. Berruto (2004: 37–38): "la variazione diamesica (...) nella realizzazione effettiva viene poi assorbita dalla variazione diafasica (...)".
111 Cfr. a questo proposito Stark (2004: CD-ROM), che passa in rassegna le diverse valutazioni varietistiche delle clausole relative substandard riscontrate nella letteratura scientifica e oscillanti fra etichette "parlato", "varietà più basse", "meno sorvegliato", "lingua colloquiale trascurata" e tante altre.

3.2.5. La proposta di Koch e Oesterreicher

Al fine di superare le ambiguità di cui poco anzi ci pare opportuno fare riferimento ad alcune distinzioni proposte da Koch e Oesterreicher[112]. Secondo i due studiosi tedeschi nella coppia terminologica 'parlato / scritto' vi sarebbero da individuare due problemi che vanno tenuti separati: "abbiamo da una parte un problema mediale (un discorso è realizzato o in onde acustiche – fonicamente – o in caratteri scritti – graficamente), dall'altra un problema di varietà oppure di 'concezione' (un discorso può essere concepito in un varietà linguistica che si qualifichi piuttosto come 'parlato' o in una che si qualifichi piuttosto come 'scritto')" (Koch 2005: 41). Al secondo dei problemi è sottesa la questione di "situazioni comunicative che, a loro, influenzano la concezione di un enunciato" (Koch 2005: 42).

Mentre le realizzazioni mediali si escludono a vicenda (un testo può essere esclusivamente o scritto o parlato), le condizioni comunicative si dipanano lungo un continuum i poli del quale sono costituiti dalla "immediatezza" (*Nähe*) e dalla "distanza" (*Distanz*) comunicativa caratterizzate da tutta una serie di parametri[113]:

Tabella 3.3.

	IMMEDIATEZZA COMUNICATIVA	DISTANZA COMUNICATIVA	
1	comunicazione privata	comunicazine pubblica	1
2	interlocutore intimo	interlocutore sconosciuto	2
3	emotività forte	emotività debole	3
4	ancoraggio pragmatico e situazionale	distacco pragmatico e situazionale	4
5	ancoraggio referenziale alla situazione	distacco referenziale alla situazione	5
6	compresenza spazio-temporale (faccia a faccia)	distanza spazio-temporale	6
7	cooperazione comunicativa intensa	cooperazione comunicativa minima	7
8	Dialogo	monologo	8
9	comunicazione spontanea	comunicazione preparata	9
10	libertà tematica	tema fisso	10

---

112 Nella ricostruzione della proposta di Koch e Oesterreicher ci siamo avvalsi di Koch/Oesterreicher (1990), nonché di Koch (2005), che ne offre una sintesi in italiano.
113 Cfr. a questo proposito le condizioni dell'atto comunicativo proposte da Biber (1988), comprensive anche del mezzo inteso in termini di canale di trasmissione (*channel*).

Il polo della massima distanza comunicativa si realizza tipicamente nella modalità scritta e può essere esemplificato con un saggio scientifico o con un testo giuridico, entrambi essendo caratterizzati da una concezione descrivibile con i tratti 1–10 "neri", mentre una conversazione fra amici per la sua caratterizzazione con i tratti 1–10 "bianchi" costituisce esemplificazione più evidente di una forma estrema della distanza che si manifesta tipicamente nella modalità parlata.

Quelli sopra sono abbinamenti tipici che testimoniano l'esistenza di ciò che Koch (2005) chiama "affinità prototipiche tra la realizzazione mediale e la conformazione concezionale", corrispondenti ai settori A (realizzazione fonica dell'immediatezza comunicativa) e B (realizzazioni grafiche della distanza comunicativa) della Fig. 3.3.

Figura 3.4. Fonia / grafia e immediatezza / distanza (Koch 2005: 43)

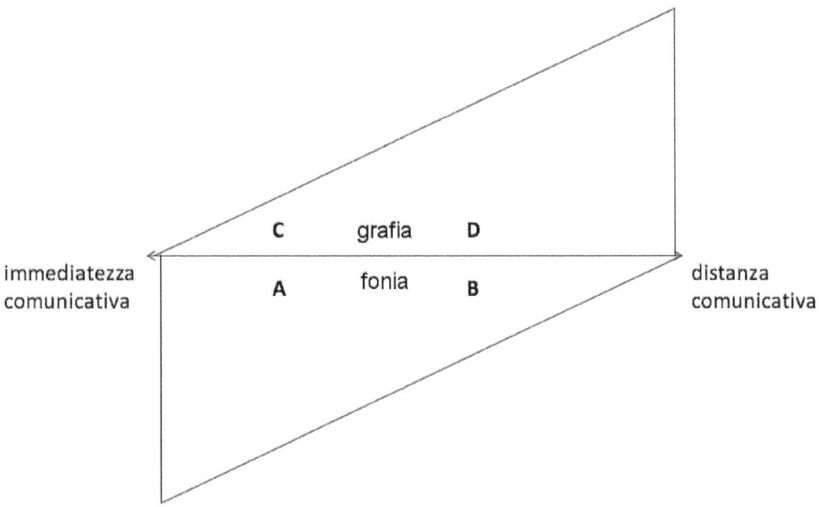

I due settori restanti dello schema prevedono l'esistenza di testi o discorsi atipici, ovvero caratterizzati dall'abbinamento di immediatezza e grafia (come ad es. in una lettera personale o, come vedremo da più vicino in seguito, nel caso della CMC) oppure di distanza e fonia (come ad es. in un discorso pubblico solenne). Non bisogna infine dimenticarsi delle nuove forme innovative di immediatezza comunicativa realizzata nella modalità scritta attraverso i nuovi mezzi del comunicare, questione di prima importanza per le finalità del nostro lavoro.

La proposta di Koch e Oesterreicher è stata largamente accolta nei lavori di linguistica italiana, in qualche caso con una variazione terminologica. Ad es. Berruto (2005), scindendo l'opposizione parlato-scritto in due parametri, a livello mediale parla di fonico *vs* grafico, invece a livello mediale della concezione strutturale del messaggio conserva i termini 'parlato' in opposizione a 'scritto'. Stando a questa proposta terminologica i settori tipici della Fig. 3.3. si dotano delle seguenti etichette: 'parlato fonico' (settore A) e 'scritto grafico' (settore D).

3.2.5.1. La variazione diamesica tra universale e contingente

Il carattere non categorico delle affinità mediali-concezionali si traduce di conseguenza nella loro storicità. In altri termini l'abbinamento tra il dominio dell'immediatezza o della distanza e la realizzazione fonica o grafica può variare a seconda del tempo e della cultura, il che induce Koch (2005: 48) a riconoscerne l'aspetto culturale:

> Bisogna rendersi conto che anche nelle società orali (...) si possono sviluppare certe forme di distanza comunicativa (e certe capacità intellettuali) senza che si ricorra ad una realizzazione grafica.

Tutto ciò non inficia l'universalità del principio della variazione linguistica[114] che si riflette proprio nei parametri dell'immediatezza e della distanza comunicativa elencati nella Tab. 3.3.:

> Questi parametri rappresentano in effetti condizioni comunicative imposte agli uomini di tutti i tempi e di tutte le culture quando parlano e scrivono. Sono definibili (...) indipendentemente dalle condizioni mediali ed esistono indipendentemente dalle differenti manifestazioni e soluzioni storiche che rispondono alle esigenze comunicative delle diverse comunità linguistiche o culturali (Koch 2005: 50).

Sorvolando per il momento sull'indipendenza dei parametri concezionali dalle condizioni mediali, questione opinabile che approfondiremo nella sezione 3.2.5.4., veniamo ora al problema dell'universalità, in opposizione alla storicità/contingenza, dei tratti linguistico-testuali pertinenti per la variabilità lungo l'asse immediatezza/distanza comunicativa. Secondo Koch e Oesterreicher la concezione comunicativa determinata dai tratti situazionali universali si manifesta a livello del testo attraverso strategie di verbalizzazioni in buona parte universali, ovvero indipendenti dalle singole lingue naturali. Così i testi prodotti e fruiti nelle condizioni della distanza comunicativa si distinguerebbero da quelli prodotti e fruiti nelle condizioni dell'immediatezza per tutta una serie di caratteristiche: un grado maggiore di pianificazione, la preferenza di contesti linguistici a scapito di quelli extra-linguistici, il carattere definito (in opposizione a quello provvisorio) della formulazione, l'integrazione sintattica

---

114 Cfr. Koch (2005: 50): "Pur essendo di natura universale e unitaria, l'attività linguistica del soggetto parlante deve orientarsi a tematiche varianti, circostanze contestuali varianti, supposizioni varianti concernenti l'*alter ego* del ricevente, finalità variabili dell'atto comunicativo ecc. Ne consegue logicamente (...) che l'attività linguistica universale deve essere considerata come *unitaria* ma non come *uniforme*. Da questo punto di vista, l'attività linguistica presuppone *per definitionem* un principio – universale – di variazione linguistica".

(in opposizione alla frammentazione), e così via[115]. A tali fenomeni universali possono aggiungersi eventualmente, secondo le vicissitudini storiche della lingua naturale in questione, dei tratti contingenti. Per l'italiano sarebbero alcuni fenomeni morfo-sintattici come, a titolo di esempio, la scelta dei pronomi tra forme concorrenti: egli/lui/esso, gli/le/loro, vi/ci, ciò/questo, il quale/che (Koch/Oesterreicher 1990: 190–198). Riassumendo, Koch e Oesterreicher insistono sulla necessità di distinguere fenomeni universali del parlato (inteso ovviamente, come si è cercato di esporlo sopra, come modo di comunicazione universale in condizioni di immediatezza comunicativa) direttamente motivati da diverse condizioni comunicative (vedi la Tab. 3.3.), e fenomeni storici contingenti, propri del diasistema di una data lingua e non motivati direttamente dalle rispettive condizioni comunicative, bensì marcati come tipici del parlato all'interno di una concreta lingua naturale. Di conseguenza il classico schema di matrice coseriana a tre piani si arricchisce di altri due livelli:

Figura 3.5. Lo spazio variazionale (Koch 2005: 45)

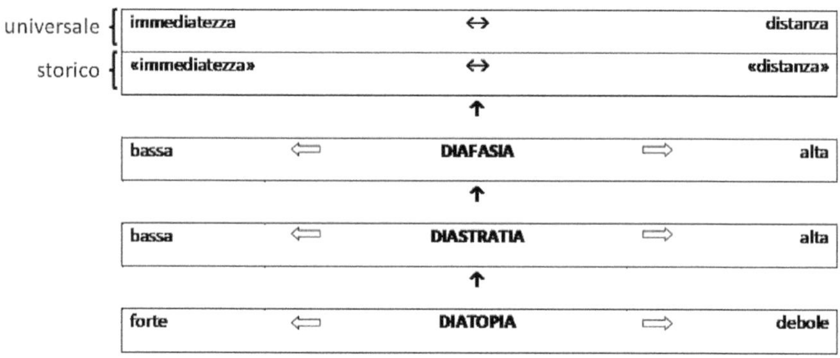

universale	immediatezza	↔	distanza
storico	«immediatezza»	↔	«distanza»

bassa	⇐	DIAFASIA	⇒	alta
bassa	⇐	DIASTRATIA	⇒	alta
forte	⇐	DIATOPIA	⇒	debole

Il postulato di Koch e Oesterreicher secondo cui dovremmo riconoscere l'esistenza di una varietà storica 'italiano parlato' (o, per attenerci alla terminologia proposta dai due linguistici tedeschi 'italiano dell'immediatezza'), probabilmente non dissimile – comunque in parziale sovrapposizione – dal "parlato colloquiale" di Berruto (2004: 40) o dall'"italiano dell'uso medio" di Sabatini (1990: 266), e dall'altro l'esistenza del 'parlato universale', il che apre tutta una serie di domande che Stark formula come segue:

> È possibile per principio la distinzione proposta tra un livello "vicinanza comunicativa universale" e un livello di varietà storica 'parlato' o 'vicinanza comunicativa italiana'?

---

115   Cfr. Oesterreicher (1995: 146).

È possibile e teoricamente accettabile classificare certi fenomeni linguistici sia come dovuti a funzioni testuali o pragmatiche universali, sia come dovuti a regolarità grammaticali specifiche di una lingua?
Quale sarebbe lo status variazionale esatto di certi fenomeni, di solito enumerati nelle 'discussioni varietistiche' trattanti del 'parlato' (...)?
Quali tratti sono tipici soltanto dell'italiano parlato in quanto varietà storica di una lingua, essendo dunque di natura contingente e non motivati da regolarità universali che li causano e che determinano la loro strutturazione formale e funzionale? (Stark 2004: CD-ROM)

3.2.5.2. La proposta di Koch e Oesterreicher: vantaggi, riserve, aspetti opinabili

Come si evince dagli interrogativi in coda alla sezione precedente più di un aspetto della proposta di Koch e Oesterreicher pare suscettibile di critica, ma prima di arrivare agli aspetti opinabili va riconosciuto il suo vantaggio di una chiara differenziazione terminologica, oltre che concettuale, fra l'aspetto mediale e concezionale all'interno delle nozioni di 'parlato' e 'scritto'[116]. Un secondo merito sarebbe quello di – come scrive Stark (2004: CD-ROM) – "aver identificato parecchi fenomeni universali, soprattutto testuali e sintattici, prima enumerati erroneamente in diversi trattati e grammatiche come tipici del francese parlato, del tedesco parlato, dell'italiano parlato e così via (per esempio, le frasi segmentate; cfr. Berruto 2004: 48–49), i quali sono semplicemente fenomeni universali occorrenti in condizioni di vicinanza comunicativa". Problematici, invece, risultano i fenomeni dell'italiano parlato (o l'"italiano dell'immediatezza') inteso come varietà storica. Postulandone l'esistenza Koch e Oesterreicher ricorrono a un elenco di tratti a dir poco esiguo, che per altro sono stati già da tempo riconosciuti come pertinenti per l'asse diafasico. Si pensi a tal proposito alla già citata concorrenza tra le forme del pronome obliquo di terza persona plurale (loro/gli/ci) che – usata come una delle otto variabili da Berruto (1999: 30) nel famoso esempio volto a illustrare il dispiegarsi delle varietà dell'italiano in un *continuum* attraverso undici modi diversi di dire la stessa cosa (dal più formale e aulico "non sono affatto a conoscenza di che cosa sia stato loro detto" al meno formale e substandard "so mica cosa che ci han det'o[117]") – risulta pertinente per gli assi diafasico e diastratico.

A delegittimare il postulato che stiamo discutendo ci viene inoltre lo studio di Elisabeth Stark (2004) in cui a partire da un'analisi quantitativa e qualitativa delle cosiddette "costruzioni relative substandard" in un campione del corpus LABLITA

---

116   A onor del vero Koch e Oesterreicher non sono né gli unici né i primi a postulare la distinzione in questione. Si veda a tal proposito la sezione 3.2.5.3.

117   L'almeno parziale scempiamento della geminata è dovuto al fatto che "l'esempio è stato scelto supponendo un repertorio settentrionale" (Berruto 1999: 31).

pubblicato in Cresti (2000) l'autrice arriva a sostenere che sarebbe auspicabile "rinunciare ad attribuire le 'CR substandard' a singole varietà storiche dell'italiano moderno e in particolare sembra superfluo introdurre una quarta dimensione variazionale ('italiano della vicinanza')" dal momento che le costruzioni in questione sono "connessi con le condizioni cognitive e comunicative della comunicazione dialogico-fonica in generale, mentre tutte le altre condizioni comunicative che descrivono il continuum tra 'vicinanza' e 'distanza comunicativa' si rivelano come non affatto o appena pertinenti" (Stark 2004: CD-ROM).

È interessante notare che Stark parla di aspetti legati al carattere fonico-dialogico, mettendo in risalto esigenze cognitive legate alla produzione e ricezione decisamente dissimili nel codice grafico e fonico in virtù di una diversa gestione del *medium*[118]. Nel caso dei testi realizzati nel codice grafico è indispensabile una massima esplicitezza, mentre nel caso dei testi realizzati nel codice fonico "è primordiale la rapida elaborazione delle informazioni codificate nei segni linguistici, anche su base di dati non-linguistici" (Stark 2004: CD-ROM). La questione sfugge del tutto al modello proposto da Koch e Oesterreicher nel quale l'influenza del mezzo fisico pare del tutto marginalizzata[119], il che ci porta a postulare in § 3.2.5.4. una ridefinizione del rapporto fra *medium* e concezione così come presentato da Koch e Oesterreicher.

3.2.5.3. Proposte italiane di distinzione fra medium e concezione alternativi a quella di Koch e Oesterreicher

La distinzione fra *medium* e concezione, sebbene con terminologie diverse, è postulata da diversi autori e risale al teorico della letteratura Jean Peytard (1970), che in riferimento al livello concezionale parla di "ordre oral" in opposizione all'"ordre scriptural". La distinzione di Peytard è stata poi accolta da Söll (1985), al quale si sono ispirati in tempi successivi Koch e Oesterreicher[120]. Occorre ricordare inoltre

---

118 Per la discussione sulla gestione del *medium* e le relative ricadute sul piano dei fenomeni linguistici vedi § 3.3.3.2.
119 Cfr. a tal proposito Pistolesi (2004: 29), che mette in primo piano l'incidenza degli strumenti materiali della scrittura sulla forma del messaggio: "La scrittura, intesa come processo materiale e cognitivo, uscita dalla porta nel modello di Koch e Oesterreicher, rientra così dalla finestra. Patrizia Violi (Violi/Coppock 1999: 324) sottolineano che, nel caso della CMC, ci troviamo dinanzi a una «doppia tecnologia»: all'atto dello scrivere, che è di per sé una tecnologia, si somma infatti la scrittura al computer con le sue caratteristiche specifiche".
120 Cfr. Koch (2005: 41): "Nella sua opera standard sul francese parlato e critto del 1974, Ludwig Söll ha magistralmente chiarito un dilemma della ricerca dedicata al problema dell'oralità e della scrittura. (...) A livello 'mediale' parliamo, come Söll, della realizzazione 'fonica' opposta alla realizzazione 'grafica'. A livello 'concezionale' abbiamo interpretato e completato i termini utilizzati da Söll, sostituendo

i termini *writing* vs *literacy* usati largamente nella letteratura in lingua inglese per distinguere il *medium* dalla concezione.

Nell'ambito della linguistica italiana di particolare importanza sono i lavori di Nencioni, De Mauro, Simone e Voghera. Quello più citato dei quattro è senz'altro quello di Nencioni (1976), articolo in cui viene proposta una distinzione fra due tipi di parlato (in senso concezionale), il "parlato-parlato" e il "parlato-scritto", a seconda dalla realizzazione grafica o fonica in cui esso si attualizza. Per analogia è possibile parlare di "scritto-scritto" e "scritto-parlato"[121].

A De Mauro si deve un articolo in cui la differenza fra scritto e parlato viene affrontata in una prospettiva semiotica a partire dal diverso rapporto che le due modalità intrattengono con la realtà extralinguistica. Secondo De Mauro la realizzazione di un segno linguistico in forma parlata è per forza accompagnata da tutta una serie di "fattori extra funzionali", fra i quali ad es. intonazione, mimica, gestualità, ecc.; se invece la sua realizzazione è scritta i legami tra il segno, il produttore, il ricevente e la situazione comunicativa sono allentati al massimo. De Mauro propone inoltre una rivisitazione dei concetti di formalità e informalità in chiave logica proponendone una lettura diversa dall'accezione sociolinguistica dei concetti in questione, ovvero quella secondo cui un uso formale è quello che più corrisponde a ciò che viene considerato norma di correttezza ed eleganza in una data comunità dei parlanti, mentre un uso informale è quello che se ne discosta risultando più licenzioso a occorrenze non standard. Avvalendosi della "nozione di 'formalizzazione' vigente nella moderna logica simbolica" De Mauro (1971: 109–110) intende per sistema 'formale' "un sistema i cui termini siano definiti da espliciti assiomi e regole e siano usati sempre e solo secondo tali regole e assiomi", il che porta alle seguenti definizioni:

> La produzione e la realizzazione di un segno linguistico sono formali quando esse mettono in evidenza al massimo tutti i tratti pertinenti possibili per quel segno in quella data lingua; sono invece informali quando l'evidenza dei tratti pertinenti è minima. L'insieme dei procedimenti di produzione e realizzazione formale dei segni costituisce, per una data lingua, la norma formale, distinta, attraverso gradazioni successive, dalla norma informale.

In quest'ottica, anche se le produzioni linguistiche possono oscillare tra uso formale indipendentemente dal *medium*, le condizioni materiali della realizzazione scritta fanno sì che l'utente sia indotto a produrre segni orientati verso l'uso formale nella scrittura e verso l'uso informale – date le condizioni materiali del canale fo-

---

'lingua parlata' con 'lingua dell'immediatezza' e 'lingua scritta' con 'lingua della distanza'".
121 Le etichette "parlato-parlato" e "scritto-scritto" sono largamente usate nei lavori di linguistica italiana per designare la comunicazione orale e la comunicazione scritta prototipiche collocate ai due poli estremi del *continuum* definito dall'asse di variazione diamesica. Cfr. a titolo di esempio Ferrari (2006), Rossi (1999), Cresti (2000), Lavinio (1990).

nico – nell'uso orale della lingua[122]. In altri termini sebbene sia fuorviante stabilire un'equivalenza categorica: uso scritto uguale a uso informale e uso parlato uguale a uso informale, va da sé che nelle lingue cha hanno sviluppato la scrittura, e quindi, anche una tradizione di realizzazioni grafiche, si può parlare di "due distinte amalgamazioni tra un uso formale e realizzazione scritta, da un lato, e uso informale e realizzazione fonica dall'altro" (De Mauro 1971: 111). Per illustrare la De Mauro ricorre al termine "habitat naturale":

> Una formula matematica è tale da risultare ottimamente tramessa se scritta. La scrittura è il suo habitat naturale. Il segno
> # Π = 3,14 ... #
> è trasmesso più compiutamente per iscritto che fonicamente (nella fonia, ad es. non è possibile l'indicazione dei puntini di sospensione); esso è sganciato a tal punto dal parlato che la sua realizzazione scritta qui registrata è comprensibile in tutte le lingue del globo.
> Consideriamo, invece, un qualsiasi fonosimbolo: la stessa rappresentazione grafica ne è inevitabilmente approssimativa, qualche volta impossibile non solo nei sistemi ortografici correnti, ma nello stesso alfabeto fonetico internazionale. E anche nel caso di fonosimboli per i quali si è stabilizzata in una certa tradizione una rappresentazione grafica, la resa grafica è istituzionalmente incompleta tranne che non sia accompagnata da una folla di notazioni sui fenomeni mimici e sui fattori situazionali concreti. Altrimenti detto: l'habitat naturale dei fonosimboli è il parlato (De Mauro 1971: 111–112).

Un'altra interessante differenziazione è offerta da Simone, che nel suo articolo del 1978, reinterpretando la distinzione chomskiana fra struttura profonda e struttura superficiale, propone di tenere separati

> due versanti, quello del grafismo e quello della testualità 'scrittoria' (...); per questo potremo, senza alcun proposito valutativo, chiamare *scrittura superficiale* quella che ha come prodotto il grafismo e *scrittura profonda* quella che ha come prodotto il 'testo' scritto in quanto distinto dal testo parlato (Simone 1978: 666).

La produzione di un testo scritto presuppone una competenza scrittoria che è una competenza testuale[123] di tipo particolare. Simone (1978: 669) ne dà la definizione seguente:

---

122   Cfr. De Mauro (1971: 112): "(...) certamente le condizioni materiali della realizzazione scritta, portando a segni destinati ad essere utilizzati con il massimo di indipendenza dal «contesto esplicito ausiliario», inducono l'utente a realizzare segni orientati verso l'uso formale. E d'altra parte, se è vero che un uso formale è possibile in sede di realizzazione parlata, come mostrano ad esempio le trasmissioni radiofoniche, le conferenze scientifiche, la poesia di tradizione orale ecc., è anche vero che il parlato è il terreno ottimale per realizzazioni informali, faticose o impossibili in sede di realizzazione scritta".

123   Cfr. anche § 3.3.3.2.

capacità di generare testi scritti, cioè sequenze di frasi tra loro interrelate in modo da costruire non una filza di elementi giustapposti, ma un tutto organico, in modo – in altri termini – da 'fare uno'.

È utile a questo punto precisare cosa intende Simone (1978: 671) per 'testo', qualunque sia la sua realizzazione materiale:

> i componenti di base di un testo sono almeno i seguenti: (i) l'espressione testuale, costituita tipicamente dalla materialità (...) grafica o fonologica degli elementi linguistici adoperati; (ii) il contenuto testuale, costituito dalla organizzazione delle 'cose da dire' (...); (iii) la 'testura' testuale, cioè il modo peculiare in cui il testo è 'intessuto' nelle sue componenti di espressione e di contenuto: la disposizione delle frasi l'una rispetto all'altra, dei sintagmi entro le frasi, le estensioni dei vari elementi (sintagmi, frasi, ecc.), i collegamenti tra elementi.

Alla luce di quanto sopra il testo scritto, prodotto di una testualità scritta, risulta differente dai testi parlati non solo per l'espressione grafica (cfr. il livello mediale nella proposta di Koch e Oesterreicher), bensì anche, se non soprattutto, per la testura, ovvero "il grado e il tipo di connessione tra le frasi" (Simone 1978: 673).

In tempi più recenti Voghera (2017) propone di distinguere tra canale, quindi *medium*, e modalità di comunicazione. Partendo dall'intento di individuare le peculiarità del parlato fa notare che esse non dipendono tanto dall'uso del canale fonico-uditivo quanto piuttosto dai possibili tipi di interazione tra parlanti con le relative ripercussioni sui processi di produzione e di ricezione, i quali, a loro volta, determinano le scelte linguistiche a seconda che siano più o meno funzionali di altre al raggiungimento degli scopi comunicativi posti dal tipo di interazione. In altri termini, per modalità di comunicazione Voghera (2017: 44) intende "complesso insieme di relazioni tra condizioni enunciative e pragmatiche, che deriva dalle proprietà del processo di trasmissione e ricezione". Si tratta pertanto di un meccanismo semiotico

> in cui tutte le componenti sono ugualmente essenziali e interconnesse come in un unico ingranaggio, al punto che talvolta si perdono di vista i punti di intersezione e si rischia di non coglierne la rilevanza specifica dei singoli elementi (Voghera 2017: 44).

Occorre notare che '*medium*' e 'modalità di comunicazione' – come risulta più chiaramente dallo schema proposto sotto – non sono posti su uno stesso piano, bensì il '*medium*' è una delle tre macrocomponenti (canale, relazione tra utenti e proprietà dei meccanismi di produzione e ricezione) che insieme danno luogo alla 'modalità di comunicazione'.

Figura 3.6. Le caratteristiche della modalità parlata: canale audiovisivo, interazione dialogica, produzione e ricezione sincrone

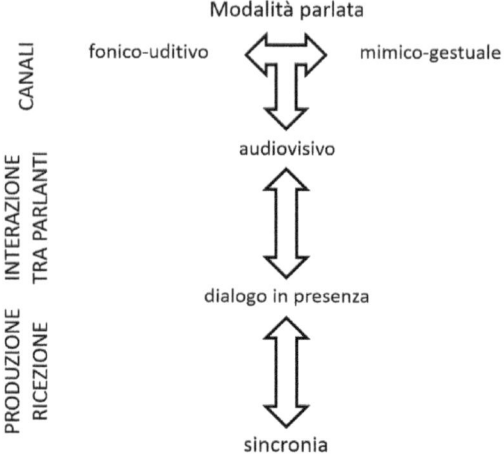

3.2.5.4. Rapporto fra medium *e concezione*

Come avevamo anticipato in § 3.2.5.2., il rapporto fra mezzo e concezione così come presentato da Koch e Oesterreicher necessita di una rivisitazione. Secondo i due autori tedeschi si tratta di un rapporto che – sulla scia di Söll (1985) – va colto in termini di 'affinità', ovvero combinazione preferenziale tra grafia e distanza comunicativa da un lato e tra immediatezza comunicativa e fonia dall'altro. La natura di questo rapporto è culturale e come tale risulta svincolata dal *medium*. In altri termini la problematica delle condizioni materiali e semiotiche relative all'uso mezzo grafico o fonico viene marginalizzata dal momento che i diversi parametri concezionali "sono definibili (...) indipendentemente dalle condizioni mediali" (Koch 2005: 50).

Diverso è il punto di vista di Brigitte Schlieben-Lange secondo cui le caratteristiche del mezzo usato nella comunicazione sono di prima importanza per la conformazione della concezione comunicativa:

> ce rapport est beaucoup plus étroit: les contraintes et les possibilités conceptioneles émanent justement des traits constitutifs du *medium* (Schlieben-Lange 1998: 266).

Convince questo parere poiché alcuni dei parametri che definiscono il profilo concezionale (vedi la Tab. 3.3.) sono condizionati dalla scelta del *medium*: si tratta in primo luogo di compresenza/distanza spazio-temporale (parametro n° 6) e grado di cooperazione comunicativa (parametro n° 7). Di conseguenza occorre riconoscere il contributo del *medium* alla caratterizzazione delle condizioni comunicative, e quindi della concezione, di un testo. In altri termini la scelta del *medium* non è successiva alle condizioni comunicative e non può avere luogo nell'ordine: condizioni comunicative → mezzo → verbalizzazione, bensì nell'ordine:

Figura 3.7. Condizioni comunicative e medium

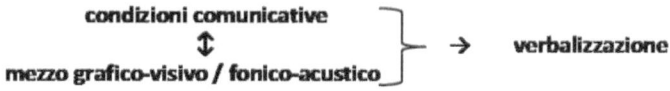

se non addirittura – radicalizzando – nell'ordine: mezzo → condizioni comunicative → verbalizzazione. Tale deve essere – almeno implicitamente – la posizione di Trumper/Maddalon (1982), secondo cui vi sarebbero due sottorepertori individuabili a partire della differenziazione binaria: grafia *vs* fonia. Di conseguenza avremmo due gamme di varietà, quella che copre il versante orale dell'intero diasistema e quella che copre il versante scritto.

Riassumendo, nell'ottica postulata da noi il rapporto fra *medium* e concezione va oltre un'affinità – come proposto da Koch e Oesterreicher – e va piuttosto colto in termini di amalgamazione, ovvero un intreccio motivato non più solo culturalmente, bensì determinato anche dalla natura del *medium* stesso.

3.2.6. Collocazione della CMC all'interno dei modelli proposti

Come avevamo anticipato in § 1.2.1. le numerose etichette messe in circolazione dall'avvento dei nuovi media mettono in risalto l'ormai invalsa abitudine di caratterizzare le produzioni linguistiche circolanti nella CMC in termini di una testualità ibrida rispetto alla dicotomia scritto/parlato, questione che ci pare utile rivisitarla ricorrendo alle distinzioni proposte sopra.

Se ricorriamo allo schema di Koch (Fig. 3.4.) le diverse forme di CMC risultano collocabili attorno alla zona C. In altri termini sono la manifestazione dell'immediatezza comunicativa per quanto riguarda il livello concezionale, che ha carattere continuo, e sono manifestazioni grafiche, per quanto riguarda il livello mediale, che ha carattere discreto. In termini proposti da Berruto si tratta quindi di 'parlato grafico', che forse pare più fortunato come etichetta, dal momento che si tratta di una scrittura che tende "a ricalcare le movenze dell'oralità, a deformarsi nella sua simulazione e a farsi evanescente" (Pistolesi 2004: 10). Ad attenersi alla terminologia proposta da De Mauro si tratterrebbe, invece, di un uso informale (nell'accezione proposta da lui) nella modalità scritta.

Quanto sopra si applica alla CMC in generale ma bisogna tener presente che si tratta di nozioni prototipiche comunemente accettate come specifiche della CMC, il che non toglie che le forme di comunicazione digitale si muovono in uno spazio tipologicamente fluido. Di conseguenza risulta difficile proporre categorizzazioni assolute *a priori* della veste linguistico-discorsiva delle chat, e-mail, SMS e blog. Lo stesso vale anche per una caratterizzazione concezionale, come illustrato nella Fig. 3.8. (vedi sotto), che mostra un comportamento diverso di due delle tipologie comunicative della CMC, chat e diario on-line, rispetto ai parametri concezionali proposti da Koch (2005).

Figura 3.8. Alcune forme della CMC alla luce dei parametri dell'immediatezza/distanza comunicativa

Immediatezza comunicativa		vs	Distanza comunicativa	
1	comunicazione privata		comunicazione pubblica	1
2	interlocutore intimo		interlocutore sconosciuto	2
3	emotività forte		emotività debole	3
4	ancoraggio pragmatico e situazionale		distacco pragmatico e situazionale	4
5	ancoraggio referenziale alla situazione		distacco referenziale dalla situazione	5
6	compresenza spazio-temporale (faccia a faccia)		distanza spazio-temporale	6
7	cooperazione comunicativa intensa		cooperazione comunicativa minima	7
8	dialogo		monologo	8
9	comunicaione spontanea		comunicazione preparata	9
10	libertà tematica		tema fisso	10

Leggenda

◆·········◆ scritto – scritto (saggio scientifico)

◆ – – ◆ diario on-line

◆ — · — ◆ conversazione in chat

◆ — ·· — ◆ parlato-parlato (conversazione tra amici)

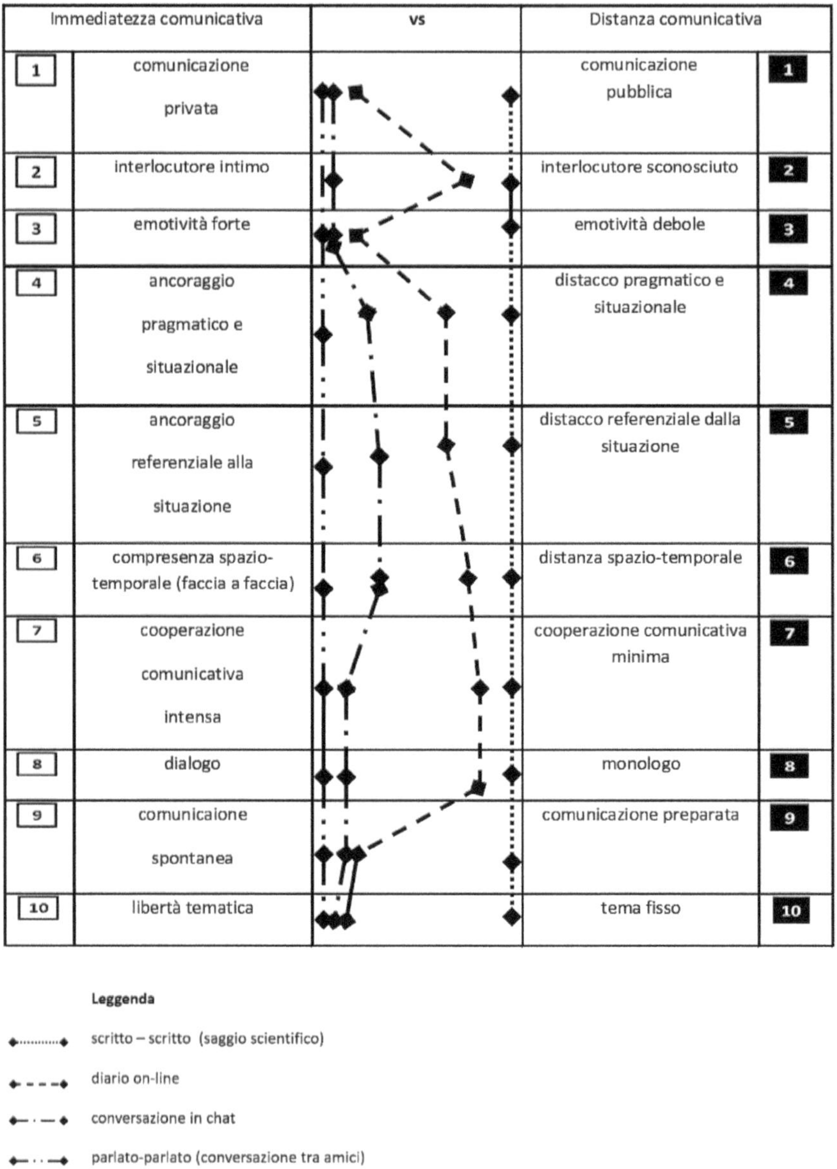

Una conversazione in chat, trattandosi di una comunicazione quasi-sincrona, risulta molto vicina ad una conversazione fra amici faccia a faccia, in ogni caso più vicina di quanto non lo sia un diario on-line, che risulta più spostato verso i parametri della distanza, illustrata qui con l'esempio di un saggio scientifico.

Merita una spiegazione la caratterizzazione a metà strada di chat e diario on-line proposta nella Fig. 3.8. rispetto ai tratti 2, 4, 5, 6, 7, 8. Mentre la dimensione concezionale proposta da Koch e Oesterreicher ha carattere continuo[124], gli autori tedeschi non si esprimono *expressis verbis* sul carattere, continuo o binario, dei singoli parametri. A dire la verità, tutti i tratti si prestano ad essere concepiti sia in termini di *continuum* fra i due valori estremi, come ad esempio il tratto "emotività forte *vs* emotività debole". Forse il più problematico sotto questo aspetto rimane la compresenza spazio-temporale: o i partecipanti si trovano a comunicare faccia a faccia o no. Possiamo tuttavia immaginare situazioni decisamente intermedie: si pensi ad esempio a operai in cantiere, o anche soccorritori in montagna, che sono talmente distanti da ricorrere alla radio per la comunicazione audio, ma si vedono e possono ricorrere ai gesti come ausilio alla comunicazione. Un esempio più comune è dato da una normalissima comunicazione al telefono in cui abbiamo a che fare con la compresenza temporale dei partecipanti, ma non più con quella spaziale. Sono quindi tutte situazioni diverse sia dall'interazione orale faccia a faccia sia dalla comunicazione scritta a stampa.

Alla luce di quanto sopra risulta chiara l'innovatività della CMC che scaturisce dall'abbinamento di due fattori: la versatilità della codifica digitale e la conseguente celerità dei trasferimenti telematici dei testi scritti, che permette di comunicare per iscritto quasi in sincronia. La scrittura digitale tende, quindi, a servire la comunicazione informale che prima, a prescindere dalle lettere private e simili, rimanevano dominio dell'oralità, fermo restando però che si tratta del canale grafico-visivo e di una tecnologia digitale, con una funzionalità e vincoli imposti alla produzione e ricezione dei testi decisamente diversi da quelli propri del canale fonico-acustico, fattori che non possono non incidere sulla veste verbale dei messaggi veicolati. In altri termini, come lo si è voluto sottolineare correggendo il tiro della proposta di Koch e Oesterreicher dando più peso al *medium*, il parlato-grafico (immediatezza realizzata in grafia) risulterà sempre diverso dal parlato-fonico (immediatezza realizzata in fonia).

Se, invece, volessimo ragionare in termini proposti da Voghera (2017) (cfr. § 3.2.5.3.) bisognerebbe definire la comunicazione digitale come una nuova modalità di comunicazione, distinta e autonoma rispetto sia a quella parlata che a quella scritta, anche a livello terminologico[125], ma allo stesso tempo in un rapporto di par-

---

124 Koch (2005: 43): "Si tratta di un continuo concezionale, laddove le realizzazioni mediali hanno ovviamente un rapporto dicotomico".
125 Cfr. Voghera (2017: 190): "Questo modo di procedere ci permette di evitare definizioni non soddisfacenti come quelle di parlato-grafico o scritto-parlato, che confondono, a mio parere, i ruoli delle varie componenti modali".

ziale sovrapposizione con esse. Così ad es. la comunicazione in chat ha in comune con la modalità parlata alcune proprietà relative al tipo di interazione e con quella scritta il canale grafico-visivo:

> La scrittura delle chat, per esempio, condivide con la modalità parlata una struttura dialogica, anche se non del tutto sincrona. Questo le conferisce alcune proprietà tipiche della discontinuità conversazionale, ma non altre che derivano dalla proprietà del canale audiovisivo e dalla specifica relazione *in praesentia* che si instaura tra i parlanti in una conversazione parlata. E infatti, sebbene il modo di scrivere nelle chat sia lontano da quello usato nella scrittura continua tradizionale, difficilmente troveremmo nelle chat la maggior parte delle costruzioni (...) correlate alla modalità parlata (Voghera 2017: 190).

Tutto ciò milita a favore di una sostanziale autonomia della modalità della CMC, già da tempo postulata da Yates (1996: 46): "Finally, the mode of CMC, as a communications medium, is neither simply speech-like nor simply written-like".

3.2.7. Sinossi

Per riordinare quanto detto finora proponiamo sotto uno schema sinottico delle opposizioni individuabili dietro alla dicotomia scritto / parlato.

Figura 3.9. Le opposizioni nascoste dietro alla dicotomia scritto / parlato

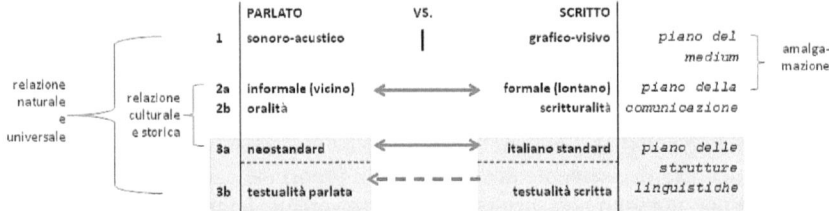

La prima opposizione è quella individuabile sul piano del *medium*, ovvero del canale fisico di trasmissione che può essere o sonoro-acustico o grafico-visivo. Tale opposizione è binaria. Va inoltre precisato che non c'è simmetria tra i due elementi della dicotomia in questione, giacché l'uso del canale (*medium*[I]) presuppone necessariamente ricorso a una tecnologia di iscrizione e di trasmissione (*medium*[II]), cosa che in riferimento all'uso del canale fonico-acustico rimane potenziale, ma non necessaria per quanto riguarda la trasmissione. Di conseguenza – come già osservato nelle premesse al presente capitolo – sul piano del *medium* inteso in senso lato ad un'analisi più fine possiamo individuare in realtà due piani: quello del *medium*[I] (canale di trasmissione) e quello del *medium*[II] (inteso come supporto e tecnologia di trasmissione).

La seconda opposizione è quella individuabile sul piano della comunicazione, ovvero sul piano delle situazioni più o meno formali che influenzano la concezione del messaggio verbale, che nella veste verbale può apparire più o meno formale.

Come dimostrato da Koch e Oesterreicher tale opposizione ha carattere continuo. Sempre sul piano della comunicazione, però a un livello superiore a quello dei tratti situazionali delle singole interazioni, possiamo individuare un secondo piano in cui entrano in opposizione i concetti di *literacy* (scritturalità) e di *orality* (oralità). È a questo livello che emerge con chiarezza il carattere della relazione fra il piano del *medium* e quello della comunicazione. Il fatto che il dominio della comunicazione informale (o della vicinanza comunicativa in termini di Koch e Oesterreicher) sia servito dal canale orale non è puramente culturale come vorrebbero i due studiosi tedeschi, bensì strettamente condizionato dalle caratteristiche semiotiche del *medium*, il che ci ha portato a ridefinire questo rapporto con il termine di amalgamazione, che dà più peso al *medium* rispetto al termine 'affinità'. Il fatto che nel corso della storia le funzioni di prestigio si siano associate al mezzo scritto non è solo culturale, ma è dovuto anche dalla natura del mezzo stesso, permanenza *in primis*.

La terza opposizione è quella individuabile sul piano della lingua scisso in due sottopiani. Il primo di essi (piano 3a) è dovuto alla

> sovrapposizione della dimensione parlato/scritto con altre dimensioni di variazione, e in particolare dalla possibile identificazione dell'italiano parlato con l'italiano Umgangssprache 'lingua comune', lingua dell'uso', ovvero con una varietà di lingua lungo l'asse della variazione diafasica (definita cioè dalla funzione e dalla situazione d'uso) (Berretta 1994: 242).

Di conseguenza l'opposizione parlato / scritto coinciderebbe con quella neostandard (itl. dell'uso medio) / itl. standard. La scelta di identificare il parlato con l'italiano dell'uso medio oscura le peculiarità del *medium*, in quanto la nozione di 'italiano dell'uso medio' (o 'neostandard') si riferisce alla varietà "media" caratterizzata da tratti panitaliani che compaiono sia nel parlato che nello scritto, ad eccezione dei testi scritti decisamente formali. Optiamo, quindi, con Berretta per una "definizione più rigorosa" delle differenze fra lingua parlata e lingua scritta individuabile soprattutto sul piano della testualità (piano 3b).

La differenza fra i testi parlati e scritti risulta massima proprio a livello della testualità e della sintassi[126] in quanto sono proprio i livelli alti dell'organizzazione del testo a risentire dei limiti imposti dal *medium* alla memoria del parlante a alla pianificazione del discorso. A parità di tutte le altre variabili (stesso soggetto, stesso grado di formalità) due testi paralleli, uno orale e l'altro scritto, risulteranno diversi nella veste linguistica in primo luogo per la presenza di fenomeni esecutivi tipici del parlato nel testo parlato e per una maggiore complessità sintattica nel testo scritto. Essendo universali i vincoli imposti dal *medium* alle capacità cognitive degli esseri umani, la relazione tra il piano del *medium* e quello della lingua a livello della testualità risulta universale e naturale. La differenziazione dei testi a livello dei tratti morfosintattici e lessicali, pertinente per l'opposizione neostandard (lingua dell'uso

---

126 Anche in autori polacchi compare l'idea di sintassi come luogo privilegiato delle divergenze linguistiche tra scritto e parlato, cfr. ad es. Topolińska (1978).

medio) *vs* itl. standard (piano 3a), è connessa non tanto alla scelta del *medium* in sé, bensì al grado di formalità della situazione comunicativa e come tale non definisce l'opposizione lingua scritta *vs* lingua parlata. La natura della relazione che si instaura fra le situazioni di varia formalità e i loro corrispettivi linguistici è storica e culturale. Si pensi a titolo di esempio alla realizzazione del pronome clitico obliquo di terza persona, che può variare da *gli/le*, con mantenimento dell'opposizione di genere tra maschile e femminile, a *gli* con neutralizzazione dell'opposizione, a *ci* sovraesteso, sempre con neutralizzazione dell'opposizione in questione. Che solo la prima delle tre realizzazioni sia dotata di prestigio tale da renderla preferibile in contesti formali è un fatto storico determinato non dalla natura intrinseca delle forme in questione, bensì dalla dinamica evolutiva dell'italiano.

L'opposizione 3b è caratterizzata da una continuità unidirezionale: è possibile costruire per iscritto testi via via sempre più "parlati" nella loro veste linguistica fino ad arrivare a costruire testi qualificabili come trascrizione di brani parlati. Lo stesso vale nel senso opposto solo fino a un certo punto. Dopo un certo limite di lunghezza anche il parlante più colto e abile a parlare come un libro stampato non arriverà mai a produrre un testo totalmente privo di tratti esecutivi del parlato (autocorrezioni, riempitivi, ecc.).

Ulteriore chiarimento su cosa vada inteso per i piani 3a e 3b può essere offerto dalla distinzione proposta da Voghera (2017), che tiene separati i correlati sociolinguistici (che corrispondono al piano 3a) delle diverse modalità di comunicazione da quelli funzionali (che corrispondono al piano 3b):

> data una modalità, non tutte le forme testuali e le costruzioni verbali sono ugualmente probabili perché gli utenti tendono a scegliere quelle più adatte o perché efficienti o perché adeguate al contesto sociale in cui normalmente avviene la comunicazione. Nel primo caso parliamo di correlati linguistici funzionali, cioè di una correlazione determinata da fattori di rendimento e quindi di costruzioni linguistiche che vengono usate perché permettono un migliore funzionamento della comunicazione. Nel secondo caso, invece, parliamo di correlati sociolinguistici, cioè di costruzioni, la cui occorrenza, per esempio nella modalità parlata, è determinata dal fatto che sono proprie delle varietà usate nelle situazioni in cui si parla, ma non necessariamente facilitano o rendono la comunicazione più facile. Una differenza essenziale tra i due tipi di correlati sta nel fatto che i correlati funzionali sono grandemente condivisi dal punto di vista interlinguistico; quelli sociolinguistici possono invece cambiare da lingua a lingua, perché dipendenti dalle specifiche situazioni di ogni lingua (Voghera 2017: 35).

3.3. La lingua nella CMC alla luce delle differenze fra scritto e parlato

Tirando le somme dalle dovute osservazioni sulla natura della variabilità diamesica la caratterizzazione della CMC si articolerà in tre sezioni in conformità alle tre opposizioni nascoste dentro la dicotomia parlato / scritto: aspetti relativi alla materialità del *medium*, aspetti culturali e situazionali e, infine, aspetti linguistici. Il percorso proposto all'interno di ogni sezione avrà come punto di partenza i due poli estremi dell'opposizione in questione, scritto e parlato, al che seguirà una riflessione sul suo eventuale sfumarsi con il subentrare della tecnologia digitale.

3.3.1. Aspetti relativi alla materialità del *medium*: l'opposizione fonico-acustico *vs* grafico-visivo

3.3.1.1. Questioni semiotiche generali

Il percorso che ci porterà agli aspetti testuali e più propriamente linguistici dello scritto trasmesso on-line prende l'avvio dall'aspetto più tangibile, ovvero caratteristiche del sistema grafico-visivo come canale di trasmissione dei messaggi scritti in opposizione alle caratteristiche del sistema fonico-uditivo. Bisogna tenere presente che il solo fatto di considerare la specificità materiale del *medium* ci colloca all'interno del paradigma della sostanza, ovvero una posizione secondo la quale il *medium* non è trasparente. Si tratta, quindi, di un punto di vista che sostiene l'autonomia di massima della grafia dalla fonia. Tale posizione è riscontrabile in Vachek, Hjelmslev, Derrida[127] e, in tempi più recenti a noi, in ricerche di stampo variazionista, antropologico-culturale e psicolinguistico. Se da un punto di vista filogeneticamente e ontogeneticamente la lingua parlata appare primaria, d'altro canto tale primarietà va colta con riserve e non si traduce automaticamente in priorità. In primo luogo "come osserva Hjelmslev, è sincronicamente irrilevante o di secondaria importanza appurare quale manifestazione, fonica oppure grafica, preceda storicamente: la Lingua, infatti, può essere manifestata in molte sostanze" (Rapallo 1994: 160).

Ad avvalorare la tesi dell'autonomia della grafia vi sarebbero ad es. i cosiddetti "morfemi visivi":

> È noto come ogni lingua accolga un certo numero di morfemi visivi, indipendenti da quelli vocali-uditivi: a parte i geni-segnali (teschio su bottiglia di veleno), che costituiscono verosimilmente una semia autonoma, anche omonimi (ingl. *sea* "oceano" o *see* "vedere"), sequenze omofone (ingl. *I don't know / I don't. No)*, pronunce "pseudo-dialettali" (*eye dialect*), errori intenzionali di ortografia (ingl. *sinema*), anche la puntuazione di sintagmi identici (ingl. *the dog's masters i the dogs' masters*)[128] (Rapallo 1994: 160–161).

---

127 È interessante notare che secondo alcuni l'elenco dei linguisti sostenitori dell'interpretazione autonomista potrebbe abbracciare anche de Saussure, il che si spiega per il fatto che la questione dello *status* della scrittura costituisce senza dubbio uno degli esempi più interessanti di controversie a cui diede origine la riflessione di de Saussure. Cfr. a tal proposito Gadet (1987: 124): "On aurait aimé pouvoir conclure cet ouvrage sur Saussure en faisant une liste des points désormais indiscutés de la linguistique saussurienne, qui constitueraint en quelque sorte le bien commun des linguistes. Mais ce n'est pas possible. Tous les concepts saussuriens ont donné lieu à des très vives controverses".

128 Cfr. Bolinger (1946: 333–40).

La posizione secondo cui la grafia non sarebbe una notazione trasparente della fonia, bensì un sistema dotato di una sua specificità si sposa bene con i diversi esiti riscontrabili nel corso storico della scrittura dati dalla tensione di due tendenze in contrasto: l'una verso una sempre più fedele imitazione del parlato, quindi una maggiore "fonetizzazione"[129], e l'altra verso una "grafetizzazione"[130], ovvero uno sfruttamento crescente delle potenzialità del mezzo grafico manifestantesi nella punteggiatura e nell'uso dello spazio scrittorio. Questa seconda tendenza pare più che evidente a guardare gli usi scrittori nelle produzioni circolanti nella CMC. Si pensi a titolo di esempio all'avverbio di negazione *non* reso graficamente *nn* o, più in generale, a tutte quelle grafie che fanno a meno di vocali. Non trattandosi di errori di battitura né di grafie volontariamente devianti per scopi ludici, esse costituiscono un argomento a favore dell'interpretazione indipendentista della grafia. Più in concreto si pone il problema dello status della forma grafica ('parola tracciata'): essa denota la forma fonica riportandosi a questa come il significante al suo significato o, al contrario, rimanda senza il tramite della fonia al significato? In riferimento a entità di seconda articolazione il problema è il seguente: il grafema denota il fonema o, invece, va considerato elemento distintivo minimo autonomo del sistema grafico godendo di uno status analogo a quello del fonema inteso come entità distintiva del significante? La posizione tradizionale è quella che risponde positivamente alla prima parte del primo interrogativo formulato sopra come segue:

> In general, the *signatum* of any given letter is a certain phoneme of the language in question (Jakobson/Waugh 1979: 71).

In altri termini i grafemi sarebbero una tecnica per registrare i suoni della lingua parlata in forma visiva.

Solo in tempi più recenti è stata avanzata un'interpretazione diversa, di stampo indipendentista, ovvero tale che risponde affermativamente alla seconda parte della domanda in questione:

> (...) the discovery of alphabetic writing can be conceived as the application of double coding even in writing (August 1986: 38).

È interessante aggiungere che la definizione del grafema come unità distintiva minima del sistema di scrittura viene completata da Harris di un altro elemento importante, spazialità:

> (...) l'identité de la graphie *a* ne peut être réduite ni à sa valeur phonétique, ni à sa valeur comme élément différenciateur dans les combinaisons ortographiques. (...) L'identité de

---

129 Cfr. a tal proposito Harris (1994a: 84): "La naissance des valeurs phonétiques (des graphies) s'explique à partir de deux pratiques culturelles très anciennes et très répandues dans les civilisations écrites: à savoir la dictée et la lecture à haut voix".

130 I due termini, "fonetizzazione" e "grafetizzazione" sono presi a prestito da Hans-Bianchi (2005), che offre un'ottima introduzione alla problematica dello status semiotico del segno linguistico scritto.

la graphie *a* dépend en partie d'une certaine configuration spatiale qui lui appartient (Harris 1994a: 55).

Le due posizioni interpretative delineate sopra possono essere in qualche modo riconciliate – se non a livello strettamente teorico – di sicuro a livello piscologico della lettura-scrittura:

> Face ai signifiant graphique, le lecteur-scripteur peut y déceler soit l'image de la parole, soit un signifiant autonome – totalement ou relativement –, soit les dux à la fois (Dabène 1987: 47).

Tale posizione conciliatoria trova riscontro nell'innovatività di alcune pratiche scrittorie tipiche della CMC. Si pensi a tal proposito da un lato al già citato esempio della grafia *nn* per *non*: l'operazione di decodifica del significante grafico non richiede il tramite del significato orale; dall'altro lato abbiamo grafie del tipo *C6?* per *Ci sei?*, espedienti che per una corretta interpretazione richiedono il tramite della fonia[131].

La spazialità chiamata in causa da Harris citato poco anzi in riferimento ai grafemi interessa anche un altro fenomeno innovativo tipico delle produzioni verbali circolanti nella CMC, ovvero le cosiddette faccine (o, in inglese, *emoticons* e *smileys*). È interessante notare che le faccine – se prescindiamo da quelle che sono apparse con il perfezionarsi della grafica assumendo forma di vere e proprie immagini stilizzate delle espressioni facciali legate ad un'emozione (sorriso, broncio, stupore ecc.), ad es. 😊 e dotandosi di una netta componente iconica – sono di regola costruite con segni interpuntivi, che a sua volta svuotandosi del loro significato originale concorrono alla creazione di un nuovo segno, più ampio, che – a differenza delle faccine-immagine – difficilmente si profila come segno iconico. La formazione di un nuovo segno *emoticon :-)* a partire dalla serie di segni interpuntivi, –, e : è possibile non grazie alla somiglianza dei singoli segni alle corrispondenti parti del volto umano bensì dalla loro disposizione grafica anomala rispetto agli usi interpuntivi canonici.

---

131 Esempi di questo tipo sono riscontrabili anche in alcune pratiche ludiche ben diffuse, seppur in contesti di nicchia, prima ancora che nascesse il web e la CMC. Si pensi ad esempio ai rebus in cui una sequenza grafica rimanda non ad un concetto, bensì ad una sequenza acustica. In casi estremi anche i segni iconici – che di norma richiedono un processo di interpretazione avulso dalla fonia – possono rimandare a sequenze acustiche. Cfr. a tal proposito l'esempio fornito da Cardona (2009: 11): "(...) 'cane' è un significato di lingua italiana, e come tale giace sul piano del contenuto, secondo la terminologia di Hjelmslev. Sul piano dell'espressione avremo varie possibilità: se la materia è la voce, avremo [kane]; se la materia è la carta, l'inchiostro ecc., avremo <cane, CANE, *cane*> ecc. ma non posso dire che nel codice lingua italiana 🐕 sia la rappresentazione grafica di 'cane' anche se non posso che leggerlo [kane]. Il fatto di poter usare occasionalmente questo espediente in un rebus, in un gioco non significa che esista per la lingua italiana una rappresentazione grafica che usi elementi di questo genere. E infatti in un rebus il disegno del cane viene usato non per evocare 'cane' ma soltanto per ottenere la sequenza [kane], come in [kanestro] ecc.".

La spazialità in questione non è del tutto arbitraria come testimonia la sequenza (-:, che non dà luogo a nessun tipo di faccina, il che si spiega per una qualche, seppur debole e vaga, componente iconica sopra la quale sembra prevalere ad ogni modo quella convenzionale.

Dalle sommarie osservazioni proposte sin qui sembra di poter ribadire che – se ci spostiamo dall'astrattezza del sistema lingua verso le sue manifestazioni concrete – le relazioni tra grafia e fonia vanno ben oltre la dipendenza della pima dalla seconda in direzione di una relazione sempre più complessa in virtù degli usi creativi di risorse grafiche (cfr. oltre).

3.3.1.2. *Caratteristiche semiotiche del mezzo grafico-visivo in opposizione al mezzo fonico-acustico*

Dopo le osservazioni su alcuni aspetti riguardanti la semiotica della scrittura, osservazioni più che giustificate se teniamo presente la loro simmetricità rispetto ad alcuni cenni di semiotica degli oggetti proposti in riferimento alla materialità dei testi nel Capitolo 2, veniamo ora alle caratteristiche fondamentali del canale di trasmissione del messaggio verbale che determinano la diversità del testo scritto (come prodotto) e dello scrivere (come produzione) – rispettivamente – dal testo parlato e dal parlare.

3.3.1.2.1. *La spazialità*

Stando a Ong (1986: 169) "il passaggio dal discorso orale a quello scritto si configura essenzialmente come uno spostamento da un ambito sonoro ad uno spazio visivo". Quest'ultimo è caratterizzata dalla bidimensionalità opposta all'unidimensionalità del tempo in cui si sviluppa la sonorità. La lingua orale, quindi, esiste necessariamente in modo lineare nella successione dei suoni, mentre la lingua scritta, anche se è costituita da sequenze unidirezionali di segni grafici, grazie alla bidimensionalità dello spazio, permette una percezione visiva non-lineare del testo.

Il carattere topografico-visivo della scrittura, già evidente nel mondo *ante* Internet[132], con le nuove tecnologie conosce un ulteriore potenziamento. La questione si inserisce in un più ampio dibattito su quello che è stato chiamato a metà degli anni Novanta "svolta iconica" (*pictorial turn*). A prescindere dal suo aspetto più evidente e banale, ovvero una crescente coesistenza di testi e immagini, il *pictorial turn* può riferirsi ad almeno i seguenti aspetti: i) una diversa topografia degli ipertesti che, illustrabile con il concetto di rete[133], si pone come diversa dalla linearità dei tradizionali testi a stampa; ii) il fatto che i testi digitali sono dotati di codifica numerica, il che li rende "tridimensionali" nel senso che dietro ad un qualunque testo visualizzato

---

132 Basti pensare all'esempio di 'poesia concreta' (o anche 'poesia visiva'), fenomeno studiato in Wysłouch (2001).
133 Cfr. § 2.2.1. e la discussione ivi contenuta sull'opinabilità dell'innovatività degli ipertesti.

sullo schermo del computer si cela ad un livello più profondo tutto l'apparato della codifica numerica; iii) un insieme di aspetti relativi al testo come spazio tipografico; iv) usi creativi dei segni grafici.

Essendo i primi due aspetti già stati trattati in § 2.2., consideriamo i punti iii) e iv).

iii) Si tratta di tutti quegli aspetti che possono considerarsi tipografici e che troviamo indicati da Kress nel seguente passo dedicato a "turn to the visual":

> The 'turn to the visual' interacts with electronic technologies in a number of ways. (...) One is obvious to anyone who looks at a computer screen: the visual is there, and the possibilities even of producing written text focus on visual aspects – font-types and size, layout, visuals to accompany the linguistic text – much more so than did the former technology of typewriters and typesetting. Even when the major element, quantitatively speaking, is writing, its visual aspects are more in the foreground, and are much more easily controlled. The 'look of the page' is now not a matter only for a specialides group of producers of texts; it is a general concern and the means for page design are readily there (Kress 2002: 56).

L'asptto visivo della scrittura diventa dunque di prima importanza, il che porta Lanham a operare una distinzione fra *looking at the text* e *looking through the text*:

> Typography provides a good illustration. Reading this sentence, you think about what it means. You are looking*through* the print to the meaning. But what if I put the sentence in a different typeface? Reading this sentence, you think, Why is he using typeface? What is it? What is it supposed to mean? By changing typeface, I've made you look *at* the alphabetic surface rather than *through* it. You ask not only "What does this mean?" but "Why has the meaning been put into this particular form?" You become self-consciuos about the form of the communication. Printed book discourage this formal self-consciousness. The volatile computer text encourages it (Lanham 1995: on-line).

L'attenzione rivolta agli aspetti visivi dei testi scritti, che Kress (citato sopra) propone di cogliere in termini di *design*, diventa in altri termini parte integrale della competenza nell'utilizzo di risorse semiotiche a disposizione degli utenti delle nuove tecnologie. Si tratta di competenze sia passive che attive dal momento che con l'accessibilità degli strumenti di *editing* fanno sì che chiunque scrivendo e pubblicando su Internet possa diventare non solo autore, bensì anche editore, nel che Richards scorge uno degli aspetti più democratici dei nuovi media:

> The most "democratic" aspect of electronic media is the requirement as well as facility for people to "design" their communications--not only when, say, they develop their own web pages to express themselves or publish information on the Internet, but also when they "rework" linguistic and cultural forms of representation to construct or express meaning for specific purposes in particular contexts of interaction. The need to *select* and *combine* images, words, and increasingly other multimedia components of textuality in electronic media should make us aware that *design* is, and has always has been, a generic if often implicit function of literacy (Richards 2000: 70).

L'accesso agli strumenti di *editing* varia da genere a genere e dipende, in ultima analisi dai relativi software e dal momento che – come si è visto nel Cap. 2 – l'*habitat* di qualunque genere di discorso nella dimensione digitale non può prescindere dalla relativa interfaccia d'uso con le sue funzionalità. Di conseguenza un sito web personale o un diario on-line, potenzialmente progettabile dal suo autore in ogni minimo dettaglio, offre molte più possibilità in termini di *design* che non un messaggio di posta elettronica che verà visualizzato in modi diversi a seconda dell'interfaccia usata dal ricevente senza che l'autore del messaggio ne abbia un minimo di controllo.

iv) Oltre agli aspetti visivi che interessano i livelli alti dell'organizzazione del discorso, ovvero quelli che riguardano il testo nella sua globalità (vedi sopra il punto iii)), ve ne sono anche quelli che interessano i livelli bassi, ovvero la forma grafica di single parole. Il problema, già segnalato in § 3.3.1.1. (cfr. le grafie tipo *nn* per *non* e le faccine), abbraccia tutta una serie di fenomeni di scarto rispetto all'ortografia italiana standard che, stando a Tavosanis (2011: 76–77), risultano riconducibili a tre soli meccanismi di alterazione:

1. lettura endofasica, in cui un simbolo viene inserito in modo che il lettore lo interpreti in base al suo nome (per esempio, <6> per sei, seconda persona del presente indicativo del verbo essere, oppure <X> per *per* e, a volte, per la sequenza di fonemi / per/ all'interno di una parola più ampia);
2. abbreviazioni non realizzate abitualmente nel parlato (come *nn* al posto di *non*, *qlk* al posto di *qualche* e così via);
3. variazioni grafiche vere e proprie (in pratica, solo <k> per indicare /k/: di solito quando l'ortografia italiana richiede <ch>, ma anche, più dir ado, quando l'ortografia richiede <c> e <q> (Tavosanis 2011: 76–77).

Con una frequenza decisamente più ridotta ricorrono nelle produzioni circolanti nella CMC altre tre alterazioni:

4. <x> al posto di <ss> o <zz> (spesso in parolacce o parole collegate alla sfera sessuale, da *sesso* a *cazzo*, per eufemismo o per ingannare I controlli automatici che alcuni sistemi di pubblicazione su web usano per evitare la pubblicazione di commenti osceni);
5. <j> al posto di <gl> (evidentemente per suggestion della grafia standard del romanseco, ma anche in contesti in cui si tratta dell'unico element "locale" inserito in un messaggio, quindi forse con perdita del rapport con la variazione diatopica, almeno per alcuni scriventi);
6. sostituzioni in base al meccanismo del *leetspeak* (cfr. sotto), in cui un carattere viene usato per rimpiazzarne un latro di forma simile (per esempio, in nomi come Sw4nm al posto di SwAn) (Tavosanis 2011: 77).

All'elenco di sopra si aggiungono ancora altri fenomeni da considerare a parte dal momento che il loro meccanismo è diverso essendo "basato molto sul confronto con il parlato" (Tavosanis 2011: 77). Ne tratteremo in § 3.3.1.2.4. dedicata agli aspetti paralinguistici tipici del parlato e i loro surrogati nello scritto trasmesso.

3.3.1.2.2. Elementi grafici discreti

La spazialità della scrittura comporta inevitabilmente la necessità di usare degli elementi grafici discreti[134]. In altri termini la scrittura prevede una selezione delle unità linguistiche a cui riferirsi con gli elementi grafici con la conseguente individuazione delle rispettive unità linguistiche. Tale selezione implica di per sé un'interpretazione analitica della lingua. Di conseguenza sembra legittimo rifiutare con Harris (1994b: 46) l'idea di relazione tra scritto e parlato come una semplice 'rappresentazione'.

Il problema è stato notato da più parti anche nelle ricerche sul parlato che più o meno esplicitamente si basano su un confronto con lo scritto:

> Nonostante gli sforzi fatti nell'ultimo ventennio l'armamento categoriale e descrittivo delle teorie grammaticali rimane nelle sue caratteristiche essenziali forgiato sugli usi scritti delle lingue o, quanto meno, sugli usi formali e monologici (Voghera/Turco 2006: 727–728).

È interessante notare che la problematica della coincidenza delle unità di analisi fra le due modalità, scritta e parlata, si pone non solo ai livelli bassi come ad esempio la relazione fonema vs grafema, bensì anche a livello della sintassi[135]. Secondo Voghera le sfasature fra gli usi scritti e parlati sono particolarmente vistose proprio a livello sintattico dal momento che la struttura sintattica dei testi parlati, essendo fortemente condizionata dai fattori enunciativi, quali "la contemporaneità dei processi di programmazione e produzione/ricezione, la compresenza dell'emittente e del destinatario, l'avvicendamento dei turni di dialogo" (Voghera/Turco 2006: 728), risulta organizzata in porzioni di piccole dimensioni. Di conseguenza

> se questo è vero, sembra preferibile utilizzare come unità di misura della sintassi la clausola piuttosto che la frase (Halliday 1992; Biber et al. 1999). Ciò permette di delimitare un costituente che è adeguato sia all'analisi del parlato che dello scritto, basando il confronto sintattico tra le due modalità su un terreno più solido (Voghera/Turco 2006: 729).

Il ruolo della scrittura nel formare la sintassi della lingua scritta e della lingua *tout court* è stato messo in risalto anche in studi che si collocano fuori dal filone delle indagini sul parlato. Si pensi a tal proposito almeno a Harris (1998), studio dal quale, a un livello generale, si ricava la stessa convinzione che la sintassi attuale usata negli usi scritti delle lingue europee sia sostanzialmente un prodotto della scrittura.

---

134 Cfr. Lüdtke (1978: 435): "(...) la simbolizzazione grafica impone la necessità di operare nella continuità costituita dall'atto linguistico una qualsiasi segmentazione per cui lo svolgimento continuo dell'enunciato si possa rappresentare con una catena di simboli discreti".
135 Cfr. a tal proposito § 3.3.3.2.

3.3.1.2.3. Il supporto

Ulteriori caratteristiche esclusive del testo scritto che ne rendono diverso il funzionamento, produzione e ricezione, da quello dal discorso orale, permanenza e reperibilità, si devono al suo concretizzarsi su un oggetto di supporto:

> (...) l'aspect concret le plus evident de toute activité qui relève de l'écriture, c'est, dans la plupart des cas, que cette activité implique soit la production, soit l'utilisation d'un objet materiel: le document. L'existence de cet objet n'a aucune contrepartie dans les domaine de la parole: viola ce qu'il faut saisir si l'on veut apprécier pourquoi les valeurs sémiologiques du signe écrit ne sont pas celles du signe oral" (Harris 1994a: 361).

Come avevamo visto in § 2.2.2. con l'avvento della tecnologia digitale la problematica della materialità dei messaggi scritti si arricchisce di nuovi risvolti, sia pratici che teorici.

3.3.1.2.4. Elementi paralinguistici ed extra-linguistici

La scrittura, data la separazione temporale tra produzione e ricezione del messaggio, accompagnata tipicamente anche da una distanza spaziale tra i partecipanti risulta preclusa ai codici di significazione paralinguistici ed extra-linguistici in uso nella comunicazione faccia a faccia: la prosodia, la mimica, la gestualità, ecc. La comunicazione orale, dal canto suo, risulta difettiva di segni a disposizione dello scritto, quali sottolineature, virgolette, parentesi e simili[136]. Di conseguenza

> lo specifico rapporto tra sistema linguistici e sistemi paralinguistico ed extra-linguistico, peculiare delle due modalità, porta in ultima analisi a dei modi di significare diversi, quindi, a dei significati complessivi diversi (Hans-Bianchi 2005: 30).

È interessante notare che con l'avvento delle nuove tecnologie la separazione tra questi due modi di significare diversi tende a diminuire in qualche modo dal momento che la scrittura si arricchisce nella dimensione digitale di tutta una serie di espedienti grafici che possono essere considerati surrogati di alcuni fenomeni paralinguistici tipici della comunicazione orale. Secondo la classificazione di Halliday, riproposta Tavosanis (2011) in riferimento allo scritto trasmesso, i tre principali gruppi di tratti paralinguistici esclusivi del mezzo orale sono i seguenti: l'intonazione; i segni somatici che accompagnano il discorso (gesti, espressioni della faccia, ecc.); i tratti indicali (ovvero quelli che identificano il singolo parlante: estensione di tono e altezza della voce, cadenza e così via).

> Per quanto riguarda l'intonazione, sono state elaborate numerose strategie sostitutive:
> – imitazione delle spezzature del parlato;

---

136 Nystrand (1986: 47): "Writers are no more at expressive loss because they are unable to resort to intonation and quizzical looks than speakers are at expressive loss because they are unable to resort to italice, paragraphing, quotation marks, and parentheses".

- puntini di sospensione;
- punteggiatura creativa.

Per i tratti indicali si possono segnalare solo alcuni (e poco diffusi) espedienti sistematici, tra cui:
- firme elaborate (...);
- usi grafici personali poco diffusi all'interno dello stesso gruppo di scriventi come per esempio:
    a) la preferenza per particolari caratteri o combinazioni di caratteri (#####);
    b) la preferenza per le più rare emoticon "giapponesi" rispetto a quelle "occidentali": ^_^ invece di :-) (Tavonsanis 2011: 92–93).

3.3.2. Aspetti culturali e funzionali: l'opposizione oralità vs scrittura

La coppia di termini oralità vs scrittura (*orality vs literacy*) può riferirsi al diverso rapporto che le due modalità in questione intrattengono con l'uomo e la società, spostando la riflessione su un terreno degli studi antropologici e psicologici volti a rispondere a interrogativi sulle differenze funzionali dello scritto e del parlato, problematica che si arricchisce di nuovi risvolti con l'avvento del *word processor* e della telematica.

3.3.2.1. Differenze funzionali. Nuove funzioni della scrittura nella dimensione digitale

Se a un livello generale, essendo la lingua di per sé un fenomeno sociale, le due modalità, parlata e scritta, sono accomunate dallo scopo di rispondere alle esigenze di una data comunità linguistica, nella pratica ciò non significa che servano tutti i bisogni comunicativi indistintamente:

> scrivere e parlare non sono modi alternativi di compiere le stesse cose; piuttosto, sono modi di fare cose diverse. La scrittura si sviluppa qualora la lingua debba assumere nuove funzioni nella società. Queste tendono ad essere funzioni prestigiose, associate alla cultura, alla religione, all'amministrazione e al commercio (Halliday 1992: 9).

Riallacciandoci al discorso proposto in § 3.2.5.4. occorre ribadire che tale ripartizione dei compiti è motivata culturalmente e al tempo stesso è determinata in larga misura dalle proprietà intrinseche del mezzo fonico-acustico e grafico-visivo.   Secondo Simone (1996) le differenze funzionali fra scritto e parlato sono riducibili a monte all'esistenza di due tipi di informazioni e conoscenze:

> quelle *rilevanti*, che meritano di essere conservate in forma stabile e diffuse nel tempo e nello spazio, e quelle *poco rilevanti* o irrilevanti, che possono essere affidate al parlare, e vaporizzarsi nel momento stesso in cui sono enunciate.
> Alle prime si addice naturalmente la scrittura. Essa infatti risponde essenzialmente all'esigenza di *conservare* informazioni e conoscenze, *renderle accessibili* in moment successive e permettere di far riferimento ad esse con accesso casuale (attraverso il processo della

consultazione). Questa specificità si nota ancora oggi quando si osserva che un appuntamento, se è tra amici, può essere fissato con un accordo verbale, se è tra capi di stato, deve essere necessariamente registrato per iscritto in forma complessa. Lo stesso fenomeno è catalogato nel primo caso come "poco rilevante" e quindi lasciato alla verbalità orale; nel secondo come "molto rilevante" e perciò affidato alla scrittura (Simone 1996: 37).

L'avvento del *medium* elettronico con nuove caratteristiche (codifica digitale e la conseguente trasportabilità dei testi potenzialmente illimitata) ha portato di conseguenza alla modificazione della sfera degli usi della lingua scritta. Da un lato si tratta dell'arricchimento della scrittura:

> (...) forse per la prima volta nella storia, può servire, in maniera sistematica, anche al cosiddetto 'cazzeggio', cioè al parlar futile, al parlar tanto per parlar, al parlar veloce e allo scambio comunicativo altrettanto veloce e fitto (e si noti che per riferirmi a questi concetti ho dovuto utilizzare un verbo che rinvia all'oralità) (Cortelazzo 2004: 7).

In altri termini la scrittura assume funzioni del parlato portando alla produzione di quello che Simone (1978: 666) chiama "grafismo" (cfr. § 3.2.5.3.):

> La scrittura in rete più orientate al parlato è, spesso, un testo che nella comunicazione tradizionale non sarebbe mai arrivato alla scrittura (Tavosanis 2011: 93).

Dall'altro lato, data la diversa materialità del *medium* digitale, la scrittura elettronica risulta difettosa in qualche moda rispetto al *medium* della stampa risultando meno deputata a tramettere i contenuti rilevanti. Jakobsen (2002: 57), ad esempio, mette in evidenza quanto nella percezione comune sia inferiore l'autorevolezza e la credibilità, e di conseguenza il prestigio del *medium* digitale rispetto alla stampa per due motivi. In primo luogo, chiunque dotato di accesso al server può pubblicare contenuti di vario tipo; in secondo luogo la reperibilità dei contenuti sul web non di rado risulta problematica per la plasticità delle risorse sul web testimoniata da comunicati sullo schermo dell'utente alla ricerca delle informazioni desiderate come: "Error 404-File Not Fund" o "Page Unde Construction" o anche "Access Denied". Non per caso la versione definitive degli atti normativi prevale su quella elettronica. È il caso ad es. della *Gazzetta Ufficiale* della Repubblica Italiana, nel sito della quale si legge nelle avvertenze:

> Ricordiamo che l'unico testo definitivo è quello pubblicato sulla *Gazzetta Ufficiale* a mezzo stampa, che prevale in casi di discordanza (www.gazzettaufficiale.it).

3.3.2.2. *Scrittura e oralità.* Literacy

Nel lavoro di Ong (1977) troviamo la distinzione fra le società ad "oralità primaria", ovvero quelle che non conoscono né la scrittura né la stampa, e quelle alfabetizzate, ovvero a "oralità secondaria". Le ultime, figlie della tecnologia della scrittura[137] e

---

137   Cfr. anche Lotman (1980), che concepisce la scrittura in termini di un "sistema secondario di modellizzazione" dipendente dalla lingua parlata, sistema primario precedente.

della successiva tecnologia elettronica (radio, telefono, televisione ecc.), si distanziano dalle prime per le nuove verbalizzazioni congeniali al mezzo scritto (nuovi generi testuali[138]), ma negli usi orali risultano sorprendentemente simili alle società ad "oralità primaria" per la mistica partecipatoria, per il senso della comunità, per la concentrazione sul momento e persino per l'utilizzo delle formule. Nonostante questa vicinanza l'oralità secondaria è lontana dal coincidere con quella primaria proprio per le conseguenze cognitive della scrittura, problema al centro di attenzione in un lavoro successivo di Ong, *Oralità e scrittura* (Ong 1986: 119):

> Senza la scrittura, un individuo alfabetizzato non saprebbe e non potrebbe pensare nel modo in cui lo fa, non solo quando è impegnato a scrivere, ma anche quando si esprime in forma orale. La scrittura ha trasformato la mente umana più di qualsiasi altra invenzione. Essa crea ciò che è stato definito un linguaggio "decontestualizzato", o una forma di comunicazione verbale "autonoma", vale a dire un tipo di discorso che, a differenza di quello orale, non può essere immediatamente discusso con il suo autore, poiché ha perso ogni contatto con esso.

L'idea dell'importanza della scrittura per la mente umana e quindi per la società in generale è presente in molti autori come testimonia la pluralità dei fenomeni che sono stati annoverati come conseguenze cognitive, sociali e culturali della scrittura e che risultano riassumibili sotto la dicitura di *literacy hypothesis*, ossia "ipotesi alfabetica"[139]:

> dalla autopercezione del soggetto[140] al potenziamento delle capacità cognitive, dalla creazione, nella scrittura, di una memoria collettiva puntuale e letterale[141] alla percezione oggettiva e storiografica del tempo[142], dalla formazione di nuovi modelli educativi con la scuola[143] allo sviluppo accelerato dell'economia e delle scienze[144] (Hans-Bianchi 2005: 37).

---

138   Olson (1991b: 256): "(...) the cognitive implications of literacy arie not Simple from Rusing the eye, the modality, but from learning to exploit the resources of this *medium* of Communications whith its specialized genres".
139   Per una bibliografia sull'argomento cfr. Havelock (1991).
140   Voghera (1992: 19): "(...) con il passaggio dall'oralità alla scrittura l'uomo raggiunge lo stadio dello specchio: la possibilità di riconoscersi come soggetto autonomo, diverso dagli altri soggetti".
141   Cfr. Goody (1987: 234).
142   Cfr. Goody (1987: 54).
143   Vedi Voghera (1992: 17).
144   Cfr. a questo proposito Goody (1987), che annovera effetti sul diritto, economia, matematica, astronomia. David R. Olson (1991a: 151) nota come la *literacy* abbia svolto un ruolo centrale nella nascita della moderna scienza attraverso la differenziazione tra "testo" (dato) e "interpretazione".

3.3.2.3. *Scrittura nel mondo digitale: 'scrittura secondaria'? 'oralità terziaria'?* electracy?

Come risulta chiaro dalle etichette nel titolo della presente sezione il pensiero di Ong è tutt'ora un importante punto di riferimento nei lavori volti a esaminare l'influsso sulla mente umana e sulla società della CMC. Così ad es. John December, richiamandosi al pensiero di Ong, per lo meno a livello terminologico, riconosce al tempo stesso la portata dell'innovatività delle pratiche comunicative nella CMC tale da meritarsi il nome di "oralita terziaria" (*"tertiary orality"*):

> This discussion posits the existence of a tertiary form of orality, exhibited in computer-mediated communication (CMC) systems. This tertiary orality occurs in real-time computer conferencing systems and in asynchronous computer bulletin board systems. Although based on text, the discourse in these computer-mediated forums exhibits many qualities of an oral culture. The existence of this text-based orality may imply that discourse need not be based upon sound in order to have oral characteristics. Rather (...) oral characteristics grow out of computer-mediated communication which gives participants greater independence over time and space than paper-based text communication. These CMC forums give rise to communities of people who participate with emotion, involvement, and expressiveness (December 1997: on-line).

Questa scelta terminologica è condivisa nell'ambito di ricerche italiane da Cicalese (2007: 50), che – richiamandosi a de Kerckhove, un altro studioso ad aver utilizzato l'etichetta "tertiary orality" – individua alla base della ridefinizione del rapporto scritto-orale il mutato rapporto della scrittura con il tempo:

> (...) bisogna (...) riformulare l'oralità secondaria di Ong e ridefinire quella presente nella Grande Rete come una conseguente «oralità terziaria» caratterizzata second Derick de Kerckhove dalla corrispondenza immediata tra il desiderio e la sua realizzazione nella rete. Il tempo reale, che consente la contemporaneità attraverso lo schermo del computer, risulta fondamentale nel rapporto scritto-orale dal momento che è proprio la risposta immediata, condizione primaria innanzitutto della oralità, che si riversa nella scrittura, tradizionalmente intesa come differita e asincrona (Cicalese 2007: 50).

È interessante notare che, sempre nell'ambito di ricerche italiane, a partire dalle stesse osservazioni sulle tracce di oralità nei testi elettronici (ad es. dialogicità data da un *feedback* quasi-sincrono con le sue ricadute sulla veste linguistica: fatismi, segnali discorsivi, costrutti marcati ecc.) è stata proposta l'etichetta 'scrittura secondaria', prima da degl'Innocenti/Ferraris (1990) in un breve articolo pubblicato su *Italiano e Oltre* e poi da Pistolesi (2004: 30):

> Per descrivere l'insieme di questi tratti adotterei, ricalcando la nota definizione di «secondary orality» coniata da Walter Ong, l'etichetta di «scrittura secondaria», in quanto è proprio il dominio dell'oralità secondaria a deformare il codice scritto in direzione della voce e a ispirare le strategie che mirano a reintrodurre la fisicità dell'atto linguistico nel testo scritto (Pistolesi 2004: 30).

La fervidità del dibattito sulle conseguenze del nuovo *medium* è testimoniata anche dall'ultima etichetta che vogliamo discutere in questa sede, *electracy*. Il termine si deve a Ulmer (2003), second cui la cultura digitale similmente a quella dei manoscritti o quella della stampa richiede *literacy* propria intesa non solo come l'abilità a servirsi del *medium*, bensì anche come un certo tipo di mentalità forgiato dal modo di trasmettere e scambiarsi le conoscenze in un dato *medium*. Di conseguenza al posto di *cyber-literacy* Ulmer propone il termine *electracy*, che chiama in gioco il concetto di *literacy* coniato originariamente in riferimento alla cultura della stampa e al tempo stesso fonde al suo interno il prefisso *electro*, che rimanda alla novità del *medium* elettronico e una componente che rimanda a traccia (*trace*) derridiana.

A prescindere dal richiamo derridiano, l'etichetta di Ulmer ha il chiaro vantaggio di dare risalto alle ripercussioni cognitive e sociali del *medium* elettronico. Fra le differenze della nuova *literacy*, *electracy*, rispetto alla *literacy* propria del mondo *ante* CMC è possibile menzionare a titolo di esempio la gestione di forme della comunicazione *non bona* fide (*flame wars, trolling*) e la fretta che caratterizza in buona parte sia la produzione in rete che le abitudini di lettura degli utenti del web (cfr. ad es. i diversi tipi di lettura fra cui lo *scanning* discusso in § 3.3.3.4.3.).

3.3.3. Uno sguardo linguistico alle differenze fra parlato, scritto e scritto trasmesso

Nella presentazione delle differenza fra scritto e parlato sul piano dei fatti linguistici partiremo dalla caratterizzazione del parlato in opposizione allo scritto per poi seguire la falsariga già tracciata nelle due sezioni precedenti, ovvero descrivere gli elementi di novità comportate dall'avvento della CMC.

3.3.3.1. Il quid *del parlato*

Riallacciando il discorso alle considerazioni sulla natura della variabilità diamesica (cfr. § 3.2.) bisogna sin dall'inizio mettere in evidenza la difficoltà a isolare quelli che potrebbero essere i tratti esclusivi del parlato e ciò per il fatto che la dimensione diamesica

> attraversa le altre dimensioni: variazione diafasica, già citata; variazione diastratica, data dal ceto o strato sociale di appartenenza dei parlanti; variazione diatopica o geografica; nonché ovviamente diacronica. A sua volta il parlato, come lo scritto, sarà attraversato dalle dimensioni di variabilità citate, ovvero avremo nel parlato varietà di lingua diverse (Berretta 1994: 243).

Di fronte alla complicazione abbozzata sopra due risultano le possibili strategie nel tentativo di descrizione del parlato. La prima è quella che consiste nel concentrarsi proprio sui due poli estremi, ovvero parlato informale da un lato e dall'altro scritto informale[145]. Si pensi a titolo di illustrazione alla già citata Ferrari che nella prefazione del volume che accoglie una serie di contributi dedicati alla penetrazione dei tratti parlati nella scrittura funzionale non letteraria dichiara espressamente la strategia prescelta:

> Nel ragionare sui fenomeni che ci interessano, noi ci riferiremo essenzialmente – utilizzando una formulazione cara a Giovanni Nencioni – al parlato-parlato, cioè al parlato della conversazione spontanea, e allo scritto-scritto, cioè alla scrittura non letteraria destinata a trasmettere soprattutto contenuti denotativi. Nel *continuum* definito dall'asse di variazione linguistica di tipo diamesico (legato al mezzo, fonico-acustico e grafico-visivo), queste due varietà di italiano sono infatti la quintessenza del parlato e dello scritto (Ferrari 2006: 196–197).

La centralità delle due varietà scelte dalla studiosa come punto di riferimento risulta fuori dubbio; sarebbe infatti fuorviante portare avanti un tentativo di descrizione del parlato a partire da un corpus di parlato esecutivo o di discorsi in pubblico pronunciati a partire da una scaletta. Ciononostante la strategia in questione è suscettibile dell'accusa che Voghera formula come segue:

> Non è raro infatti che la comparazione tra parlato e scritto avvenga tra testi che per il parlato tendono al massimo grado di informalità e al contrario, per lo scritto al massimo grado di formalità, rendendo molto difficile valutare la pertinenza delle variabili in gioco (Voghera/Turco 2006: 731).

La seconda strategia nella descrizione delle proprietà del parlato in opposizione allo scritto è quella che mettendo a confronto testi scritti e parlati a parità di tutte le altre circostanze riesce meglio a isolare ciò che è determinato dal *medium*. È il caso della ricerca italo-danese condotta da un gruppo di studiosi danesi, Paola Polito, Erling Strudsholm e Gunver Skytte dell'Università di Copenaghen e Bente Lihn Jensen e Iørn Korzen della Copenhagen Business School)[146]:

> Lo scopo principale dell'indagine è stato di poter esaminare e confrontare la produzione linguistica e la strutturazione testuale in danese e in italiano in resoconti scritti e orali dello stesso *input* non-linguistico (film muto, raffigurante una scena in cui si svolge un'azione).
> La ricerca partiva dall'ipotesi di una divergenza di strutturazione e complessità frasale di contenuti identici nelle due lingue (secondo le osservazioni provvisorie non sembrava esserci corrispondenza 1:1 tra le frasi nelle due lingue) nonché di strutturazione testuale tra testi *paralleli* (per cui intendiamo testi autentici nelle due lingue, prodotti in situazioni identiche e con contenuto equivalente, ma in modo indipendente). Inoltre, si

---

145 Il problema è presente anche nei lavori di linguisti polacchi, che mettono in relazione il parlato con il concetto di "potoczność" (esperienza comune e quotidiana del mondo), che implica anche il concetto di informalità: Adamiszyn (1991), Boniecka/Grabias (2007), Kita/Grzenia (2003), Sekowska (1999), Warchała (2003).
146 I risultati dell'indagine sono pubblicati In Skytte *et al.* (1999). Per una sintetica presentazione della ricerca in italiano si veda Skytte (1999).

ipotizzavano differenze di registro intralinguistiche tra scritto e orale in senso marcato per l'italiano e meno marcato per il danese (Skytte 1999: 295).

A prescindere dall'importanza per le ricerche contrastive italo-danesi, il grande merito della ricerca in questione è quello di offrire materiale per studi volti a isolare i tratti che differenziano il parlato e lo scritto limitatamente all'italiano. La preziosità del sottocorpus italiano sta nel mettere a disposizione degli studiosi coppie di testi paralleli realizzati l'uno in modalità parlata e l'altro in modalità scritta a parità di tutti gli altri fattori possibili dal momento che a ognuno dei partecipanti all'esperimento è stato chiesto di commentare lo stesso input extralinguistico sia oralmente che per iscritto.

A guardare gli esempi della parte italiana del corpus di Skytte et al. (1999) la prima differenza da notare sono le spie della pianificazione quasi in contemporanea con l'esecuzione, quali ripetizioni e false partenze, tutte tracce di "un «qualcosa» che, in partenza, sembra essere estraneo al sistema linguistico in se stesso[147]: le condizioni dell'enunciazione imposte della relazione sociale parlante – ascoltatore" (D'Agostino 2001: 548).

3.3.3.2. Vincoli dati dalla "gestione del mezzo" e i loro corrispettivi linguistici

Come risulta chiaro dalle considerazioni proposte sopra il tentativo di caratterizzare linguisticamente il parlato – ed conseguentemente lo scritto – non può prescindere dal metterli in relazioni a tutte le esigenze e vincoli che impone l'uso del canale di trasmissione, ovvero a quell'insieme di aspetti che Simone (1996: 30) propone di etichettare "gestione del mezzo". Uno dei tentativi in questo senso, fra i più chiari, è quello di Bazzanella (2005b: 40), sintetizzato nella tabella sotto.

Tabella 3.5. Tratti situazionali del parlato con i relativi corrispettivi linguistici (Bazzanella 2005b)

1. Il mezzo fonico-acustico dell'orale	
tratti situazionali	corrispettivi linguistici
1. scarsa pianificazione	frammentarietà nella costruzione del discorso
2. impossibilità di cancellazione	autocorrezioni, 'modulazioni'
3. non permanenza	tendenza alla ridondanza
4. ricorso a mezzi paralinguistici	prosodia

---

147 Tutta la letteratura specialistica, da quella di tradizione etno-antropologica, variamente sociologica, sociolinguistica, a quella legata alla teoria degli atti linguistici, alla pragmatica, a quella di tipo conversazionalista, ha messo in evidenza come il parlato sia legato intrinsecamente alle condizioni di realizzazione, al contingente, allontanando così il suo «prodotto» dall'astrattezza, dall'estraniamento, dall'essere «oggetto», come accade per definizione nello scritto (D'Agostino 2001: 548).

2. La presenza di un contesto di enunciazione comune	
tratti situazionali	corrispettivi linguistici
1. ricorso a mezzi non linguistici	
2. rinvio al contesto stesso	forte deitticità
3. La compresenza di parlante ed intelocutore/i	
tratti situazionali	corrispettivi linguistici
1. coinvolgimento; funzione fatica	fatismi, meccanismi di modulazione
2. possibilità di *feed-back*	interruzioni
3. conoscenze condivise	implicitezza, elissi, rinvio alle conoscenze condivise

Corrispettivi linguistici del macro-tratto 1

Le caratteristiche intrinseche del mezzo fonico-acustico (macro-tratto 1) fra le quali in primo luogo la non permanenza (tratto 1.3.) implicano una produzione lineare che rende il parlato soggetto a limiti di memoria. Ciò che ne consegue sono le ridotte possibilità di pianificazione (tratto 1.1.), ovvero l'impossibilità di produrre e cancellare enunciati con status di prova (tratto 1.2.). La non correggibilità si traduce sul piano della veste linguistica in autocorrezioni e false partenze. Mentre nello scritto le riformulazioni sono di regola da considerarsi strumento stilistico, nel parlato invece esse comprendono tutto ciò che viene cancellato nell'elaborazione e rielaborazione dello scritto e assolvono al duplice scopo di guadagnare tempo nel cercare il termine appropriato (elementi "prearticolatori") e di correggere o commentare quanto già detto (elementi "postarticolatori"). A titolo di illustrazione se ne vedano alcuni esempi nel brano proposto sotto che è stato attinto integralmente dal già menzionato corpus parallelo italo-danese (Skytte/Korzen/Polito/ Strudsholm 1999: IMA 12):

> (1) allora, io sono 'i dodici, a, sì dodici a, allora, **praticamente** ho visto, una **sorta** di mini sceneggiato, dove- un personaggio molto noto- della, televisione inglese *mi sembra*, 'crea, in maniera abbastanza innocente, una **sorta** di parodia, della, nascita di Gesù Cristo... e infatti, sì... va b, e inizia a far arrivare delle pecore che, creano un po' di... un po' di brusio, insieme al all'asino e al bue, e quindi c'è Gesù e- e la Madonna che-, azzittiscono il bestiame, i re magi che si azzittiscono tra loro, e pian piano incominciano ad arrivare elementi che non hanno nulla a che 'fare, con quella situazione, robot, dinosauri, soldatini, e tutti vengono cacciati, a un certo punto, un colpo di scena, arriva un angelo con una che è una grossa calamita, portato da un elicottero, che salva Gesù, lo porta in una cameretta, stile- contemporaneo, e lì arrivano anche la Madonna e Gesù [neretto, sottolineatura e corsivo miei].

Oltre alle due strategie dilatorie in questione (elementi "prearticolatori" in neretto, quelli "postarticolatori" in corsivo) riscontriamo nel brano una semplice ripetizione (frammento evidenziato con la sottolineatura), meccanismo che si inserisce in quella che da diversi autori è stata individuate come una più generale tendenza alla ridondanza sul piano dell'esecuzione.

Stando a De Mauro nel parlato di qualsiasi lingua naturale vi sono da ravvisare due tendenze opposte: l'appena menzionata ridondanza esecutiva e l'economia sistemica. Quest'ultima consiste nel selezionare preferenzialmente solo alcune delle risorse lessicali e sintattiche offerte dal sistema 'lingua' ed è testimoniata ad esempio dall'abbondare negli usi parlati di parole dal significato generico, quali *fare, dire, cosa*, ecc., oppure dalla tendenza a estendere l'uso dell'indicativo presente ai casi in cui di regola ci vorrebbe un verbo al futuro.

Di contro, sul piano dell'esecuzione nei testi parlati si riscontra una notevole ridondanza (o – in termini proposti da Beaugrande/Dressler 1994 – ricorrenza), il cui ruolo non si esaurisce nella funzione dilatoria di cui sopra, bensì costituisce uno dei fondamentali meccanismi di coesione:

> La ricorrenza è frequente quando si parla in modo spontaneo perché si ha poco tempo a disposizione per pianificare l'enunciazione e perché il testo di superficie si disperde rapidamente. Dopo un'alluvione improvvisa, un funzionario provinciale fece la precipitosa dichiarazione che segue al «Gainesville Sun» (20 dicembre 1978):
> *There's water through many homes – I would say all of them have water in them. It's just completely under water.*
> (C'è acqua dentro tante case – Anzi, tutte hanno dell'acqua dentro. Tutto è sommerso dall'acqua) (Beaugrande/Dressler 1994: 71).

La ridondanza è legata, inoltre, di quello che per la prima vota è stato individuato da Cardona (1983) come andamento epicicloidale nella strutturazione dell'informazione, che consiste nella rinuncia ad un ordine gerarchico delle informazioni a favore del loro inserimento sempre a partire della ripetizione parziale dell'informazione precedente. L'organizzazione tematica del testo parlato appare quindi paragonabile ad una spirale costruita attraverso un continuo ritorno al già detto.

A livello sintattico le ripercussioni dell'andamento epicicloidale sono da cercare in un'organizzazione seriale caratterizzata da clausole brevi che non sono strutturate gerarchicamente, ma piuttosto aggiunte l'una all'altra, il che meglio risponde all'esigenza di chi parla di tenere in memoria porzioni di testo senza il supporto di una memoria esterna[148]. La conseguente frammentarietà del tessuto linguistico dei testi parlati risulta inoltre accresciuta da una frammentazione prosodica di sequenze linguistiche legate, come risulta chiaro dell'esempio seguente (la cui trascrizione rende conto di pause brevi (/) e lunghe (//):

---

148 Cfr. Voghera (2005a: 137): "Una struttura seriale permette sia al parlante sia all'ascoltatore di procedere gradualmente senza sovraccaricare la memoria, riducendo la potenziale perdita di informazione. Al contrario, una struttura gerarchica ha bisogno di una pianificazione complessa e, soprattutto, di una progettazione di lunga gittata che non è praticabile nel parlato spontaneo".

(2) *MIC: [<] <ed in questo sta> la sua bravura // nel fatto che è riuscito ad imporre /
all'attenzione / dello spettatore / un certo tipo di personaggio // che va // e piace //
chiaramente // però / non è un at-to-re / come lo definirei io // cioè attore / completo // cioè quell'attore / cioè quell'individuo / che sul set/ quando recita / non è [/]
non è [//] non si vede / che imi-ta / che so io / il protagonista / che può essere una
persona normale // ma è / in realtà / quella stessa persona // e questo è importante //
(Cresti 2000/II: 37).

L'intervento è per buona parte costruito attraverso una sequenza di brevi enunciati che si collegano al cotesto precedente spesso attraverso la ripetizione del già detto. L'esito è riconducibile sia alle ridotte possibilità di programmazione a lungo raggio che alle ragioni di facilitazione interpretativa, che discendono dal principio, discusso ad es. da Berruto (1985) e Cresti (2000), 'un'informazione importante alla volta', ovvero un enunciato autonomo per ogni informazione comunicativamente decisiva. Nello scritto, di contro, grazie al ritmo di produzione meno accelerato, vi sono maggiori possibilità di includere più concetti all'interno di una stessa unità informativa. Questa differenza emerge a chiare lettere dall'esempio proposto in Lombardi Vallauri (2002: 61), che consiste nella breve narrazione, in due versioni parallele, orale e scritta, offerta da una giovane romana che racconta di un signore che le si era seduto accanto sull'autobus nell'intento di compiere atti osceni:

(3) (versione orale)
e, e niente poi dopo, me so' alzata e me ne so' andata. Cioè me, mi so' vergognata, cioè, lì era proprio il caso de fargli fa' una figura davanti a tutti, eeh, però me so' vergognata, e me so' alzata e me so' andata a mette seduta da un'altra parte.
(versione scritta)
Sarebbe stato il caso di alzarsi e fare una piazzata ma ho reputato più giusto alzarmi e andare a sedere in un posto diverso.

L'informazione veicolata dalla versione scritta risulta nettamente più "compatta":

ci sono buone probabilità[149] che rientrino in un'unica unità intonativa le idee di *alzarsi e fare una piazzata*, oppure quelle di *ho reputato più giusto, alzarmi* (idea già attiva) e *andare a sedere in un posto diverso*" (Lombardi Vallauri 2002: 61–62).

L'effetto disgregante della prosodia, già segnalato poco anzi, porta a una testualità fatta in buona parte di brevi "enunciati nominali primitivi" (Cresti 2005a), ovvero espressioni autonome prive di un verbo, pragmaticamente interpretabili, ma incomplete semanticamente e perciò non definibili come frasi. Si veda a tal proposito l'esempio seguente:

---

149 Lombardi-Vallauri (2002: 61) parla di probabilità tenendo in conto la discutibilità delle possibili scansioni intonative e di conseguenza informative di un testo scritto: "Esse si manifestano solo quando viene letto, e i loro confini possono variare da lettura a lettura. Tuttavia in molti casi i comportamenti di diversi lettori convergono, ed è abbastanza chiaro dove debba cadere il confine fra unità intonative".

(4) *NIN: ma io / non ce la vedo poi tutta questa complessità / a proposito di Troisi // attore / personaggio / questo / quello // **secondo me / è un tipo / che se la cava piuttosto bene // che è piuttosto originale // soprattutto / secondo me / nella [/] nella sceneggiatura //** (Cresti 2000/II)

La sequenza in neretto, che nello scritto con ogni probabilità formerebbe un unico periodo, così come trascritta in Cresti (2000/II) riceve i contorni intonativi di tre enunciati diversi, l'ultimo dei quali è privo di un verbo. È opportuno tenere presente che nei lavori di Cresti e dei suoi collaboratori del LABLITA (Università degli studi di Firenze), l'unità di strutturazione della lingua parlata è l'enunciato, definito non in termini sintattici, bensì come

> ogni espressione che sia interpretabile pragmaticamente, ovvero con la quale venga compiuto un atto illocutivo, e la cui marca formale di identificazione è un *pattern* prosodico che ne opera la demarcazione nel continuum fonico.
> (...)
> L'enunciato corrisponde ad un *pattern* di unità d'informazione e si fonda sulla necessaria realizzazione di un'unità d'informazione (*comment*) che compia un'illocuzione (e quindi sia automaticamente nuova, focale, centrale e rilevante), e su quella di altre unità d'informazione opzionali" (Cresti 2005b: 168).

Secondo i dati presentati in Cresti (2005a) nei testi parlati quasi il 40% (38% nel corpus C-Oral-Rom)[150] delle espressioni autonome sono enunciati senza verbo. La loro composizione morfo-sintattica e lessicale si presenta come segue:

> frasi nominali 1,56%, avverbi 38,12%, SN 24,80%, interiezioni 19,90%, sintagmi preposizionali 8,19%, sintagmi aggettivali 7,43% (Scarano 2004: CD-ROM).

Solo una minima parte degli enunciati senza verbo sono vere frasi nominali[151] e il resto sono enunciati saturati con materiale esile per i quali Cresti propone l'etichetta di 'enunciati nominali primitivi'. Se ne vedano alcuni esempi tratti da Cresti (2005a: 255):

> (5) il vestito blu
> un vero schifo
> calma
> uffa
> nuora!
> mentre poi?

---

150 Cfr. ancora Cresti (2005a: 255): "L'alta percentuale degli enunciati *verbless*, che è un dato medio, fa capire come sia possibile trovare testi di parlato spontaneo in cui questi possono costituire anche più del 50% del totale degli enunciati".

151 Stando a Cresti vi sarebbe da tenere distinti i seguenti casi: a) enunciato saturata da una frase a predicazione verbale; b) enunciato saturato da una frase nominale; c) enunciato nominale primitivo, ovvero saturato da materiale linguistico non predicativo.

bah
sì
eh?
no
normale
vero
al telefono
di cosa?

La tendenziale brevità, ravvisabile anche degli esempi sopra, vale in generale per gli enunciati parlati indipendentemente dalla loro natura verbale o nominale che sia. Stando ai dati citati in Cresti (2005b: 173) gli enunciati semplici sono il 42,88, mentre quelli complessi il 57,12 del totale. Ne emerge che

> quasi la metà degli enunciati corrispondono a *pattern* informativi semplici, ovvero composti da una sola unità d'informazione, ovviamente un *comment* dedicato al compimento dell'illocuzione di enunciato. Dal momento che le unità tonali non possono avere lunghezza illimitata – esisterebbe una buona regola per l'italiano di limite endecasillabico – l'unità di *comment*, scandita dall'unica unità tonale del *pattern* prosodico, ha scarso spazio sillabico per svolgere un qualsiasi tipo di costruzione complessa (Cresti 2005b: 173).

I calcoli di Cresti, anche se si riferiscono all'assetto informazionale e non quello sintattico, consentono di caratterizzare la veste dei testi parlati in termini di scarsa complessità sintattica, dal momento che nel dato relativo alla presenza degli enunciati complessi si celano anche quelli che – informativamente complessi perché saturati da più unità d'informazione – sintatticamente sono frasi semplici (ad es. Da domani/[TOPIC] niente scuola/[COMMENT]).

Una più precisa caratterizzazione del parlato sul piano sintattico è ricavabile da studi condotti sulla base di concetti tradizionalmente legati allo scritto: frase uniproposizionale e pluriproposizionale, coordinazione e subordinazione tra frasi. Ricerche di questo tipo, come quelle di Berruto (1995) e di Voghera (1992) citate in seguito, forniscono una netta conferma dell'opinione largamente diffusa secondo la quale i vincoli alla produzione imposti dalla gestione del *medium* parlato avrebbero ricadute anche sulla sintassi del periodo portando al netto prevalere della coordinazione sulla subordinazione, fenomeno attestato ad es. da Berruto (1985: 151) che in un campione di parlato trova 60 subordinate esplicite sul totale di 249 frasi del brano esaminato. In contrasto con questo dato risultano i calcoli di Voghera del cui corpus le frasi pluriproposizionali contenenti esclusivamente le clausole coordinate costituiscono solamente il 4,1%, mentre quelle pluriproposizionali con almeno una subordinata il 34,4%, al che si aggiunge una significativa presenza di subordinate sino al quarto grado. Il dato in sé non basta però a mettere in discussione la comune opinione sulla presenza limitata della subordinazione nel parlato, dal momento che la discrepanza fra i dati appena segnalata risulta opinabile a un esame più attento delle scelte metodologiche operate nella costruzione dei campioni in questione. Per prima cosa Berruto (1985: 150), a differenza di Voghera (1992), esclude dal computo delle frasi subordinate "le infinitive rette da verbi 'servili o affini'"; per seconda cosa i dati riferiti all'intero corpus di Voghera (1992) risultano "falsati" dall'eterogeneità dallo stesso: il suo corpus è costituito in buona parte da produzioni orali sorvegliate di parlanti colti. I valori relativi alla presenza di subordinate ottenuti limitatamente al sottocampione di parlato scendono infatti al 23,7 % e nessuna subordinata di grado superiore al quarto (e 104 sulle 123 totali del solo primo grado).

Ciò che conta nella caratterizzazione delle differenze fra la veste sintattica dei testi scritti e parlati non è soltanto la quantità di subordinazione, bensì anche il tipo di subordinate usate. Come risulta chiaro dai dati riportati in Voghera (1992) le congiunzioni più usate nel parlato nella realizzazione dei nessi di subordinazione costituiscono un ventaglio minore rispetto alle possibilità offerte dallo standard scritto e sono, nell'ordine decrescente di frequenza, le seguenti: pronomi relativi (46,6 % del totale), *che* (24,7 %), *se* (8,5 %), *perché* (7 %), *come* (3,7 %), *quando* (2 %). Ne consegue che il 94,1 % delle subordinate del corpus è introdotto da appena sei tipi di subordinatori. Il parlato, in altri termini, anche in riferimento al lessico funzionale adotta la stessa strategia accennata sopra per il lessico referenziale, ovvero quella di usare elementi di debole carica semantica che possono coprire un'ampia gamma di valori logici:

> se ci sono due strutture concorrenti in un contesto dato, una delle quali può occorrere solo in quel tipo di costruzione e un'altra che può occorrere in molteplici contesti, il parlato userà, in linea di massima, la seconda, quella cioè con una distribuzione più ampia (Voghera 2001: 70).

Emblematica in questo senso appare la mancanza nel corpus di Voghera (1992) di congiunzioni (finali o concessive) richiedenti obbligatoriamente il congiuntivo a favore di subordinatori a più alto rendimento funzionale, ovvero tali da consentire di continuare la produzione verbale in maggior numero di direzioni, aspetto di prima importanza nelle condizioni di scarsa pianificabilità del discorso[152].

Per le ragioni appena esposte, per quanto riguarda il collegamento transfrastico per ipotassi, il parlato predilige una concatenazione lineare di tipo proposizionale, ovvero di brevi clausole verbali, preferibilmente con un verbo di modo finito, mentre ciò che caratterizza lo scritto pare essere una sintassi che fa un largo uso di risorse subordinative deverbali (subordinate implicite, nominalizzazioni e nomi d'azione), le quali, essendo sintatticamente più legate, richiedono un maggior impegno cognitivo nel processamento. Si badi che fra i diversi tipi le subordinate esplicite più attestate nel parlato (come già detto poco anzi) sono le relative, che nella scala proposta da Simone (2009: 136) risultano le meno legate:

DEGRÉ DE DÉTACHABILITÉ DES CLAUSES SUBORDONNÉES
[-] complétives . adverbials argumentales / adverbials circonstancielles . relatives [+]

---

152 Cfr. a tal proposito la "regola della minimizzazione della scelta" ("*zasada minimalizacji wyboru*") di Bartmiński (1974).

Statisticamente parlando le conferme dello stato di cose delineato sopra sono ricavabili dal semplice dato riguardante il numero di occorrenze di congiunzioni:

> Nel LIP le congiunzioni sono il 10,1 % contro il 4,3 % registrato in un corpus di italiano scritto di 3,8 milioni di occorrenze raccolto dall'IBM (Mancini 1993) (Voghera 2001a: 70).

Un'ulteriore conferma empirica della predilezione dello scritto per l'uso di risorse subordinative deverbali è ricavabile dallo studio di Fiorentino (2007a: 111) che presenta a questo proposito i seguenti dati: per raccogliere 100 nomi d'azione ci è voluto un campione di parlato per il numero totale di 17687 occorrenze, mentre per lo scritto ci sono volute 5980 occorrenze (campione di saggi sull'architettura) e 3959 occorrenze (campione di lingua giuridica). Una bassa frequenza dei nomi d'azione è del resto in linea con la tendenza più generale dei testi parlati a usare più verbi rispetto ai testi scritti (cfr. Halliday 1992 e Cresti 2005b per l'italiano).

Spesso le caratteristiche presentate sopra vengono sintetizzati nella definizione della sintassi del parlato come poco concatenativa, ovvero sintassi che a livello interclausale non solo predilige la giustapposizione, bensì anche all'interno della subordinazione le subordinate con modi finiti, quindi meno integrati, a quelle con modi non finiti, e che a livello interclausale risulta meno densa per uno scarso uso di nominalizzazioni.

Un altro settore della sintassi influenzato dalla gestione del mezzo nel processo di codifica e decodifica (processamento) è costituito dai fenomeni interclausali riguardanti l'ordine marcato dei costituenti. Si tratta dei cosiddetti costrutti 'segmentati', ovvero tali in cui l'ordine delle parole non corrisponde alla sequenza prevista dal sistema di riferimento, che per l'italiano è SVO[153]. Se ne riconoscono diversi tipi, aventi tutti in comune la funzione di mettere in evidenza l'articolazione tema/rema e di marcare la struttura informativa dell'enunciato.

(i) Topicalizzazione con dislocazione e sinistra o a destra:
    (6) il tovagliolo lo fanno fare a mano (Cresti 2000/II: 105)
    (7) lo vuole un caffè?
(ii) Tema sospeso, concepito come una soluzione di topicalizzazione meno integrata rispetto alla dislocazione a sinistra con ripresa pronominale non essendovi alcun legame sintattico fra l'elemento a sinistra e il resto della frase:
    (8) Giorgio, ne hanno parlato bene di lui (es. in Benincà 2004: 146)
(iii) Rematizzazione a sinistra:
    (9) quest'anno a Londra, sono stato (es. in Lombardi Vallauri 2010: on-line)
(iv) Rematizzazione a destra:
    (10) sì sì // me lo rammento io (es. tratto da Cresti 2000/II: 105)
(v) Frasi scisse:
    (11) è la nebbia che mi fa paura (es. in Lombardi Vallauri 2010: 473)

---

153 Cfr. Salvi/Vanelli (1992: 182): "Gli elementi della frase che si trovano fuori del segmento intonativamente unitario si dicono dislocati. Parliamo di *dislocazione a sinistra* per gli elementi che si trovano prima di questo segmento, di *dislocazione a destra* per gli elementi che si trovano dopo questo elemento".

(vi) Frasi pseudoscisse:
    (12) ciò che mi fa paura è la nebbia (es. in Lombardi Vallauri 2010: on-line)
(vii) Frasi presentative:
    (13) c'è il mio allenatore che vuole invitarci a cena

Tutti questi costrutti, topicalizzazioni *in primis*, sono ritenuti tipici della testualità orale già da tempo. Tale convinzione è ampiamente condivisa al punto tale che "non sembra esserci caratterizzazione linguistica della comunicazione orale spontanea che non annoveri questo tipo di costruzione tra i suoi tratti morfosintattici definitori" (Ferrari 2003: 171). L'assunto andrebbe però ridimensionato, per lo meno in riferimento alle dislocazioni, dal momento che alla luce dei risultati ottenuti da Cresti (2000: 250) su un corpus di parlato spontaneo gli enunciati contenenti costrutti dislocati costituiscono solo il 3% del totale degli enunciati parlati, percentuale a dir poco esigua per quelle che da sempre si è reputato strutture tipiche del parlato.

Se prescindiamo da eventuali evidenze statistiche che potessero confermarle come più o meno tipiche per il parlato, va da sé che sono tutte costruzioni riscontrabili sia nel parlato che nello scritto con un'unica eccezione data dal costrutto (iii). Si tratta di una focalizzazione esclusivamente prosodica, quindi praticabile solo all'orale: la posizione marcata dell'elemento *Londra* e l'assenza della sua successiva ripresa con il pronome *ci* risultano accettabili solo se accompagnati dalla prominenza accentuale. La lingua scritta, invece,

> non può segnalare in maniera esplicita l'andamento prosodico degli enunciati, quindi non può indicare direttamente la posizione della tonica.
> (...)
> Dunque è particolarmente difficile rendere nello scritto le focalizzazioni di natura esclusivamente prosodica che sono proprie del parlato. Non sempre sono possibili espedienti come caratteri speciali (maiuscolo, corsivo, neretto) che enfatizzino la parola su cui cade la tonica (Lombardi Vallauri 2010: on-line).

Come si evince da quanto detto sinora, essendo i costrutti marcati praticabili sia nel parlato che nello scritto, la variabilità diamesica andrebbe interpretata non tanto come condizione della loro presenza o assenza, bensì "quanto piuttosto come il presupposto di vettori espressivi e di dinamiche funzionali diversi" (Cignetti 2006: 209)[154]. Nella comunicazione orale le topicalizzazioni permettono di indicare immediatamente il centro d'interesse del discorso, al che si lega il loro tipico sfruttamento nel parlato interazionale che Duranti/Ochs (1979: 294–299) spiegano in termini di "conquista del banco"[155]. Il testo

---

154   Per quanto riguarda la penetrazione dei costrutti "parlati" nella scrittura funzionale contemporanea il riferimento d'obbligo è Ferrari (2006), contenete anche il citato Cignetti (2006).
155   Cfr. Dutanti/Ochs (1979: 29): "In una conversazione, chi parla tiene banco, cioè ha la possibilità di controllare non solo il materiale verbale che viene espresso, ma anche il tipo di interazione tra i partecipanti alla conversazione".

scritto, invece, caratterizzato da una maggiore pianificazione e – conseguentemente – da più forte coesione interna, fa un uso diverso delle topicalizzazioni: la dislocazione può rivelarsi un efficace mezzo coesivo, specie se accompagnata da un dimostrativo dal valore anaforico, come nell'esempio che segue.

> Diviso tra un impegno governativo gravoso e deludente e i suoi studi di economia e storia, tra il 1777 e il 1781, Pietro Verri affiancò a queste attività un'esperienza singolare ed intensissima. Segue e cura – fin dai primi giorni – l'educazione della primogenita Teresa, anche nei momenti più quotidiani e domestici. E **di questa esperienza** stende un resoconto in cui registra con meticolosa memoria ogni particolare (E. Soletti, *L'indice*, 1984/02, esempio in Cignetti 2006: 212).

Corrispettivi linguistici dei macro-tratti 2 e 3

Essendo la presenza di un contesto di enunciazione comune strettamente legata alla compresenza degli interlocutori, i corrispettivi linguistici dei macro-tratti 2 e 3 vanno trattati congiuntamente. Va tenuto presente, inoltre, l'intrecciarsi delle ripercussioni dei due macro-tratti in questione con quelle della macro-tratto 1. La frammentarietà, dovuta alla scarsa pianificazione (tratto 1.1.), risulta correlata non solo alla "volatilità" del *medium*, ma anche alla compresenza dell'interlocutore per non parlare della possibilità che la produzione verbale degli interagenti in una conversazione venga interrotta da un evento prodottosi nella situazione d'enunciazione (rumore, arrivo di una persona, ecc.). Si osservi a titolo illustrativo lo scambio verbale riportato sotto, in cui MIC non riesce a completare la subordinata causale, perché lo interrompe l'interlocutore NIN:

> (14) *NIN: <diciamo che deve avvicinarsi> il più possibile / <a essere quel personaggio>//
> *MIC: no / deve essere // perché> +/.
> *NIN: ma essere quel personaggio / è impossibile> // (Cresti 2000/II)

Alle incompletezze "esecutive"[156] si aggiungono poi quelle volute e controllate. È il caso delle '*free conditionals*', ovvero subordinate condizionali volontariamente sprovviste della reggente, come in:

> (15) io una mano gliela do // se poi lui non vuole sapere...//

Questo modulo sintattico deliberatamente incompleto – come dimostrato da Lombardi Vallauri (2004) – è uno strumento di creazione di messaggi impliciti convenzionali e stabili, automaticamente ricostruibili dall'interlocutore. Nel caso di una subordinata assertiva la ricostruzione da parte del ricevente è parafrasabile come "non ci posso fare niente" (esempio (15)). Quando, invece, la subordinata

---

156 Cfr. Ferrari (2006: 197): "la classe dei fenomeni linguistici caratteristici de parlato-parlato si suddivide in due insiemi di natura diversa: i fenomeni che risultano da 'inceppi esecutivi' e i fenomeni programmati, anche se (…) nell'orale l'ideazione è a breve, a volte brevissimo, raggio".

è interrogativa (come in (16)), la parte implicita del messaggio equivale a "cosa succede?".

(16)   *A: dai / vieni anche tu // B: e se lui dice no?

L'incompletezza – specie quella esecutiva, quindi involontaria – non può che accrescere l'effetto disgregante della prosodia, già segnalato prima, portando a una testualità fatta di enunciati sintatticamente poco complessi e quindi più agilmente maneggiabili in una continua mutuazione azionale:

> Questo non ci può stupire, perché la comunicazione parlata, oltre ad essere motivata da principi di economia e supportata dall'"appoggio contestuale", che permette ellissi e brachilogie, è fondata sul compimento di azioni comunicative, in gran parte veicolate dall'intonazione. Per la loro realizzazione è sufficiente un "materiale" linguistico anche molto ridotto. Che cosa meglio di un sì per siglare un accordo o una conferma o una risposta positiva? (Cresti 2005b: 171).

Di conseguenza nel parlato è proprio grazie alle capacità inferenziali degli interlocutori – potenziate rispetto allo scritto dalla condivisione dell'implicito – che le discontinuità o incompletezze a livello della forma non intaccano a livello globale[157] la coesione semantica[158].

Fra le forme di rinvio al contesto situazionale vi sono non solo quelle precipuamente deittiche (pronomi personali, possessivi e desinenze verbali di prima e seconda persona, particelle locative, riferimenti temporali, pronomi e aggettivi dimostrativi, ecc.), bensì anche altre forme dotate di una componente deittica, come ad es. i sintagmi nominali definiti. Questi ultimi possono funzionare da deittici se appoggiati all'universo di discorso costruito nei testi precedenti. Si tratta di deissi all'universo di discorso, un'area di confine tra deissi e anafora, tipica del parlato conversazionale ma presente anche nei monologhi sorvegliati, dovuta fondamentalmente al meccanismo di memoria semantica. Quanto alle catene anaforiche, nel parlato esse risultano il più spesso realizzate con elementi esili come marche di persona sul verbo o pronomi atoni.

La *vis* comunicativo-azionale del parlato nella tipica situazione d'uso che prevede la compresenza degli interlocutori (tratto 3) comporta infine un maggiore coinvolgimento emotivo (tratto 1) dei partecipanti rispetto alla comunicazione scritta, il che sul piano dei corrispettivi linguistici si traduce in una notevole presenza dei segnali

---

157   Cfr. a tal proposito Sornicola (1981: 40–41): "Il parlante sembra (...) costruire il testo per blocchi giustapposti, le cui dipendenze sono rispetto al tutto, senza passare attraverso la mediazione della singola parte. Si rileva un tipo di legame fra parte e testo in cui i rapporti semantici si pongono come unico strumento di coesione testuale: essi non sussistono, tuttavia, in modo analiticamente definibile fra una determinata unità informativa ed un'altra".

158   Cfr. Sornicola (1981: 22): "L'interpretazione semantica, (o meglio, una ipotesi di essa che si ritiene fondata) permette di ricostruire rapporti sintagmatici che la sequenza reale non mostra".

discorsivi[159], i quali, data la loro natura intrinsecamente polivalente[160], assolvono a diverse funzioni, che proponiamo raggruppate sotto in tre grandi categorie in linea con la classificazione di Bazzanella (2005a: 140–141).

i) Funzioni interazionali: fatisimi (vedi sotto l'esempio (17)), richieste di accordo/conferma (vedi sotto l'esempio (18)), meccanismi di "cortesia", "riempitivi", cessione del turno, ecc.:

(fatismo)

(17) **sai** (-) non ne posso più di queste riunioni! (es. in Bazzanella 2011: on-line)

(richiesta di accordo/conferma)

(18) Non lasciatemi solo sulle nevi (-) **eh**?

ii) Funzioni metatestuali: demarcativi, focalizzatori, indicatori di riformulazione;

(19) A: Avete fatto buone vacanze?
B: Sì, grazie, ottime, in montagna. E voi?
A: Anche noi, grazie. **Senti**, avrei bisogno di un favore

iii) Funzioni cognitive: indicatori procedurali (relativi ai processi cognitivi, ad es. inferenze, come in (20) in cui il parlante PRE, pronunciando *allora* in fine enunciato e con intonazione interrogativa chiede a CUS di compiere un'inferenza riguardo la pertinenza o meno della questione di cui si tratta), indicatori epistemici (relativi alla soggettività del parlante ed al *commitment*), meccanismi di modulazione (relativi al contenuto proposizionale ed alla forza illocutoria).

---

159 Nella definizione di Bazzanella (2005a: 137), linguista che più di chiunque altro si è occupata della tematica negli ultimi anni i segnali discorsivi "sono quegli elementi che, svuotandosi in parte del loro significato originario, assumono dei valori che servono a connettere elementi frasali, interfrasali, extrafrasali, a sottolineare la strutturazione del discorso, ad esplicitare la collocazione dell'enunciato in una dimensione interpersonale, ad evidenziare processi cognitivi". Va aggiunto che accanto all'etichetta "segnali discorsivi", attualmente più diffusa in italiano, ce ne sono state usate molte altre, per altro non sempre totalmente corrispondenti allo stesso insieme, ma a sotto-insiemi specifici: *connettivi testuali* (Berretta 1984), *connettivi* (Bazzanella 1985), *marcatori discorsivi* (Contento 1994), *marcatori pragmatici* (Stame 1994), ecc.; per una discussione sulle proposte terminologiche cfr. Bazzanella (2001) e Gałkowski (2003).
160 La natura intrinsecamente polivalente dei segnali discorsivi è in stretta relazione con il fatto che si tratti di un insieme caratterizzato da eterogeneità categoriale: "appartengono cioè a diverse categorie grammaticali: oltre alle 'tradizionali congiunzioni', possono fungere da SD avverbi, sintagmi verbali, clausole *per così dire*, ecc.; la loro appartenenza alla classe viene quindi stabilita in base alla funzione che svolgono come SD" (Bazzanella 2005: 138). Solo nei tempi molto recenti Khachaturyan (2011) ha proposto una caratterizzazione dei SD "come una classe di unità della lingua (e non le unità pragmatiche) con delle proprietà generali formali (e non solo funzionali)" (Khachatutyan 2011: 96).

(20) CUS [...] questa è una questione/che non c'entra <niente>
PRE <e adesso qui> c'è un altro mandato/**allora**?

Non di rado i segnali discorsivi, data la loro già menzionata polifunzionalità, sono soggetti a più categorizzazioni, come ad es. in (19) in cui *senti* funziona sia come segnale di richiesta di attenzione, ma in primo luogo come segnale di cambio di discorso. La conseguente versatilità dei segnali discorsivi ne fa una risorsa linguistica congeniale con le esigenze della comunicazione parlata, il che non toglie che siano riscontrabili anche nello scritto. Stando a Bazzanella (2010: on-line) i loro usi "interazionali sono più frequenti nel parlato dialogico, quelli metatestuali caratterizzano maggiormente lo scritto".

3.3.3.3. *Il parlato ha una grammatica diversa da quella dello scritto?*

Per completare la rassegna dei fenomeni linguistici pertinenti per l'opposizione parlato *vs* scritto, ci pare opportuno accennare all'interrogativo posto da più parti sull'opportunità o meno di parlare di una grammatica del parlato diversa da quella dello scritto. È interessante notare a tal proposito la mancanza nell'elenco di Bazzanella di tratti etichettabili come morfologici. Infatti tutti i corrispettivi linguistici elencati nella tabella sono collocabili ai livelli alti dell'organizzazione del discorso, il che risulta del resto in linea con quanto osservato da più parti già da tempo:

> (...) il livello della struttura o costituzione del testo è quello che maggiormente risente delle caratteristiche del mezzo orale e delle sue situazioni d'uso (Berretta 1994: 245). La differenziazione fra parlato e scritto è invece massima a livello della testualità e della pragmatica (Berruto 2004: 41).

Trattandosi di livelli di analisi ormai fuori dai confini usuali della grammatica e del sistema, non sembra sia legittimo parlare di due grammatiche differenti, bensì di diverse realizzazioni delle risorse del medesimo sitema-lingua. Queste realizzazioni, date le divergenze relative alla gestione del *medium*, sono ovviamente per quanto riguarda l'uso delle risorse del sistema volte a dare alla produzione verbale un assetto definibile in termini di sintassi collegata. Limitatamente ai fenomeni sintattici le differenze si lasciano cogliere in termini di una minore o maggiore frequenza (le risorse subordinanti deverbali sono sfruttate sia nello scritto che nel parlato solo che una frequenza decisamente diversa), al che, infine, si aggiungono fenomeni puramente "esecutivi" (false partenze, ecc.) tipici del parlato. Questi ultimi, pur essendo possibili, sono penalizzati nello scritto a meno che non si tratti di simulazioni del parlato per finalità artistiche. Tali fenomeni, in concomitanza con i primi, contribuiscono a dare ai testi parlati una *facies* grammaticale definibile in termini di frammentarietà:

> Al pari di altre lingue a sintassi "collegata", l'italiano mostra tra i suoi livelli parlati una *facies* grammaticale che, sia pure sotto varia fenomenologia, si può sostanzialmente considerare caratterizzata in modo unitario. Tale *facies* è definibile come un insieme di configurazioni testuali dissaldate, piuttosto vicine ai poli della coordinazione e della segmentazione, nel senso che Bally dava a questi termini (Sornicola 1982: 79).

Le strategie di costruzione del testo parlato appaiono diverse da quelle messe in opera dagli scriventi per il testo scritto soprattutto per il fatto che all'indebolimento delle relazioni sintattiche fa riscontro il privilegiare della struttura semantica a spese della sua proiezione sintattica. L'organizzazione semantica, a sua volta, è diversa da quella del testo scritto perché risulta strettamente legata a "un'ulteriore caratteristica della testualità parlata, la molteplicità di relazioni fa un dato elemento linguistico e il suo contesto" (Sornicola 1982: 79), il che, in definitiva, permette di definire la testualità del parlato come costitutivamente sincretica:

> Ciò che sembra specifico della molteplicità di relazioni del parlato è l'indeterminatezza funzionale degli elementi testuali: molto spesso è difficile stabilire quale sia la loro funzione grammaticale. Siamo di fronte, insomma, ad una costituzione testuale funzionalmente sincretica. Credo si possa affermare che indebolimento delle relazioni di reggenza, frammentarietà della progettazione per blocchi, sincretismo funzionale siano diversi risvolti di un'unica realtà, ovvero la progettazione del parlato per isole linguistiche, ognuna delle quali ha una sua autonomia semantica (Sornicola 1982: 80).

Se a quanto detto sopra aggiungiamo che non solo l'architettura testuale dei testi parlati appare diversa, ma anche i materiali con cui essa viene messa in opera dai parlanti – basti pensare all'intonazione e ai segni extra-linguistici – sono diversi non privo di fondamento risulta il parere di Sornicola (1982: 92), che arriva a scorgere "delinearsi il quadro di una alterità più profonda e radicale della grammatica del parlato".

A sottolineare la radicale diversità del parlato, senza però mai esprimersi esplicitamente a favore dell'esistenza di una grammatica del parlato diversa da quella dello scritto sono intervenute in tempi successivi Voghera (1992) e Cresti (Cresti 2000, 2005a). Dal primo dei lavori appena citati emerge come cruciale per il discrimine della diversità del parlato il problema dell'applicabilità descrittiva della nozione di frase, concetto metalinguistico forgiato sullo scritto, alla analisi sintattica dei testi parlati. Voghera sceglie la strada conciliatoria che evita di formulare l'ipotesi di una grammatica del parlato attraverso un ripensamento del concetto di frase non solo rispetto alla sintassi del parlato, ma anche rispetto allo scritto: occorre rinunciare a sostenere che la frase canonica (soggetto – verbo) sia la forma tipica della competenza. L'analisi del parlato spinge la studiosa a rivedere i modelli teorici e descrittivi tradizionali anche per lo scritto:

> (...) non è sufficiente completare l'analisi sintattica con annotazioni anche se analitiche, sull'andamento prosodico e sui presupposti pragmatici dei diversi testi perché in tal modo non si avrebbe un'analisi integrata, ma solo la somma di tre analisi diverse. È invece necessario che i risultati delle analisi prosodica e pragmatica siano inseriti come elementi costitutivi dell'analisi sintattica stessa, cioè come variabili pertinenti per la definizione di frase. Per questo motivo la regola definitoria della categoria basilare di analisi, la frase, è stata concepita come una regola variabile che a seconda dei valori assegnati a parametri non solo sintattici, ma anche pragmatici e prosodici, individua

segni che possono essere molto diversi, ma tutti potenzialmente funzionanti come frasi (Voghera 1992: 271-272).

La nozione di frase così definita si presenta come categoria metalinguistica: né il parlato né lo scritto sono progettati o prodotti per frasi e l'attualizzazione di questa categoria non può prescindere dai vincoli imposti dal canale di trasmissione e dalle condizioni enunciative. Di conseguenza Voghera riconosce la rilevanza della struttura ritmica e attribuisce la specificità dei testi parlati all'uso del sistema fonico-uditivo:

> Questo non vuol dire che quando si parla si usa una facoltà diversa, per esempio, di quando si scrive, ma che certamente si attivano dei processi diversi per la costruzione del senso; riprendendo una metafora usata da Sornicola, potrei dire che ciò che cambia non è lo *hardware*, ma il *software*. (...) Non è difficile pensare che il discorso parlato sia regolato da un programma diverso da quello che regola il discorso scritto. Quest'ipotesi non presuppone una competenza diversa per il parlato, ma una competenza che contenga un dispositivo di scelta di programmi da attivare. Ciò va contro l'idea che esiste una competenza che meccanicamente mettiamo in atto ogni qualvolta si usa la lingua e prevede un rapporto attivo tra competenza e esecuzione: una potenziale influenza retroattiva a lungo termine dell'esecuzione, tale che la competenza stessa viene regolata dalla progressiva attivazione del procedimento esecutivo (Voghera 1992: 274).

Diversa è la scelta di Cresti, che di fronte al problema della progettazione del discorso parlato non per unità frasali, ma per blocchi informativi indipendenti alla misura sintattica della frase opta per un'analisi pragmatica della struttura informativa dei testi parlati che vede nell'enunciato l'unità fondamentale del parlato. Conformemente alla teoria della lingua in atto formulata dalla studiosa assieme ai suoi collaboratori del LABLITA un enunciato è il corrispettivo locutivo di un atto linguistico identificabile per: a) unitarietà di perlocuzione; b) unicità di illocuzione primaria (pragmatica); c) testo (locutivo) sufficiente da un punto di vista informativo. Tale teoria prende spunto dalla teoria degli atti linguistici di Austin (cfr. Austin 1974), riletta in chiave più specificatamente linguistica con un'attenzione particolare allo studio della corrispondenza tra unità tonali e unità d'informazione, nel tentativo di sviluppare una griglia d'analisi possibilmente completa dei testi parlati attraverso l'archiviazione di *patterns* intonativi tipici. La scelta di considerare la frase come non pertinente per l'analisi del parlato in quanto congeniale con la modalità scritta non è priva di un fondamento empirico:

> (...) usando i criteri semantici dell'autonomia e della compiutezza semantica per distinguere le espressioni che nel loro complesso possono essere considerate di valore comunicativo, appare netta la distinzione circa la percentuale di occorrenza di enunciati e frasi[161] nei testi parlati spontanei e in quelli scritti letterari. Le percentuali di tendenza possono essere riassunte nel seguente modo:

---

161 Per 'frase' Cresti (2005a: 250) intende "quel tipo di frase che qualsiasi parlante potrebbe produrre come *exemplum* per l'italiano: «Mario mangia un piatto di spaghetti» o «un gatto ha acchiappato il canarino»".

per il parlato: enunciati 90–95 % e frasi 5–10 %
per lo scritto: enunciati 30–35 % e frasi 65–70 % (Cresti 2005a: 258)

A dispetto delle differenze fra scritto e parlato che alla luce di quanto sopra non possono definirsi che radicali, la maggior parte degli studiosi non accetta l'idea che il parlato abbia una grammatica sua propria, almeno nell'accezione stretta della nozione di grammatica, accogliendo il punto di vista[162] espresso esemplarmente da Berruto:

> La grammatica del parlato non è un'*altra* grammatica. È bensì, semmai, una grammatica riveduta e 'liberalizzata', focalizzata sul parlante più che sul sistema e sulla sua esplicitazione a fondo; grazie anche, e ovviamente, alla possibilità di larga integrazione contestuale delle regole della grammatica. Una grammatica, in fondo, più libera e più agile, se mi si passano aggettivi antropomorfici per un'entità così arida e astratta come una grammatica (Berruto 1985: 147).

3.3.3.4. Uno sguardo linguistico allo scritto trasmesso

Similmente a quanto proposto sopra in riferimento allo sguardo linguistico sulle differenze fra scritto e parlato, punto di riferimento imprescindibile per l'analisi della veste linguistica dei testi circolanti nella CMC, anche le considerazioni sullo scritto trasmesso si articoleranno in due momenti: gestione del *medium* digitale da un lato e i suoi corrispettivi linguistici riscontrabili in varie forme della CMC dall'altra.

3.3.3.4.1. Gestione del medium digitale

Nell'accingerci a esaminare la gestibilità del *medium* elettronico con le conseguenti ripercussioni sia sul processo di scrittura che sui prodotti, ovvero testi, bisogna tener presente che si tratta di una sovrapposizione di una nuova tecnologia alla tecnologia di base, che resta la scrittura[163]. A dire il vero si può parlare di una sovrapposizione a più livelli dal momento che – cogliendo il suggerimento di Fiorentino (2007b) –

---

162 Cfr. anche il recente lavoro di Voghera (2017), dedicato proprio alla grammaticalità del parlato, in cui l'autrice dimostra quanto sia fuorviante e riduttivo, sebbene collaudato come prassi normale sia storicamente che in tempi attuali, basare la costruzione delle grammatiche delle lingue naturali in generale solo in base alla descrizione dei testi scritti: "emerge con chiarezza come i dati di parlato siano oggetti linguistici indispensabili, ancorché non esclusivi, per la costruzione delle grammatiche (Voghera 2017: 206).

163 Cfr. a tal proposito Ong (1986: 123): "Platone pensava alla scrittura come a una tecnologia esterna, aliena, nello stesso modo in cui oggi molte persone pensano al computer. Noi invece oggi l'abbiamo ormai interiorizzata così profondamente, l'abbiamo resa una parte tanto importante di noi stessi, che ci sembra difficile pensarla come tecnologia al pari della stampa e del computer. Ciò nonostante, la scrittura (e in special modo quella alfabetica) è una tecnologia, che richiede l'uso di una serie di strumenti quali penne stilografiche, pennelli o biro, superfici

sembra opportuno introdurre una distinzione fra videoscrittura e CMC. Mentre il primo termine si riferisce all'uso del computer per produrre testi, quindi al suo uso "come una sorta di macchina da scrivere superaccessoriata" (Fiorentino 2007a: 178), il secondo rimanda all'uso del computer per produrre e consumare testi on-line attraverso le interfacce dei vari dispositivi di comunicazione esistenti nella CMC.

3.3.3.4.2. Videoscrittura

Come primario rispetto alla questione dell'impatto della telematica che fa entrare i testi prodotti dall'utente collegato a Internet nella CMC si pone l'interrogativo sulle ripercussioni del *medium* elettronico in sé, ovvero sul solo fatto di produrre con la tastiera testi che appaiono nella finestra del *word processor* sullo schermo del computer a prescindere dal fatto se debbano essere successivamente pubblicati in rete oppure stampati.

La diversa gestibilità del *medium* elettronico è dovuta innanzitutto alla smaterializzazione[164], che riguarda non solo i testi prodotti attraverso il *word processor*, ma anche lo stesso processo di scrittura. Si badi che il testo elettronico è suscettibili di innumerevoli modifiche senza che ne rimanga traccia. Le possibilità di revisione e, più in generale, di rielaborazione risultano così nettamente aumentate rispetto alla scrittura su carta, supporto che conservando tutte le modifiche costituisce anche un limite alle possibilità di intervenire su un testo. Simone parla a tal proposito di enfatizzazione della fase processuale, che allontana i testi elettronici da quelli tradizionali caratterizzati da due fasi ben distinte, fase processuale aperta e fase processuale chiusa:

> Anzitutto, il testo digitale enfatizza a dismisura la fase processuale, cioè di creazione e di elaborazione del testo. (...) Sul *display* di un calcolatore il testo si riassesta da solo ad ogni nuova modifica, cancellando via via i passaggi che sono stati attraversati per arrivare al prodotto finale. In questo modo, l'idea stessa di prodotto finale si indebolisce fino a scomparire. Il testo digitale non è mai *ne varietur* (Simone 2000: 12).

Se da un lato tale enfatizzazione sembrerebbe favorire il perfezionismo e la revisione, dall'altro lato, paradossalmente, indurrebbe a scrivere di getto e a "proteggere la prima stesura da troppo radicali ristrutturazioni" (Fiormonte 2003: 56). E ciò probabilmente a causa di una diversa manipolabilità del testo, che congiuntamente al diverso senso del testo che, in caso di produzioni lunghe, non si vede mai nella sua interezza, obbligando lo scrivente, in caso di revisione, a scorrerlo su e giù per il monitor, venti righe alla volta. La parcellizzazione del testo, ovvero il fatto di percepirlo sempre per pezzi visualizzati nella schermata, sembra avere ricadute anche sulla diversa attenzione attribuita alla cura formale che, come rilevato da

---

      predisposte come la carta, pelli di animale, tavolette di legno, e inoltre inchiostro, colori, e molte altre cose".

164 Come argomentato in § 2.2.2. sarebbe più corretto parlare di una 'materialità diversa' in luogo di 'smaterializzazione'.

Fiormonte (2003: 67), risulta più alta a livello locale, ovvero al livello del capoverso (si tratterebbe di porzione corrispondente grosso modo allo spazio visualizzabile nella schermata) e più scarsa a livello globale. Tale differenza sarebbe ascrivibile anche al fatto che si tratta di abilità diverse, quelle basse (ortografia, accordo di genere e numero) e quelle alte (gestione della coerenza logica del testo) richiedenti più tempo e impegno. Non stupisce se nella comunicazione informale in cui vengono trattati argomenti futili, ovvero nella comunicazione che potremmo caratterizzare con Parisi/Castelfranchi (1979: 45) "fungibile"[165] non vi sia una grande attenzione al messaggio nella sua forma precisa.

All'effetto disgregante esercitato dalle funzionalità del *medium* elettronico concorre inoltre l'abitudine degli utenti dei computer a fare più cose allo stesso tempo. Proprio per questo la scrittura al computer è stata definita da Fiormonte/Cremascoli (1998: 259) una scrittura sincopata, ovvero non solo concepita e prodotta per frammenti slegati, bensì anche interrotta da tante altre attività che si realizzano col computer mentre si scrive (chattare, controllare l'e-mail, scrivere post su dei forum di discussione, ecc.).

Quelli esposti sopra sono condizionamenti generali di fondo relativi al *medium* elettronico (tecnologizzazione di secondo grado, se tenere presente che la scrittura è già una tecnologia), che possono risultare accresciuti o allentati nella rete (tecnologizzazione di terzo grado) a seconda del tipo di comunicazione (con la sua interfaccia d'uso e le relative funzionalità) a subentrare. In altri termini, lungi dal considerare la CMC monolitica – come già proposto in § 2.3.3.4. – nell'esame della gestibilità del *medium* seguiremo la distinzione fra scrittura unidirezionale, che copre il settore del web ("*communication médiatique de masse*" secondo la terminologia proposta da Marcoccia 2003: on-line, cfr. § 2.3.3.4.) e scrittura interattiva, che copre il dominio della comunicazione interpersonale dialogica (CMC in senso stretto, ovvero quello proposto da Herring 1996; "*communication médiatisée interpersonnelle*" secondo Marcoccia 2003: on-line, cfr. § 2.3.3.4.).

3.3.3.4.3. Scrittura unidirezionale per il web *(web writing)*

Nel caso dei siti web il controllo nella fase di produzione è massimo dal momento che – trattandosi prevalentemente di siti aziendali, istituzionali o specialistici – si ha a che fare con controlli redazionali non dissimili da quelli eseguiti normalmente nella stampa tradizionale. L'attività di pianificazione dei contenuti per il web – includendo

---

165 Cfr. Parisi/Castelfranchi (1979: 339–340): "Una produzione può essere importante per quello che dice, senza che venga dato troppo peso alla maniera esatta in cui viene detto, oppure non solo il contenuto ma anche la forma della comunicazione possono essere parimenti importanti. Nel primo caso parliamo di comunicazione fungibile, dove il messaggio nella sua forma precisa non ha importanza e potrebbe essere sostituito da un altro più o meno equivalente. Il parlato tende ad essere fungibile, di contro allo scritto che tende a non essere fungibile, anche se ovviamente vi sono diverse eccezioni".

la gestione anche di immagini, suoni, grafica, link e una visione d'insieme della fruibilità del sito – risulta sempre di più come quella che richiede l'intervento di nuovo profili professionali, *web writer* e *web designer*. Nei casi in cui si tratta di siti commerciali è possibile parlare di un'attività di progettazione che rientra in una più ampia comunicazione pubblicitaria, invece in riferimento ai siti delle pubbliche informazioni e ai siti d'informazione abbiamo a che fare con una scrittura pubblica e professionale. Ad ogni modo in tutti questi casi gli effetti cha abbiamo evidenziato nel paragrafo precedente hanno peso in primo luogo sul piano della ricezione, sul versante della produzione, invece, valgono di riflesso. In altri termini la scrittura presente nei siti web è influenzata dal supporto digitale non tanto nella misura in cui subisce gli effetti delle sue caratteristiche intrinseche, bensì nella misura in cui deve rendere i contenuti del sito fruibili alla lettura che, a sua volta, risulta diversa da quella dei prodotti cartacei.
Il termine chiave a tal proposito è la cosiddetta *web usability* (usabilità dei siti web), ovvero un'intera disciplina[166] che si occupa delle tecniche di progettazione che portino alla creazione di pagine web facili, ovvero chiari, efficaci e semplici nella fruizione.

Alla luce di quanto sopra come problematica di prima importanza si pongono i vincoli imposti dal supporto digitale ai lettori. La lettura sullo schermo è comunemente ritenuta più faticosa e lenta di quella su carta sin a partire dalle prime ricerche degli anni Ottanta. Riassumendo e commentando alcuni studi accumulati in quegli anni Dillon (1992: 1299) nota che

> By far the most common experimental finding is that reading from screen is significantly slower than reading from paper (…). Figures vary according to means of calculation and experimental design but the evidence suggests a performance deficit of between 20 % and 30 % when reading from screen (Dillon 1992: 1299).

I valori citati da Dillon sono stati confermati in linea di massima da diversi studi di usabilità condotti in anni successivi, compreso quello di Nielsen (2000), citatissimo manuale di riferimento, che valuta il peggioramento delle prestazioni nella lettura su schermo a livello del 20 %. Bisogna tuttavia tener presente che dal 2000 in poi vi è stato un notevole progresso tecnologico con la conseguente diffusione di schermi ad alta risoluzione, il che può aver cambiato, se non addirittura ribaltato lo stato di cose abbozzato sopra. Una conferma in tal senso è offerta da alcuni esperimenti condotti in collaborazione tra il Dipartimento di Studi italianistici dell'Università di Pisa e l'Istituto di Linguistica computazionale del CNR di Pisa. I primi risultati sono riferiti nella tesi di laurea di Conti (2010) e disponibili al grande pubblico in Tavosanis (2011) 237–238. Ne risulta che le differenze di velocità nei tre gruppi di partecipanti all'esperimento aventi a disposizione uno stesso testo ma su tre supporti differenti (foglio A4, documento HTML presentato nella finestra di un browser sullo schermo di un notebook (15,6 pollici, 1366 X 786), documento HTML presentato nella finestra di un browser sullo schermo di un iPad Apple (1024 X 768) sono minime:

---

166 Un esempio di manuale della disciplina in questione è Wrycza-Bekier (2010).

In sostanza, la lettura su carta si è rivelata anche in questo caso più rapida di quella su schermo, ma con differenze minime, molto inferiori a quelle riportate in bibliografia: 3% per quanto riguarda il notebook, 2,8% per l'iPad (Tavosanis 2011: 238).

Uno scarto più ampio si è invece avuto nei tempi di esecuzione del questionario che accompagnava la lettura: "chi aveva a disposizione i dispositivi elettronici ha fornito in minor tempo risposte di livello uguale o superiore rispetto a quelle di chi lavora con la carta" (Tavosanis 2011: 238). I risultati dell'esperimento, ad ogni modo, vanno interpretati con prudenza – come del resto fa notare lo stesso Tavosanis (2011: 238) – e non bastano di certo a smentire in modo decisivo i risultati degli studi precedenti. Basti citare a tal propositi l'articolo di Nielsen (2010: on-line), che sembra confermare il primato del libro cartaceo sui dispositivi tipo *Kindle* o iPad[167], in special modo nella lettura di documenti lunghi, nonché i dati relativi ai test OCSE-PISA del 2012, quando la somministrazione delle prove avveniva ancora in doppia modalità, su carta e sul computer, citati e commentati in Palermo (2017: 107) come segue:

> nei risultati complessivi il panorama internazionale è mosso e non fornisce indicazioni univoche: per esempio in Polonia, Germania, Ungheria, Israele e Spagna gli studenti hanno ottenuto punteggi superiori nelle prove tradizionali; in Italia, Stati Uniti, Brasile, Svezia, Australia e Corea del Sud la situazione è rovesciata.

A prescindere dalla legittima ipotesi che la qualità del supporto digitale sia migliorata al punto tale da raggiungere una fruibilità pari a quella dei testi a stampa, bisogna tenere in considerazione anche le abitudini di lettura in rete. Nielsen (1997: on-line), riassumendo gli esiti di uno studio dedicato al modo in cui vengono fruiti i testi sul web, osserva a tal proposito che:

> People rarely read web pages word by word; instead, they scan the page, picking out individual words and sentences. In research on how people read websites we found that 79% of our test users always scanned any new page they came across; only 16% read word-by-word. (Update: a newer study found that users read email newsletters even more abruptly than they read websites.)

Raramente, quindi, i testi sul web si leggono per intero e le modalità di lettura più diffuse fra gli utenti di Internet sembrano essere il già citato *scanning* (definito da Tavosanis (2011: 230) come "la ricerca di un'informazione precisa che si ritiene sia presente nel testo") e lo *skimming* (definito da Tavosanis (2011: 230) come "lo scorrimento rapido di un testo per ottenere un'idea generale dei suoi contenuti"). La lettura on-line appare quindi "frammentata e disordinata" e "viene paragonata alla lettura di una mappa visiva" (Fiorentino 2007a: 199). Le motivazioni dello *scanning* e dello *skimming* sono da cercare soprattutto nella volontà da parte degli utenti di

---

167 Cfr Nielsen (2010: on-line): "The iPad measured at 6.2% lower reading speed than the printed book, whereas the Kindle measured at 10.7% slower than print. However, the difference between the two devices was not statistically significant because of the data's fairly high variability".

sentirsi attivi nell'interagire con il web, al che si aggiunge "la fretta di visitare altri siti, la stanchezza che la lettura allo schermo comporta, la modalità frenetica con cui le persone si procurano informazioni, ecc." (Fiorentino 2007a: 196).

Per quanto riguarda il versante della produzione le implicazioni derivanti dai comportamenti dei fruitori di testi on-line si traducono in tutta una serie di raccomandazioni a che scrive professionalmente per il web, di cui una prima formulazione troviamo in Nielsen (1997). Ne riproponiamo un assaggio tratto da Nielsen/Loranger (2006: 275):

> Ci sono tecniche di formattazione consolidate capaci di creare quei segnali visivi che servono a migliorare notevolmente la leggibilità dei testi web, aiutano il lettore a dare una prima rapida scorsa ai contenuti e a individuare le aree di interesse. Le tecniche più diffuse ed efficaci sono:
> - evidenziare le parole chiave;
> - titoli e intestazioni brevi e descrittivi;
> - liste puntate e numerate;
> - paragrafi brevi;
> - enunciare nelle prime due righe il concetto principale della pagina.
> - Parole chiave evidenziate (i collegamenti ipertestuali sono un tipo di evidenziazione; altri tipi sono le variazioni di carattere e di colore)

Le raccomandazioni riportate sopra paiono comunemente condivise e largamente rispettate nella prassi. Fiorentino (2007) fa notare a questo proposito la brevità dei molti articoli di giornale scritti per il web, che non di rado si profilano per la loro brevità poco più che un'espansione delle notizie d'agenzia. Un'altra caratteristica è data da un uso degli strumenti di coesione che fa leva piuttosto sulla ripetizione, mentre la scrittura tradizionale "spesso esercita l'arte della *variazione*" (Fiorentino 2007a: 202).

Mentre quelle di Fiorentino sono poche osservazioni succinte su quelli che la studiosa ritiene gli aspetti più salienti della scrittura unidirezionale, Prada riporta i risultati di un'indagine concotta su un corpus di "ipertesti *web* informativi, nelle loro manifestazioni scientifico-divulgative e di informazione comune", ovvero testi "inerenti al *web writing*" (Prada 2003: 249)[168]. Ciò che accomuna i testi del campione raccolto da Prada è in primo luogo una struttura informativa catanforica o, "come si dice altrimenti, *top down* o *a piramide invertita*" (Prada 255–256), il che trova spiegazione nelle già descritte abitudini dei lettori dei testi on-line: visto che la loro

---

168 Più in concreto il campione raccolto da Prada ha compreso "alcuni numeri elettronici del *Corriere della sera* e di *Repubblica* del gennaio 2003, un rappresentativo sottinsieme dei testi che costituiscono la versione telematica di una rivista settimanale dedicata all'informatica per PC e alla telematica ("PC Magazine", http://www.vnunet.it/pcmagazine/home.asp) e un congruo numero di 'pezzi' tratti da due ipertesti dedicati all'usabilità e alla scrittura per il *web* ("Il mestiere di scrivere", http://www.mestierediscrivere.it e "Usabile", http://www.usabile.it)" (Prada 2003: 249–250).

attenzione dopo le prime righe svanisce sfociando in *skimming* le conclusioni vanno anticipate nell'attacco dell'articolo.

> Non è questa una caratteristica unica, un portato della nuova tecnologia o un'innovazione recente: scrivono di norma e da sempre 'cataforicamente' anche i giornalisti di cronaca che esibiscono, in aperture di pezzo, i dati fondamentali che riprendono poi e amplificano nel corpo del testo. È interessante, però, il fatto che l'organizzazione cataforica costituisca la *norma tendenziale* nelle scrittura per il *web* (Prada 2003: 256).

Se nel complesso i testi analizzati da Prada si mantengono a un livello di formalità media manifestando caratteristiche più vicine a quelle tipiche dei testi scritti che non di quelli parlati, bisogna pur riconoscere una tendenza a rendere "amichevoli" i testi informativi e divulgativi, specialmente di argomento tecnico, attraverso il ricorso a forme di allocuzione al lettore. Di contro gli articoli dei giornali telematici – esclusi quelli di costume e scritti di nicchia come, per esempio, interventi nel forum curato da Beppe Severgnini – appaiono del tutto chiusi a questa tendenza.

Sul piano della strutturazione testuale la scrittura per il web, alla luce dei risultati riportati in Prada (2003), risulta caratterizzata da una maggiore esplicitezza strutturale rispetto ai media tradizionali presentandosi fittamente segmentata su più livelli. In generale nei testi per il web vige la tendenza a far coincidere unità formali e unità di contenuto e ciò con ogni probabilità per facilitare il reperimento delle informazioni al lettore impegnato nell'attività dello *skimming*. I testi di argomento tecnico si caratterizzano inoltre per la presenza di un altro artificio da manuale di scrittura tecnica, ovvero di liste puntate o numerate. Scarso, invece, risulta il ricorso agli espediente tipografici per la messa in rilievo degli elementi informativamente salienti quali ad es. la grassettatura. Ne fanno uso solo i redattori de *Il Corriere della Sera* e del sito "Il mestiere di scrivere", mentre i testi de *La Repubblica* hanno un carattere più tradizionale. Fra i fenomeni testuali vi è inoltre da segnalare la tendenza a evitare l'uso di sostituenti pronominali, specialmente alla terza persona. La continuità topicale viene affidata alla marcatura debole dell'anafora (elissi del soggetto), alla ripetizione del sintagma pieno oppure alla parafrasi. Riflettendo sulle ragioni delle frequenti parafrasi Prada ipotizza che si tratti di un fenomeno dovuto in buona parte alla

> percezione, da parte degli scriventi, della mancanza di vere alternative *scritte* a forme pronominali come *egli/ella/essi*, sentite come culte (infatti piuttosto rare nei nostri scritti), ma non sempre sostituibili con quelle più correnti, *lui, lei* e *loro*. Se la prima e la terza forma, infatti, sono talora documentate (il femminile è del tutto assente), lo sono però raramente, e solo nei testi meno formali oppure entro stracci di discorso riportato dalle interviste (Prada 2003: 253).

Risulta collegato allo scarso ricorso ai sostituenti pronominali l'uso dell'anadiplosi, ovvero "della ripetizione della parola che conclude una proposizione all'inizio di quella che segue" (Prada 2003: 267).

Anche se, come si è visto sopra, l'occhio del lettore scorrendo il testo alla ricerca di punti di aggancio si muove verticalmente prevalentemente nella parte sinistra dello schermo nei testi giornalistici per il web le dislocazioni e gli altri meccanismi di focalizzazione sono piuttosto rari comparendo soprattutto all'interno di brani di discorso diretto riportato. Nei testi tecnici i fenomeni in questione, la dislocazione a sinistra del complemento oggetto *in primis*, sono lievemente più numerosi.

Sul piano della sintassi interclausale i testi esaminati da Prada manifestano

> una spiccata tendenza a un periodare sintatticamente poco articolato e tale da privilegiare costrutti solo moderatamente subordinativi (Prada 2003: 278). Ciò non significa, naturalmente, che i testi spogliati rifuggano del tutto da frasi anche piuttosto complesse, con subordinate di livello superiore al secondo, ma piuttosto che in essi la tendenza dominante è quella alla dilatazione 'appositiva' della frase, mediante l'uso di coordinazione o di elementi giustapposti (Prada 2003: 278–279).

Per quanto concerne invece l'uso dei tempi la scrittura per il web si profila in linea con lo standard scritto caratterizzandosi con la sostanziale tenuta del congiuntivo che risulta essere sostituito dall'indicativo quasi esclusivamente nelle interrogative indirette e con una bassissima frequenza del presente *pro futuro*, tipico delle scritture informali e della conversazione. Anche il settore della morfosintassi e della morfologia appare in assoluto corretto;

> si rilevano solo alcuni fenomeni di rilievo modesto, come concordanze a senso, usi estensivi e polivalenti del *che*, preferenza per alcune forme pronominali di uso più comune rispetto ad altre (...) (Prada 2003: 283).

A differenza dei settori appena citati quello della grafia non si può di certo definire altrettanto curato. Per ragioni riconducibili con ogni probabilità ad una redazione non di rado frettolosa tutti i testi del corpus di Prada contengo disgrafismi di vario tipo: sviste, tradizionali errori di ortografia e diversi altri usi ormai consolidati nella scrittura on-line. Riguardo a questi ultimi bisogna segnalare *pò* con accento anziché con apostrofo e la forma *E'*, che sostituisce spesso *È*, al che si aggiungono le vocali accentate erroneamente come ad es. la *à* finale tonica resa graficamente come *á*. Errori di questo tipo sono addebitabili in buona parte all'uso ubiquitario di tastiere che, non offrendo una *è* maiuscola accentata, portano al ricorso a surrogati, pratica favorita da un atteggiamento permissivo da parte delle redazioni giustificabile in una certa misura con la natura del *medium* digitale, che trasforma il testo pubblicato on-line in un prodotto potenzialmente in perenne fase di elaborazione. Non a caso, come fa notare Prada (2003: 255), mancano nei testi elettronici formule paragonabili alle note di chiusura di un libro a stampa moderno (*Finito di stampare il ***, da ***, per i tipi di ****).

3.3.3.4.4. Scrittura interattiva

La scrittura interattiva è quella che, a differenza della scrittura unidirezionale per il web, è caratterizzata dalla dimensione dialogica. che, a seconda del caso, può assumere forma di uno scambio dialogico sincrono o quasi sincrono o rimanere solo potenziale, come avviene nella maggior parte dei blog diaristici. Questi ultimi sono del resto, come già messo in evidenza in § 2.3.3.4., da collocare a metà strada fra i due poli estremi della CMC intesa in senso lato, il web da un lato e la chat dall'altro.

Similmente a quanto osservato in riferimento alla videoscrittura anche nel caso di quella interattiva permangono gli stessi condizionamenti *medium-specific*, fra i quali *in primis* il già discusso effetto di smaterializzazione, al che si aggiunge un'altissima velocità di trasmissione delle comunicazioni che avvengono in rete. Ne risente in primo luogo, diversamente da quanto osservato per la scrittura per il web, il versante della produzione dal momento che chi scrive on-line si trova a comunicare in condizioni in cui risulta alterata la percezione delle coordinate spazio-temporali:

> Collegarsi a Internet permette di collegare memorie informatiche e menti umane, di "immergersi" in una dimensione che oltrepassa la materialità. Il monitor, finestra che apre l'universo reale al virtuale, diviene una sorta di confine ideologico che separa da un mondo potenzialmente infinito (...) che costringe (...) a ridiscutere ogni confine stabilizzato (...) a modificare le coordinate percettive (...) (Cicalese 2007: 50).

La percezione della vicinanza temporale[169] del destinatario è particolarmente evidente nelle comunicazioni in chat. Si pensi a tal proposito all'abitudine di molti utenti di inviare gli enunciati pezzo per pezzo, fenomeno discusso ad es. in Baron (2010: on-line):

> That convention is to break down ("chunk") single utterances into several components, which are then transmitted seriatim, rather than typing out the entire utterance and then transmitting it all of a piece. For example, rather than send the whole utterance "that must feel nice to be in love in the spring with birds chirping and frogs leaping" as a single transmission, a user might send a sequence of short transmissions, e.g.,
> IM Transmission 1: that must feel nice
> IM Transmission 2: to be in love
> IM Transmission 3: in the spring
> IM Transmission 4: with birds chirping
> IM Transmission 5: and frogs leaping

In questo modo gli scriventi tengono aperto il canale di trasmissione ovviando all'ansia di far sentire continua la propria presenza e di tenere alto il coinvolgimento dell'interlocutore, bisogno comprensibile se si tiene presente che

---

169 Cfr. anche Mela (2004: 256): "La sensazione dei *chatters* di essere «realmente» a contatto con la persona che si trova all'altro capo del filo non è frutto di eccessiva fantasia né, immaginando la risposta maligna di qualche scettico, è causata dallo stordimento generato dalle basse radiazioni emesse dallo schermo del computer. Si tratta in realtà, parafrasando De Kerckhove, di una risposta alle percezioni dell'*uomo bionico*, la cui realtà psicologica passa, oltre che attraverso i sensi, anche per i loro *prolungamenti* psicologici, permettendogli di raggiungere idealmente i luoghi e le persone che si trovano al di là del filo di collegamento virtuale".

> i tempi alla tastiera si dilatano inverosimilmente (una *chattata* di 3 ore prenderebbe nell'oralità all'incirca 30 min) in quanto l'operazione del digitare è implicitamente più lenta del parlare (...) (Cicalese 2007: 57).

Alla luce di quanto sopra il controllo degli scriventi sulla propria produzione appare nettamente minore rispetto non solo alla scrittura per il web, bensì anche alla posta elettronica. D'altro canto però – come fa notare Crystal (2006: 43) citato sotto – esso è comunque superiore a quello esercitabile negli scambi dialogici nell'orale.

> The fact of the matter is that even the fastest typist comes nowhere near the spontaneity and speed of speech, which in conversation routine runs at five or six syllables a second. Even apparently spontaneous Internet message can involve elements of preplanning, pausing to think while writing, and mental checking before sending. Which are simply not options in most everyday conversation.

Dello stesso parere è Paccagnella:

> Una delle differenze più evidenti Della comunicazione mediata dal computer rispetto Alla tradizionale comunicazione faccia a faccia è data proprio dal fatto che la CMC è un po' più facile da tenere sotto controllo. Per fare un esempio basterà accennare ai cosiddetti *smileys* (detti anche *emoticons* o, in italiano, «faccine») cioè a quei simboli grafici ormai universalmente riconosciuti e citati ogni volta qual volta si parli delle peculiarità del linguaggio online.
> (...)
> Se nella CMC basata sul testo (...) non è possibile mostrare le espressioni del volto, allora uno *smiley* digitato sulla tastiera potrà costituire il surrogate di un sorriso.
> (...)
> Tuttavia c'è una differenza fondamentale tra un sorriso reale e uno *smiley* digitato sulla tastiera di un computer: non sempre il primo è consapevolmente volute. Un sorriso può sfuggire e talvolta risultare inopportune, così come possono sfuggire (e risultare ancora più inopportune) sguardi, smorfie, gesti e tutto l'arsenale comunicativo verbale (...) e non verbale. Anche nella CMC possono sfuggire molte più espressioni di quanto si può pensare, ma almeno gli strumenti comunicativi non verbali formalmente codificati, come gli *smileys*, sono sotto il nostro controllo (Paccagnella 2004: 187).

Quanto sopra non toglie che il controllo potenzialmente esercitabile si riduce nella prassi comunicativa on-line vuoi per motivi riconducibili ai vincoli imposti dal *medium* vuoi dalle convenzioni discorsive createsi attorno al *medium*. In altri termini a monte di molti dei fenomeni caratteristici della lingua in rete, compresi quelli definibili in termini di avvicinano alla modalità orale, vi sarebbe da ravvisare la volontà degli utenti di aderire a quella che emerge più o meno esplicitamente come norma discorsiva della CMC. In altri termini molti dei tratti del parlato riscontrabili nelle produzioni circolanti nella CMC

> non possono essere valutati come se si trattasse di effettive analogie tra comunicazione scritta e orale: al contrario, essi sembrano tentativi decisamente consapevoli (e niente affatto ingenui) di utilizzare e, in qualche modo, creare, uno stile testuale tipico del

mezzo usato (stile anche, per certi aspetti, riconducibile a forme testuali esistenti, quali il linguaggio dei fumetti) (Fiorentino 2002: 203).

L'ipotesi risulta plausibile se teniamo presente la ricerca condotta da Ferrara/Brunner/Whittemore (1991) a partire da un corpus di dialoghi in chat. Fra i risultati colpiscono in primo luogo le abitudini redazionali dei partecipanti all'esperimento che, nonostante l'ambiente comunicativo era quello che gli studiosi hanno definito *interactive written discourse*, avevano comunque la possibilità di rileggere ed eventualmente correggere il messaggio prima di inviarlo al partner. Gli scriventi ricorrevano a correzioni lasciando però visibili le modifiche come risulta chiaro dall'esempio riportato sotto in cui le autocorrezioni vengono introdotte da "Rather":

> (21) S: I would like to fly back to Austin from Munich the following morning, Sept. 10.
> (57 seconds elapse)
> S: *Rather*, Sempr. 10 for the hotel room in Munich and flight home on Sept. 11.
> S: What will I be flying for theses flights?
> (1 minute 17 seconds later, before intervening nessage is received)
> S: *Rather* what airlines will I be flying for these flights?
> (...)
> In the last interchange above, the subject apparently noticed not only the absurdity of his question (which could have benne answered sarcastically, "An airplane, dummy") but also his typing errors. Typing mistakes occurred in 2,6% of the items in the corpus (488 misspellings out of 18,769 terms). However, as will be shown, users showed a preference for retyping the misspellings they noticed rather than deleting the error and erasing any trace of their mistake (Ferrara/Brunner/Whittemore 1991: 19).

Esempi analoghi vengono offerti anche da comportamenti non dissimili riscontrati in blogger italiani. Si consideri a tal proposito l'esempio riportato in seguito in cui nella parte finale del post l'autocorrezione viene introdotta da "anzi":

> (22) (http://nefertari62.splinder.com/post/17195424)
> (...)
> Beh a presto. Ciao
> E spero che qualcuno un giorno lo legga .....'sto ....anzi 'sta fatica.....

La rinuncia voluta al perfezionismo è da mettere in relazione con la valutazione sociale degli eventuali errori presenti nelle produzioni on-line decisamente meno severa rispetto alle pubblicazioni a stampa. Nel mondo della comunicazione scritta tradizionale i testi che arrivavano alla pubblicazione e potevano godere di una libertà in qualche modo paragonabile a quella della CMC erano solo le lettere dei privati alle redazioni dei giornali. Si badi però che anche esse venivano normalizzate da un redattore (cfr. Bonomi 2002), mentre i testi che rientrano nella categoria della scrittura dialogica on-line sono di regola estranei al processo redazionale ad opera di soggetti diversi dall'autore, il che si traduce nel mantenimento delle caratteristiche individuali degli scriventi.

La rinuncia al revisionismo da parte di chi scrive on-line, voluta o determinata dal *medium* che sia, non deve essere per forza vista come un aspetto negativo dell'avvicinamento della scrittura in rete al parlato in negativo:

> In positivo, l'espressionismo spontaneo degli utenti assume funzioni che sono uccise dalla lingua scritta codificata, insegnata nelle scuole. La facilità di scrivere in questo modo libera dalle inibizioni. Molte lettere o molti messaggi pubblicati su forum comunicherebbero meglio, dal punto di vista referenziale, se fossero sottoposti a un processo redazionale e riscritti. Tuttavia l'aspetto espressivo, per gli utenti, è evidentemente importante di per sé (Tavosanis 2011: 94).

Le caratteristiche osservate fin qui vanno messe in relazione con l'indebolita autorevolezza del *medium* (cfr. § 3.3.2.1.) congiuntamente all'allargarsi del dominio funzionale della scrittura che in rete copre anche una comunicazione fra pari su tematiche futili, il che si traduce inevitabilmente sul piano della veste linguistica caratterizzata da quello che Baron definisce come "*whateverismo linguistico*", ovvero atteggiamento secondo cui qualunque soluzione va bene. Il fenomeno sarebbe

> [una] significativa indifferenza al bisogno di coerenza nell'uso linguistico. Alla base non si trovano dubbi tipo quelli se impiegare come pronome in una determinata frase *who* o *whom*, o se *none* all'inizio di frase richiede un verbo coniugato al singolare o al plurale. Si trova semmai la domanda: queste scelte contano o no? Questa sfida al principio fondamentale del linguaggio come attività governata da regole, più che essere un'esibizione di estremismo linguistico, è un riflesso naturale dei cambiamenti nella filosofia educative, degli spostamenti negli obiettivi della società, della tendenza universitaria al relativismo filosofico, e dalla spinta a vivere a ritmi accelerati (Baron 2008: 169; trad. it. in: Tavosanis 2011: 94).

Secondo Baron al processo individuato sopra se ne intreccia un secondo che la studiosa propone di etichettare "GreSham" (spettro di Gresham), dal nome del celebre banchiere, autore della regola secondo cui 'la moneta cattiva scaccia la moneta buona'. Questo processo consisterebbe nel trasformarsi della scrittura da un'attività di contemplazione in un compito da mandare avanti in fretta, ovvero tale in cui viene meno l'attenzione prestata non solo agli aspetti formali, bensì anche a quelli più profondi.

Tenendo presente i condizionamenti delineati fin qui veniamo ora a sintetizzare i caratteri emergenti sia a livello linguistico che testuale delle incarnazioni più comuni della scrittura interattiva: chat, posta elettronica, sms, forum di discussione e blog.

Chat

Tralasciando gli aspetti tecnici relativi alla gestione del software per i quali rimandiamo a Pistolesi (2004), ciò che va messo in evidenza in primo luogo è la vicinanza della comunicazione in chat alla comunicazione parlata non solo per la compresenza temporale dei partecipanti, bensì anche per la condivisione di uno stesso spazio visivo[170]. Ne consegue un'organizzazione testuale in turni. A questo punto bisogna riconoscere fra una stringa e un turno[171]. La prima è un'unità grafica prodotta ad ogni *click* sul tasto 'invio', il secondo, invece, è un'unità dello scambio dialogico e può estendersi, come avevamo visto sopra, per più stringhe. Il controllo degli utenti sulla sequenzialità grafica delle stringhe è limitata dal fatto che "i messaggi sono visualizzati secondo l'ordine d'invio al *server* e distribuiti in modo automatico". Se un utente, quindi, decide di spezzare il turno in più sequenze corre il rischio di farlo arrivare spezzato da stringhe grafiche prodotte da altri utenti e dal sistema. Pistolesi parla a tal proposito di "rumore" che può "rallentare l'interazione fino a causarne il fallimento: in alcuni casi le stringhe di sistema possono occupare anche l'80% di una sessione, mettendo a dura prova ogni tentativo di coerenza. Il rumore aumenta ovviamente al crescere del numero di partecipanti costituendo un importante ostacolo alla memoria degli scriventi:

> Il video contiene circa venti line di testo che scorrono dal basso verso l'alto con una rapidità variabile (...). I programmi in uso consentono il recupero del testo già digitato, e non più visibile sullo schermo, fino a un Massimo di 500 linee. Grazie a questa opzione, chi si colleghe a un canale può verificare i precedenti della discussione in atto. La memoria fornita dal supporto tecnologico incide poco sullo scambio, perché chi vi partecipa attivamente non ha il tempo di recuperare le informazioni passate, ma dinanzi allo scorrere del testo avrà la sensazione che la parola scritta si disperda come il suono. La scrittura in movimento, con la prima stringa che scompare incalzata dalle successive, simula la dispersione acustica dipendente dal tempo attraverso l'unità visiva e ritmica del video (Pistolesi 2004: 67).

È interessante notare che la comunicazione in chat similmente a quella orale abbonda in pause, indugi e silenzi, ma in un modo diverso. Il video non registra il silenzio con spazi vuoti e graficamente parlando il testo della chat si presenta sullo schermo compatto e continuo, stringhe di testo l'uno sotto l'altra, in quanto è un luogo dove si intersecano più conversazioni parallele.

> Come avviene nel dialogo faccia a faccia l'alternanza dei turni in *chat* non è ordinata. Le ragioni di questa convergenza sono però diverse, tecniche e strutturali insieme (...). La leggera asincronia provoca poi ritardi e sovrapposizioni, come mostrano gli esempi riportati sotto:
> (23) 1. <SpLib> notte, gente. Fate i bravi, eh.
>   2. *** SpLib has left #bologna (SpLib)

---

170 Cfr. Fiorentino (2007a: 11): "La *chat* si svolge tipicamente in un ambiente in cui si entra e si esce come se si trattasse di una *stanza*. È anche possibile appartarsi per una conversazione privata con un solo utente. Lo spazio virtuale della chat costituisce però a tutti gli effetti quello che Hymes definiva un *setting* (cfr. Hymes 1964)".

171 Sulla distinzione fra 'turno' e 'stringa' cfr. Pistolesi (2004: 63).

> 3. <Ali3n4> mi devo lavare i denti
> 4. <LeBeau> darkgirl, ce l'ho in garage tra la Lotus e la Porsche
> 5 ***] [ndigo has joined #bologna
> 6. <protti> ciao Splib
> (...) il saluto di <protti? (linea 6) giunge quando <SpLib> ha già abbandonato il canale (linea 2) (Pistolesi 2004: 68–69).

È interessante che il fenomeno del "rumore" e gli aspetti correlati riguarda solo le stanze multiutente e non vale per le chattate a due. Nel caso delle conversazioni scritti su Skype vi è inoltre un'altra differenza da tenere presente: essendovi la possibilità di rileggere tutte le conversazioni che si registrano automaticamente nell'archivio non trova applicazione il discorso dei limiti posti alla memoria dello scrivente dal fatto che l'internet relay chat permette di scorrere indietro solo le ultime 500 stringhe di testo.

Similmente alle conversazioni orali anche in quelle in chat risultano fondamentali turni che organizzano l'interazione. Dopo le formule di saluto le più frequenti sono le sequenze appello/risposta che solitamente si strutturano come segue: l'appello, la risposta e la motivazione dell'appello. Sul piano dei fatti meramente linguistici le mosse interazionali si traducono in una notevole presenza di segnali discorsivi, che nel caso del cambio di interlocutore e di argomento si infittiscono a formare cumuli:

> (24)   [4.11 Fi]
>   <^Luci^] Anne_.. senti .. ma diMMi mpo' 'na cosa... [6] (Pistolesi 2004: 77)

La ricorrenza dei segnali discorsivi in chat risulta elevata: Mela (2004) calcola la loro presenza in un corpus di conversazioni in chat a livello del 4,8 % del totale dei *tokens*. Commentando il risultato Mela formula anche osservazioni qualitative sul fenomeno in termini di mimesi del parlato:

> Molti dei segnali discorsivi riscontrati (...) sono legati all'interazione (*turn-talking*, accordo, etc.), cioè all'ambito relativo al vero e proprio scambio tra gli interlocutori. D'altro canto l'infrequenza con cui si presentano invece i meccanismi di riformulazione allontana la chat dalle caratteristiche proprie del parlato, anche se a ben vedere le pause segnate dai puntini di sospensione sono da ritenersi un luogo espressivo estremamente vicino a un indicatore di riformulazione (Mela 2004: 265).

Sul piano grafico, evocato nella citazione sopra, vi è da segnalare un ampio ricorso a fenomeni grafici innovativi, fra i quali *in primis* quelli attribuibile alla ricerca di espressività che essendo connaturata al *medium* fonico-acustico si perde nella comunicazione scritta.

Sintatticamente la veste linguistica delle conversazioni in chat si presenta poco articolata. Stando a Mela 2004: 266 "c'è una netta preferenza, come nel parlato, per la paratassi e per un ristretto gruppo di subordinate semplici"[172]: le relative, le avversative

---

172   Cfr. Pistolesi (2004: 196), nel cui corpus di produzioni in *chat* non si supera il secondo grado di subordinazione.

e le interrogative indirette, al che si aggiungono numerose attestazioni di costruzioni pleonastiche (....) nonché di quelle con l'ordine dei costituenti marcato (le dislocazioni a sinistra e i temi sospesi). Cicalese, dal canto suo, anche se calcola la lunghezza del turno a livello di 6–7 parole in media[173], dato che di per sé confermerebbe l'avvicinarsi della lingua in chat al parlato, ravvisa nella coesione e nella coerenza delle produzioni in chat caratteristiche più prossime allo scritto che all'orale.

> La coerenza viene generalmente rispettata sia per la semplicità degli argomenti trattati – che non consente in genere improvvise divagazioni – sia per la continuità prevista delle battute che si susseguono logicamente nella velocità dello scambio. Allo stesso modo, la coesione risulta molto alta: nonostante la frammentazione della frase implicata dalla necessità dell'INVIO questa conserva (...) una struttura sintatticamente molto vicina allo scritto. Qui di seguito due esempi non frammentati che, anche visivamente, rendono immediatamente manifesta tale coesione:
> (25) A (23.13.26): beh! Gli squilibri energetici sono l'anticamera delle malattie, sono praticamente degli squilibri che dopo aver lavorato per anni nei corpi energetici si manifestano nel corpo fisico sotto forma di disturbo o malattia
> (26) A (24.10.04): OK ti risparmiero' la camminata sul fuoco, in compenso posso farti da cicerone in zone incontaminate dell'oceano indiano dove ho una matrimoniale di lusso costa 5 euro a notte (Cicalese 2007: 72).

A rendere le produzioni in chat esaminate da Cicalese più vicine allo scritto contribuisce anche la rarefazione delle dislocazioni[174] e delle frasi scisse, ciò che invece le avvicina al parlato è un ricorso al 'che polivalente' e la predominanza dell'imperfetto e dell'indicativo presente.

Sul piano lessicale, infine, nel linguaggio adoperato in chat non risulta ravvisabile nessun sottocodice specifico, "se non in rari termini del vocabolario di base che assumono qui soltanto nuove accezioni ed in riferimento al «metadiscorso»" (Cicalese 2007: 74).

E-mail

La posta elettronica[175], collocandosi fra le più antiche forme di CMC per le sue radici che risalgono agli anni '60, è anche un ottimo esempio di testualità ibri-

---

173 Cfr. Paolillo (2001: 184), che parla di valori medi compresi fra tre e sei parole per stringa.
174 Cfr. a tal proposito Pistolesi (2004: 106): "La presenza delle dislocazioni appare comunque limitata se si pensa che in *chat* la messa in rilievo è soprattutto di natura verbale, e solo in misura minore visiva, ottenuta cioè con l'ausilio delle maiuscole e talvolta del colore. I costrutti marcati richiedono più materiale lessicale, presuppongono una testualità più diffusa e articolata di quella delle *chat*, nella quale di rado si superano le 4 parole per stringa".
175 Nella sintesi qui proposta ci si riferisce esclusivamente a scambi privati fra pari, quindi amici e conoscenti.

da: conservando da un lato – almeno in molti casi – alcune caratteristiche della scrittura epistolare, dall'altro lato presenta un carattere di maggiore immediatezza avvicinandosi per molti versi alla comunicazione orale. Così ad es. gli autori di messaggi di posta elettronica, soprattutto nel caso di destinatari non abituali, ricorrono a formule salutatorie in apertura e chiusura alcune delle quali risultano tipiche dei tradizionali scambi epistolari (del tipo *Caro* + Nome del destinatario), altre invece appaiono modellate sul parlato (*Ciao* o anche solo il vocativo del destinatario). Queste ultime, stando ai dati contenuti in Fiorentino (2004: 97), prevalgono sulle formule tradizionali coprendo il 61 % dei messaggi del campione analizzato da Fiorentino, il che trova spiegazione innanzitutto nella riduzione della distanza temporale fra gli interagenti. Se è vero che la comunicazione per e-mail, a differenza di quella in *chat*, si profila come asincrona, è anche vero che la si può descrivere in termini di una notevole riduzione della "distanza tra tempo della produzione e tempo della ricezione" (cfr. Bazzanella 2005a: 435) in virtù delle aspettative molto strette di risposta[176]:

> Ciò che è importante qui non è tanto il tempo effettivo che un messaggio impiega per raggiungere il suo destinatario, ma il modo in cui noi percepiamo questa distanza temporale e reagiamo a essa, cioè il modo in cui la simbolizziamo (Violi/Coppock 1999: 325).

L'altissima velocità di trasmissione responsabile di un ritmo potenzialmente molto elevato dello scambio di messaggi per posta elettronica fa sì che molto spesso le formule, più vicine a quelle tradizionali o modellate sul parlato che siano, vengono disattese nel momento in cui si arriva a scambiare più messaggi nel giro di pochi minuti.

> Lo scambio in questo caso non assomiglia ad un classico scambio epistolare, ma ha la stessa valenza di un incontrarsi ripetuto nel corso di una giornata: se ci s'imbatte più volte a breve distanza temporale in una stessa persona non la si saluta più, lo stesso accade in questi scambi scritti (Fiorentino 2007a: 185).

La riduzione del divario temporale fra invio e recapito si traduce anche in una distorta percezione della distanza sociale con il conseguente grado alto di colloquialità:

> Vicina al parlato canonico è sia l'informalità, caratterizzata da registro informale, uso del lessico generico, ripetizioni, che la tendenza alla semplificazione linguistica (abbreviazioni, forme ellittiche, paratassi prevalente), che si accompagna ad una certa disattenzione ortografica (anche relativamente ai caratteri speciali, che richiedono più tempo e conoscenze tecniche), in genere ben tollerata da chi riceve il messaggio (Bazzanella 2005: 435).

---

176   Cfr. a tal proposito Violi (1998: 268): "E-mail etiquette requires a short interval, of, approximately, in my experience as an Italian user, one day, wchich is more or less the same time-interval we expect for a return phone call when we leave a message on an answering machine".

Se a livello grafico la lingua delle e-mail informali e di media formalità risulta caratterizzata da numerosi difetti dovuti alla fretta nella pianificazione[177], a livello della morfosintassi essa appare per lo più corretta:

> la lingua dei messaggi si presenta sostanzialmente come un italiano di uso 'medio', senza però particolari libertà sintattiche e morfologiche (per una definizione di italiano dell'uso medio si veda Sabatini 1985). Questo può dipendere anche dal grado relativamente alto di cultura degli utenti che accedono a questo servizio. Non si registrano quindi esempi di italiano 'sgrammaticato' del tipo dell'italiano popolare o di molto italiano che si osserva nella produzione scolastica di allievi 'svantaggiati' (Fiorentino 2002: 190).

Sul piano della testualità bisogna segnalare in primo luogo il cosiddetto *quoting*, ovvero il fenomeno della riproduzione del testo ricevuto, per intero o per parti, nella replica, possibilità offerta automaticamente alla scelta del tasto 'Rispondi' nell'interfaccia grafica del software di gestione della posta elettronica. Il testo a cui si risponde viene così percepito in termini di co-testo, il che porta a costruzione di quella che Fiorentino (2007b) chiama "testualità allargata" caratterizzata sul piano dei mezzi coesivi da un frequente ricorso alla ripetizione lessicale che fa leva sull'adiacenza anche visiva dei due messaggi, quello originale e quella di replica[178] e all'uso di rimandi anaforici con un punto di attacco nel messaggio dell'interlocutore.

Per quanto riguarda la sintassi fondamentale risulta lo studio di Fiorentino (2004), che come fornisce anche una serie di dati statistici. Nel campione costituito da 2700 parole circa il numero complessivo di frasi ammonta a 300, il che dà il risultato medio di 9 parole per frase. Prevalgono le frasi monoclausali (64% dei casi) e solo poco più di un terzo delle frasi è di tipo pluriclausale. La struttura sintattica si presenta nel complesso come poco articolata se teniamo presente che nel campione esaminato da Fiorentino vi è una corrispondenza quasi 1:1 tra frasi e clausole (la media di clausole per frase è di 1,6). La tendenza "a giustapporre blocchi informativi senza

---

177 Cfr. Bazzanella (2005: 435): "Anche se è possibile preparare prima la lettera, e poi spedirla, molto spesso non si sfrutta questa possibilità e si riduce al minimo la pianificazione, come in un'interazione faccia-faccia".

178 Cfr. a questo proposito Mondada (1999: 7) che valuta l'opportunità di cogliere il fenomeno del *quoting* in termini di coppie adiacenti individuate dall'Analisi Conversazionale: "Dans le cas qui nous occupe ici, où des messages sont échangés de façon asynchrone, nous n'avonspas une interaction en face à face entre les deux locuteurs. On pourrait alors se demander si la notionde paire adjacente n'est pas inutile ou abusive dans ce contexte. Elle permet selon nous de mieuxcomprendre les opérations que fait le second locuteur : à la lecture du message du premier locuteur,en effet, le second repère dans le texte des unités analogues aux premières parties de la paireadjacente qu'il reproduit dans son texte de façon à la démarquer comme appartenant au discours del'autre et la fait suivre d'une deuxième partie".

curare troppo la loro concatenazione" (Fiorentino 2004: 91) viene confermata inoltre da un'analisi più dettagliata delle frasi pluriclausali:

> più della metà di esse (il 53% delle clausole pluriclausali) è formata da due clausole, la principale e la subordinata (oppure la principale e una coordinata alla principale), e sono rare le frasi di più di 3 clausole (cioè frasi da 4–8 clausole). Insieme le frasi formate da 2 e 3 clausole coprono l'80% delle frasi pluriclausali (Fiorentino 2004: 91).

In sintesi, se confrontata con i dati ricavabili da Voghera (1992) l'organizzazione sintattica – basandosi in misura minore sulla subordinazione a favore della giustapposizione di frasi indipendenti legate a livello informativo dalla continuità del *topic* – si avvicina a quella del parlato conversazionale spontaneo.

Spostando l'attenzione al livello della sintassi della clausola, bisogna far notare che alla luce dei dati riportati in Fiorentino (2004) la lingua dei messaggi di posta elettronica predilige le clausole brevi (di lunghezza media di 5,5 parole) che ricorrono prevalentemente ai modi espliciti a scapito da quelli impliciti: rispettivamente l'88% dei casi contro il 12% delle clausole che ricorrono al modo implicito. Un quinto delle clausole è costituito da clausole a predicazione non verbale, un altro dato che coincidendo con quello rilevato da Voghera (1992: 175), il 20% delle clausole non verbali, avvicina la lingua della posta elettronica al parlato conversazionale. Questa vicinanza è riscontrabili anche in quella che Fiorentino chiama "sintassi egocentrica", ovvero nella predominanza delle prime persone del verbo (*io* e *tu*) come spia del concentrarsi del discorso sugli interlocutori:

> le prime due persone singolari coprono quasi la metà degli usi verbali espliciti (47%). Se si aggiungono anche le due persone del plurale si arriva al 60% degli usi di forme esplicite del verbo (Fiorentino 2004: 95).

Se, invece, prendiamo in considerazione la scarsa incidenza dei segnali discorsivi, calcolata da Fiorentino a livello dell'1% sul totale delle parole del corpus, minore rispetto a quella riportata in Mela citato sopra in riferimento alla chat, nonché la mancanza dei fenomeni di ripetizione e ridondanza attribuibili alla pianificazione in atto tipica del parlato conversazionale spontaneo, la lingua delle e-mail sembra spostarsi verso il polo degli usi scritti.

Al termine di questa breve rassegna di alcuni risultati ricavabili da lavori di studiosi italiani sulla lingua delle e-mail non ci resta che ricorrere alle conclusioni proposte in Fiorentino (2004: 108), che si riassumono in termini di:

- una sostanziale vicinanza al parlato sul piano della sintassi:
  > L'orientamento dell'italiano elettronico verso l'oralità non si fonda tanto sulla morfosintassi, né sull'imitazione di fenomeni di pianificazione, infatti sono assenti le ripetizioni e sono rari i segnali discorsivi. I parametri significativi sono piuttosto da ricercarsi nell'organizzazione della sintassi frasale (giustappositiva più che concatenativa) e in alcune preferenze per tipi particolari di clausole (l'abbondanza di frasi a predicazione non verbale, che sfocia nella cristallizzazione di formule fisse).

– un allontanamento dalla lettera tradizionale, corrispettivo dell'e-mail nel mondo della comunicazione *ante*-elettronica, a causa del fattore tempo e il conseguente spostamento funzionale:

> Il fattore tempo, inteso come abbattimento dei vincoli temporali (grazie alla altissima velocità di trasmissione dei messaggi) fa dei messaggi spesso degli ottimi candidati per una comunicazione molto fàtica, e comunque i cui scopi e funzioni vanno oltre quelli della lettera cartacea tradizionale. Il messaggio viene utilizzato in sostituzione di altri tipi di scambi comunicativi caratterizzati da brevità e rapidità (telefonata, messaggio registrato in una segreteria telefonica, e simili).

SMS

Gli SMS, ovvero i brevi messaggi testuali inviati e ricevuti attraverso un telefono cellulare, trattandosi di una forma di comunicazione mediata da nuovi strumenti tecnologici, possono essere fatti rientrare nella CMC intesa in senso lato[179]. Lo spettro delle funzioni che coprono va ben oltre quelle identificabili con una comunicazione bidirezionale: ai messaggini si ricorre non solo per "parlare" con gli amici e con i familiari, bensì anche "per fare dediche alla radio, per votare il video preferito, per partecipare al *forum* organizzato da un gestore". Ciò nonostante quelli più studiati rimangono i messaggini che servono la comunicazione bidirezionale informale con gli amici, o comunque fra persone di pari status.

Ciò che emerge in primo piano negli studi sugli sms è l'incidenza del *medium*, incluse le caratteristiche tecniche del cellulare (tipo del *display* e della tastiera; capacità della memoria del *software* di gestione dei messaggini; spazio scrittorio misurato in numero di caratteri a disposizione, ecc.), congiuntamente al conteso di produzione e i tempi di scambio. L'aspetto che condiziona gli utenti del servizio dei messaggi brevi (*Short Message Service*) è senz'altro la dimensione dello spazio scrittorio a disposizione limitato a 160 caratteri. È interessante notare a questo proposito che stando ai dati riportati in Pistolesi la media dei caratteri per messaggio è di circa 78, ovvero si avvicina alla metà dei 160 caratteri disponibili[180], il che mette in risalto la *brevitas* come carattere più emblematico degli sms[181].

Oltre che dal *medium* in sé, la comunicazione attraverso i messaggi brevi risulta influenzata dal fattore 'tempo' che incide notevolmente sugli orizzonti di attesa che si creano fra gli interlocutori. Nel caso di risposta immediata un sms può iniziare uno scambio di turni riempiti da enunciati estremamente brevi, ad. "sì" in risposta ad

---

179 Cfr. December (1997: on-line): "A slippery, yet simple, questions such as *Are you engaging in CMC if you are using a telephone for voice communication?* requires an answer of yes".
180 Il dato coincide con gli spogli condotti da Cosenza (2004) e Ursini (2005b).
181 Per una tipologia dei processi grafici e fonetici riscontrabili nella scrittura SMS in italiano e in francese e dovuti ai limiti dello spazio a disposizione degli scriventi cfr. Compagnone (2014).

una domanda. Nel caso di risposte differita, invece, spesso gli scriventi riproducono parzialmente il contesto producendo enunciati più lunghi[182].

Prima ancora di arrivare all'elenco delle principali caratteristiche caratterizzanti la comunicazione attraverso i messaggini brevi va sottolineata l'informalità insita nel *medium* stesso che risulta superiore a quella di una telefonata diretta o di un'e-mail:

> Non si dà del *lei* in un SMS perché, di norma, si invia a persone che si conoscono o con le quali si sono già avuti contatti precedenti in altra forma. L'uso sociale degli SMS spiega la prevalenza (...) di forme colloquiali e il ricorso al dialetto o all'idioletto che identifica il gruppo (...). Visto il grado di familiarità esistente fra gli interlocutori, in apertura si trovano spesso allocutivi e vocativi del tipo *amo, amorello, Mec, a fra', a bestia, tesoro, rinco*, ecc. Queste formule di esordio non sono necessarie sul piano strettamente comunicativo, ma spezzano il silenzio e creano un'intimità; talvolta fungono da *captatio benevolentiae*, specialmente quando precedono una richiesta che il cellulare, con la sua sintesi e la sua irruenza, renderebbe troppo schietta (Pistolesi 2004: 201).

Similmente agli scambi conversazionali in chat e alla posta elettronica anche gli sms abbondano in espedienti grafici che surrogano la voce, vivacizzano le stringhe di caratteri o creano una sintesi efficace anche per l'occhio. Ciò che risulta l'uso esclusivo degli SMS è la scrittura continua con l'alternanza di parole intere maiuscole/minuscole (ad es. AVEVIragione) come espediente che permette di sfruttare a pieno le ridotte dimensioni dello spazio scrittorio. L'uso creativo dei caratteri risulta, invece, ridotto per la laboriosità della scrittura e gli scarsi effetti visivi ottenibili sul *display* del cellulare. Lo stesso vale per la riproduzione grafica dei fenomeni fonetici del parlato, più scarsa rispetto alla chat: ad es. la resa grafica del raddoppiamento fonosintattico è praticamente assente nel corpus analizzato in Pistolesi (2004). Per quanto riguarda i tradizionali segni paragrafematici vi è da segnalare una generale ipertrofia dei segni di punteggiatura e l'uso che se ne fa è nella maggior parte dei casi di tipo ritmico piuttosto che logico-sintattico. Prevalgono il punto esclamativo, il trattino orizzontale (-) e i puntini di sospensione, "che esprimono reticenza, allusività o complicità, ma possono anche riprodurre le sospensioni proprie del parlato" (Pistolesi 2004: 212).

Passando al settore dei fenomeni pragmatico-testuali occorre mettere in primo piano il fattore spazio. Ne risulta influenzata la deissi dal momento che gli interagenti si trovano, almeno potenzialmente, in movimento continuo. L'*hic* viene, dunque, quasi sempre specificato come risposta alla canonica domanda che apre una comunicazione via sms "dove sei?"[183], "perché, anche quando non è necessario,

---

182   Cfr. a tal proposito Pistolesi (2004: 199–200).
183   Cfr. Pistolesi (2004: 200): "Diversamente da quanto avviene nella telefonia fissa, dove il primo oggetto d'interrogazione è l'identità dell'interlocutore (*Pronto, vorrei parlare con...; Parlo con...?*), in quella mobile la prima domanda riguarda la posizione dell'interlocutore (*Dove sei? Cosa fai?*), perché il cellulare è un oggetto

funziona da ancoraggio per l'informazione da trasmettere" (Pistolesi 2004: 216). La mancanza di un contesto spaziale comune porta inoltre alla ridondanza delle indicazioni spaziali:

>   (27)   CIAO XXXX! BUONA PASQUA ANCHE A TE!QUI IN SARDEGNA CON UN GRAN BEL SOLE! BACI (Pistolesi 2004: 217).

Un'altra conseguenza del fattore spazio è il prevalere del valore anaforico-testuale dei pronomi e degli aggettivi su quello spaziale:

>   (28)   ERA QUESTO IL MSG CRETINO CHE TI DICEVO PRIMA!BUONANOTTE ZIO MEC (Pistolesi 2004: 217).

Anche se gli attori sono noti, essendo il cellulare un oggetto strettamente personale, fra i pronomi personali risulta altissima la ricorsività del pronome di prima persona *io*. Collocandosi spesso all'inizio del messaggio va ricollegato alla natura dialogica della comunicazione via sms: nelle risposte esso è segno di contrapposizione rispetto al turno precedente assumendo un valore contrastivo.

Sempre sul piano della testualità vi è da segnalare un'abbondanza dei segnali discorsivi, che allontana i messaggini dalla *facies* testuale tipica dei testi scritti avvicinandoli al parlato. Spiccano in primo luogo i segnali discorsivi che richiamano l'attenzione dell'interlocutore (*aho, guarda, senti, scusa*, ecc.), scarseggiano, invece, gli indicatori di correzione e riformulazione per ovvie ragioni testuali; del tutto assenti risultano, infine, quei segnali che sottolineano l'attenzione in corso (*certo, sì, insomma*, ecc.).

Per quanto riguarda la sintassi interclausale la lingua degli sms appare notevolmente parcellizzata avvicinandosi al parlato. Anche se le ridotte dimensioni dello spazio scrittorio a disposizione dello scrivente dovrebbe in teoria favorire la pianificazione, il che, a sua volta, dovrebbe tradursi in una sintassi più articolata e compatta dovrebbe, i valori riportati in Pistolesi (2004: 229) "confermano che la sintassi procede per nuclei giustappositivi e con una progressione additiva, a scapito di forme di subordinazione più complesse". Se da un lato è vero che solo il 22,5 % dei messaggini presenta una sola forma verbale e il restante 77,5 % dell'insieme contiene più forme verbali, dall'altro la tendenza alla giustapposizione è confermata dall'alto numero di testi che condensando più informazioni risultano privi di subordinazione (circa il 29 % dell'insieme dei messaggini, esclusi quelli non verbali pari all'11 % del corpus):

---

strettamente personale e gli attori sono noti". Cfr. inoltre Marrone (1999: 13) che fa notare quanto la mobilità degli utenti di telefonia incida sulla comunicazione portando al "costituirsi di conversazioni di tipo *topologico-organizzativo*, dove si rinvia costantemente l'eventuale dialogo e il conseguente incontro man mano che uno o entrambi gli interlocutori si spostano sul territorio (…) In questi casi, a costituire l'oggetto della conversazione diventa soltanto lo spostamento, il tragitto, la tappa: la mobilità del telefonino si trasforma – ancora una volta – da canale della comunicazione in tema della conversazione stessa".

Abbiamo già abbandonato stiamo risolvendo la questione luce da domani potremmo tornare al romantico lume di candela-l'enel ci minaccia un bacione (Pistolesi 2004: 224).

Dei 591 messaggi che presentano almeno una subordinata solo lo 0,5 % contiene subordinate di grado superiore al quarto, dato che avvicina gli sms al parlato se consideriamo che nel corpus di Voghera (1992: 214) la percentuale delle subordinate di quarto grado è di gran lunga superiore, il 3,4 %. Anche rispetto alla presenza delle subordinate esplicite e implicite, rispettivamente il 62 % e il 38 %, la sintassi dei messaggini risulta grosso modo non dissimile da quella dei testi parlati del corpus di Voghera (68,2 % 31,8 %). Degno di nota in tal contesto è un ampio ricorso al subordinatore generico *che* (il 6,4 % del numero complessivo di congiunzioni subordinanti) con il quale gli scriventi eludono la necessità di una più ampia progettazione posta dall'uso dei connettori più articolati[184].

Se le caratteristiche *medium-specific* sono in gran parte responsabili della veste verbale dei messaggini, non bisogna dimenticare che le scelte sintattiche degli scriventi sono dipendenti anche dalle finalità della comunicazione via sms. Mentre nei messaggini di tipo informativo prevale uno stile sintetico, in quelli che veicolano contenuti emotivi è riscontrabile "la tendenza alla ridondanza e alla ripetizione, riconducibile in parte ai tempi ridotti di pianificazione, in parte a fattori mnemonici" (Pistolesi 2004: 230). Per questo sono ben attestati nel corpus di Pistolesi i fenomeni di sintassi marcata, ovvero costrutti che richiedono più materiale lessicale rispetto a quelli non marcati. È interessante notare a questo proposito che fra i fenomeni esaminati, dislocazioni a destra, dislocazioni a sinistra, frasi scisse e con c'è presentativo, in controtendenza al parlato prevalgono le prime, il che secondo Pistolesi è correlabile a più fattori, "quali il grado di informalità, il coinvolgimento emotivo degli interlocutori, il coefficiente di dialogicità, le esigenze di sintesi, la condivisione delle conoscenze, e, forse, il fattore diatopico[185]" (Pistolesi 2004: 233).

In conclusione a quest'estrema sintesi sulla lingua degli SMS va segnalata infine la mancanza di alcun sottocodice specifico sul piano lessicale se prescindere dall'e-

---

184 Cfr. a questo proposito le osservazioni di Voghera (2001b: 86) sul parlato che preferisce "l'uso di connettivi caratterizzati dalla possibilità di svolgere funzioni diverse. Se guardiamo in particolare alle subordinate, si scopre che i tipi di subordinate più frequenti hanno in comune due proprietà: capacità di modificare costituenti di frase morfologicamente e funzionalmente diversi e ampiezza (o vaghezza) dei valori semantici. Queste due proprietà sono rappresentate in modo esemplare sia dai pronomi relativi sia dalla congiunzione *che*, i quali occupano i primi posti in ordine di frequenza tra i subordinatori dei testi parlati".

185 Cfr. Rossi (1999b: 184): "dobbiamo peraltro ammettere che non abbiamo dati sufficienti per escludere o affermare l'incidenza del fattore diatopico sull'uso della DD, anche se è evidente l'altissima frequenza di DD proprio nei due film romaneschi". Data la provenienza degli scriventi, l'osservazione è applicabile anche al corpus di SMS.

levata presenza di termini relativi alla nuova tecnologica, considerata la centralità del *medium* stesso nella comunicazione via sms[186].

Forum di discussione

I forum di discussione, settore della CMC decisamente meno studiato rispetto a quelli fin qui trattati, paiono di notevole interesse dal punto di vista linguistico contenendo testi pubblici, non effimeri, ma al tempo stesso di un'informalità tipica delle forme di comunicazione in rete più dialogiche anche quando si tratta di argomenti tecnici[187]. Il carattere ibrido di questa forma di comunicazione – già segnalato in § 2.3.3.4. – è comprovato anche dall'elevato numero di etichette riscontrabili in circolazione: *message boards, discussion groups, conversations, chatgroups, newsgroups, bulletin boards* e in italiano *bacheche*. Questa dovizia di termini porta inoltre un'evidente traccia dello spessore diacronico del fenomeno:

> la definizione di che cosa sia un forum web sembra più complessa rispetto a molti altri generi testuali, perché ha una dimensione storica. I forum (...) hanno ereditato numerose caratteristiche di sistemi precedenti, a cominciare dai gruppi di discussione (o newsgroup) di Usenet, e al tempo stesso presentano svariati aspetti originali (Tavosanis 2011: 171).

La rete dei *newsgroup* (o anche *Usenet*) è in America ancora prima dell'avvento del web, ovvero tra gli anni '70 e '80 come alternativa "povera" all'Internet degli albori e funzionava come segue:

> L'entità fondamentale di *Usenet* è il singolo messaggio. Chiunque abbia accesso alla rete può inviare un messaggio elettronico specifico firmato. Il messaggio non è però indirizzato a un individuo né a un elenco postale, ma all'argomento di dibattito, che viene definito *newsproup*. (...) Non appena il nodo di servizio a cui sono collegato si mette in comunicazione con un altro computer (...), il messaggio, controlla quali newsgroup contiene, copia tutti i messaggi relativi ai newsgroup residenti nel nodo, e infine lo smista alla postazione successiva. Ogni messaggio ha un numero d'identificazione che consente di evitare la presenza di informazioni ridondanti.
> I nomi dei NG hanno un'organizzazione tassonomica a "scatole cinesi", per cui si definisce, in maniera sempre più circoscritta, il campo di interesse: nel nostro caso, it. indica che il NG è di lingua italiana; seguono, nella gerarchia ufficiale, le seguenti sottogerarchie: it.aiuto; it.annunci; it.arti; it.associazioni; it.binari; it.cultura (...). In

---

186 Cfr. Pistolesi (2004: 234): "Gli utenti infatti si scambiano loghi e suonerie, si lamentano dei costi e dei gestori, denunciano i tempi di trasmissione troppo lunghi, pubblicizzano le tariffe vantaggiose, annunciano l'acquisto di un nuovo modello e chiedono consiglio quando l'apparecchio non funziona".

187 Cfr. Tavosanis (2011: 184): "non c'è dubbio che, a paragone con i siti istituzionali e i blog, i forum si presentino come strumenti di comunicazione molto più informali. Il «linguaggio giovanile di rete» che si trova occasionalmente sui blog è in pratica la regola sui forum (...) anche (...) di argomenti relativamente specialistici".

ogni sottoinsieme esistono poi ulteriori suddivisioni per arrivare a NG specifici come it.scienza.astronomia.amatoriale.

La rete *Usenet*, essendo nata prima del web, funziona tuttora con protocolli diversi: gli indirizzi dei singoli gruppi, anziché con il "http" iniziano con news (ad es. news:it.scienza.astronomia) e vengono consultati di regola attraverso software diversi dai browser. Il web e la rete *Usenet* sono, quindi, due mondi paralleli, anche se comunicanti: il servizio Google Groups disponibile on-line ospita archivi dei NG risalenti fino al 1981. Di conseguenza i materiali pubblicati nei diversi NG, almeno potenzialmente, possono far parte, anche se in modo necessariamente marginale, delle esperienze di lettura degli attuali utenti del web.

I newsgroup risultano notevolmente differenti dai forum di discussione[188] presenti sul web non solo a livello strutturale (si basano, come detto sopra, su unica gerarchia a differenza dei forum strutturati in modi diversi a seconda dal sito che li ospita), bensì anche a livello dell'elaborazione grafica. Mentre i NG sono un ambiente esclusivamente testuale e graficamente povero, i forum attuali non solo risultano spazi in cui è possibile scrivere messaggi rispettando gli standard tipografici italiani, bensì sono anche sede di usi grafici decisamente decorativi, quali firme elaborate, icone animate, ecc.

> In alcuni casi, l'inserimento di materiali multimediali da parte degli utenti, sommato a giochi con i colori dei caratteri e degli sfondi, spazi promozionali, pop-up, banner e così via, è tale da rendere piuttosto difficile la lettura dei post (Tavosanis 2011: 181).

Sempre sul piano dei fenomeni grafici va segnalata una notevole presenza di *emoticon* negli attuali forum di discussione che, forse più di qualunque altro sistema di scrittura per il web incoraggiano al loro inserimento: l'interfaccia grafica dei molti forum contiene di una finestra dotata di un campionario con decine di faccine (alcune sono *emoticons* elementari e comuni a tutti gli ambienti di CMC, altri variano da forum a forum). È interessante notare a questo proposito che – stando ai dati citati in Tavosanis (2011: 182) – vi è una certa regolarità nella loro collocazione a fine frase:

> Va notato che, accanto alla situazione standard (...), in cui le emoticon sono collocate dopo il testo da esse "modificato", sui forum il collocamento può avvenire anche *prima* del testo là dove viene riportato l'oggetto dei post, per indicare che il post ha carattere scherzoso o ironico. Comunque, il fenomeno è marginale: in una ricerca su 180 post sono stati trovati solo due casi di questo tipo, a fronte di 123 emoticon collocate a fine frase (di cui 54 a fine testo) e di 5 all'interno di frase (Tavosanis 2011: 182).

A prescindere dalle differenze sul piano strutturale e grafico individuate sopra, alcune caratteristiche permangono e sono comuni a tutti i forum di discussione indipendentemente dalla loro fase di evoluzione storica. Innanzitutto la lingua

---

188 Per forum di discussione intendiamo con Tavosanis (2011: 174) "servizi che rendono disponibili, attraverso un'interfaccia web, gerarchie di post strutturati per thread («argomenti») e presentati in ordine cronologico".

delle produzioni verbali sui forum appare caratterizzata dal registro informale testimoniato in primo luogo da un uso generalizzato del "tu telematico" come unico allocutivo:

> Solo sui NG dallo stile più sorvegliato, oppure la cui frequentazione è saltuaria (cfr. ad es. *it.salute.tumori*), compare talvolta il *lei*. Per il resto, anche tra perfetti sconosciuti o nei confronti del *newbie*, prevale largamente il *tu*, tanto che il suo uso viene spesso consigliato anche nei manuali di *netiquette*, ovvero di *galateo della rete* (Gheno 2003: 294).

Se da un lato – trattandosi di una forma di comunicazione che non è oggetto di insegnamento istituzionale – la veste verbale dei forum è particolarmente aperta ad accogliere errori e idiolettismi degli scriventi, fenomeni che di regola vengono eliminati nei testi di una certa formalità nella fase di revisione, dall'altro lato tutto ciò non significa che vi regni totale anarchia. A tener presente che i forum, a differenza dei blog, pagine personali o siti istituzionali, tutte forme di comunicazione caratterizzate dalla posizione centrale dell'autore, sono frutto di un'attività scrittoria collettiva, non sorprende una forte necessità avvertita dagli amministratori di imporre a chi scrive un *set* di regole da rispettare. Mentre gli utenti novelli tendono a sottostimare l'importanza di attenersi alle norme di comportamento vigenti nell'ambiente che si accingono a frequentare, gli utenti più esperti "sono abbastanza rigidi nel rispettare e nel far rispettare alcune regole basilari" (Gheno 2003: 302). Il fenomeno si spiega con il fatto che ogni forum costituisca anche una specie di comunità.

Le regole della *netiquette* riguardano svariati aspetti che Gheno sintetizza fornendo le sette più frequenti categorie di errori da evitare:

1) uso non corretto della tecnologia: errori di formato del messaggio, invii multipli ecc.;
2) comportamenti dell'utente che determinano "spreco di banda" (di trasmissione): messaggi troppo lunghi, invio di un articolo a più NG (*crosspost*), porre domande le cui risposte potrebbero venire facilmente rintracciate nella FAQ;
3) violazione delle convenzioni di UN [Usenet], dimostrando di non leggere i NG abitualmente: dare al messaggio un titolo erratol, oppure postare al NG sbagliato;
4) violazione delle convenzioni del singolo NG: «failing to conform to group spirit or style and groups traditions regarding appropriate topics» (*ibid.*);
5) violazioni etiche: inviare una mail privata a un NG, o comunicare informazioni personali di altri senza aver chiesto il permesso, esercitare azioni di disturb nei confronti di altri utenti;
6) uso inappropriato del linguaggio: attacchi ingiustificati di insulti, linguaggio ostile o crudo, e perfino «linguistic affectations which distract or detract from message content» (*ibid.*);
7) errori "fattuali": di ortografia, di grammatica, sviste su nomi o date.

Gli errori più sanzionati sono senz'altro quelli che intaccano l'omogeneità tematica del forum[189], mentre quelli più prettamente linguistici, ortografici o grammaticali che siano, vengono tollerati[190], il che trova la sua spiegazione nella già menzionata informalità che, congiuntamente alla fretta sembra essere connaturata al mezzo stesso. Di conseguenza, a prescindere da alcuni giochi ortografici, nei forum di discussione "la deviazione rispetto allo standard è data semplicemente dalla presenza di livelli di lingua che nello scritto revisionato vengono di regola evitati" (Tavosanis 2011: 186).

Per quanto riguarda i fatti lessicali, oltre alla prevedibilità variabilità lessicale dovuta alla varietà degli argomenti trattati dai forum, spicca una notevole presenza di prestiti non adattati: stando ad dati riportati in Tavosanis (2011) in un corpus di oltre 35 mila parole le parole straniere non adattate sono 2540, ovvero il 7,7 % del totale delle occorrenze, valore decisamente alto se teniamo presente le frequenze medie dei forestierismi in altri tipi di testo, a cominciare da quelli giornalistici. Secondo Tavosanis le dimensioni del fenomeno sono da ricercare nel fatto che il più spesso delle volte si tratta di tecnicismi poco sostituibili con equivalenti italiani. Ancora una volta, quindi, non dissimilmente a quanto avviene nelle altre forme di comunicazione esaminate sopra, emergono le spie del metadiscorso:

(29) (es. in Tavosanis 2011: 186)
Come detto, il PHP gira sul server, compone l'output e il server poi lo invia al client...anche lo spider è un client e vede quello che tu stesso vedi col browser. Orami dovrebbe essere chiaro!

I prestiti dall'inglese risultano in ogni modo dettati dalla necessità: a parte quelli classificabili come tecnici gli anglicismi, e più in generale i forestierismi, sono rari. Lievemente più frequente appare "l'uso di forestierismi non necessari nei testi promozionali, a cominciare dagli annunci, accettati su alcuni forum" (Tavosanis 2011: 187). Si tratta in quest'ultimo casi di un uso tipico del cosiddetto "marketese". Ancora più rari sono i forestierismi adattati, compresi quelli derivati da tecnicismi, dato riconducibile al fatto che i forestierismi riscontrati nel corpus esaminato in Tavosanis (2011) sono nella stragrande maggioranza dei casi nomi e non verbi.

Sul piano della sintassi, un primo dato da segnalare è quello relativo alle tradizionali convenzioni tipografiche abbandonate in notevole misura da chi scrive su un forum. A guardare i risultati riportati in Tavosanis (2011) colpisce la relativamente alta percentuale delle frasi che terminano con i puntini di sospensione (13,8), con *emoticon* (18,8) e con un a capo, ovvero senza alcun punto di interpunzione (8,6). Per quanto riguarda, invece, la complessità sintattica, i 846 messaggi del campione

---

189 Cfr. Tavosanis (2011: 175): "i vincoli sono tematici: quando un post è furio tema, spesso i moderatori, o direttamente gli altri utenti, lo segnalano e invitano (più o meno cortesemente) l'autore del post a proseguire la discussione in uno spazio più adatto".

190 Cfr. Gheno (2003: 303): "nei NG tecnici gli errori ortografici sono spesso totalmente ignorati (l'importante è che siano esatti i dati tecnici), mentre sono condannati gli errori che rientrano nella categoria delle violazioni delle convenzioni UN".

proveniente dal forum HTML.it e analizzato in Tavosanis (2011: 190) si presentano come segue:

> le frasi complesse sono il 52,72%, mentre il 47,28% del totale è formato da frasi monoproposizionali. I dati sono sorprendentemente vicini a quelli che riguardano il linguaggio giornalistico; per esempio, un esame di alcuni articoli pubblicati dal "Corriere della Sera" nel 2006 colloca le frasi complesse al 53,4% e le frasi monoproposizionali al 46,6% (Rossetti 2010: 236) (Tavosanis 2011: 190).

Come risulta dall'esempio riportato sotto anche nei casi in cui la produzione verbale sul forum avviene in un contesto di bassa formalità e senza revisione è possibile arrivare a risultati di una certa complessità:

> (30) l aparte bassa dello sfondo non convince nemmeno am e, ma l'avevo messa per spezzare un po la monotonia dello sfondo che era troppo piatto. Io [='il'] menù ,l'ho spostato piu in basso che si vede meglio ed è piu carino, per il resto, ho creato il logo molto grande perhce ero partito da un idea piu megalomane, ma in corso d'opera nomi piaceva e l'ho ristretta, anche se lo stacco del logo dal resto del layout nom isembrava un idea cosi malvaggia (Tavosanis 2011: 190).

A prescindere dagli errori presenti nel testo, alcuni attribuibili alla fretta e altri probabilmente dovuti all'origine meridionale dello scrivente (il raddoppiamento sbagliato in "malvaggia" e il complemento oggetto preceduto dalla preposizione "a"), la veste linguistica del testo si caratterizza per un'articolazione sintattica data da tre periodi nell'individuazione dei quali Tavosanis (2011: 191) propone collocare un confine di frase dopo "carino":

> l aparte bassa dello sfondo non convince nemmeno am e, [proposizione principale]
> ma l'avevo messa [coordinata concessiva]
>   per spezzare un po la monotonia dello sfondo [subordinata finale di I livello]
>   che era troppo piatto. [subordinata relativa esplicativa di II livello]
> Io [='il'] menù ,l'ho spostato piu in basso [proposizione principale]
> che si vede meglio [subordinata di I livello introdotta da *che* polivalente con valore causale]
> ed è piu carino, [coordinata causale]
> per il resto, ho creato il logo molto grande [proposizione principale]
>   perhce ero partito da un idea piu megalomane, [subordinata causale di I livello]
> ma in corso d'opera nomi piaceva [coordinata avversativa]
> e l'ho ristretta [coordinata conclusiva]
>   anche se lo stacco del logo dal resto del layout nom isembrava un idea cosi malvaggia subordinata concessiva di II livello]

Nei forum di discussione, quindi, è possibile riscontrare esempi di post caratterizzati da una discreta complessità. Occorre notare a questo punto che nel valutare tale complessità il primo problema da affrontare è la suddivisione in frasi, non poche volte problematica, giacché – come già segnalato – il rispetto degli standard tipografici non è la prima preoccupazione di chi scrive su Internet. Nell'esempio esaminato sotto, tipograficamente parlando, abbiamo solo due periodi, il secondo dei quali è formato da 57 parole grafiche. Il numero alto di parole per periodo non deve essere quindi necessariamente spia di complessità sintattica essendo conseguenza di proposizioni giustapposte o "coordinate, che nel campione esaminato, considerando sia le coordinate alla principale sia quelle alle subordinate, sono il 18,91 %: una percentuale piuttosto alta, a confronto con quella riscontrata nei giornali" (Tavosanis 2011: 191–192).

Un'altra caratteristica che allontana la veste linguistica dei forum da quella dei giornali è data dalla relativamente alta presenza della sintassi marcata e delle forme substandard, 'che polivalente' *in primis*. Si noti che nell'esempio riportato sopra, nel secondo periodo vi sono entrambi gli elementi, la dislocazione a sinistra (*io menù, l'ho spostato più in basso*) e il 'che polivalente' con valore causale (*che si vede meglio*). La percentuale delle frasi contenenti forme substandard, oscillando a livello del 3–4 %, non è altissima, ma, se teniamo presente la loro quasi totale assenza dalla scrittura giornalistica, sufficiente per dare un "assetto molto informale ai testi dei forum" (Tavosanis 2011: 192).

A conclusione di questa sintetica caratterizzazione dei forum di discussione ci rimane riflettere insieme con Tavosanis su come rispondere all'interrogativo circa la possibilità di definire la lingua dei forum in termini di vicinanza al parlato:

> Le divergenze descritte permettono di caratterizzare la sintassi dei post come una sintassi più vicina al parlato che allo scritto? In media, sicuramente no. Rispetto alla scrittura convenzionale le divergenze rimangono infatti di seconda importanza, e la presenza di autori meno competenti di altri non modifica il quadro complessivo. Anche post come quello riportato sopra, con un livello di informalità molto elevato, possono probabilmente essere considerati più vicini al polo della scrittura che a quello del parlato. Inoltre molti post, inclusi alcuni scritti da persone con competenze limitate, fanno ampio uso delle possibilità offerta dalla scrittura: applicano infatti espedienti grafici di vario tipo, normalmente evitati nella scrittura giornalistica o scolastica (...).
> La sintassi ripresa dal parlato incontra un limite pragmatico molto forte: i messaggi confusi, o scarsamente strutturati, sono poco comprensibili in un ambiente in cui le persone che comunicano non sono fisicamente presenti nello stesso luogo e non si conoscono (Tavosanis 2011: 193).

Blog

Come abbiamo avuto l'occasione di sottolinearlo più di una volta, la lingua dei blog, a dispetto della notorietà mediatica della blogosfera, rimane un terreno relativamente poco esplorato nell'ambito della linguistica italiana[191]. Tra i primi contributi dedicati specificatamene al genere in questione vi è un articolo di Canobbio (2005), il quale, basandosi sull'esame di un campione di 50 *post* (per un totale di 20199 parole)

---

191 Per un'analisi linguistica dei blog informativi cfr. Bonomi (2011).

provenienti da blog diaristici, presenta solo alcune osservazioni generali illustrate fra l'altro con pochi esempi e non supportate da statistiche. Ciò che emerge con massima evidenza è il carattere innovativo e deviante dei diari on-line nella loro veste grafica[192]:

> (31) http://fex.iobloggo.com/
> [15/04/2004] [19:11]
> Ke 2 balls...
> Oggi a scuola stavo x tentare il suicidio...... o x meglio dire l'omicidio. Di chi vi chiedete? Dell'Isotopa! E di chi altro sennò?! La simpaticona ha pensato bene di avvertirci solo oggi del fatto ke ha aggiunto nuove parti nel compito in classe di sabato ke già comprendeva l'intero programma di biologia e kimica di quest'anno!!! La Mongia stava x avere una crisi di nervi, io ero lì lì ma mi sono contenuto. CMQ mi ha talmente rotto ke nn mi sbatterò + di tanto a ripassare ancora intanto nn serve a niente. Oggi dopo aver studiato letteratura greca x la Bloody (x una volta ha fatto una buona azione dicendoci all'ultimo di portare letteratura anziché autori così ho evitato di stud erodoto!) ho fatto alcuni esercizi di kimica ke ci ha aggiunto oggi e poi boh. ma chi me lo fa fare?! In compenso come avrete notato ho inserito un nuovo sondaggio ancora + demenziale del precedente (ps: io sarei jacques ke è uno dei miei tanti soprannomi quindi ... votatemi!!! e, cosa ancora + importante, sulla scia della mia guida in materia (manu) mi sono iscritto a blog show, la classifica italiana dei blog xciò se vi faccio anke solo un po' di compassione... VOTATEMI!!!!!!!!! GRAZIEEEEE!!! Ora vado ke fra nn molto qui si mangia e intanto voi votate, votate, votate...
> ...la voce di [nessun commento]

Nel post riportato sopra, se prescindere dalle faccine, attestate però in numero altri post del campione di Canobbio, sono presenti tutti i fenomeni ritenuti tipici della CMC a cominciare da quelli grafici: si noti l'uso del grafema *k*, abbreviazioni (*cmq, nn, stud*) e sostituzioni che richiedono una lettura endofasica (x, +); al che si aggiunge la presenza di fenomeni, sempre grafici, che mimano la sonorità del discorso parlato: allungamenti vocalici (GRAZIEEEEE!!!), interiezioni (*boh*) e raddoppiamento fonosintattico (*sennò*). L'autore del post pare voler dare parvenze di parlato alla propria scrittura anche a livello della sintassi: si pensi a tal proposito alla riformulazione (*Oggi a scuola stavo x tentare il suicidio...... o x meglio dire l'omicidio*), all'iterazione di lessemi (*lì lì*) e al periodo in sospeso (*ho fatto alcuni esercizi di kimica ke ci ha aggiunto oggi e poi boh*). Mentre i primi due fenomeni sembrano effetto voluto dall'autore, quindi una scelta stilistica, in riferimento al periodo in sospeso non è da escludere un'interpretazione che ne individui il motivo in una scarsa pianificazione.

---

[192] Cfr. Canobbio (2005): "In effetti il mio corpus contiene in larga parte *posts* che trattano temi frivoli con un'ortografia e una sintassi un po'sgangherate. Sono i diari dei e delle teenager, «radicali utilizzatrici di scrittura dattilografata e di lessico di formazione *internettiana*» già individuate da Mela (2004: 274)".

Altri esempi riportati in Canobbio (2005), anche se si allontanano a livello grafico dai "deliri adolescenziali" del post appena commentato si profilano comunque come informali a livello dell'impianto generale. Si veda a tal proposito l'esempio seguente:

(32) http://williamnessuno.splinder.com
venerdì, maggio 23, 2003
DUE SETTIMANE DA BLOGGER...
Devo dire che tenere questo Magnetic MetaBlog mi piace moltissimo.
Ma non ho capito bene a cosa serve.
Le visite ricevute sono davvero poche (72), le puntatine sui blog altrui sono state abbastanza deludenti (usando il sistema di guardare la lista di quelli più aggiornati, tanto cambia ogni minuto...). Moltissime cose adolescenziali, per adess: post che comprendono solo una frase tipo "ho tanto sonno" (beh, anche io dopo una giornata in montaggio). Non c'è nulla da criticare, è OK, solo che non ho ancora "incontrato" miei simili...
Mi hanno intrigato "personalità confusa" e "leggimitutta" (nome abagliato, temo... Cambialo!). Mi piace abbastanza "sempre delusa", mi sono riconosciuto in alcune sue sfighe, ma ne ho letto poco finora.
Non è mica molto, per il momento... no?
Poi ho comprato il libro da la Pizia "Mondo Blog", e sono "andato a trovarlo"...
Ho capito –sia per i testi nel libro che per il suo blog- perchè è sempre citata e perchè è una sorta di cult.
Cavolo, scrive benissimo e i suoi pensieri certe volte hano davvero na grande profondità.
Il problema per il momento mi pare soprattutto questo: perchè IO tengo un blog?
Non sarà l'ennesimo mezzo per cantarsela e suonarsela da soli, quasi senza feedback? (finora ho avuto solo due commenti nel mio Blog, e uno dei due è da un amico: anzi, la completa asseza di altri commenti da amici e conoscenti che SANNO del blog è assolutamente deprimente).
Non sarà che andrò avanti in un algido isolamento di spazio profondo extrasistema?
Non è che dopo un po' mi sentirò scema nel continuare a raccontarmi da solo la storia della mia vita (peraltro mica così intrigante)?
Vedremo. Per ora posto questa
Posted by William Nessuno | 21:21 | commenti (2)

Canobbio commentando il post citato sopra fa notare come, pur aderendo al modello redazionale scritto, esso presenti alcuni tratti che rinviano al parlato:

dalla presenza dell'interiezione *beh* all'uso delle maiuscole in *IO* e *SANNO*, dalla predilezione per la paratassi alle frasi nominali ("Moltissime cose adolescenziali, per adesso), dai demarcativi testuali di apertura ("Cavolo, scrive benissimo") a quelli di chiusura ("nome sbagliato, temo...", "Non è mica molto, per il momento... no?").

Nella parte finale del suo articolo Canobbio elude conclusioni in riferimento agli aspetti strettamente linguistici limitandosi a formulare alcune preoccupazioni, una delle quali riguarda l'assetto ortografico poco canonico delle produzioni dei blogger, altre, invece, si concentrano su fatti extralinguistici:

> (...) la forte tendenza al parlato della lingua dei blogger comporta nella pratica deformazioni e singolarità ortografiche che possano destare qualche allarme, e non soltanto nei tradizionalisti della scrittura. Qual è il futuro dell'italiano dei blog? Se il blog è uno strumento così "gutenberghiano", perché condivide le grafie talora aberranti della CMC?
> (...)
> trovo comunque preoccupanti alcuni aspetti: d auna parte, le proporzioni abbacinanti assunte dala blogosfera e i suoi rumori di fondo, simili a un brusio continuo: dall'altra, l'abbondanza di tempo della quale alcuni blogger sembrano disporre e l'attitudine a usarla per interessarsi di qualunque cosa (Canobbio 2005: 316).

Anche il contributo di Tavosanis (2011), anche se di ben più ampie dimensioni – si tratta di un intero capitolo del libro "L'italiano del web" – fornisce pochi dati conoscitivi sulla veste linguistica dei diari on-line, concentrandosi su questioni non prettamente linguistiche, quali storia, motivazioni a monte dell'attività scrittoria dei blogger, diffusione del fenomeno e infine l'eterogeneità della blogosfera con almeno i seguenti sottogeneri: blog diario, blog tematici e blog letterari. Per quanto riguarda i fatti di lingua Tavosanis si pone l'interrogativo se si possa parlare dell'esistenza di un linguaggio dei blog, interrogativo al quale risponde come segue:

> A prima vista non esiste un linguaggio dei blog ("blogghese"?). Va però notato che (...) potrebbe benissimo esistere qualche tratto comune anche tra testi molto diversi l'uno dall'altro su differenti livelli. Nel caso specifico, i blog sono spesso considerati *nel loro complesso* un genere pieno di testi linguisticamente poco sorvegliati (Tavosanis 2011: 148).

Secondo Tavosanis si tratterrebbe di un preconcetto[193] privo in buona parte di fondamento come risulta dalla seguente tabella che presenta il rapporto percentuale tra forme sbagliate e forme corrette nell'intero web, nei siti di blog e nei siti di giornali:

---

193 La vitalità del preconcetto è testimoniata ad es. dal *call for papers* di due conferenze (la prima AAAi Spring Symposium on Computational Approaches to Analyzing weblogs, Stanford, 26–29 marzo 2006; e la seconda EACL Workshop on New Text, Trento, 4 aprile 2006) citate in Tavosanis (2011: 148–149):

"weblogs are web pages which provide unedited, highly opinionated personal commentary. (...) Their light content, fragmented topic structure, inconsistent grammar, and vulnerability to spam makes blog analysis extremely challenging".
"Blog texts are often hastily put together in a language reminiscent of brief notes, spoken asides, or short letters, rather than essays or newsprint".

Tab. 3.7. *Rapporto percentuale tra forme sbagliate e forme corrette*

Forma errata	Froma corretta	Nel web	Nei siti blog	Nei siti di giornali
accellerare	accelerare	5,83	18,26	4,06
anedottico	aneddotico	205,26	10,61	10,00
appropiato	appropriato	0,06	0,71	0,59
areoporto	aeroporto	10,26	1,57	0,37
caltanisetta	caltanissetta	18,42	10,57	4,99
collutazione	colluttazione	3,86	29,90	9,50
colluttorio	collutorio	31,90	188,74	61,54
conoscienza	conoscenza	0,61	0,22	0,29
coscenza	coscienza	2,15	0,51	0,96
eccezzionale	eccezionale	4,33	0,97	2,13
efficenza	efficienza	3,82	2,52	5,20
essicare	essiccare	2,78	10,53	8,06
esterefatto	esterrefatto	25,26	44,60	22,22
ingegniere	ingegnere	0,03	0,30	1,49
missisipi	mississippi	0,20	7,60	3,75
metereologia	meteorologia	14,97	56,16	5,26
peronospera	peronospora	2,86	130,77	85,71
rindondante	ridondante	0,32	5,37	1,96
scenza	scienza	1,38	0,11	0,13
Totale		**4,28**	**0,75**	**0,68**

La lista, estratta dall'elenco degli errori più frequenti pubblicati nel vocabolario *Zingarelli 2006* sotto la voce *Errore*, è servita da punto di partenza per una ricerca condotta attraverso Google all'interno di tre insiemi diversi: l'assieme del web (o meglio l'assieme delle pagine web indicizzate da Google nel 2005), un insieme di siti che ospitavano blog (ovvero domini: blog.excite.it, clarence.com, splinder.it e splinder.com) e infine un insieme dei siti di giornali (ovvero domini ilmattino.it, caltanet.it, repubblica.it e unita.it). Per ogni forma e per ognuna delle tre categorie è stato calcolato il rapporto tra forme corrette e quelle contenenti errori. Oltre all'estrema variabilità dei valori[194], ciò che risulta degno di nota in primo luogo è la percentuale complessiva di errori presenti nei blog leggermente superiore a quella dei quotidiani on-line e nettamente inferiore a quella rilevata per l'intero web. I dati ottenuti nel modo appena descritto sono ovviamente lontani da una piena affidabilità[195] e

> non possono essere direttamente usati come indicatori di revisioni: i misspelling misurano in effetti la competenza del singolo scrivente, non il modo in cui il testo è stato realizzato (Tavosanis 2011: 152).

Un ulteriore aspetto da tener presente nella valutazione della cura redazionale delle produzioni dei blogger è dato dal fatto che i valori riportati nella Tab. 3.7 si riferiscono indistintamente a tutti i blog dei domini selezionati senza tener conto dei diversi generi testuali che vi circolano. Il problema non sfugge a Tavosanis[196], ma – come afferma egli stesso – è di difficile risoluzione per la mancanza di analisi di dettaglio, il che non toglie che si possano avanzare alcune osservazioni anche a partire da una lettura non sistematica di esempi tratti dai diversi generi testuali presenti nella blogosfera. Così, ad esempio, secondo Tavosanis

> (...) si può immaginare che i blog "di attualità" contengano spesso un linguaggio simile a quello dei giornali, con sintassi articolata, rispetto delle convenzioni ortografiche e morfosintattiche e scelte lessicali vincine a un "uso medio". Si può anche immaginare che le diversità rispecchino caratteristiche bene note al di fuori del web. Per esempio, a livello lessicale, nel linguaggio giornalistico si trovano di rado:
> – parolacce (abbondanti invece nei diari);
> – parole espressive e concrete in generale (abbonanti nei diari);
> – parole letterarie (abbondanti nei blog letterari).
> A livello morfosintattico, i tratti divergenti dallo standard si trovano:
> – abbondanti nei diari;
> – in parte (egli > lui ma non tu > te) nei blog di attualità, secondo i criteri di distribuzione tra neostandard e substandard fissati da Tavoni (2006) (...);
> – con controesempi nei blog letterari ("egli", "coloro", -d eufonica ecc.).

È interessante notare in fine che, limitatamente ai blog diario, in mancanza di dati empirici riguardo alla realtà italiana, Tavosanis (2011: 161) si rifà alle considerazioni di Crystal, che in buon parte sembrano estendibili anche ai diari on-line italiani:

---

194 Cfr. Tavosanis (2011: 151): "nella coppia" "anedottico/aneddotico" la grafia sbagliata è due volte più comune di quella corretta; nella coppia "ingegniere/ingegnere" la grafia sbagliata rappresenta solo lo 0,03 % di tutti i casi. (...) Anche la frequenza assoluta è molto variabile: Google forniva per esempio 6.480.000 pagine con la parola "scienza" e solo 114 con la parola "aneddotico").

195 Lo riconosce lo stesso Tavosanis (2011: 151) anche per il fatto che "le parole incluse nella lista sono comunque tipiche di una scrittura letteraria".

196 Cfr. Tavosanis (2011: 152): "Per valutare questo stato di cose occorre (...) entrare nei dettagli e prendere in esame, più che il genere blog nel suo complesso, i sottogeneri che lo compongono".

(...) Crystal (2006: 242) ritiene che siano i blog diario ad avere "i tratti linguistici più" e usa due campioni di post (in inglese) di questa origine per mostrare come, in un contesto "largamente ortodosso" per quanto riguarda gli standard di scrittura, si trovino variazioni di rilievo dalla norma per quanto riguarda l'ortografia, la punteggiatura, il lessico, la suddivisione in frasi e molti altri aspetti (ivi, pp. 244–5). Le caratteristiche (...) vengono ritenute da Crystal completamente in conflitto con "tutto ciò che ci è stato detto nella tradizione grammaticale degli ultimi 250 anni rispetto al modo in cui si deve scrivere (ivi, p. 245), e tali da giustificare un nome a parte: "prosa libera" (*free prose*, ivi, p. 246).

Capitolo 4. Il corpus e la metodologia

In questo capitolo oltre ad affrontare il problema dell'allestimento del corpus, oggetto di studio nella parte analitica della tesi, ci si propone di fornire alcuni cenni sulla metodologia seguita, nonché sugli strumenti utilizzati per l'analisi del corpus in relazione agli obiettivi del presente lavoro. Segue una serie di dati quantitativi sul corpus proposti in chiave diamesica.

4.1. L'allestimento del corpus

Prima di passare alle dimensioni del corpus e alla selezione del materiale linguistico, i due problemi che inevitabilmente comporta la costruzione di qualsiasi corpus, va espressa una premessa costituita dal fatto che siamo di fronte, nella parte analitica, a due test empirici, diversi fra di loro: uno relativo alla veste paratestuale del blog, inteso qui in termini di format di pubblicazione, elemento essenziale del genere testuale 'diario on-line' (testata, barre laterali, commenti ecc.) e l'altro relativo agli aspetti grafici e più prettamente linguistici, testuali e sintattici in particolare, osservabili nei post. Di conseguenza, a partire da un unico campionamento, in seguito al quale abbiamo selezionato 100 diari on-line, abbiamo creato due corpora. Il primo corpus è costituito da cento file blog_numero.mht, salvati nella cartella "Corpus Splinder (post + paratesto)" scaricabile da drive.google.com (link in bibliografia), contenenti tutti gli elementi dell'interfaccia grafica dei relativi blog; il secondo corpus è costituito dagli stessi cento post al netto del corredo paratestuale, copiati e incollati in un unico file "Corpus_Splinder_solo_post.pdf", scaricabile da drive.google.com (link in bibliografia). Il campionamento ha avuto luogo negli ultimi dieci giorni del mese di maggio del 2008 fra i blog della piattaforma Splinder che sono stati aggiornati almeno una volta nel periodo in questione.

Tabella 4.1. I blog e i post del corpus Splinder

	indirizzo URL	titolo blog		Data di pubblicazione XX maggio 2008	Numero di parole grafiche
blog_001	http://likearose.splinder.com/post/17208332	Like a rose	post_001	22 maggio	317
blog_002	http://stellagiugi.splinder.com/post/17208060/Pillola+di+felicità.	Diario di bordo	post_002	22 maggio	175

	indirizzo URL	titolo blog		Data di pubblicazione XX maggio 2008	Numero di parole grafiche
blog_003	http://unfoglioarighe.splinder.com/post/17207665/...	Pensieri stropicciati	post_003	22 maggio	63
blog_004	http://poisoned-apple.splinder.com/post/17207641	Nella botte piccola sta il vino... acido!!!	post_004	22 maggio	147
blog_005	http://nerafanciulla.splinder.com/post/17206576	Black Soul	post_005	22 maggio	228
blog_006	http://hitman.splinder.com/post/17206292/Sparirò+per+un+pò...	Immagini di vita comune	post_006	22 maggio	246
blog_007	http://lookingjapan.splinder.com/post/17204969/sì...cambiare!	once in a lifetime...	post_007	22 maggio	193
blog_008	http://sottoilsoledimilano.splinder.com/post/17203719/_	Sotto il sole di Milano	post_008	22 maggio	14
blog_009	http://senzapiuanima.splinder.com/post/17202887	l'anima vola via e la notte ti invade...	post_009	22 maggio	287
blog_010	http://dottoressainerba.splinder.com/post/17198139/Il+taglio+del+cordone	Diario di una dottoressa in erba	post_010	22 maggio	155
blog_011	http://elclot.splinder.com/post/17220989	VEN-BCN solo andata	post_011	23 maggio	132
blog_012	http://caffeneroamarobollente.splinder.com/post/17220461/io-divorzio-dai-miei	Caffèneroamarobollente	post_012	23 maggio	24
blog_013	http://eclissidirosa.splinder.com/post/17208191/Un+groppo+in+gola+che+non+va+v	Rosa rosae	post_013	23 maggio	160
blog_014	http://mami.splinder.com/post/17219589	Comunque... Ligure...	post_014	23 maggio	140

	indirizzo URL	titolo blog		Data di pubblicazione XX maggio 2008	Numero di parole grafiche
blog_015	http://dida.splinder.com/post/17218787/rissosi+risotti	Dida	post_015	23 maggio	182
blog_016	http://sunrisesun.splinder.com/post/17216672/%3F%3F%3F	Sunrise	post_016	23 maggo	73
blog_017	http://monna83.splinder.com/post/17216461/a-uff	Monn@83	post_017	23 maggio	215
blog_018	http://esercitazionisegrete.splinder.com/post/17220578/noooo	Esercitazioni segrete	post_018	23 maggio	50
blog_019	http://silf.splinder.com/post/17221044/novita-e-vecchiume	Silfide	post_019	23 maggio	55
blog_020	http://stewinya.splinder.com/post/17221086/sempre	Storie di una Pinguina	post_020	23 maggio	138
blog_021	http://maleficamente.splinder.com/post/17230267/presa-di-coscienza	Maleficamente malefica	post_021	24 maggio	19
blog_022	http://pepita80.splinder.com/post/17226661	Perchè la vita è un brivido che vola via...è tutto un equilibrio sopra la follia...	post_022	24 maggio	976
blog_023	http://theamazing1.splinder.com/post/17226629/La+cosa+giusta...	The Drowned World 2.0	post_023	24 maggio	315
blog_024	http://mymindflyingaway.splinder.com/post/17224284	My Diary's pages	post_024	24 maggio	80
blog_025	http://ziacris.splinder.com/post/17230208/leggendo-un-post	Le nebbie di Avalon 2.0	post_025	24 maggio	176
blog_026	http://ilcavalieredinverno.splinder.com/post/17223525/Voglia+di+week-end	Il cavaliere d'inverno	post_026	24 maggio	134

	indirizzo URL	titolo blog		Data di pubblicazione XX maggio 2008	Numero di parole grafiche
blog_027	http://fantasilandiabyk.splinder.com/post/17221959/Addio!	Fantasilandia	post_027	24 maggio	106
blog_028	http://veneacasa.splinder.com/post/17228552/lamoreodio-metereologico-mi-sta-distruggendo	venerdi', ore 22:00 e sono a casa	post_028	24 maggio	127
blog_029	http://tobytown.splinder.com/post/17225914/De+-+narcotizzare+se+stessi	La Città Di Toby	post_029	24 maggio	1023
blog_030	http://pucciosa.splinder.com/post/17230065/la-metamorfosi	Strange Path	post_030	24 maggio	69
blog_031	http://diaripisani.splinder.com/post/17241207/cosa-ho-fatto	Diari pisani	post_031	25 maggio	120
blog_032	http://principinoalbi.splinder.com/post/17240786/aggiornando-con-cadenza-sempre-meno-regolare	Al sicuro da... ogni sicurezza!	post_032	25 maggio	45
blog_033	http://macfortress.splinder.com/post/17241383/felicita-domenicale	Macfortress	post_033	25 maggio	101
blog_034	http://magmell.splinder.com/post/17240757/ngeeeeh-ngeeeeh	Mag Mell	post_034	25 maggio	410
blog_035	http://anamorfica.splinder.com/post/17241323/non-so-proprio-campare	Non mi avreta mai come volete voi!	post_035	25 maggio	260
blog_036	http://fatagattina.splinder.com/post/17240679/fatagattina-e-la-memoria	Fatagattina	post_036	25 maggio	137
blog_037	http://darlibresalida.splinder.com/post/17241201/festa	Diro' sempre quello che penso	post_037	25 maggio	21
blog_038	http://klaudia78.splinder.com/post/17240643/post	Stream of consciousness	post_038	25 maggio	801

	indirizzo URL	titolo blog		Data di pubblicazione XX maggio 2008	Numero di parole grafiche
blog_039	http://cangiante.splinder.com/post/17241276/allergia	Niente di che	post_039	25 maggio	117
blog_040	http://aideruko.splinder.com/post/17240637/finalmente-ce-labbiamo-fatta	Purple Haze	post_040	25 maggio	49
blog_041	http://darkemperor.splinder.com/post/17255176/una-giornata-qualsiasi-prime-esperienze-sessuali-con-una-chitarra	Dark Diamond's Nest	post_041	26 maggio	722
blog_042	http://iltedegliangeli.splinder.com/post/17255139/allimprovviso	Il té degli angeli	post_042	26 maggio	549
blog_043	http://markuz.splinder.com/post/17255155/post	Clinico osservatore del carnevale umano!	post_043	26 maggio	112
blog_044	http://diassa.splinder.com/post/17255124/post	DIASSA 2.0	post_044	26 maggio	141
blog_045	http://messygirl.splinder.com/post/17255664/lacrimuccia	...I'm not sorry... it's human nature...	post_045	26 maggio	601
blog_046	http://tilasciounaricetta.splinder.com/post/17255652/caffe-aromatizzato-alla-cannella	Ti lascio.... Una ricetta	post_046	26 maggio	106
blog_047	http://lightblue01.splinder.com/post/17255158/nuoto	şLightblue01 3.0	post_047	26 maggio	157
blog_048	http://martinofeden.splinder.com/post/17255673/altalenante	Martin of Eden	post_048	26 maggio	195
blog_049	http://soise.splinder.com/post/17255610/liquidi-di-malaffare	Occhi di scimmia	post_049	26 maggio	427

	indirizzo URL	titolo blog		Data di pubblicazione XX maggio 2008	Numero di parole grafiche
blog_050	http://incontridisguardi.splinder.com/post/17255555/dolce-e-amaro-caramelloun-nuovo-inizio	INCONTRI DI SGUARDI	post_050	26 maggo	531
blog_051	http://bastax.splinder.com/post/17258786/si-va-bene-pero-non-va-bene	Quel che di solito non scrivo	post_051	27 maggio	186
blog_052	http://gitsu1969.splinder.com/post/17268077/il-mio-spazio	LA TELA DEL GITSU	post_052	27 maggio	37
blog_053	http://blumi.splinder.com/post/17268106/se-solo-avessi-le-parole-te-lo-direi-anche-se-mi-farebbe-male	Sitting on the dock of the (E) bay	post_053	27 maggio	357
blog_054	http://binah.splinder.com/post/17266431/mi-fa-male-il-gulliver	Binah	post_054	27 maggio	135
blog_055	http://halfwaytoanywhere.splinder.com/post/17267627/post	Halfway To Anywhere	post_055	27 maggio	166
blog_056	http://thut.splinder.com/post/17267661/post	you are my destiny	post_056	27 maggio	428
blog_057	http://medly.splinder.com/post/17268168/post	Ragazza Bonsai	post_057	27 maggio	274
blog_058	http://gettalamaschera.splinder.com/post/17267623/liberta	Getta la maschera	post_058	27 maggio	54
blog_059	http://funkydildo.splinder.com/post/17268122/post	FunkyDildo Style	post_059	27 maggio	38
blog_060	http://littlestar1988.splinder.com/post/17262748/che-afa	...My simply life...	post_060	27 maggio	343
blog_061	http://wholly.splinder.com/post/17281217/lavori-in-corso	Piccola citta' eterna	post_061	28 maggio	90

indirizzo URL		titolo blog		Data di pubblicazione XX maggio 2008	Numero di parole grafiche
blog_062	http://kazinger.splinder.com/post/17280773/ci-scusiamo-per-il-disagio	ostia che astio...	post_062	28 maggio	40
blog_063	http://insolita7mente.splinder.com/post/17281070/soffio	Insolita/Mente	post_063	28 maggo	168
blog_064	http://leggenda.splinder.com/post/17280557/post	Il blog di una leggenda	post_064	28 maggio	382
blog_065	http://treeonthehill.splinder.com/post/17280615/tempo	Tree on the hill	post_065	28 maggo	181
blog_066	http://percynhax.splinder.com/post/17280721/vivo	Percy	post_066	28 maggio	295
blog_067	http://orangecat.splinder.com/post/17281181/cartoline	S_Vago di Gatto	post_067	28 maggio	213
blog_068	http://margherappy.splinder.com/post/17280754/post	dal sudan con...calore	post_068	28 maggio	423
blog_069	http://misiasays.splinder.com/post/17280745/prima-che-tu-dica-pronto	el cielo es azul, just don't go telling everyone.	post_069	28 maggio	479
blog_070	http://ivanaesposito.splinder.com/post/17281162/new-zealand	Ivana	post_070	28 maggio	51
blog_071	http://orghetto.splinder.com/post/17293383/post	Orghetto	post_071	29 maggio	172
blog_072	http://sonoquisoloperte.splinder.com/post/17293380/ansia	all'improvviso nell'oceano aperto...	post_072	29 maggio	8
blog_073	http://missgf.splinder.com/post/17292862/e-basta	Stella	post_073	29 maggio	175

	indirizzo URL	titolo blog		Data di pubblicazione XX maggio 2008	Numero di parole grafiche
blog_074	http://pensieridicarta.splinder.com/post/17292848/post	Pensieri di carta	post_074	29 maggio	3
blog_075	http://iscreammylove.splinder.com/post/17293199/servizio-fotografico-davvero-schifoso	I scream my love	post_075	29 maggio	158
blog_076	http://cronachesemiserie.splinder.com/post/17292762/un-nuovo-inizio	La vita che vorrei...	post_076	29 maggio	219
blog_077	http://astio.splinder.com/post/17292686/oggi	attorno a un ombelico	post_077	29 maggio	56
blog_078	http://puntinipuntini.splinder.com/post/17292904#comment	...PuntiniPuntini...	post_078	29 maggio	118
blog_079	http://oriana75.splinder.com/post/17292597/ho-sognato-olindo	Oriana	post_079	29 maggio	234
blog_080	http://tashucan.splinder.com/post/17281006/statte-zitto	Ricci,capricci e deliri notturni.	post_080	29 maggio	87
blog_081	http://lucianobellomo.splinder.com/post/17305263/richard-dawkins-1	BIG LUC ONE	post_081	30 maggio	222
blog_082	http://gysmysdreamdoor.splinder.com/post/17301855/pensieri+contorti...	Luce di Stella	post_082	30 maggio	697
blog_083	http://redellacantina.splinder.com/post/17305328/la-cosa-piu-triste	REDELLACANTINA	post_083	30 maggio	179
blog_084	http://ilpptaatim.splinder.com/post/17300958/un+venerdì+in+ufficio	La vita di un programmatore	post_084	30 maggio	824
blog_085	http://vegetariano.splinder.com/post/17305357/balene	Vegetariano	post_085	30 maggio	296

	indirizzo URL	titolo blog		Data di pubblicazione XX maggio 2008	Numero di parole grafiche
blog_086	http://memoriestanche.splinder.com/post/17304867/minchia-e-russi	Pornocrazia	post_086	30 maggio	260
blog_087	http://marinen.splinder.com/post/17305320/essere-o-non-essere	Essere o non essere? | No one ever really dies...	post_087	30 maggio	98
blog_088	http://unpodispazioancheperme.splinder.com/post/17305356/mah	NIC	post_088	30 maggio	46
blog_089	http://logans86.splinder.com/post/17298885/aria-di-cambiamento	Logans86 webspace	post_089	30 maggio	29
blog_090	http://fabydelilah.splinder.com/post/17296786	FabyDelilah	post_090	30 maggio	150
blog_091	http://ssiablog.splinder.com/post/17313817/post	Ssia blog	post_091	31 maggio	6
blog_092	http://scarlettohara.splinder.com/post/17314154/la-giacca	SCARLETTOHARA	post_092	31 maggio	446
blog_093	http://maipari.splinder.com/post/17314203/la-birretta-tranquilla	MAI PARI	post_093	31 maggio	251
blog_094	http://hacca.splinder.com/post/17313610/troppo-troppo	"Lasciate Ogni Speranza Voi Ch'entrate	post_094	31 maggio	491
blog_095	http://scarabokkiato.splinder.com/post/17313854/varie-ed-eventuali	KAT i suoi scarabokki!	post_095	31 maggio	316
blog_096	http://ladradisaponette.splinder.com/post/17313829/post	Ladra di saponette	post_096	31 maggio	16
blog_097	http://likeladygodiva2.splinder.com/post/17314047/la-principessa-che-non-sorrideva	LikeLadyGodiva	post_097	31 maggio	418

indirizzo URL	titolo blog		Data di pubblicazione XX maggio 2008	Numero di parole grafiche
blog_098 http://hiko.splinder.com/post/17313682/viaggiare	Uter Temporibus	**post_098**	31 maggio	153
blog_099 http://lunaticaparanoica.splinder.com/post/17313826/post	Lunaticaparanoica	**post_099**	31 maggio	181
blog_100 http://architettisinasce.splinder.com/post/17311206/cazzarola	Ma Architetti si nasce?	**post_100**	31 maggio	417
				22652

La tabella riporta per ogni componente dei due corpora il modo in cui essa sarà denominata all'interno delle analisi a seguire: la dicitura blog_numero si riferisce al file contenente la pagina web del rispettivo diario on-line nella sua interezza grafico-paratestuale, mentre l'etichetta post_numero si riferisce al corrispondente post.

4.1.1. Selezione del materiale

Al fine di giustificare le nostre scelte in fatto di materiale selezionato nel processo della costruzione dei nostri corpora occorre fornire uno sguardo d'insieme sull'architettura della blogosfera italiana e su alcune possibili tassonomie dei blog.

Una prima possibile classificazione proposta sin dagli inizi del fenomeno è quella basata sulle funzioni svolte dal blog e dal tipo di contenuti in esso dominanti. Si distinguono così: *Filter Style Blog* (Filter-Blog, F-Blog) e *Free Style Blog* (Fs-Blog). I primi, tipici della prima fase del fenomeno del *blogging*, sono blog tematici e specialistici, nei quali l'elemento più evidente sono i link rimandanti ad altri siti della rete che sono stati selezionati e recensiti dall'autore del sito ad uso proprio, ma soprattutto dei lettori del blog. È a questa attività di selezione e commento che i blog di questo tipo devono la loro caratterizzazione funzionale in termini di "filtro" dei contenuti presenti sul web.

I *Free Style Blog*, invece, definiti da alcuni anche *Block Notes Blog* (Di Fraia 2007: 32), a differenza dei *Filter Blog* concentrati su contenuti "esterni" e specialistici, sono più personali, spaziando a livello di sottotipi dalla versione on-line dei tradizionali diari cartacei, alle agendine degli appunti su cui lo scrivente prova a fissare i pensieri di cui vuole tenere memoria.

Una classificazione leggermente più articolata è quella proposta da Blood (2000), al centro della quale sta l'intersezione dell'asse relativo al profilo tematico del blog (contenuti esterni *vs* contenuti interni) e di quello dato dalla natura, individuale o collettiva del blog. Ne consegue una mappa concettuale in grado di accogliere i diversi tipi di blog. Attraverso tale mappa è possibile distinguere tra i blog individuali, tra i quali i *Filter-Blog*, i *Free Style Blog* e i blog diaristici *Life Blog* (L-Blog) o *Life Journal Blog*. Per quanto riguarda invece i blog collettivi, la mappa permette di distinguere tra quelli che hanno come oggetto tematiche esterne al gruppo degli scriventi e pertanto si configurano come spazi collaborativi e quelli che, avendo per oggetto il gruppo stesso, si profilano come ambienti di reciproco aiuto.

Ai fini del presente studio ricorriamo alla proposta da Di Fraia (2007: 34), ispirata al modello di Blood, in cui la concettualizzazione delle principali tipologie di blog viene presentata su una mappa bidimensionale a monte della quale sta l'ipotesi che scrivere sul blog corrisponda in linea di massima

> a narrare di sé o di altro a un pubblico più o meno vasto e intimo di lettori effettivi o potenziali. Gli assi che generano la mappa sono le due dimensioni a nostro avviso più significative nel discriminare, in relazione all'ipotesi, le diverse tipologie di blog. L'asse verticale è relativo ai contenuti prevalenti sul blog, che possono essere immaginati disposti all'interno del continuum "Narrare di sé-Narrare di altro". Quello orizzontale è invece indicativo del destinatario principale del racconto in rete e ha come poli: "Narrare a sé-Narrare agli altri".

Riportando le diverse tipologie di blog sulla mappa si ottiene lo schema seguente.

Figura 4.1. Mappa delle diverse tipologie di blog

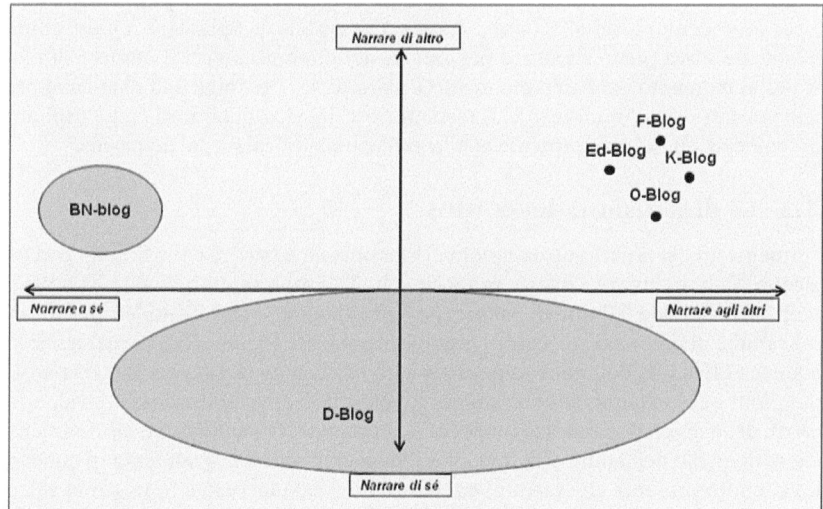

All'interno della mappa proposta i *Filter Blog*, insieme con *O-Blog* (blog delle aziende e organizzazioni), *K-Blog* (*Knowled Blog*, ovvero i blog aventi funzioni di "deposito" di informazioni e osservazioni su un argomento specifico), *Ed-Blog* (blog educativi), trovano la loro collocazione nel quadrante in alto a destra, risultando marcati con il tratto "narrare di altro" sull'asse verticale, e con il tratto "narrare agli altri" sull'asse orizzontale.

I blog diaristici (D-Blog, o anche diari on-line nella terminologia proposta da noi) vengono a posizionarsi nella parte inferiore della mappa: quelli più propriamente introspettivi nel quadrante sinistro che delinea la dimensione intima; quelli più aperti all'esterno nel quadrante destro, che, al contrario, è legato ad a una dimensione più relazionale e dialogica dello scrivere in rete. Si badi che l'ellisse della categoria in questione arriva a toccare il tetto dato dall'asse orizzontale dal momento che il confine tra il narrare di sé e il narrare di altro non è sempre così evidente. Basi pensare all'esempio delle opinioni personali (parlare di sé) su un argomento esterno (parlare di altro).

Nell'intento di costruire un campione omogeneo dal punto di vista dell'appartenenza del materiale selezionato al genere di discorso 'diari on-line' ci siamo fatti guidare da un criterio contenutistico: abbiamo preso in considerazione soltanto i blog che ospitavano diari personali, escludendo quelli che corrispondevano ad altre tipologie di diario, come ad esempio il diario letterario, giornalistico, aziendale ecc.

Splinder, essendo al momento del campionamento la prima piattaforma per il *blogging* italiana, sia storicamente che per il numero di blog e utenti, ci è parsa un'utile fonte di materiale a partire dal quale costruire il corpus anche per la tipologia dei blog ivi ospitati. Tavosanis (2011: 158), a tal proposito, valuta la consistenza dei blog diaristici in Italia nel 2007 "all'interno della forchetta del 41% (stima minima, proveniente dalla ricerca precedente) e del 67% (stima massima ricavabile da Splinder)". Quest'ultima percentuale trova pieno riscontro nei dati da noi ottenuti: infatti il numero di blog scartati al momento del campionamento è stato di 43. Dei totali 143 blog candidati quelli scartati sono quindi il 30%. Il restante 70% dei blog qualificati come ospitanti diari coincide quasi perfettamente con la percentuale calcolata da Tavosanis.

4.1.2. Le dimensioni del corpus

Le dimensioni dei nostri due campioni si giustificano a partire dalle finalità con cui nascono. Va fatto notare a questo proposito che "la rappresentatività non ha nulla di oggettivo e dipende dal tipo di usi previsti" (Rastier 2003: 132). Se un corpus ideato per lo studio di fatti lessicali, come i grandi corpora che stanno alla base dei lessici di frequenza LIF e LIP, dovrebbe raggiungere un'estensione che superi 100000 parole, i campioni per lo studio dei fatti sintattici possono essere molto meno estesi, e ciò in virtù delle diverse grandezze in gioco. Il numero dei tipi sintattici è infinitamente minore di quello dei lemmi. Per fornire un'idea degli ordini di grandezza in questione, va tenuto presente che i lemmi contenuti in vocabolari estesi si possono calcolare nell'ordine di dieci alla quinta, mentre all'interno di una categoria sintattica, il numero di tipi si colloca in generale al di sotto dell'ordine di dieci alla seconda.

Il *corpus* di post è costituito, nella sua interezza, da 22687 parole grafiche (pari a 26944 *tokens* e 23149 *words*), risultando di dimensioni ridotte se confrontato con i grandi corpora allestiti per studi lessicali. Se, invece messo a confronto con quelli che stanno alla base di studi di fatti sintattici, come ad esempio quello di Voghera 1992, 12000 occorrenze o Corpus Penelope, 30000 occorrenze, ci pare di estensione più che sufficiente. Un'ulteriore conferma di questa convinzione è data dal rapporto TTR, che calcolato a livello del 19% si piazza sotto la soglia del 20%. Una volta superata questa percentuale, stando a Bolasco (1999: 203), si ha corpora di dimensioni sufficienti per un approccio statistico.

Il corpus di blog è costituito da cento blog diaristici, numero sufficiente se consideriamo che il nostro campione costituisce almeno lo 0,83% del totale dei blog dell'intera piattaforma aggiornati almeno una volta nel periodo in questione. Il calcolo si basa sui seguenti dati. L'archivio dei post pubblicati in data 21 maggio 2008 comprendeva 20 pagine di cui ognuna contava 100 post. Se estrapoliamo il dato a tutto il periodo in questione il numero totale dei blog aggiornati dal 21 al 31 maggio 2008 ammonta a circa 20000. Dei 20000 due terzi sono quelli diaristici, il che porta al dato di 13000 blog circa. Sommando, nel nostro campione si è trovato ogni centotrentesimo blog diaristico del totale dei blog dell'intera piattaforma Splinder aggiornati almeno una volta nel periodo del campionamento.

4.2. Caratterizzazione socio-culturale degli scriventi: chi sono i blogger?

Mentre nei testi vincolanti (cfr. § 2.3.3.6.), testi giuridici ad es., le idiosincrasie degli scriventi non arrivano a manifestarsi nella superficie linguistica, i diari on-line, appartenendo alla categoria dei testi poco vincolanti, risultano almeno potenzialmente penetrati nella loro veste verbale da stili personali e caratteristiche riconducibili al profilo socio-culturale degli scriventi. Di conseguenza sembra opportuno fornire alcuni dati in merito.

A titolo di premessa a quanto segue occorre accennare alle difficoltà riscontrate nel reperimento dei dati in questione. I blogger, infatti, molto spesso si impegnano in giochi identitari più o meno delicati (cfr. § 5.1.2.) mettendo a disposizione di eventuali lettori meno dati personali di quanto non succeda ad es. nei profili su Facebook. I dati presentati in seguito sono quindi per forza incompleti. In alcuni casi in cui mancavano informazioni fornite dall'autore stesso è stata possibile una ricostruzione del dato cercato a partire dalle forme grammaticali (sesso) o dai contenuti (età, provenienza, istruzione).

a) Sesso degli scriventi

67 scriventi sono donne. Il dato è in linea con la natura prevalentemente femminile del fenomeno, già messa in evidenza da diverse ricerche che, stando ai dati citati in Di Fraia (2007: 30–31), stimano la presenza delle donne tra il 52% e il 68% sul totale dei blogger.

b) Età degli scriventi

Per i 62 blogger cha hanno resa disponibile il dato in questione l'età al momento del campionamento varia dai 16 ai 50 anni. Raggruppando gli scriventi per quartili otteniamo la seguente tabella.

Tabella 4.2. Età degli scriventi

età media	27,20968
valore minimo	16
primo quartile	22
mediana	27
terzo quartile	31
età massima	50

Gli scriventi, nel complesso, risultano un gruppo omogeneo: oltre a due scriventi minorenni, 16 e 17 anni, e due scriventi ultraquarantenni, 47 e 50 anni, l'età di tutti i restanti blogger è contenuta nella fascia 18–39 anni.

c) Provenienza geografica degli scriventi

I dati sulla provenienza sono stati reso disponibile da 52 soggetti e si presentano come nel grafico.

Grafico 4.1. Provenienza geografica degli scriventi

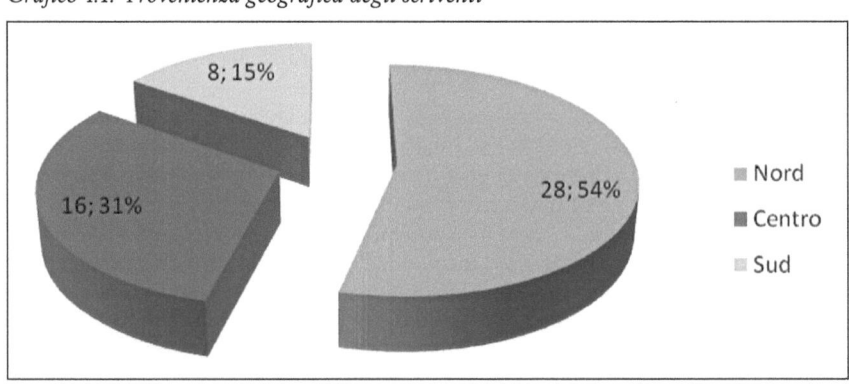

Nota: Le tre macroaree sono quelle adottate nella definizioni di ISTAT: Nord (Piemonte, Valle d'Aosta, Liguria, Lombardia, Trentino-Alto Adige, Veneto, Friuli-Venezia Giulia ed Emilia-Romagna), Centro (Toscana, Umbria, Marche e Lazio) e Sud (Abruzzo, Molise, Campania, Puglia, Basilicata, Calabria, Sicilia e Sardegna).

d) Il grado di istruzione e il mestiere degli scriventi.

Informazioni sul grado di istruzione e il mestiere sono quelle più difficilmente reperibili. È stato possibile avere dati precisi solamente su 20 scriventi per quanto riguarda il grado di istruzione (3 liceali, 12 studenti universitari e 5 laureati) e su 9 blogger per quanto riguarda la professione svolta (insegnante, cameriera, web designer, casalinga, giornalista, web Product Manager, informatico, logopedista, hostess di terra).

I dati raccolti, se estrapolati al totale degli autori dei testi che fanno parte del corpus, consentono di giustificare la scelta di dare più peso ai tratti linguistici ritenuti spie della variabilità diamesica a scapito delle altre dimensioni di variazione. L'insieme degli scriventi infatti non appare sufficientemente marcato socioculturalmente per poter privilegiare nell'analisi i tratti linguistici ritenuti tipici della variabilità lungo l'asse diastratico (non trattandosi di un omogeneo gruppo professionale dotato di un proprio socioletto) o diatopico (sono tutte persone alfabetizzate e, per ragioni anagrafiche, italofone, in cui il dialetto può venirsi a manifestare esclusivamente a scopi ludici). A causa delle caratteristiche dei profili socio-culturali degli scriventi, nonché per il carattere intrinseco dei blog diario che si profilano generici e non specialistici a livello dei contenuti la prima preoccupazione di chi si propone di studiare la lingua dei diari on-line in chiave diamesica dovrebbe essere quella di concentrarsi sulla testualità e sintassi[197] e non sui fatti lessicali.

4.3. Uno sguardo quantitativo sul corpus

Nel presente capitolo facciamo un breve cenno ad alcuni aspetti di statistica linguistica frutto dei calcoli sui dati raccolti nella convinzione che anche da un primo sguardo quantitativo al corpus siano ricavabili considerazioni che possano completare significativamente – o semplicemente anticipare – quelle che seguiranno nelle parti qualitative basate su conteggi manuali più mirati.

4.3.1. La lunghezza dei post

A osservare il semplice dato sulla lunghezza dei post, ciò che si pone in primo piano è una notevole disomogeneità: come evidenziato nel grafico sotto, il post più breve ha solo 3 occorrenze (post_074), mentre il più lungo ne conta ben 1023 (post_029).

---

197 Cfr. § 3.3.3.3. e le osservazioni ivi contenute sulla pertinenza dei fenomeni collocabili ai livelli alti dell'organizzazione del discorso, macrosintassi e testualità, per la caratterizzazione di un testo in chiave diamesica.

Grafico 4.2. La lunghezza dei post del corpus Splinder

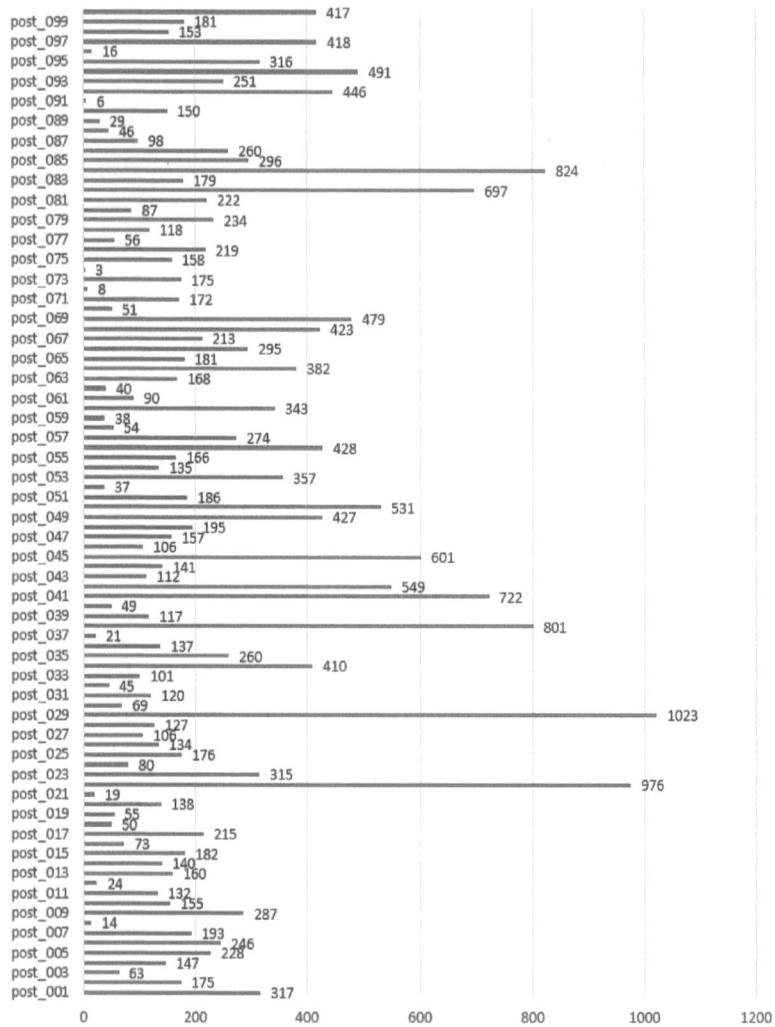

Dal momento che le dimensioni del post non sono indifferenti per le analisi che seguiranno, pare opportuno impiegare criteri di ripartizione in parti uguali come i quartili, che ci consentono di sapere a quale valore di lunghezza si collocano il 25% (primo quartile), il 50% (secondo quartile) e il 75% (terzo quartile) dei post del corpus.

Tabella 4.3. Ripartizione in quartili dei post di blog secondo la lunghezza espressa in parole grafiche

primo quartile	85,25
secondo quartile (mediana)	169,5
terzo quartile	226,19

Approssimando, si può dire che la metà dei post ha le dimensioni comprese fra un numero di parole grafiche poco meno di 100 e poco più di 200, mentre la media aritmetica è di 226. Se escludiamo dal campione un terzo costituito dai post più brevi e più lunghi, i rimanenti due terzi dei post hanno l'estensione compresa tra 100 e 500 parole risultando dunque un insieme molto meno disomogeneo di quanto sembrasse a un primo sguardo.

4.3.2. Evidenze statistiche sul corpus in prospettiva diamesica

4.3.2.1. Type / token ratio

Tra i diversi modi statistici[198] di misurare la complessità testuale del corpus ci interessano in primo le classiche misure lessicometriche, TTR *in primis*. La TTR si basa sul confronto del numero totale di parole (*word-types*) usate nel corpus, ovvero valore che esprime la consistenza del vocabolario, con il numero di occorrenze (*word-tokens*) usate, ovvero valore che esprime le dimensioni del corpus. Attraverso questa misura è possibile calcolare la ricchezza lessicale del testo in esame. Tanto più il valore ottenuto si accosta a 1 tanto più vengono usate parole diverse sulla totalità dei *tokens* e di conseguenza tanto più il vocabolario risulta ricco[199] dal punto di vista lessicale. Se espressa in valori percentuali, la misura indica il numero di parole differenti su 100 parole di seguito.

Come illustrato nella tabella qui sotto che accoglie il rapporto fra il lessico usato e le dimensioni per il post più breve del corpus (post_074), per il post più lungo del corpus (post_029) e per il corpus nella sua interezza il valore del TTR risente notevolmente delle dimensioni del testo (o del corpus) in esame, dal momento che

> il valore massimo 1 si ottiene quando la grandezza del vocabolario è pari alla lunghezza del testo che lo esprime. Questo succede quando il testo in questione è interamente formato da *hapax*, cioè da parole che ricorrono una volta soltanto, un'eventualità possibile sono con testi relativamente brevi (Lenci 2005: 133).

---

198 Cfr. a tal proposito Piemontese (1996) e il discorso ivi compreso su "indici di facilità di lettura" o "indici di leggibilità".
199 Cfr. a tal proposito tra gli altri Chiari (2007: 50), Lenci *et al.* (2005: 133).

Tabella 4.4. TTR (corpus Splinder, il post più corto e il più lungo)

	Types (lemmi)	*Tokens* (occorrenze)	TTR (%)
Corpus Splinder-post	3924	23149	16,9%
POST_074	3	3	100%
POST_029	1033	385	37%

Di conseguenza si tratta di una misura che permette di fare confronti a parità di lunghezza, ragione per la quale ci siamo proposti di procedere per microcampioni e di paragonare prima il valore medio della TTR calcolato per i sottocorpora scritto e parlato del corpus danese di Skytte *et al.* (1999)[200], come proposto nella Tabella 4.5., per poi mettere a confronto brani scelti con post del corpus Splinder-post di lunghezza simile.

Tabella 4.5. TTR, valori medi per testo (sottocampioni di scritto e parlato del corpus italo-danese di Skytte et al. 1999)

"La biblioteca" (parte italiana)	type (valore medio per testo)	token	TTR
Testi orali	192	667	29,84
Testi scritti	147	290	50,41
"Il presepe" (parte italiana)	type	token	TTR
Testi orali	94	225	43,62
Testi scritti	132	271	49,91

---

200 Il corpus cui si fa riferimento in questa sede con la dicitura "corpus italo-danese di Skytte *et al.* (1999)" è stato costruito nell'ambito dell'indagine comparativa italo-danese di un'equipe di linguisti danesi capeggiati da Skytte. La ricerca era volta a proporre tutta una serie di confronti interlinguistici, italo-danesi, ma anche intra-linguistici, ovvero all'interno della parte italiana del corpus, e simmetricamente della parte danese, in prospettiva diamesica, essendo il corpus costituito da testi paralleli orali e scritti. Nella costruzione del corpus sono stati usati due input extralinguistici sotto forma di film muti con il personaggio Mr. Bean interpretato da Rowan Atkinson: il primo, *Il presepio* (della durata di 3 minuti) e il secondo, *La biblioteca* (di 9 minuti), commentati sia per iscritto che oralmente da un gruppo di studenti italiani e danesi. In totale il materiale linguistico prodotto dai partecipanti è formato da 153 testi, di cui 62 danesi e 91 italiani. Di questi due corpora quello italiano, nella parte pertinente per i confronti diamesici, contiene in totale 81 testi: 27 testi scritti di cui 14 su *La biblioteca* e 13 su *Il presepio* e 27 testi orali di cui13 su *La biblioteca* e 14 su *Il Presepio*.

A prescindere dai dati relativi ai testi orali del sottocorpus "La biblioteca" difficilmente confrontabili con i restanti campioni della tabella per il numero di token decisamente più alto, i dati confermano una maggiore ricchezza lessicale dei testi scritti. I testi del nostro corpus si iscrivono in questa tendenza a pieno titolo risultando lessicalmente più ricchi non solo dei testi orali del corpus danese, bensì anche di quelli scritti. A supporto di tale conclusione può essere offerto un confronto (vedi sotto la Tab. 4.6. e la Tab. 4.7.) di singoli brani scelti di lunghezza contenuta fra i 200 e i 250 *tokens*.

Tabella 4.6. Brani del corpus danese di lunghezza contenuta fra i 200 e i 250 tokens

IMA*	types	tokens	TTR	ISB**	types	tokens	TTR
7.	70	143	48,95	6.	59	91	64,84
2.	65	145	44,83	3.	96	167	57,49
12.	83	152	54,61	13.	105	203	51,72
3.	90	163	55,21	1.	112	206	54,37
6.	91	164	55,49	8.	112	223	50,22
13.	83	192	43,23	9.	122	240	50,83
10.	82	198	41,41	10.	130	247	52,63
1.	81	215	37,67	11.	134	267	50,19
4.	87	237	36,71	2.	120	288	41,67
8.	85	237	35,86	4.	126	319	39,50
11.	114	281	40,57	5.	143	351	40,74
5.	120	292	41,10	7.	206	425	48,47
9.	128	312	41,03	12.	257	555	46,31
14.	143	415	34,46				

*Testi italiani orali ("italiensk mundtlige tekster") del sottocorpus "Il presepe"
** Testi italiani scritti ("italiensk skriftlige tekster") del sottocorpus "Il presepe"

Tabella 4.7. Alcuni brani del corpus Splinder-post di lunghezza contenuta fra i 200 e i 250 tokens *(occorrenze).*

Splinder-post	types	tokens	TTR (%)
post_005	128	235	54,47
post_006	135	247	54,66

Splinder-post	types	tokens	TTR (%)
post_055	124	207	59,90
post_067	150	214	70,09
post_076	158	253	62,45

Stando ai valori riportati nelle tabelle i testi del nostro corpus risultano sistematicamente meno ripetitivi a livello del lessico usato rispetto ai testi del sottocorpus "Il presepe" del corpus italo-danese di Skytte et al. (1999), cosa che emergerà anche all'esame qualitativo di esempi proposto nelle sezioni dedicate specificatamente alla testualità dei post del corpus.

4.3.2.2. Distribuzione percentuale delle principali categorie grammaticali

In prospettiva diamesica è interessante anche la ripartizione percentuale delle categorie morfosintattiche entro le quali risulta classificabile il lessico usato nei corpora di scritto e di parlato. Ai fini di un confronto in questo senso è stata allestita la Tab. 4.8., che mette il dato relativo al corpus Splinder con quello relativo allo scritto e parlato attinto a LIF e LIP, nonché a CorDIC[201], la più recente delle risorse disponibili per ricerche contrastive in chiave diamesica.

Tabella 4.8. *Peso percentuale delle diverse parti del discorso sul totale dei tokens: parlato scritto e diari on-line*

Parlato				Scritto				Diari on-line	
LIP		CorDIC-parlato		LIF		CorDIC-scritto		Splinder	
V	20,0%	V	20,7%	N	21,7%	N	24,7%	V	22,13%
N	15,7%	N	16,0%	Prep	17,2%	V	15,3%	N	19,19%

---

201 Con la sigla CorDIC si fa riferimento a *Corpora Didattici Italiani di Confronto* elaborati dall'equipe di LABLITA (Università degli Studi di Firenze) come supporto didattico al volume *Introduzione ai corpora dell'italiano* (Cresti/Panunzi 2013). Si tratta di due corpora (corpus CorDIC-scritto e corpus CorDIC-parlato) di pari dimensioni, il corpus CorDIC-scritto (502665 tokens) e il corpus CorDIC-parlato (499011 tokens), allestiti con l'intento di offrire una base di dati utili per il confronto tra le varietà scritta e orale dell'italiano. I due corpora sono disponibili on-line sul server del laboratorio LABLITA all'indirizzo http://corporadidattici.lablita.it/index.html. La consultazione e l'interrogazione del corpus è garantita dal software della piattaforma *open-source* elaborata nell'ambito del progetto *NoSketch Engine* (cfr. Rychly 2007), un'edizione limitata del software commerciale *Sketch Engine*. Per ulteriori informazioni su CorDIC cfr. il sito citato sopra oltre che il volume Cresti/Panunzi (2013).

Parlato				Scritto				Diari on-line	
Prep	11,6%	Avv	13,20%	Agg	17,0%	Prep	19,76%	Pro	11,20%
Pro	10,9%	Prep	11,53%	V	10,4%	Agg	9,30%	Prep	9,69%
Cong	10,1%	Pro	9,31%	Cong	4,3%	Cong	5,73%	Agg	7,87%
Avv	10,1%	Cong	6,54%	Avv	3,8%	Avv	5,03%	Avv	7,55%
Agg	8,8%	Agg	4,90%	Pro	2,5%	Pro	4,76%	Cong	6,63%

Per quanto riguarda l'opposizione fra gli usi parlati e scritti dal quadro percentuale presentato si ricavano strategie lessicali notevolmente diverse, in particolare:
- una diversa distribuzione dei nomi e dei verbi (vedi oltre);
- una maggiore presenza degli aggettivi negli usi scritti, il che va messo in relazione con la tendenza dello scritto ad espandere il gruppo nominale con attributi e apposizioni in misura maggiore rispetto al parlato;
- una maggiore presenza delle preposizioni nello scritto, il che va messa in relazione con la tendenza dello scritto a usare più subordinate implicite, spesso introdotte da una preposizione, rispetto al parlato;
- una maggiore presenza delle congiunzioni nel parlato, che va messa in relazione alla tendenza a prediligere le risorse subordinative con un verbo di modo finito a scapito di quelle deverbali;
- una maggiore presenza degli avverbi nel parlato, cosa che congiuntamente al dato sulla distribuzione delle congiunzioni va messa in relazione con la tendenza del parlato a usare più segnali discorsivi rispetto allo scritto, nel novero dei quali – trattandosi di una categoria eterogenea – vi sono soprattutto congiunzioni e avverbi.

A confrontare la distribuzione delle categorie grammaticali nel corpus Splinder-post, emerge una collocazione intermedia della lingua dei diari on-line, che da un lato risulta più vicina al parlato – e ciò in primo luogo per la percentuale alta dei verbi – dall'altra, considerata la percentuale delle congiunzioni, più vicina allo scritto.

4.3.2.3. Densità lessicale

Oltre alla ricchezza del vocabolario e alla ripartizione delle principali categorie grammaticali, pare interessante calcolare anche la densità lessicale che secondo Halliday (1992) è data dal rapporto tra parole piene (nomi, verbi, aggettivi qualificativi, avverbi lessicalizzati come ad es. gli avverbi in *–mente*) e parole vuote o grammaticali (articoli, congiunzioni, preposizioni, avverbi non lessicalizzati, pronomi e aggettivi non qualificativi, interiezioni).

Stando a Halliday (1992: 141 e seguenti) la diversa densità lessicale può essere considerata come caratteristica pertinente per la descrizione delle differenze fra scritto e parlato: quest'ultimo, essendo più ricco di parole grammaticali, è meno denso lessicalmente dello scritto, in cui, di contro, sul lessico funzionale prevalgono le parole piene (o parole contenuto come le definisce Halliday).

Prima di proporre il confronto volto a dare una collocazione alla lingua dei diari on-line entro la dicotomia scritto e parlato occorre far presente che il distinguo fra parole piene e parole vuote non è avulso da discussione, soprattutto in riferimento agli avverbi e aggettivi. Lo stesso Halliday (1992: 118) osserva:

> (...) dal lessico alla grammatica esiste un *continuum*: mentre molte voci di una lingua sono chiaramente di un tipo o di un altro, ne esistono sempre altre che sono probabilmente di un tipo intermedio. In inglese le preposizioni e certe classi di avverbi (per esempio, avverbi modali come *always* e *perhaps*) sono situati su questa frontiera. Volendo comparare l'inglese parlato a quello scritto non ha importanza dove esattamente tracciamo la linea di confine, a patto che lo facciamo coerentemente (Halliday 1992: 118).

Nel ricavare il dato proposto nel Grafico 3., in linea con il suggerimento di Halliday, avevamo adottato un criterio omogeneo: nel computo delle parole piene sono stati fatti rientrare gli avverbi in –mente sottratti dal numero totale degli avverbi.

Grafico 4.3. Parole piene vs parole vuote in CorDIC-scritto, CorDIC-parlato e Splinder-post

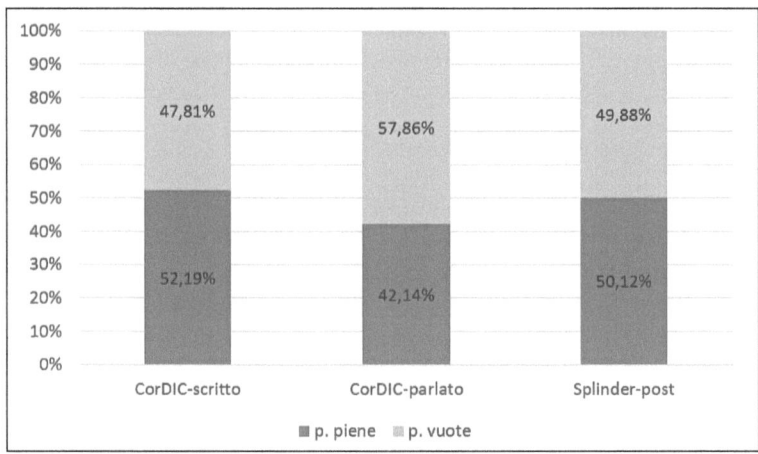

I valori riscontrati per il nostro corpus consentono di collocare la lingua dei diari on-line nettamente dalla parte del polo scritto degli usi della lingua.

4.3.2.4. Nomi e verbi

Un altro parametro pertinente per i confronti diamesici che ci proponiamo di fare è il rapporto tra nomi e verbi. Come messo in evidenza da diversi studiosi, la strategia lessicale dominante nel parlato (e non solo nel parlato italiano) è quella definibile come prevalenza del lessico verbale su quello nominale. Questa tendenza trova la sua spiegazione nella sua diversa modalità di pianificazione del parlato (cfr. § 3.3.3.2.) – particolarmente evidente nel parlato-parlato (quindi spontaneo e dialogico) – che si traduce in una struttura del testo altamente discontinua con frequenti riferimenti deittici in sostituzione dei nomi. Per citare Halliday (1992: 167), che mette in risalto la *vis* azionale del parlato, la lingua parlata rappresenta la realtà come processi in atto, mentre la lingua scritta la rappresenta come prodotti: "La scrittura crea un mondo di cose; il parlare crea un mondo di avvenimenti".

La conferma empirica di questo stato di cose abbozzato sopra è ricavabile non solo dalle percentuali del Grafico 3., bensì anche dai numeri forniti sotto (Tab. 4.9.) che, riguardando i quattro corpora romanzi del C-Oral-Rom, confermano la validità universale, o almeno trasversale alle lingue romanze, delle due differenti strategie lessicali dello scritto e del parlato.

Tabella 4.9. Nomi vs *verbi nei corpora* C-ORAL-ROM *(Cresti 2005b)*

Corpus	Nomi	Verbi
Italiano	19,51%	19,80%
Francese	15,90%	18,60%
Portoghese	15,31%	18,09%
Spagnolo	13,40%	17,12%

La disparità dei valori percentuali delle due classi lessicali riscontrata per l'italiano, come spiega Cresti (2005b: 165), responsabile del corpus italiano,

> è in gran parte dovuta ai diversi software usati da ciascuna delle *équipes* nazionali per l'etichettamento morfosintattico automatico, secondo proprie tradizionali e strumentazioni a disposizione. Tali programmi, che sono stati sviluppati e perfezionati per i corpora di lingua scritta, sono ancora in una fase sperimentale per quanto concerne il parlato e soprattutto quello spontaneo, come è il caso della nostra risorsa. In particolare, per quanto riguarda l'italiano, ricerche attualmente in corso permettono di anticipare che la valutazione dei Nomi appare sovrastimata. Essa dovrà essere ridotta di qualche punto percentuale, portando ad un risultato che evidenzierà da un lato in maniera molto più netta lo scarto tra Verbi e Nomi e dall'altro condurrà ad una maggiore vicinanza con i dati delle altre lingue romanze.

Indipendentemente dai calcoli per la parte italiana del C-Oral-Rom uno scarto in favore dei verbi anche per l'italiano viene pienamente confermato dai dati già citati nella Tab. 8.

È interessante inoltre dare uno sguardo alle percentuali dei verbi e dei nomi in diversi sottotipi di scritto e di parlato. Il LIP, ad esempio, comprende: a) conversazioni faccia a faccia; b) conversazioni telefoniche; c) dialoghi a presa di parola non libera (interviste, dibattiti, interazioni in classe, ecc.); d) monologhi (lezioni, omelie, arringhe, ecc.); e) programmi della radio e della televisione. Il LIF, invece, è costituito da: a) giornali e periodici; b) sussidiari; c) romanzi; d) opere teatrali; e) copioni cinematografici. È interessante perciò osservare la variazione nelle frequenze a seconda del tipo di testo.

Tabella 4.10. *Frequenza di occorrenze di nomi e verbi nei cinque tipi testuali del LIP, relativi ai primi 2000 lemmi (Voghera 2005a: 130)*

LIP (tipi di testo)	Nomi (tokens)	Verbi (tokens)
Conversazioni faccia a faccia	10,4%	19,1%
Conversazioni telefoniche	8,8%	20,8%
Dialoghi non liberi	14%	16%
Radio e TV	12,1%	17,1%
Monologhi	14,7%	15,1%

Come risulta dal Grafico 4. in tutti i tipi di parlato le occorrenze dei verbi prevalgono sulle occorrenze dei nomi.

Grafico 4.4. *Frequenza di occorrenze di nomi e verbi nei cinque tipi testuali del LIP, relativi ai primi 2000 lemmi (Voghera 2005a: 130)*

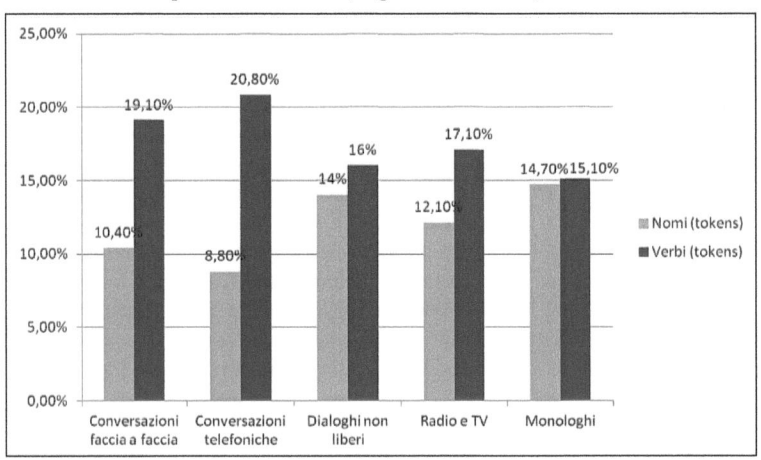

Oltre alla generale prevalenza dei verbi sui nomi riscontrata in tutti sottocorpora vi è da segnalare la variazione delle frequenze in rapporto ai diversi tipi di parlato: i nomi tendono a aumentare man mano che si passa dai testi dialogici a quelli monologici, mentre la distribuzione dei verbi ha un comportamento inverso. Per dirla con Voghera (2005a: 130) "la frequenza d'uso dei nomi e dei verbi varia in rapporto alla quantità di dialogo". Se teniamo presente che i programmi radiofonici e televisivi sono di regola dialogici, il fattore di minore o maggiore dialogicità non risulta sufficiente a spiegare le differenze di distribuzione delle categorie grammaticali in questione. Esse variano anche in rapporto ad un altro fattore che meglio spiega la netta cesura fra le conversazioni e i restanti tipi di parlato: il grado pianificazione. Si noti a tal proposito che nelle conversazioni sia faccia a faccia che telefoniche il lessico verbale è circa il doppio di quello nominale, mentre nei monologhi e nei dialoghi più controllati, e quindi più pianificati, la differenza è meno accentuata.

Diversità non dissimili – come mostrato nel grafico sotto – si riscontrano anche nello scritto.

Grafico 4.5. Frequenze di nomi e verbi nei cinque tipi testuali del LIF, relativi ai primi 2000 lemmi

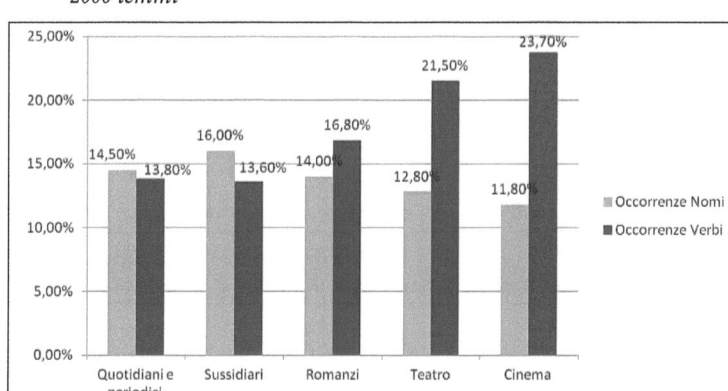

Si noti un divario fra giornali e sussidiari da un lato e romanzi, teatro e cinema dall'alto. Gli ultimi due tipi – trattandosi di mimesi del parlato dialogico spontaneo – comprensibilmente, si accostano ai valori rilevati per il parlato. Quanto ai romanzi, invece, la loro posizione intermedia sembra attribuibile ad altri due fattori. In primo luogo, a differenza di quanto avviene nei testi informativi (quotidiani e periodici, sussidiari) nei romanzi uno spazio non trascurabile è occupato dalle parti dialogiche. In secondo luogo, i romanzi hanno lunghe parti narrative nelle quali il discorso procede attraverso un concatenarsi di frasi verbali, anche pluriproposizionali, che rispetto alle risorse sintattiche nominali, riescono a esprimere molto meglio i rapporti temporali. I testi informativi, di contro, fanno un maggior affidamento sui nomi e nominalizzazioni, il che permette di convogliare l'informazione in un numero di clausole, rispetto ai testi narrativi, parlati o scritti che siano. Un assaggio di queste due strategie può essere offerto dal confronto che segue.

(1) (esempio tratto da Voghera 2005b: 467)
Sembra^VERBO che l'invenzione^NOME degli scacchi^NOME sia^VERBO legata^VERBO ad un fatto^NOME di sangue^NOME. Narra^VERBO infatti una leggenda^NOME che quando il gioco^NOME fu^VERBO presentato^VERBO per la prima volta^NOME a corte^NOME il sultano^NOME volle^VERBO premiare^VERBO l'oscuro inventore^NOME esaudendo^VERBO ogni suo desiderio^NOME.

(2) (esempio tratto da Voghera 2005b: 467)
Oltre 150 pagine^NOME, divise^VERBO in 20 schede^NOME tecniche, dal merato^NOME del lavoro^NOME al fisco^NOME, dal Sud^NOME alle pensioni^NOME. In ciascuna scheda^NOME un'analisi^NOME dettagliata delle situazioni^NOME e le azioni^NOME che la Confindustria^NOME sollecita^VERBO per restituire^VERBO competitività^NOME al paese^NOME.

L'esempio (1) è l'incipit di un romanzo e contiene 10 nomi e 9 verbi[202] distribuiti in 6 clausole, con una media di 1,6 nome per clausola. L'esempio (2), invece, contiene il primo capoverso di un articolo di un quotidiano e presenta 14 nomi e 3 verbi distribuiti in 14 clausole con una media di 4,6 nomi per clausola, risultando di conseguenza definibile in termini di una maggiore compattezza informativa.

Venendo infine ai dati relativi alla distribuzione delle occorrenze dei nomi e dei verbi nel nostro corpus, occorre far presente la posizione intermedia dei diari on-line rispetto ai dati riferiti all'intero corpus LIP, da un alto, e all'intero corpus LIF, dall'altro.

Tabella 4.11. *Peso percentuale dei nomi e dei verbi sul totale dei* tokens: *LIP, LIF, Splinder*

	LIP (sul totale dei *tokens*)	LIF (sul totale dei *tokens*)	Splinder-post (sul totale dei *tokens*)
Nomi	15,7%	21,7%	19,19%
Verbi	20,0%	10,4%	22,13%

Come riportato nella tabella sopra (Tab. 4.11.) nei diari on-line prevalgono i verbi, accostandosi alla distribuzione tipica del parlato, ma la loro superiorità numerica rispetto ai nomi è meno accentuata di quella riscontrabile nel LIP. Un'ulteriore conferma di questo status intermedio fra il parlato-parlato e lo scritto-scritto è ricavabile dal confronto con i sottocorpora scritti e parlati che si collocano a metà strada fra i poli estremi (vedi il grafico sotto).

---

202 Il computo proposto riguarda il numero dei verbi, quindi tutte forme verbali, e non di predicati. Questi ultimi, nell'esempio esaminato, sono 6.

Grafico 4.6.

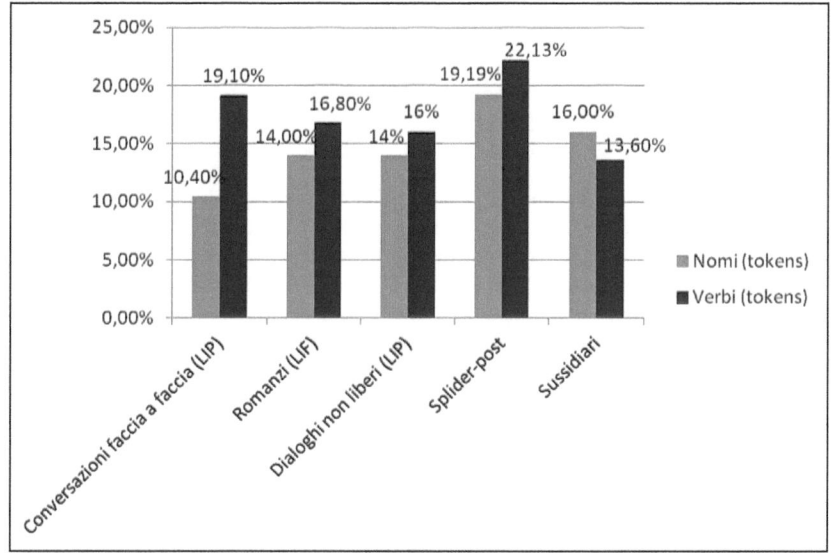

Quanto alla distribuzione delle occorrenze dei nomi e dei verbi, o meglio allo scarto di circa tre punti percentuali a favore dei verbi, da un lato i diari on-line, forse dato il peso della componente narrativa, risultano simili ai romanzi, dall'alto si avvicinano ai dialoghi non liberi. Quest'ultima somiglianza è da cercare nel fatto che i blogger, anche scrivendo di getto, hanno un controllo sulla codifica decisamente più elevato rispetto a chi partecipa ad uno scambio orale spontaneo. In questo chi scrive sul diario on-line, specialmente se di getto, si trova in condizioni enunciative piuttosto affini a quelle di chi partecipa a uno scambio orale non libero con ampi turni monologici: il compattare dell'informazione grazie al ricorso alle risorse sintattiche nominali risulta praticabile molto di più di quanto non avvenga nel parlato spontaneo, ma mai nella misura possibile in riferimento ai sussidiari, testi scritti, revisionati e soggetti a più fasi di redazione.

4.4. Conclusioni

In prospettiva diamesica, alla luce delle misure lessicometriche proposte, i diari on-line risultano:

- simili allo scritto-scritto nei valori relativi alla TTR;
- simili allo scritto nei valori relativi alla densità lessicale;
- simili al parlato monologico, tipico degli scami orali non liberi, nei valori relativi alla distribuzione dei nomi e verbi.

In definitiva, quindi, ciò che ne emerge è una posizione intermedia dei diari on-line rispetto alle spie numeriche della testualità parlata e scritta. Tale conclusione, nonostante i diari on-line siano collocabili dalla parte dello scritto a partire da due misure su tre (TTR, densità lessicale), si giustifica per il fatto che non sempre quando il dato numerico fa accostare il testo al polo scritto lo si possa definire, ad un esame qualitativo, confacente alla testualità scritta. Si osservi a tal proposito l'esempio sotto.

(3)

un libro[NOME] bellissimo da finire[VERBO] di leggere[VERBO] con calma[NOME] ed esclusività[NOME], voglia[NOME] di ballare[VERBO] tango[NOME] che sfogherò[VERBO] martedì[NOME], un risotto[NOME] che fa[VERBO] chi è[VERBO] più scalzo di me, uno spritz[NOME] con aperol[NOME] fatto in casa[NOME] con il ghiaccio[NOME] a forma[NOME] di puzzle[NOME], piedi[NOME] scalzi sul tappeto[NOME], uno smalto[NOME] melanzana[NOME] da piedi da urlo[NOME], piedi da urlo[NOME], il cielo[NOME] di un grigio[NOME] burrascoso, una pioggia[NOME] che promette[VERBO] una notte[NOME] di sonno[NOME] profondo, i tacchi[NOME] che fanno[VERBO] rumore[NOME] in un collegio docenti[NOME] infinito, i miei fumi[NOME] di londra[NOME] incazzati che sbroccano[VERBO] e sono[VERBO] apprezzati[VERBO] perchè esagerati e quasi mai inutili, la gita[NOME] di lunedì[NOME] con la truppa[NOME] della V b e i miei stivali[NOME] da pioggia[NOME] neri coi cuori[NOME] colorati.. non si può[VERBO] pretendere[VERBO] che sappia[VERBO] fare[VERBO] anche una lavatrice[NOME] giusta, ma si può[VERBO] pretendere[VERBO] che poi tutte le cose[NOME] diventate[VERBO] grigio[NOME] topastro per colpa[NOME] del mio golfinetto[NOME] nero finito[VERBO] chissà quando e chissà perchè nella divisa[NOME] da vergine[NOME] vestale buttata[VERBO] nel cesto[NOME] della biancheria[NOME], torno[VERBO] bianco[NOME] splendente dopo il magheggio[NOME] con quel prodotto[NOME] meraviglioso della grey[NOME]. venerdì[NOME] da strega[NOME] che un pò strega[VERBO]

Sulle 182 parole grafiche di cui è composto il brano sopra 83 sono parole grammaticali (evidenziate in neretto). In altri termini il 55 % dei tokens sono parole piene, il che congiuntamente all'alto numero dei nomi (50 nomi contro 22 verbi) farebbe del post in questione un testo notevolmente denso – non dissimile dai testi informativi, di divulgazione scientifica ad esempio – e perciò oneroso cognitivamente sia nella fase di produzione sia in quella di decodifica. In realtà, al di là della futilità dei contenuti trattati, se ci poniamo dalla parte del produttore vi è da segnalare la strategia "facile" di construzione del discorso consistente nella reiterazione di sintagmi nominali seguiti da clausole relative appositive. Attraverso questa costruzione seriale la blogger descrive gli ultimissimi fatti della sua vita quotidiana evitando il problema di strutturre bene i periodi. Ne risulta una narrazione anomala rispetto alla nostra idea di narrazione scritta in cui ci sarebbe da aspettarsi una maggiore presenza di clausole principali a testa verbale. A titolo di conslusione, anticipando quanto verrà detto nel. Cap 5 dedicato ai fatti testuali riscontrati nei post del nostro corpus, possiamo accennare all'importanza della ripetizione intesa non necessariamente come reiterazione di uno stesso materiale lessicale, bensì anche di schemi sintattici.

Capitolo 5. Testualità: aspetti paratestuali, testuali e grafici

Le osservazioni proposte nel presente capitolo riguardano il livello per così dire 'alto' dell'analisi linguistica, quello della costruzione del testo. Ciò che si intende indagare in particolare è l'interrogativo se sia possibile individuare strategie di testualizzazione tipiche o ricorrenti, ovvero tali da consentire di ricostruire le eventuali norme discorsive implicite a livello della testualità prevalenti o caratteristici dei diari on-line del corpus. In conformità alla concezione della testualizzazione intesa come risultato dell'interrelazione fra gli aspetti macrostrutturali (comprese le più generali condizioni situazionali ed enunciative vincolanti il processamento, codifica e decodifica del messaggio) e quelli microstrutturali, osservabili immediatamente nella veste linguistica del messaggio, l'analisi proposta seguirà un approccio combinato top-down / bottom-up partendo dall'esame della configurazione paratestuale dei post per poi, scendendo di livello, arrivare alla strutturazione formale e tematica dei post e infine ai fatti di microtestualità, connessione interperiodale ad esempio. Questi ultimi verranno a loro volta interpretati in ordine alla loro dipendenza da strategie macrotestuali legate alla più generali condizioni enunciative. Mentre tali condizioni sono già state oggetto di discussione in Cap. 2 (dedicato alla collocazione dei diari on-line all'interno di famiglie di generi testuali individuabili in base a diversi criteri, quelli autobiografici, quelli della CMC e quelli poco vincolanti) e in Cap. 3 (dedicato alle ai vincoli enunciativi dati dalle funzionalità del *medium* elettronico), nel presente capitolo ci si concentra sugli aspetti definibili in termini di coerenza e soprattutto di coesione, ovvero sul versante del materiale linguistico osservabile nella superficie del testo.

Com'è noto i fatti testuali difficilmente si lasciano cogliere in rigide e precise definizioni, e ciò sia per la loro complessità, sia

> perché la ricerca linguistica sconta in questo settore un relativo ritardo, il che fa sì che manchino almeno in parte le categorie descrittive e analitiche generalmente condivise che invece sono a disposizione per altri livelli linguistici (Roggia 2009: 333).

Di conseguenza occorre precisare preventivamente che il nostro studio, in virtù delle finalità prettamente descrittive, a volte ricorre a categorie descrittive dal solo valore operativo, a cui non va attribuita una grande portata teorica.

5.1. Aspetti paratestuali

Come argomentato in § 2.2.2.1. e in § 2.3.3.2. per poter classificare un testo come 'diario on-line' non contano le restrizioni stilistiche o comunque le restrizioni rintracciabili nella veste linguistica quanto piuttosto quelle relative al *format* testuale e alle condizioni di fruizione (il testo deve essere consultabile on-line), condizionamenti ai quali il concetto di testo si apre grazie proprio alla nozione di paratesto. Il funzionamento del genere testuale 'diario on-line' è quindi determinato a livello macrotestuale dalla sua configurazione paratestuale. Stando a Lane (2008: 1386) ogni "genre de discours (écrit, oral ou plurisémiotique) possède ses propres procédures de mis en oeuvre paratextuelle" e nel presente capitolo ci si propone di esaminare appunto i micro-testi che accompagnano il *post* con il quale intrattengono relazioni di co-occorrenza e che con il termine ripreso da Genette si ritiene opportuno chiamare paratestuali. Si tratta dunque di tutti gli elementi incorniciantil il *post*, le valenze dei quali, come risulterà chiaro dalle analisi proposte in seguito, non devono esaurirsi nella loro funzione primaria di "segnaletica" andando oltre il compito di aiutare il lettore a muoversi nel sito web rispondendo alle domande "dove sono? da dove vengo? dove vado?" (Cosenza 2005: 131).

Il concetto di 'paratesto' risale a Genette, il quale, prima in riferimento a opere letterarie (in *Palimpsestes*) e poi anche in riferimento all'editoria cartacea in generale (in *Seuils*), lo formula come segue:

> l'oeuvre littéraire coniste, exhaustivement ou essentiellement, en un text, c'est-à-dire (définition très minimale) en une suite plus ou moins longue d'énoncés verbaux plus ou moins pourvus de signification. Mais ce texte se présente rarement à l'état nu, snas le renfort et l'accompagnement dun certain nombre de productions, elles-memes verbales ou non (...) dont on ne sait pas toujours si l'on doit ou non considérer qu'elles lui appartiennent, mais qui en tout cas l'entourent et le prolongent, précisément puor le présenter (...) pour le rendre présent, pour assurer sa presence au monde, sa "reception" et sa consummation, sous la forme, aujourd'hui du moins, d'un livre. Cet accompagnement, d'ampleur et d'allure variables, constitue ce que j'ai baptisé ailleurs (Palimpsestes, 1982) le paratexte de l'oeuvre. Le paratexte est donc pour nous ce par quoi un texte se fait livre et se propose comme tel à ses lecteurs, et plus généralement au public (Genette (1987: 7).

La dimensione pragmatica del paratesto, che emerge con chiarezza dal passo riportato sopra, si realizza attraverso la funzione di mediare l'approcciarsi dell'utente al contenuto del libro. Tale mediazione avviene proprio nei dintorni del testo o – per riprendere il termine genettiano di *seuils* – sulla soglia del testo dove spesso viene dichiarato il genere, cosa che porta il lettore a costruirsi un universo di attese rispetto all'atto di lettura. Molte volte, quindi, l'utente arriva ad avere una visione piuttosto precisa di quanto lo aspetta, se sta per avventurarsi nella lettura di un saggio scientifico oppure di un romanzo rosa.

Entrano a far parte del paratesto sia elementi che si trovano fisicamente a contatto del testo, sia oggetti che vengono incontrati a distanza. Le recensioni, i dibattiti con gli amici, le locandine, i messaggi pubblicitari, appartengono alla classe delle soglie che stipulano una relazione remota con il contenuto di cui parlano: Genette li etichetta in generale come 'epitesto'. Il 'peritesto' si trova invece in una condizione di contiguità rispetto al testo che introduce: nei libri è rappresentato dalla copertina, dal nome dell'autore, dal titolo, dall'indice, dalle dediche, ecc.

Il concetto di paratesto applicato al diario on-line abbraccerebbe tutti gli elementi scritturali che sono altri rispetto al *post* (peritesto) nonché tutti i link e altri riferimenti presenti in altri siti, ad esempio nei blog di altri. Limitandoci a soli elementi del peritesto è utile proporre l'elenco degli elementi paratestuali gerarchizzato in tre livelli preso a prestito da Miani (2002: 77):

1. il primo livello è rappresentato dagli elementi dipendenti dall'ambiente del sistema operativo del computer che si sta usando (che offre la possibilità, ad esempio, di ridimensionare la finestra dell'applicazione o di tenerne aperte contemporaneamente diverse, ecc.);
2. il secondo livello è rappresentato dagli elementi dipendenti dagli strumenti di navigazione offerti dal *browser*: i principali strumenti che esso offre sono la possibilità di memorizzare una cronologia di pagine visitate (con la possibilità di andare avanti e indietro), di creare una lista di siti preferiti (i *bookmark*);
3. il terzo livello è rappresentato dagli elementi offerti dal sito stesso.

La nostra ricerca verte esclusivamente sugli elementi del terzo livello, ovvero sugli elementi che, essendo potenzialmente di creazione dell'autore del sito, si iscrivono nelle strategie di mediazione fra testo e lettore menzionate sopra. Tali elementi, su ispirazione dell'analisi dei blog in termini di "structural features" proposta da Herring *et al.* (2005), verranno commentati in seguito secondo la ripartizione (evidenziata nella Figura 5.1.) fra l'apparato paratestuale del post (diviso ulteriormente in elementi contenuti nell'intestazione e nel piè di pagina) e l'apparato paratestuale della pagina web.

Figura 5.1. I tre livello del paratesto dei diari on-line

5.1.1. L'apparato paratestuale della pagina web

Passiamo ora a presentare i risultati concernenti l'apparato paratestuale della pagina web del diario on-line. Ricordiamo che si tratta degli elementi collocati ai lati della schermata (nelle cosiddette barre laterali), nonché in cima e in fondo alla pagina. Il loro numero e la loro disposizione grafica all'interno della pagina web possono ovviamente variare a seconda della maschera scelta ed eventualmente modificata dal *blogger*. La Tabella 5.1. raccoglie i dati quantitativi al riguardo ottenuti in seguito allo spoglio del nostro corpus.

Tabella 5.1. Presenza dei diversi elementi paratestuali nel corpus

Elemento paratestuale	numero di blog
archivio	100
commenti	100
link	82
contatore	78
testata con il titolo/nome del blog	73
categorie	70
altri dati personali	68
sottotitolo	47
interessi	38
nome o pseudonimo	29
testata con un elemento diverso dal titolo/nome del blog	19
pillole di saggezza (frasi scorrevoli)	16
foto dell'autore	15
recapiti/contatti	12
calendario	10
orologio	4

La totalità dei diari on-line è munita di archivio e dei link a commenti recenti, che insieme ai link a siti esterni (*blogroll*) e alla testata, parte in cima della pagina web recante nel 73% dei casi oltre a un'immagine anche il titolo del diario (cfr. l'esempio (1)), risultano essere una sorta di intelaiatura necessaria, o quasi, dei diari on-line. Occorre precisare però, che nonostante l'intestazione sia il luogo più esposto, più da visita, del blog, quasi in un quinto dei blog del corpus non contiene il titolo del blog, bensì rimane vuota.

(1) Figura 5.2. (blog_058)

In altri casi lo spazio dell'intestazione è saturato da un elemento diverso dal titolo del blog, ad esempio da un'immagine, come in (2) oppure contiene un motto, una pillola di saggezza o una citazione, oppure entrambe le cose come in (3), dove la dichiarazione di fede nell'angelo custode è corredata da un'immagine.

(2) Figura 5.3. (post_032)

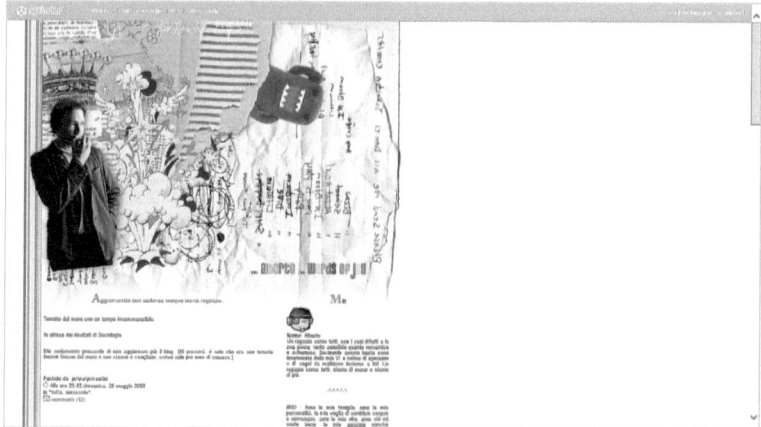

(3) Figura 5.4. (post_043)

Oltre due terzi dei blog esaminati contengono al loro interno una presentazione di qualche dato personale (età, sesso, città di provenienza ecc.), mentre il nome/soprannome è stato riscontrato solo nel 29% dei casi. Una buona fetta dei blogger, il 38% per la precisione, svela inoltre i propri interessi allestendo sezioni paratestuali del tipo "Amo / Odio " (come in (4)), "i miei libri preferiti" (come in (5)) oppure "ultimi film visti" (come in (6)).

(4) Figura 5.5. (post_071)

Amo

L'arte figurativa.. i colori.. disegnare.. sprcarmi in qualcosa di viscido... le orchidee... il profumo dei fiori..specialmente il mughetto.. poter aiutare chi è in difficoltà... un messaggio inaspettato.. vedere il sorriso sul volto di chi mi stà di ftonte.. e tante tante tante altre cose....

Odio

Essere esclusa da un discorso.. l'afettazione... chi ti fa notare di saperne molto di più.. parlare cn qualcuno che di fatto non ti sta cacando.. l'idea che in fondo c'è sempre qualcuno più bravo di te... quando non mi rispondono agli sms.. dover mettere ordine.. :OP

(5) *Figura 5.6. (post_026)*

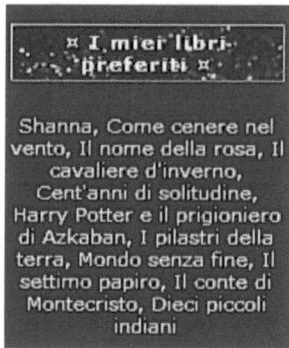

(6) *Figura 5.7. (post_022)*

Fra gli altri elementi paratestuali va fatta notare l'alta frequenza del contatore, elemento che nonostante la sua ridotta testualità, nei casi estremi limitata alla secca dicitura "contatore" o "numero di visitatori", può prestarsi a una rielaborazione ludica che porta i blogger a parlare di "curiosoni" (post_12), "curiosi" (post_013), "coraggiosissimi" (post_021) e "amici" (post_036). In più di un caso troviamo diciture più ampie:

(7) (post_022)
Hanno letto i miei deliri 80218 volte
(8) (post_034)
72235 viandanti smarriti sono passati di qua dal 26 ottobre 2005 in poi...
(9) (post_040)
Nella nebbia Si Sono Persi XXX Viandanti
(10) (post_058)
Attorno al fuoco 67864 indiani
(11) (post)73
907 cazzeggiatori son passati di qua al fine di cazzeggiare come cazzeggio io, del resto!
(12) (post_074)
Inspiegabilmente visitato 163197 volte... e a volte, ritornano!!!

Rispetto agli altri elementi caratterizzati da una testualità più estesa (titolo, sottotitolo, sezione "interessi" e "dati personali") occorre sottolineare il potenziale ludico che offrono a chi volesse farne uso ai fini di un gioco identitario[203]. Se è vero che i diari on-line sono in linea di massima testi autobiografici (cfr. a tal proposito § 2.3.3.5.), è altrettanto vero che, come dimostrato sin dagli inizi degli anni '80[204] da non pochi studi di psicologia sociale, le interazioni via computer portano ad un'alterazione della percezione umana della distanza in termini psicologici e sociali con ricadute non trascurabili a livello di comportamento sociale[205], ravvisabili ad esempio in una partecipazione più libera dai condizionamenti sociali, nonché in una riduzione dei freni inibitori nelle interazioni in Rete[206]. Il *medium* di Internet induce nel complesso ad una particolare percezione delle coordinate spazio-temporali permettendo di parlare anche di 'cybertempo' così come di 'cyberspazio'. Non stupisce, quindi, che i diari on-line, e in generale i generi on-line, siano luoghi privilegiati dei giochi identitari la cui dinamicità può variare notevolmente dagli estremismi di chi si impegna in attività di *gender swapping* (frequenti ad esempio nei MUD[207]) a giochi decisamente più delicati presenti nei blog. Nel corpus Splinder vi sono da ravvisare tre strategie al riguardo. Nella maggior parte dei casi (ovvero nel 57% dei casi) gli autori sottoscrivono apertamente il patto autobiografico dichiarando di parlare della propria vita. È il caso del blog_048, l'autore del quale si presenta con il suo nome vero mentre il sottotitolo recita "La mia vita attraverso i libri della mia vita. Verso il libro della mia vita". Anche la sezione "chi sono" del blog in questione risulta essere molto esplicita contenendo un intero curriculum vitae:

(13) (blog_048)
Chi sono
Nome: Christian Mascheroni
Mi chiamo Christian Mascheroni e sono nato a Como nel 1974. Dal '95 al '99 ho collaborato al mensile Campus. Lavoro come autore televisivo per Mediaset (Popstar, Marte e Venere, Solaris, Ziggie, 2000, Ciak Junior, Appuntamento con la storia, Locandina) e per MTV (Operazione Soundwave) Il mio primo romanzo è Impronte di pioggia (L'Ambaradan), uscito nel dicembre 2005. Ho pubblicato i racconti "Il gabbiaio" nell'antologia "L'Italia si racconta: 60 anni di Repubblica (2006)" e "Marcia inserita" nell'antologia "Lungo le strade (2007)" entrambe edite da Arcilettore Edizioni. Tra il 2006 e il 2007 ho scritto per il portale di letteratura "Puralanadivetro" e sostengo l'associazione letteraria Arcilettore per supportare

---

203 Cfr. a tal proposito Durkiewicz (2008).
204 Tra gli altri segnaliamo Kiesler/McGuire/Siegel (1984).
205 Cfr. a questo proposito la teoria dei *Reduced social cues* (riduzione degli indici sociali).
206 Per un'introduzione a questa problematica si vede la sintesi in Paccagnella (2000: 21–28) e la bibliografia ivi indicata.
207 Si tratta dell'espressione *multi user dungeon* (abbreviata in MUD) identificante i giochi di ruolo eseguiti su Internet attraverso il computer da più utenti.

la piccola editoria di qualità. Nel Gennaio 2008 è uscito "R.E.S.P.E.C.T" racconto inserito nell'antologia "Viva Las Vegas" (Las Vegas Edizioni). Il 31 Marzo 2008 è uscito il mio secondo romanzo, "Attraversami" (Las Vegas Edizioni – vincitore del Premio Editoria Indipendente di Qualità). Dal 2009 scrivo e conduco, con Marta Perego, il programma tv di libri "Ti racconto un libro" (Iris – Mediaset). A Novembre 2009 esce il mio terzo romanzo "Alex fa due passi" (Las Vegas edizioni).

Vi sono poi diari (32%) i cui autori sono ben consapevoli della pluralità delle voci di cui si compone l'identità umana riflettendo i modelli di identità suggeriti dalle teorie di stampo "post-modernista" che tendono a descrivere il soggetto come frammentato e molteplice[208].

(14) (post_017)
Chi sono
La benevolenza e la "malacrianza" – Il bianco e il nero – Il buono e il cattivo – Il presente e l'assente – L'aggressione e la carezza – Il pianto e l'allegria...io e me stessa...e siamo già in troppi!

(15) (post_039)
Nome: .. ..
io sono chi volete che sia mi adatto!!

All'estremo opposto rispetto alla prima strategia – e si tratta di una strategia decisamente minoritaria, presente solo in 11 casi – si trovano diari gli autori dei quali si impegnano in giochi identitari volti non necessariamente a camuffare la propria identità, ma piuttosto a "confezionarla" in un modo raffinato nell'intento di costruire un "io virtuale" divertente (come nell'esempio (16) contenente la sezione "chi sono" del blog_097), a volte misterioso e inquietante (come nell'esempio (17) contenente la sezione "Benvenuti" del blog_036), in ogni caso con pretese di ingegnosità.

(16) (post_097)
Nome: Lucy G
...Ho venduto la mia anima all arte e il mio corpo è schiavo della luna...

(17) (blog_036)
Adesso che siete capitati da queste parti, fermatevi un attimo e lasciate un messaggio! Potete anche non essere registrati, comparirete come anonimi e, se volete, potrete scrivere il vostro nome e basta. Qui trovate una gattina che miagola quasi sempre da mezzanotte in poi. E' una felina un po' selvatica, non una qualsiasi bestia da divano!

---

208 Cfr. a questo proposito Di Fraia (2007: 129–130): "(...) la problematicità, l'irrequietezza e la molteplicità dell'identità del soggetto contemporaneo da temi filosofici e accademici sarebbero diventate percezioni diffuse in gran parte proprio grazie al diffondersi dell'uso dei PC e della rete e alle possibilità offerte da alcuni suoi ambienti comunicativi (forum, chat, ecc.) per «giocare» con la propria identità".

5.1.2. L'apparato paratestuale del post

L'apparato paratestuale del post incornicia quella che è la parte centrale del diario on-line, l'annotazione, contenendo diversi elementi, fra i quali data, ora, titolo del post, link a commenti e la formula "postato da + nome/nickname". Mentre il titolo compare sempre nella parte superiore (sopra il testo dell'annotazione), ovvero nell'intestazione del post, la collocazione degli elementi restanti nell'intestazione o nel piè di post varia a seconda dell'interfaccia grafica (*template* o "maschera")[209] scelta fra quelle proposte dalla piattaforma o creata dal blogger stesso.

Una particolare attenzione va riservata alle formule del tipo "postato da" seguite dal nome o pseudonimo (*nickname*) dell'autore del post. Si tratta di una sequenza, che come tutti gli altri elementi fissi del template, viene apposta automaticamente ad ogni post pubblicato. La formula, coniata sul corrispettivo inglese *posted by*, nel corpus assume le seguenti declinazioni:

Grafico 5.1. Formule di fine post del tipo "postato da"

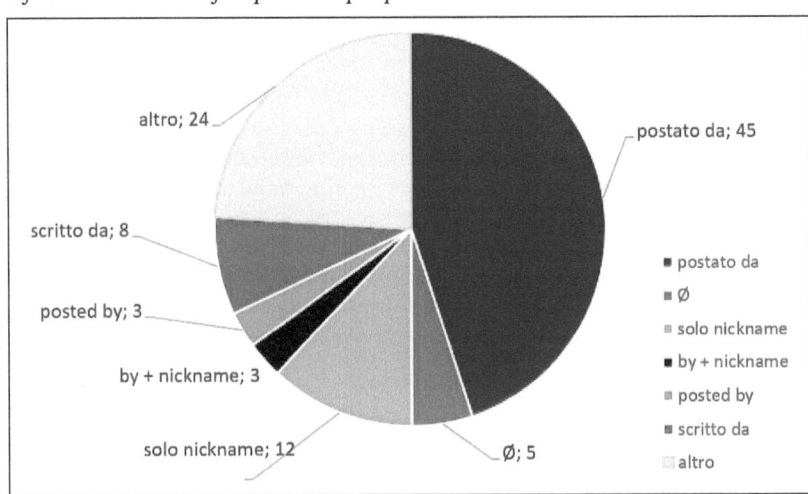

---

209   *Template* (maschera) è un foglio elettronico o altra applicazione che è usato come modello per creare altri documenti. In caso delle piattaforme che offrono la possibilità di creare un *blog* la maschera proposta contiene tutta la formattazione, così che l'utente può limitarsi nella creazione dell'aspetto grafico del proprio *blog* a riempire gli spazi vuoti.

In 12 casi su 100 la formula si riduce alla sola firma (ovvero *nickname*[210]). In 3 casi la firma è preceduta da *by*, con ogni probabilità sul modello dei marchi pubblicitari[211]. Ben più interessante appare senz'altro la categoria denominata nel grafico 'altro'. Grazie alla creatività dei blogger la formula assume diverse diciture raccolte nella Tab. 5.2.

Tabella 5.2. Formule di fine post del tipo "postato da" creative

1.	post_001	« Sognato da Alelea alle 22:32 »
2.	post_003	scarabocchiato da Fede riflessioni, archeologia, diario, quotidianità, normalità, mensiocronologia
3.	post_005	Sussurrato da morwen88 alle 20:15
4.	post_007	Himegimi84 dixit
5.	post_012	Meditato davanti un caffè da: poisonzula alle ore 23:29
6.	post_021	Parola di Maleficamente di... archiviato in
7.	post_022	Blaterato alle
8.	post_023	pensato da
9.	post_033	trasmesso da: Macross alle ore 23:52
10.	post_034	Vanamente pensato da Yupa
11.	post_035	farneticato da
12.	post_036	sussurrato da: iside103 alle ore 23:40
13.	post_040	Sognato da...AideRuko...alle ore...23:34
14.	post_043	... PENSATO E SPUTATO by... markuz
15.	post_044	questa cazzata l'ha scritta FIORIURLANTI
16.	post_060	tottina1988 ha scritto
17.	post_064	sussurrato da: BigShow619
18.	post_074	pensato e trascritto da: pensieridicarta alle ore 23:55

---

210 I *nickname*, che meriterebbero una discussione a parte, sono stati fatti oggetto di interessanti considerazioni da Pistolesi (2004), che – ispirandosi a uno studio di Haya Bechar-Israeli sul rapporto dei *nick* con la personalità reale degli utenti delle chat di lingua inglese – ha costruito una classificazione dei soprannomi degli utenti delle chat italiane. Vedi inoltre Casoni (2011), che dedica buon parte del suo studio proprio ai *nicknames*.
211 Cfr. a questo proposito le osservazioni sulle formule di fine nei messaggi SMS contenute in Pistolesi (2004).

1.	post_001	« Sognato da Alelea alle 22:32 »
19.	post_082	Gysmy ,ossia io,l'ho scritto il venerdì, 30 maggio 2008 alle 18:57
20.	post_086	~ Oba scrisse così, il venerdì, 30 maggio 2008
21.	post_089	Follia di Logans86 del 30/05/2008 14:55 parlando di tutto e niente
22.	post_090	*Rimuginato e arzigogolato da FabyDelilah verso le 12:12
23.	post_091	Ssia ha scritto nel blog alle 23:53
24.	post_093	Rimuginato da Cescolandia alle ore 23:59

Negli esempi raccolti nella Tab. 5.2 la formula perde il suo carattere inizialmente cristallizzato e trasparente e diventa una glossa metatestuale personalizzata al servizio della creazione dell'io virtuale e dell'originalità del diario. La formula può trasformarsi quindi in un commento 'meta' vuoti sui contenuti proposti, vuoti sulle condizioni della produzione del post, come ad esempio in 2 e in 15, casi in cui viene messa in rilievo la futilità di quanto proposto nel post e la svogliatezza dell'autore all'atto dello scrivere. Nei casi 5, 14, 18, 22 e 24, invece, lo scrivente mette in risalto l'attività cognitiva del pensare a monte dell'atto scrittorio. In 7 e 11 gli autori prendono le distanze da quello che hanno scritto ricorrendo a verbi che sminuiscono la serietà del post. Merita attenzione infine il caso 24, l'unico in cui l'autore utilizza il pronome *io*.

Concludendo l'esame dei più comuni elementi paratestuli dei diari on-line del corpus Splinder occorre mettere in evidenza una notevole importanza attribuita dai blogger all'interfaccia del proprio diario on-line. Sono decisamente in minoranza quelli che si limitano a usare i *template* offerti dalla piattaforma Splinder e la creazione di un template proprio è senz'altro un motivo di vanto. Ne offre la testimonianza l'autore del blog_006 apponendo in fondo alla pagina web l'informazione "Template fatto da me al 100 %".

5.2. La forma esteriore del testo: segmentazione grafica del testo

Alla costruzione di qualunque testo, oltre agli ovvi aspetti linguistici di superficie, concorrono inoltre i fatti tipografici, a cominciare da quelli di livello alto, relativi ad esempio all'allestimento generale dello spazio scrittorio[212], fino ai singoli segni

---

212 Quanto all'allestimento di pagina scritta cfr. ad es. Serianni (2007: 43–60).

interpuntivi[213]. Di conseguenza ai fini della descrizione della testualità dei post del corpus risulta necessaria un'analisi della loro organizzazione grafica in capoversi. Si tratta in altri termini – a stare alla distinzione proposta da Bartmiński/Niebrzegowska (2009)[214] – di esaminare la loro segmentazione orizzontale.

I risultati dell'analisi quantitativa del numero di paragrafi per testo sono esposti nella tabella sottostante.

Tabella 5.3.

Numero di paragrafi	Numero di testi
1.	19
2.	10
3.	13
4.	8
5.	7
6.	5
7.	8
8.	4
9.	4
10.	3
11.	4
13.	1
14.	2
15.	3

---

213 Cfr. ad esempio Adam (2006: 51): "Le découpage graphique des unités écrites et le découpage intonatif des unités orales sont liés à la recherche de la production d'effets de sens qui manifestent les possibilités variationelles du système linguistique. (...) Des plus bas niveaux jusqu'aux bornes du péritexte, les opérations de segmentation fournissent des instructions pour la construction du sens par découpage et par regroupement (liage) d'unités de complexité variable".

214 Cfr. Bartmiński/Niebrzegowska (2009: 240): "La segmentazione interna di un testo ha due dimensioni: quella orizzontale (divisione in capoversi, paragrafi, capitoli, tomi) e quella verticale (battute e didascalie, nella prosa letteraria narrazione principale e digressioni)". Cfr. inoltre Wilkoń (2002: 82–86), che parla di relazioni lineari e paradigmatiche nel testo.

Numero di paragrafi	Numero di testi
17.	1
20.	2
23.	1
32.	1
36.	1
37.	1
39.	1
69.	1

Al di là della notevole variabilità del numero di capoversi per post va fatta subito notare una forte presenza di quelle che potremmo definire come le due strategie estreme del paragrafare: si badi che 19 post, quindi quasi un post su cinque, sono costituiti da un solo capoverso, invece 23 post contengono 10 e più di 10 capoversi. A titolo di illustrazione di tali strategie vengono riportati sotto due post ((18) e (19)), entrambi di pari dimensioni (di 549 e di 531 parole grafiche), ma costituiti rispettivamente da 20 paragrafi e da un solo paragrafo.

(18) (post_042)
Cavolo, non avrebbe dovuto salutarmi! >_<
Alla fine resta troppo carina, ed è fantastico che mi abbia salutato, solo che adesso mi ha mandato il cervello in panne >_<
Alle volte, forse sempre, vorrei che potesse leggere le mie parole, per capire quello che suscita, i sentimenti che provo. Mi piacerebbe che sapesse, magari per vederla sorridere, e anche per farmi notare un po'.
In fin dei conti, non dovrebbe far felici suscitare delle belle emozioni?
Se una persona pensasse o scrivesse di me in modo "carino", io credo che ne sarei felice. Forse non ne sarei felice se fosse qualcuno che odio.
Ed io spero proprio che lei non mi odi; mi dispiacerebbe se le parole che scrivo, invece di farla sorridere, la innervosissero o peggio.
Le avevo detto che l'avrei lasciata in pace, ma salutandomi mi ha fatto ritornare la voglia di guardarla e di desiderarla.
E dire che, quando è entrata nel bagno <si, eravamo in un bagno u.u">, non m'ero neppure accorta che fosse lei, avevo la testa chissà dove, non la stavo neppure guardando. E lei, invece, m'ha salutata. Non ho neppure avuto bene il tempo di guardarla in faccia, ma ho intravisto la sua bella espressione ed il suo viso amabile <come direbbe una certa persona...>. Quel che è certo, è che sono stata più che naturale nella risposta...

Una volta che è uscita dal bagno avrei voluto incrociare nuovamente il mio sguardo col suo, ma è andata via. L'ho seguita fuori, a distanza di alcuni passi. L'ho guardata allontanarsi.

Poi, tornata alla classe, mi sono messa poggiata alla ringhiera del corridoio di fronte, a guardarla da sopra, da lontano: quello ho l'impressione che le abbia dato fastidio o che, almeno, l'abbia imbarazzata. Si è spostata, infatti.

Eppure adesso ho come la voglia di riprovarci.

Non so se lo farò, non so se deciderò di farlo, anche se non mi va di pensare al fatto che sia una cosa giusta o sbagliata: "le ho detto di no, è giusto che io abbia voglia di riprovarci?". Ora l'ho chiesto, ma non ho voglia di chiedermelo, forse perché ho già deciso che qualsiasi cosa farò sarà a suo modo giusta. Anzi... Se lo farò, che vada bene o male, sarà comunque una cosa giusta. Se non lo farò ed avrò modo di pentirmene, come sarebbe prevedibile, beh, "cavoli tuoi. Non l'hai fatto e tanto peggio per te".

Non pentirsene sarebbe anormale.

L'unica cosa che non sarebbe giusta è, facendolo, avvicinandomi ancora, ferirla. Questo, assolutamente, non sarebbe giusto.

Ecco, come in un semplice programma per pc, tutti i casi di una variabile esaminati <e che nessuno guardi i cavilli>.

Guardo quello che scrivo; alle volte noto che cambio, come le mie mille personalità, come quelle di tutti.

La penso, penso al suo viso, al suo corpo vestito, sempre vestito, lei è un angelo molto fine. O forse sono io quella che, in rare occasioni, ha bisogno di essere fine.

La penso, ho il timore di quello che potrei fare e non fare, ho il timore di non farlo e non rivederla, mentre lei resta bellissima, un fantastico fiore, una meravigliosa donna.

Come in quella canzone, quando, svegliandosi alla mattina, si ha voglia di parlare solo con quella persona.

E alle volte mi chiedo se sia lei.

(19)   (post_050)

Qui inizia un altro spazio, un altro cammino... iniziato in realtà circa un anno fa...quando avevo deciso d scrivere un blog per parlare di me e degli sguardi che incontro durante la mia quotidianità...In quasi un anno ne sono cambiate di cose.. sono cambiata anche io... E ad un anno esatto dal momento sofferto in cui si è concluso un importante capitolo della mia vita, ho deciso di riprovarci... E stasera ci riprovo iniziando da un film. Il cinema, quello "altro", è stato molto importante per me nell'ultimo anno, mi ha arricchito e mi ha reso consapevole che è un luogo di incontri di sguardi, prospettive e interpretazioni della realtà davvero unico. E' uno specchio in cui poterci riflettere e confrontare, in cui possiamo venir disorientati e messi a confronto con il nostro modo di pensare, i nostri pregiudizi e stereotipi...soprattutto se ci troviamo di fronte ad una cinematografia altra che ci presenta mondi e culture a noi così distanti...e al contempo così vicini... Ho appena finito di vedere il film Caramel della regista

Nadine Labaki, ambientato a Beirut nei giorni nostri. Caramel è un omaggio alle donne, tutte senza distinzione, e ai molteplici tipi di amore che in certi casi solo le donne sanno dare e comprendere. Sentimenti che vanno oltre i confini culturali che secondo alcuni ci dividono, sentimenti ed emozioni comuni che attraversano generazioni, che percorrono le differenti tendenze sessuali (etero, omo...). Caramel ha dentro di sé le diverse sfaccettature dell'essere donna, il suo valore e la sua forza, incarnate in tutte le protagoniste del film: dalla sensualità femminile alla mascolinità, dall'importanza dell'apparire a quella dell'essere, dalla volontà di emancipazione al rispetto delle tradizioni, dalla sofferenza per l'abbandono alla solidarietà tra amiche, dal desiderio alla paura di cambiare...e ancora l'amore per il prossimo, il coraggio, la rinuncia, il saper guardare avanti e rialzarsi... E la loro, la nostra, vita ruota attorno al caramello – l'amore (nelle sue infinite accezioni) – dolce e invitante da provare, ma che allo stesso tempo provoca sofferenza, paure, tormento...un po' come la ceretta... ☺ Sono queste forse le donne che come direbbe la psicoterapeuta Robin Norwood "amano troppo" ?? Un libro che ho comprato ma che non ho mai letto, un po' per paura di lasciarmi influenzare e un po' perché chi come e perché decide chi e non ama troppo? E che vuol dire amare troppo??? La prima frase del libro dice: "quando essere innamorate significa soffrire, vuol dire che stiamo amando troppo". Ma forse – dico io – non saremmo innamorate se non soffrissimo un po'... forse è proprio la sofferenza e il disagio che, con consapevolezza, ci permettono di capire meglio chi siamo, che vogliamo e chi amiamo. A volte è proprio nella sofferenza che ci accorgiamo del valore delle cose....e anche del valore di noi stesse; è proprio da lì anzi che si deve ripartire per migliorare. Certo, poi, amare non significa annientare se stesse...ma trovare un giusto equilibrio nelle relazioni... che tutta via immancabilmente ci modificano, ci trasformano, questo è inevitabile e pressoché indelebile...chi pensa di rimanere se stesso in una qualsiasi relazione o in una separazione è soltanto un illuso. Mi sono scese delle lacrime durante il film...

L'adesione alle due strategie estreme di parcellizzare il testo va interpretata come spia di "grafismo" (cfr. § 3.2.5.3.). Si tratta in altri termini di una rinuncia dello scrivente a strutturare accuratamente il testo scritto in unità che vadano oltre la dimensione della frase a favore dell'esercizio delle competenze relative alla gestione del discorso a livello locale. L'interpretazione appena proposta si legittima ulteriormente all'esame della segmentazione dei post del corpus in periodi tipografici proposto in § 7.1.

5.3. Correttezza ortografica e interpuntiva. Fenomeni innovativi

Preliminarmente a un resoconto di eventuali devianze grafiche, siano esse dovute a sviste, a scarsa competenza scrittoria o ad atteggiamenti creativi, occorre mettere sin da subito una generale adesione alle convenzioni ortografiche standard. Abbiamo esaminato in particolare il comportamento dei blogger rispetto a tre parametri molto generali: a) ricorso al punto fermo, b) ricorso alle maiuscole in inizio di frase e c) ricorso ad altri segni d'interpunzione.

Grafico 5.2.

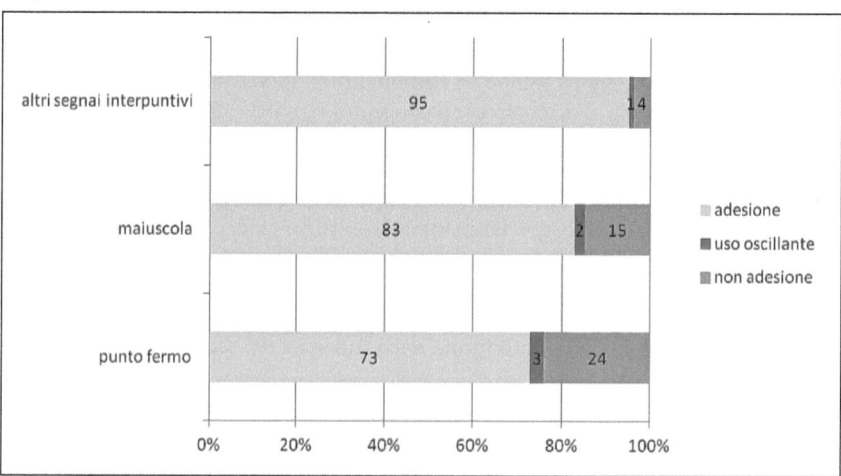

Come risulta dal grafico sopra l'atteggiamento di rifiuto riguarda in primo luogo l'uso del punto fermo e interessa quasi un quarto dei post del corpus. Tre sono i casi dell'uso oscillante, attestato ad esempio nel post_059:

(20)   (post_059)
       (...)
       Io che già con mamma odio discorrere (dato che ogni volta si allunga il discorso inutilmente... qualche volta pare lo faccia tanto per parlare, non la capisco lo giuro... o meglio, non sopporto che lo faccia unicamente con me solo perchè non la mando a quel paese come papino o mio fratello...), mi ci manca solo che il mio "idolo casalingo" non sia più un vero padre, ma una specie di fratello maggiore... si, è bruttissimo da dire ma non lo sento come un padre.
       Il fatto che lui sia così attaccato a me fa si che non sia più avvolto da quel "velo di mistero" che i nostri sporadici incontri celavano tempo fa; io ero sempre entusiasta dei suoi racconti, delle sue esperienze, delle sue avventure, delle sue amicizie...
       aveva fascino su di me, eccome.
       Adesso che me lo ritrovo continuamente tra le mani, o per meglio dire, tra i piedi... mi accorgo che il "mio mito"...
       lo rimane per furbizia, astuzia e lealtà...

> ma non per umiltà, ampiezza di vedute, maturità, correttezza nel parlare, coraggio (ma non coraggio "contro il dragone"... un po' di coraggio tipo "facciamolo lo stesso"), modestia
> Non lo prendo per esempio e questo riconosco sia molto grave;
> non tanto per me, ma per lui...

Si noti che in chiusura del periodo l'autore del post in questione ricorre in alternanza al punto fermo ad altre soluzioni, puntini di sospensione e a capo. Si tratta della tendenza – segnalata già da tempo in riferimento ai forum di discussione (Gheno 2003) – che si riallaccia al discorso proposto sopra riguardo alla segmentazione del testo in capoversi. A capo costituisce una cesura di peso ben più importante del punto fermo dal momento che la chiusura del capoverso, salvo casi speciali, è automaticamente anche indice del termine del periodo. Di conseguenza il punto fermo può essere percepito a volte, specialmente nella scrittura veloce, come superfluo. La celerità della produzione e la conseguente consapevolezza delle non compiutezza definitiva del testo, frutto del postare senza accurata revisione, stanno probabilmente anche alla base della fortuna dei puntini di sospensione, che in più di un caso si sostituiscono totalmente al punto fermo nella funzione del segno interpuntivo che chiude il periodo.

Per quanto riguarda la correttezza ortografica, il numero di devianze, vuoi refusi e sviste come in (21), vuoi errori veri e propri come in (22), ammonta a 324 risultando di gran lunga superiore a quello che ci si potrebbe aspettare di trovare in qualunque testo di dimensioni paragonabili passato per il filtro redazionale e pubblicato a stampa.

(21)   (post_027) (neretto mio)
> (...)
> Mascia ti volevamo bene e te ne vorremo sempre, **sai** sempre con noi.
> (...)

(22)   (post_093) (neretto mio)
> Ieri sera giunti al termine di una settimana estenuante culminata con il trasloco **azziendale** (conclusosi solo oggi a tarda ora!) io e il socio ci siamo dati la punta per una birretta tranquilla, devastati dalla giornata ben presto le birrette tranquille sono aumentate.

È interessante osservare, infine, quegli errori che ricorrono con regolarità. Si tratta della sovraestensione dell'uso dell'accento grave, il quale si sostituisce sia all'accento acuto in fine di parola, come in (23), sia all'apostrofo che segnala l'apocope sillabica, come in (24).

(23)   (post_085) (neretto mio)
> In una società in cui queste creature sono in pericolo di estinzione e in cui non abbiamo più bisogno di grassi animali, **perchè** sostituibili sicuramente con altri prodotti, andiamo proprio in cerca di farle sparire dalle profondità dei mari.

(24)   (post_086) (neretto mio)

> Ho un **pò** di male al cuore, mi manca vedere il mio principino e mi manca vedermi.

Vi sono inoltre due occorrenze dell'uso spropositato dell'accento grave dove non sia richiesto alcun accento:

(25) (post_052)
(...)
Ora mi sento meglio....**stò** delirando....vado a misurarmi la febbre !!!

(26) (post_086)
Quando il Mar Rosso è in secca meglio che **stò** zitta, altro non può fare che farmi solo innervosire.

La casistica proposta sopra rientra nei noti fenomeni di oscillazioni grafematiche presenti anche nella scrittura a mano:

> La distinzione tra accento grave e acuto per la e aperta e chiusa è abbastanza rispettata nella stampa (ancora una volta grazie alla tecnologia, cioè ai tasti presenti nelle tastiere italiane e all'azione del correttore automatico), mentre non si è mai davvero affermata nella scrittura a mano, in cui la vocale finale di perché e caffè viene generalmente scritta allo stesso modo, con un segno a forma di barchetta (Serianni 2010: on-line).

Ciò che appare degno di nota è il fatto che nel corpus l'oscillazione in questione fa prevalere solo una delle due possibili soluzioni: le occorrenze dell'accento grave *pro* acuto sono circa un centinaio, mentre mancano del tutto quelle dell'accento acuto *pro* grave. Ben attestato con 20 occorrenze risulta inoltre il mancato rispetto della *e* maiuscola accentata (*È*), che gli scriventi sostituiscono sciattamente con una *e* seguita da apostrofo, fenomeno presente anche nella grande stampa (cfr. Serianni 2010: on-line).

Per quanto riguarda invece quelle che sono le devianze programmate e ritenute fenomeni innovativi tipici dei testi circolanti nella CMC occorre segnalare sin da subito la parsimonia dei blogger nel farne uso. Il post riportato sotto costituisce quindi un'eccezione rispetto al comportamento statisticamente normale dei blogger, sia per quanto riguarda la tipologia dei fenomeni che la loro concentrazione (ben sette diversi fenomeni per un totale di 48 occorrenze): allungamento vocalico; reiterazione del punto esclamativo, eventualmente combinato con i punti interrogativi; abbreviazioni con la caduta di vocali; maiuscoletto enfatico, la lettera *x* al posto di *per*; lettera kappa; faccine.

(27) (post_060) (neretto mio)
Ahhhhhhh...la mia amica si è fatta sentireeeeee!!!!!Dopo 27 giorni di attesa... ha ceduto al suo orgoglio!!!Sono contenta xk vuol dire che ci tiene...e vuol dire che ho battuto il suo orgoglio!!!Cosa non molto facile!!! ☺ Ora devo cercare di risanare il tutto...anche se credo dipenderà molto da lei...xk non mi ha fatto piacere affatto sentire quelle cose...vedremo come va!!!Per il resto...MI BRUCIA LA SCHIENAAAAAA!!!!Sono andata al mare...e mi sono bruciata un pò!!!Speriamo che venerdì sia bel tempo così torno al mare e mi ri- abbronzo di nuovo...

> così si definisce bene il colorito!!!! 😊 Cmq ragazzi...fa caldissimo..le previsioni oggi dicono che fa 34° e io muoiooooooo!!!Fortuna che oggi pomeriggio me ne sto a casuccia...fresca fresca!!!Ora mi vado a fare un 40 minuti di cyclette...anche se ieri non ce l'ho fatta...ne ho fatti solo 30 xk faceva troppo caldo!!!Cmq poi doccia e credo di vedermi un dvd!!!Come ingannare il tempo quando vuoi fa 34 ° e tu hai caldo??!?!?!?!Un bel dvd...niente pop corn (mannaggia alla dieta) e... tanta tanta acqua fresca da bere!!!
> ....caldo...caldo...caldo...
> Piccole curiosità:
> 1. Oggi ho mangiato x la prima volta della stagione...il COCOMERO!!!Io amo il cocomero!e poi non ingrassa...quindi!!!
> 2. Sempre di cibo si parla...anche se non l'ho assaggiato ancora...ma lo sapevate che hanno fatto il bounty a gelato?!?Io non lo sapevooo ma da quando c'è?!?Oggi quando l'ho visto ho spalancato la bocca e ho urlato "oh io dioooooo"...voi non mi conoscete ma io ADORO il cocco..ne vado pazza...farei follie...e infatti ingrassooo!!!Uffi...infati non l'ho preso...ma lo prenderò!!!L'altro giorno invece ho assaggiato il tronky al cocco sempre nuovo!BUONISSIMO!!!
> 3. Sto andando troppo in fissa con il pistacchiooooooo!!!!!!Io sono una ripetitiva e quando vado a prendere un gelato i gusti fissi sono stracciatella cocco e il terzo cambia sempre...dipende!!!E invece ora mi sta tornando la fissa come da bambina...pistacchio...mmm!!!
> 4. Non vi interessa nulla ma lo dico uguale...stasera su Rai 1 fanno Don Zeno...il prete che ha aiutato i bambini!Beh uno dei bambini che ha aiutato....era mio padre!!!Anche se lui ora è morto...mi fa piacere vederlo...sono curiosa!!!Se vi va vedetelo...dovrebbe essere bello!!!
> Ecco il gelato...oddio lo voglioooooooo!!!!!!!

I fenomeni osservabili nel post citato sopra sono presenti anche in diversi altri post del corpus, ma mai con una concentrazione simile. Le faccine, nelle loro diverse declinazioni (faccine classiche, come in (28), faccine stilizzate, come in (27) e faccine orizzontali di provenienza giapponese, come in (29)), raggiungono il totale di 47 occorrenze distribuite in soli 14 post.

(28) (post_066)
> (...)
> Grazie a mio marito per ascoltarmi pazientemente.
> Ed ad Yzma, come sempre:-)
> (...)

(29) (post_042)
> Cavolo, non avrebbe dovuto salutarmi! >_<
> (...)

Anche quanto al cosiddetto "fattore" K, ovvero l'uso del carattere *k* in luogo del digramma *ch* e della lettera *c* (con valore di suono velare), le attestazioni sono poco numerose, ovvero 8 occorrenze, di cui 6 sono dovute alla resa ortografica non canonica del lessema *perché*:

(30) (post_071) (neretto mio)
(...)
son gelosa addirittura delle amiche che gli presento..**xke** sicuramente gli piaccion più di me mi vien da pensare..si è così..mi fa impazzire sta cosa!
(...)

È infine degno di nota il fatto che le occorrenze in questione appaiono il luogo privilegiato della co-occorrenza di *k pro ch/c* e di *x pro per*. Quest'ultimo fenomeno risulta attestato con 13 occorrenze, di cui 6 proprio nelle sequenze *xk* all'interno delle realizzazioni ortografiche non canoniche di *perché*.

Per ciò che concerne la presenza nel corpus di sigle e abbreviazioni le forme attestate sono le seguenti:

- *nn* per *non*, con 5 attestazioni contro 481 dell'equivalente forma estesa;
- *cmq* per *comunque*, con 8 attestazioni contro 15 dell'equivalente forma estesa;
- *lol*, con 5 attestazioni.

Nel complesso la superficie verbale dei post del corpus appare poco penetrata da quelli che ormai da tempo era invalso indicare come fenomeni grafici tipici dei testi circolanti nella CMC. È interessante osservare a margine del mero dato statistico fornito sopra come il comportamento degli autori dei post del corpus si iscriva in linea di massima in una tendenza all'adesione alla norma ortografica anche sul web, tendenza in antiorientamento all'entusiasmo per le trasgressioni ortografiche tipico degli anni Novanta e degli inizi del nuovo millennio. Tale entusiasmo non poté non suscitare all'epoca forti preoccupazioni dei puristi circa gli effetti a lungo termine delle violazioni del codice grafico dell'italiano nella CMC, il che risulta a chiare lettere dalla testimonianza di un insegnante di italiano di un liceo scientifico di Mortara (Pavia), il quale, parlando nel 2002 dei temi degli allievi, sottolineava che

(...) anche gli allievi molto bravi mi dicono che scrivendo in bella copia devono esercitare un forte controllo per evitare la *k* o la *x* (Mela 2004: 271).

Con il passar degli anni si è creata una tendenza opposta, ovvero quella che stigmatizza l'uso eccessivo di sigle e segni speciali come fenomeno caratterizzante i cosiddetti "bimbiminkia". L'espressione designa un certo tipo di adolescenti che ha gusti musicali, interessi, modo di vestirsi compreso, e comportamenti linguistici marcati rispetto alla media. Come scrive nel 2014 Giuliana Fiorentino,

l'aspetto interessante che si accompagna all'individuazione del fenomeno dei *bimbiminkia* è l'abitudine da parte degli altri utenti di sanzionare esplicitamente i comportamenti linguistici utilizzando le espressioni inglesi *fail, epic fail* e *grammar fail* (...) (Fiorentino 2014: 187).

A testimoniare un rifiuto generale dei blogger nei confronti delle scelte grafiche estreme, a parte i dati forniti sopra, valga anche il banner presente nel paratesto del blog_099 riportato sotto, che contiene una dichiarazione esplicita al riguardo.

(31) Figura 5.8. (blog_099)

5.4. *Topoi*, attacco e chiusura. Ricorrenze compositive e tematiche nei post

Considerato che, come si è già avuto modo di sottolinearlo più di una volta, la produzione dei blogger non risulta vincolata da nessun tipo di norma esplicita, pare interessante interrogarci su quelle che potrebbero risultare ricorrenze tematiche e compositive. A tal fine viene proposto un esame dei due luoghi testuali più esposti in qualunque testo, ovvero l'incipit e la chiusura. Si tratta dei cosiddetti 'delimitatori' o 'demarcativi' (cfr. la nozione di 'delimitatore' ("*delimitator*") coniata da Dobrzyńska 1974), ovvero formule che contribuiscono a delineare quelle che con Wilhelm (2005: 157) abbiamo voluto chiamare tradizioni discorsive dei diversi generi testuali[215] (cfr. § 2.3.2.4.).

5.4.1. Come incominciano i post

Tra i tipi di attacco più frequenti vi è in primo luogo (il 35 % dei post del corpus) quello che consiste in un'indicazione di tempo, elemento che apre il 35 % dei post del corpus. Si vedano a questo proposito alcuni esempi:

(32) (post_014)
Oggi è stato il mio primo giorno di lavoro dopo un po' di mesi di disoccupazione. L'ambiente è molto cordiale e i colleghi direi decisamente simpatici. E' tutto

---

215 Cfr. anche Bartmiński/Niebrzegowska (2009: 225): "L'inizio e la fine soo due luoghi estremi di un testo e ne costituiscono la cornice insieme a una serie di elementi, quali titolo, dediche, premessa, epilogo, conclusioni, ecc. Le formule di fine e di chiusura vanno studiate a parte dal momento che spesso sono elementi caratteristici se non costitutivi di diversi generi di discorso: sono infatti molto diversi tra di loro nella comunicazione parlata faccia a faccia, in testi funzionali, in quelli folcloristici e letterari".

>
> molto più tranquillo e per niente frenetico, poi mi hanno detto che le emergenze ci sono anche lì, ma di solito l'andazzo è quello.
> (...)

(33) (post_003)
> domani, ultimo giorno con la cara quarta A... meno doloroso di quanto non lo fu a dicembre... perchè è nella naturalità delle cose, perchè è previsto, perchè va bene così... e soprattutto, perchè conto di risentirli quasi tutti...
> (...)

(34) (post_025)
> Ieri sera poi è andata bene! il film merita di essere visto, non è forse il miglior Indy mai girato, ma non stona se messo a confronto con gli altri già girati. L'unico appunto che posso fare è questo... mi sono mancati i tedeschi!

Come risulta dagli esempi tra le indicazioni di tempo prevalgono nettamente quelle deittiche. Mentre negli avverbi di tempo quali *domani* o *ieri* si pone in primo piano la loro funzione temporale, ovvero definibile in termini di relazioni *de re*, nel caso di *oggi* – che apre un post su dieci risultando la più frequente fra le diverse indicazioni di tempo poste in apertura del post – considerabile ridondante rispetto alla data, elemento immancabilmente presente nell'apparato paratestuale del post, si fa notare con una maggior evidenza la sua funzione di delimitatore testuale, ovvero elemento atto a instaurare rapporti *de dicto*. Stando a quanto proposto in Mayenowa (2000)[216] l'avverbio *oggi* potrebbe essere interpretato anche come un segnale metatestuale implicito, giacché il suo valore in apertura di post non si esaurisce nell'introdurre il riferimento temporale come il primo *datum* del discorso, bensì risulta parafrasabile con formule del tipo "vi voglio parlare della giornata di oggi" oppure "sto per raccontarvi quello che mi è successo oggi".

Oltre a posizionarsi in apertura – come evidenziato negli esempi sopra – quindi in posizione topicale, le diverse indicazioni di tempo riscontrate nel corpus compaiono anche in coda dell'enunciato iniziale del post:

(35) (post_092)
> Vi racconto una chicca di oggi.
> Imbarchiamo un bel volo della compagnia di bandiera. A imbarco quasi ultimato purtroppo il comandante rileva un problema tecnico , sbarchiamo tutti i passeggeri e annunciamo che ci vorrà circa un'ora e mezza di attesa.
> (...)

In alcuni casi – come nei due esempi sotto – l'incipit temporale non è saturato da un semplice aggettivo di tempo, bensì da un'intera frase subordinata temporale:

(36) (post_067)

---

216 Cfr. Mayenowa (2000: 275): "(...) l'inizio di una storia deve svolgere, esplicitamente o implicitamente, una funzione metatestuale, deve anticipare l'atto di presa di parola a mo' di «quanto seguirà verterà su...»".

(37) (post_032)
Quando ero giovinetto... ma giovinetto davvero, mica i 4 o 5 anni fa, amavo andare al lago, non con i genitori però, con gli amici, giovinetti pure loro, tanto che si andava spesso in treno o in bus perché non avevamo la patente, e successivamente perché un'auto nostra eravamo ben distanti dal possederla.
Tornato dal mare con un tempo commentabile.
In attesa dei risultati di Sociologia.
Sto seriamente pensando di non aggiornare più il blog. [Mi passerà, è solo che ora son tornato fresco fresco dal mare e son stanco e svogliato; scrivo solo per onor di cronaca.]

In due incipit di post l'indicazione di tempo compare all'interno dell'unità frasale principale del costrutto scisso:

(38) (post_076)
Sono 20 giorni che la mia vita ha preso un solo colore.
(39) (post _083)
è da un po' di giorni che mi aggiro per youtube ad ascoltare un po' di musica lasciata ai compagni di classe verso i 14 anni perchè credevo che in quel modo mi sarei dissociato dalla moda dei "capelloni" e della band metallare che ormai iniziavano già ad essere sorpassate!
(...)

Secondo l'interpretazione più diffusa (cfr. Panunzi 2011: on-line) all'interno del costrutto scisso (ad es. [è Mario]$_{ASSERITO}$ [che vuole partire]$_{PRESUPPOSTO}$) la frase principale contiene l'informazione da considerarsi nuova, ovvero quell'elemento, detto *focus*, su cui cade il massimo della prominenza informativa, mentre la subordinata veicola il contenuto presupposto, quindi non 'nuovo'. Nel caso dei due esempi riportati sopra il costrutto trova un impiego diverso discostandosi dalla strategia di focalizzazione accennata sopra. Nelle scisse temporali, specie se collocate all'inizio di un capoverso, il contenuto della subordinata non è da considerarsi informazione presupposta, bensì nuova. In tali casi – come fa notare Panunzi (2011: on-line) – i costrutti scissi vengono usati "come 'snodi testuali' (...) e svolgono la funzione di esplicitare una relazione stringente tra due blocchi di testo contigui, aumentando così la coesione testuale interna". Gli incipit temporali in questione non sono poi dissimili da espressioni formulari, strutturalmente sempre costruzioni scisse (ad es. *è con grande piacere che accolgo la vostra proposta*), "in cui la funzione di focalizzazione di questa struttura va totalmente perduta" (Panunzi 2011: on-line).

I restanti due terzi dei post (65 casi su cento per la precisione) hanno attacchi diversi senza che se ne possa individuare il comune denominatore se non contare due classi di attacchi relativamente ridotte. La prima comprende 7 post con un esordio caratterizzabile in termini di ricerca di espressività, elemento che accomuna gli incipit riportati sotto. Nell'esempio (40) si noti l'uso scherzoso del *pluralis maiestatis*, nell'esempio (41) l'allungamento usato a fini espressivi, nell'esempio (42), invece, il nome *cavolo* fungente da interiezione impropria. Della categoria fanno parte inoltre due post con la frase esclamativa in apertura.

(40) (post _062)
Noi Giorgio siamo desolati, purtroppo un repentino e ingiusto guasto al computer, ha fermato, seppur per pochi giorni, il naturale sviluppo della rivoluzione Comunista Giusta; anche alle divinità si scotta l'hard disk ogni tanto, le profezie proseguiranno non appena possibile.

(41) (post _060)
Ahhhhhhh...la mia amica si è fatta sentireeeeee!!!!!Dopo 27 giorni di attesa... ha ceduto al suo orgoglio!!!Sono contenta xk vuol dire che ci tiene...e vuol dire che ho battuto il suo orgoglio!!!
(...)

(42) (post _042)
Cavolo, non avrebbe dovuto salutarmi! >_<
Alla fine resta troppo carina, ed è fantastico che mi abbia salutato, solo che adesso mi ha mandato il cervello in panne >_<
(...)

Degno di nota risulta infine la totale assenza di convenevoli a inizio post con una sola eccezione:

(43) (post_040)
Vi do il benvenuto nel mio nuovissimo Castello...
(...)

5.4.2. Come finiscono i post

Dissimilmente da quanto osservato in riferimento all'apertura, i saluti compaiono relativamente spesso nella chiusura costituendo numericamente la categoria più importante dell'inventario dei possibili finali di post (il 19%). Eccone alcuni esempi:

(44) (post_081)
(...)
Non mi servono false promesse di presunti paradisi o false paure di terribili castighi per essere felice.
La morte non mi spaventa, fa parte della nostra natura, possiamo andare contro la natura?
Visitate il nostro sito UAAR se volete conoscere le idee degli atei.
Notte!

(45) (post _002)
(...)
Mi resteranno sempre nel cuore questi momenti. Vorrei ringraziarvi, e non è detto che un giorno non lo faccia. Per ora, attraverso queste parole di un blog di cui non sapete neppure l'esistenza, vi dico che siete entrambi nel mio cuore. Ed è proprio bello avervi lì.
A domani.
Giulia.

È interessante notare la dominanza del ricorso a formule di saluto tipiche degli scambi dialogici, il che non toglie che troviamo in alcuni casi isolati strategie diverse, vuoi di sposare le convenzioni epistolari (esempio (50)), vuoi di conferire originalità al proprio messaggio (esempi (46) e (47)):

(46) (post_073)
L'egoismo è da vendere qui e guai se qualcuno dovesse pensare al bene di un altro! Bah.. basta blaterare.. tanto così è il mondo e così resta.
Un sorriso falso e forzato a tutti voi dalla tristerrima Miss J.

(47) (post_100)
(...)
a casa sogno di morire tra le braccia di dj francesco..amen\

L'esempio (46), oltre a testimoniare la ricerca di brillantezza ed espressività, è anche rappresentativo della categoria di finali di post caratterizzabili per la presenza di una componente metacomunicative (si noti il *verbum dicendi blaterare*), elemento che accomuna ogni decimo post del corpus. Vediamone qualche altro esempio:

(48) (post_006)
(...)
E con questo mi sa che è tutto, per un pò di tempo...
(...)

(49) (post_032)
(...)
Sto seriamente pensando di non aggiornare più il blog. [Mi passerà, è solo che ora son tornato fresco fresco dal mare e son stanco e svogliato; scrivo solo per onor di cronaca.]

Nell'esempio (49) degna di nota appare l'operazione di parentesizzazione del segmento metacomunicativo che lo sposta su un piano enunciativo diverso rispetto al co-testo. La funzione dei segmenti testuali definibili in termini di metacomunicazione, se collocati in finale di post, è senz'altro simile a quella che Dinale (2001: 81) – in riferimento a un corpus di lettere cartacee – identifica nelle "formule stereotipate che preannunciano la conclusione" e che servono "a superare l'imbarazzo di chiudere la lettera in modo troppo brusco".

Le chiusure di post simili alle chiusure tipiche delle lettere cartacee testimoniano una certa penetrazione nella scrittura dei blogger dei tradizionali schemi epistolari: nel corpus Splinder-post ci sono 6 post che finiscono con un *P.S.*, come ad es. in (50).

(50) (post_066)
(...)
cerco di dormire.
ps: per la cara amica che mi dice in un pvt che sono troppo sintetica ....beh, sì. E' vero. A volte ridondante ed altre , come ora, dove la paura mi paraliizza, ma ho bisogno di esorcizzare: la sono forzatamente, sintetica.
ps2: no, non sono sintetica, ma salto passaggi.........

5.4.3. Tema globale del testo e struttura tematico-rematica dell'enunciato

Dietro al termine 'tema' si celano due problematiche. La prima riguarda quello che con il termine inglese viene chiamato *aboutness* di un testo o di una porzione di testo (paragrafo, capitolo), ovvero il tema globale, ciò di cui parla il testo, la seconda, invece, si concentra sulla struttura informativa dell'enunciato. Le due concezioni, anche se interconnesse, nella prassi sono sempre state separate, essendo stata la prima tradizionalmente dominio della retorica, critica letteraria[217] e solo a partire degli anni '80 della linguistica testuale, e la seconda dominio degli studi sull'interfaccia sintattico-pragmatico.

5.4.3.1. *Tema globale del testo*

A guardare il mero dato statistico, la stragrande maggioranza dei post del nostro corpus, ovvero l'87 % (87 post) sono post unitematici, mentre quelli che hanno due o più temi non riconducibili ad un unico ipertema sono il restante 13 % (13 post). Occorre subito spiegare che non è sempre stato facile classificare tutti i post come o unitematici o pluritematici. Si consideri a tal proposito l'esempio riportato sotto:

(51)   (post_064)
Questa settimana è abbastanza pesante ma sta andando avanti. Lunedì abbiamo fatto alla prima ora la verifica di Matematica a sorpresa, alla seconda e terza ora la verifica di Inglese per l'orale con la prof. di madrelingua americana, alla quarta ha interrogato in Religione chi mancava sulla ricerca che avevano fatto, alla quinta ora avevamo ancora il prof. di Matematica che ci ha fatto fare una specie di continuazione della verifica però dandoci il voto definitivo. Ed io ho preso 8. Mi è andata proprio bene. Martedì ero piuttosto teso, avevo la verifica e l'interrogazione di Ed. Fisica. Alla fine abbiamo fatto solamente la verifica e mi interroga la prossima volta. Una mia carinissima compagna, di nome Clara, mi ha chiesto con un bigliettino se potevo portarla a casa e così ho fatto. E' stato bello parlare con lei mentre la stavamo riportando a casa. Stiamo diventando degli ottimi amici. Lei sicuramente è molto meglio di molti altri compagni che abbiamo a scuola. Oggi sono stato interrogato con due domandine in diritto ed ho preso 6. Oggi per la prima volta, la prof. di Francese ha sbattuto fuori per tutta l'ora Giacomo. Nel pomeriggio sono stato dal mio parente Rolando a prepararmi per Francese e quando sono tornato a casa verso le 18 ho continuato fino alle 19. Mi sento pronto. Speria-

---

217   Cfr. ad esempio Marchese (1978: 273–274): "Il tema è appunto il motivo fondamentale di un'opera, che può essere definito con una descrittiva contenutistica o psicologica e riassunto, per Croce, in una formula (ad esempio, "Ariosto poeta dell'Armonia"). Nell'analisi di un testo (in particolare di carattere narrativo) il tema si specifica in diversi motivi; il motivo ricorrente è detto leitmotiv".

mo di fare bene i test che ho fa fare per domani. Domani avrò alla seconda e terza ora il test di Francese scritto e alla quinta il test di Francese orale su un argomento che abbiamo preparato. Salterò delle ore ma sarà una bella sfaticata. Speriamo di fare bene. Un bacio alla Cla, splendida amica e ciao da Francesco.
P.S: Mia nonna dovrà andare in ospedale venerdì e dovrebbe starci una settimana perchè ha una ferita che non le si chiude e dovrà farsi prelevare un pezzo della sua pelle per poter far si che si cicatrizzi. Speriamo che vada tutto bene. Fortunatamente per mia nonna, sarà anestesia locale. Ha 82 anni e non vorrei che andasse a quel paese per poco insomma. Mi mancherà credo perchè c'è sempre stata da quando sono nato e la casa senza di lei, non sarà lo stesso. Ma credo che ce la farà. E io l'aspetterò. Stammi bene nonna, ti voglio molto bene.

Il post si divide chiaramente in due parti, la seconda delle quali si pone su un piano testuale diverso in virtù del fatto di essere introdotta con la dicitura PS. Ciononostante il tema della seconda parte, trattandosi di eventi da verificarsi venerdì, risulta riconducibile a quello che si profila come l'ipertema dell'intero post, ovvero la descrizione della settimana in corso, come del resto segnalato nella frase incipitaria. Molto, quindi, dipende dall'analista stesso, che – come giustamente fa notare Ferrari[218] – nella ricostruzione del tema globale può giungere a diversi gradi di astrazione.

Vi sono poi nel corpus post in cui i tentativi di risalire ad un unico ipertema avrebbero portato a risultati troppo generici (ipertemi come "vita", "varia") e perciò inaccettabili. È il caso del post_049, classificato ai fini di quest'analisi come pluritematico:

(52) (post_049)
Avrei tipo dovuto scriverlo ieri sera sto post ma poi mi sono data al cazzeggio più totale XD (come se postare fosse una cosa di pubblica utilità) Il riassunto pressochè sommario della giornata di domenica a Roma è: detto per sbaglio tiburtina invece di termini alla Enna la sera prima su msn, ritrovata non si sa come (da leggersi: avevo registato il suo numero male e non riuscivo a chiamarla, mi ha chiamata lei) incontraiamo le sue amiche con un notevole ritardo causato da me e ci dirigiamo verso il mercatino. Il posto è piccolo, tre bancarelle in croce, molte con cose autoprodotte da gente e per nulla giappinesi ma comunque carine insomma XD ho comprato un po' di cose che non ho tanta voglia di elencare, magari quando

---

218 Cfr. Ferrari (2011: on-line): "Via via che ci si sposta verso i segmenti più estesi del testo, l'identificazione del tema è soggetta a variazioni individuali, che tuttavia sono limitate dalle scelte linguistiche dello scrittore (titoli, frasi iniziali di capoverso, ecc.). Esse riguardano anzitutto la scelta della prospettiva interpretativa in cui ci si pone: così, per es., ai *Promessi Sposi* si potrà attribuire un tema referenziale (la storia di due contadini) o un tema più morale (la prevaricazione dei deboli da parte dei potenti). La variazione può poi riguardare anche il grado di astrazione cui si vuole giungere: per es., il seguente brano tratto da *Le menzogne della morte* di Gesualdo Bufalino esplicita due diverse possibilità, una più generale (storia d'amore) e una più specifica (la difficoltà di mare e il suo superamento)".

avrò le foto mie e di Enna da postare metterò anche quelle della roba XD è stato divertente comunque. Incontrata anche Yumildia totalmente a caso tra l'atro XD. Abbiamo mangiato il bento insieme *-* il suo era tanto tanto bello e ha fatto gli onigiri anche per me T_T che carinaaah! L'alga nori mi ha fatto tanta tanta paura ma togliendo quella li ho mangaiti felicemente XD erano buoni, lol. dove ci siamo sedute per pranzare stava praticamente iniziando un raduno di bentomaniache di un tal forum che Enna conosce, sentendoci parlare la tipa che avevamo davanti ci ha fatto pressioni per iscriversi XD vabbuà lol, poi fantastico che dietro di noi ci fossero delle famiglie composte da uomo italiano+donna giapponese+bambino e questi stavano mangiando in delle scatoline di quelle brutte per congerare i cibi XD e invece davanti a noi questo nugulo di occidentali col bento carino comprato in giappone... ma come funziona? XD

Dopo aver girato per la decima volta il mercatino ci spostiamo a casa della Enna a prendere del fresco, faccio pefino la conoscenza della sua coniquilina che sembra una donna molto simpatica. Rinfrescateci siamo uscite di nuovo alla volta della fumetteria di piazza del popolo e poi corse via verso il mio pulman XD lol ho creato un sacco di casini a Enyou ma ci siamo divertiti *_* la lovvo tanto la Enna <3 ho anche ripetuto fin troppe volte il suo nome X°D più di quanto le frasi richiedessero penso, lol. Ma ora qualcosa che non c'entra assolutamente un cazzo: vi sfido a guardare questo video, da minuti 3:30 in poi e far caso solo alla pawità e alle matrixate SENZA notare la devastante ambiguità, io, quando l'ho visto in negozio col mio boss e tutti gli altri, non ci sono riuscita.

Mentre i primi cinque capoversi sono la descrizione di una giornata passata a Roma, l'ultimo introduce un nuovo tema, che non ha niente a che fare con l'ipertema dei capoversi precedenti. Lo scarto tematico è talmente evidente che l'autrice del post separa l'ultimo capoverso con una riga bianca e introduce il nuovo tema con una glossa metatestuale segnalatrice del cambiamento di *topic*.

È interessante far notare a questo punto che tranne un solo caso (post_055) in tutti i post pluritematici c'è un segnale di cambiamento di *topic*, sia esso una glossa esplicita e/o un espediente grafico, come in (53), dove troviamo contenuti incoerenti tematicamente con il resto del post sotto forma di una lista puntata introdotta dal titoletto *piccole curiosità*.

(53) (post_060)
(...)
....caldo...caldo...caldo...
Piccole curiosità:
1. Oggi ho mangiato x la prima volta della stagione...il COCOMERO!!!Io amo il cocomero!e poi non ingrassa...quindi!!!
2. Sempre di cibo si parla...anche se non l'ho assaggiato ancora...ma lo sapevate che hanno fatto il bounty a gelato?!?Io non lo sapevooo ma da quando c'è?!?Oggi quando l'ho visto ho spalancato la bocca e ho urlato "oh io dioooooo"...voi non mi conoscete ma io ADORO il cocco..ne vado pazza...farei fol-

lie...e infatti ingrassooo!!!Uffi...infati non l'ho preso...ma lo prenderò!!!L'altro giorno invece ho assaggiato il tronky al cocco sempre nuovo!BUONISSIMO!!!
3. Sto andando troppo in fissa con il pistacchiooooooo!!!!!!Io sono una ripetitiva e quando vado a prendere un gelato i gusti fissi sono stracciatella cocco e il terzo cambia sempre...dipende!!!E invece ora mi sta tornando la fissa come da bambina...pistacchio...mmm!!!
4. Non vi interessa nulla ma lo dico uguale...stasera su Rai 1 fanno Don Zeno...il prete che ha aiutato i bambini!Beh uno dei bambini che ha aiutato....era mio padre!!!Anche se lui ora è morto...mi fa piacere vederlo...sono curiosa!!!Se vi va vedetelo...dovrebbe essere bello!!!
Ecco il gelato...oddio lo voglioooooooo!!!!!!!

In alcuni casi gli autori di post pluritematici non segnalano lo scarto tematico, bensì ricorrono a una strategia per così dire opposta dando al proprio post le parvenze di un testo tematicamente coeso. Si osservi a tal proposito il post riportato sotto e in particolare il passaggio fra i primi due ipertemi.

(54) Figura. 5.9. (post_022)
(...)

Tema dell'aspetto fisico
Ho tipo i migliori capelli che abbia mai avuto da che ho memoria...
Dico sul serio!
Sono stata quasi 4 ore ieri dal parrucchiere...ma ne è valsa decisamente la pena...
Che poi non è che abbia fatto chissà che...
Non li ho tagliati...neanche il ciuffo che volevo sistemare...perché, giustamente, mi hanno detto che se no col cavolo mi crescerà mai...quindi, secondo lui, devo resistere ancora una ventina di giorni e poi avrò passato "la mezza misura" critica in cui sono troppo lunghi per tenerli a frangia e troppo corti per fare un ciuffo decente...
Bene...attendiamo in grazia allora...
Però ho fatto il riflessante...ed è questo che ha conferito ai miei capelli un aspetto fantastico...
Il colore è il mio naturale...nero...però adesso sono molto più brillanti ed il nero è più acceso di prima...
Mettiamoci anche che la ragazza che mi ha fatto la piega me l'ha fatta anche come piace a me...non troppo gonfi, belli lisci...
Insomma, sono tornata a casa proprio contenta :o)
E' da un po' di giorni che sono in questo stato di grazia della serie "sò figa, sò bella, sò fotomodella"...praticamente sono insopportabile, me ne rendo conto :oP
Ma tanto durerà poco...già lo so che quando meno me l'aspetto mi guarderò allo specchio e vedrò 2000 difetti che mi faranno pensare di essere un mostro...
Così va la vita...

Tema del maltempo
Che la mia vita va che se non smette di fare brutto tempo e piovere mi incazzo sul serio...
Che non si può dai...
Sono ormai troppi giorni che la situazione meteorologica fa schifo!
(...)

L'autrice del post chiude la sezione A con la frase analizzabile come segue:

[Così]^{Tema} [va la vita]^{Rema}.

"Così" funziona qui da una sorta di incapsulatore anaforico, che riallaccia il *novum* introdotto nella parte rematica, ovvero *vita*, con il discorso sull'aspetto fisico e gli sbalzi di umore relativi all'autopercezione, al che segue l'apertura del secondo paragrafo – in cui viene introdotto un nuovo ipertema – costituita dalla frase *E la mia vita...* in cui nella parte tematica si ripete il rema della frase precedente, ovvero *vita*. Al passaggio da un ipertema all'altro si ha quindi invece di uno scarto una progressione tematica di tipo lineare, qui utilizzata come un espediente di sutura.

L'unico caso in cui il blogger non sembra preoccuparsi dello scarto tematico e introduce un corpo testuale tematicamente estraneo al resto del post senza alcuna giustificazione né segnalazione è il caso del post_055, in cui al sunto delle novità e del conseguente stato d'animo dello scrivente segue una lunga citazione, ovvero il testo della canzone di Samuele Bersani "Senza titoli". Trattandosi, però, di una canzone d'amore vi sarebbe comunque un nesso con lo stato d'animo dello scrivente, il che in fin dei conti rende il post nuovamente di difficile interpretazione. Il problema si pone in tutti quei casi in cui i blogger apportano al post una citazione. Quelle brevi possono essere considerate una sorta di paratesto non inficiando di conseguenza l'integrità tematica del post, quelle più lunghe legittimamente danno adito all'interrogativo sull'opportunità di giudicare il post in questione come pluritematico.

Titoli di post

Poco più di tre quarti dei post sono muniti del titolo. Giacché il dare titolo al testo presuppone una riflessione metatestuale[219] su quanto si è prodotto, il dato, di per sé, potrebbe essere interpretato come spia di una notevole attenzione attribuita dai blogger alla strutturazione testuale. Tuttavia, a guardare i titoli da più vicino, ovvero esaminando la loro struttura sintattica, tale interpretazione – come si vedrà più avanti – andrebbe rivalutata.

Ai fini dell'esame della struttura dei titoli dei post del corpus pare utile ricorrere alla classificazione proposta da De Cesare in riferimento ai titoli giornalistici[220] secondo la quale, a livello di forma,

> i titoli possono essere classificati sulla base di un criterio morfo-sintattico, a seconda della presenza o meno di un verbo temporalizzato. Sulla base di questo criterio si ottiene dunque una tipologia semplice, formata da due macro-categorie: la prima raggruppa

---

219 Cfr. Held (1999: 174): "Il titolo ha (...) delle particolarità tutte sue essendo un metatesto da cui trae le sue funzioni principali: il titolo precede il testo che annuncia, sintetizza e – come succede molto spesso – giudica anche anticipatamente e comunque in modo molto breve". Cfr. inoltre Bartmiński/Niebrzegowska (2009: 212–213), le cui osservazioni sono in linea con quelle di Held (1999).
220 Il confronto con i titoli giornalistici si giustifica per il fatto che – come fa notare – Roncaglia (2008: 53) il blog "ha profonde radici nella tradizione testuale precedente, e in particolare in due forme di scrittura assai diffuse: il diario e l'"articolo di giornale o rivista (e si potrebbe ancora citare la scrittura epistolare nata per la diffusione pubblica)".

i *Titoli Nominali*, il cui nodo centrale non è realizzato da un verbo temporalizzato (in questi possono tuttavia comparire le cosiddette 'forme nominali del verbo': infiniti, gerundi, participi presenti o passati); la seconda i *Titoli Verbali*, la cui predicazione centrale si realizza attraverso un verbo temporalizzato (De Cesare 2009: 353).

Vi è poi una terza macrocategoria, quella che abbraccia i titoli misti, ovvero titoli formati da due (o più di due) enunciati "sintatticamente non omogenei, di cui cioè uno è nominale (EN) e l'altro verbale (EV)" (De Cesare 2009: 359)[221].

Passando ora a descrivere, anche da un punto di vista numerico, la strutturazione sintattica dei titoli dei post del corpus, per prima cosa va fatta notare la mancanza dei titoli misti e la netta predominanza del titolo nominale.

Tabella 5.4. Natura dei titoli di post

senza titolo	24
titolo nominale	59
titolo verbale	14
segno di punteggiatura	3
Totale	100

A considerare i soli post dotati di titolo la predominanza del titolo nominale si fa ancora più pronunciata, come risulta a chiare lettere dal grafico sotto.

Grafico 5.3. La natura dei titoli di post al netto dei titoli vuoti

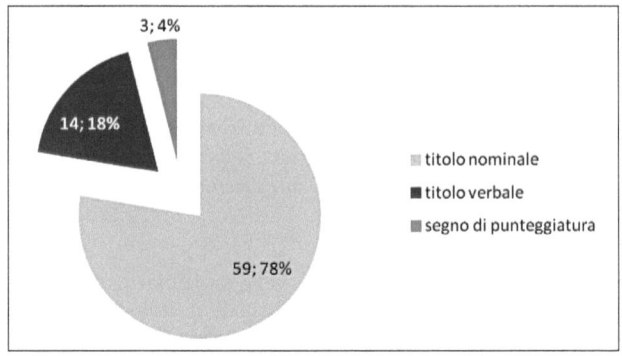

---

[221] Si veda a titolo di illustrazione l'esempio tratto da De Cesare (2009: 360): "// Il presidente dimissiona: //$_{EV}$ // a rischio il progetto per il raddoppio della pista //$_{EN}$ (*Regione Ticino*, 8.06.2007)".

A partire della loro saturazione sintattica all'interno della categoria dei titoli nominali si possono individuare più sottotipi, la cui distribuzione nel corpus si presenta come segue:

Grafico 5.4. La natura dei titoli nominali

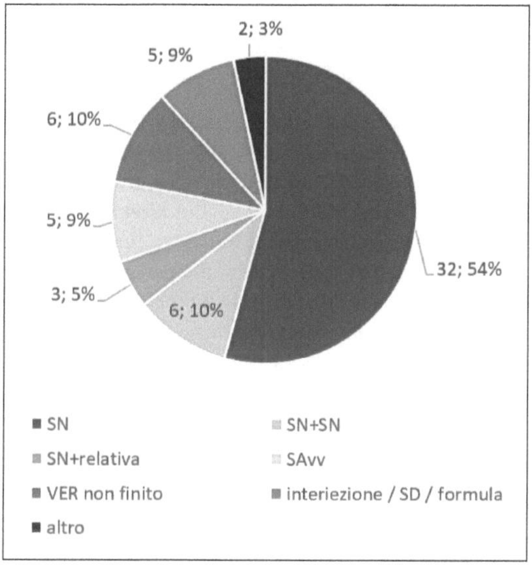

- SN: 32; 54%
- SN+SN: 6; 10%
- SN+relativa: 3; 5%
- SAvv: 5; 9%
- VER non finito: 6; 10%
- interiezione / SD / formula: 5; 9%
- altro: 2; 3%

La maggior parte dei titoli nominali sono quindi costituiti da un sintagma nominale (come in (55)), categoria che supera nettamente la somma delle categorie restanti.

(55)   (post_002)Pillola Di Felicità

Se a questa saturazione statisticamente prevalente aggiungere quella costituita da interiezioni / segnali discorsivi / formule di cortesia o da sintagmi avverbiali non stupisce il dato sulla lunghezza media del titolo di post calcolata per il corpus, che raggiunge il valore di 3 parole grafiche. La cifra in questione è decisamente bassa, se messa a confronto con i valori rilevati per lo scritto giornalistico: tra le 5 e le 7 parole[222], tanto più che nei titoli del nostro corpus mancano del tutto i soliti espedienti giornalistici della brevità: l'uso di sigle, la caduta degli articoli e il ricorso a parole-macedonia.

I titoli più lunghi sono quelli verbali e possono raggiungere l'estensione di oltre 10 parole grafiche (vedi l'esempio sotto).

---

[222] Cfr. De Cesare (2009: 351): "I titoli – esclusi i sopratitoli e i sottotitoli (...) – comportano generalmente tra le 5 e le 7 parole. Si trovano dunque raramente titoli brevi, di 2-3 parole, e titoli lunghi, di 10-14 parole (...)".

(56) (post_053)Se solo avessi le parole / te lo direi / anche se mi farebbe male

La lunghezza non implica, però, necessariamente informatività, come si evince del resto dall'esempio appena citato che, in linea con il prevalente carattere endoforico dei titoli di post del corpus, rimanda al testo del post senza che il lettore possa farsi idea di cosa si tratti a partire dall'enciclopedia, ovvero insieme di conoscenze sul mondo extralinguistico condivise dai membri di una data comunità linguistica mediamente acculturati.

Il distinguo fra titoli endoforici ed esoforici è stato preso a prestito da Baicchi (2004) che a partire dal concetto di foricità ne traccia la seguente caratterizzazione:

> The referential function of titles can be exophoric and endophonic reflecting the fact that titles may at the same time refer to entities in the outside world and to entities present in the text base. Exophoric function includes semantic reference, indexical reference (reference to the writer's attitude), and intertextual reference. Endophoric titles refer to the text and have intratextual function. They are cataphoric from the perspective of the receiver and anaphoric from the perspective of the text producer. When titles are mainly exophoric, that is, refer to the general context, they are less complex in terms of interpretability since they can also rely on the receiver's world knowledge. In contrast, strictly endophoric titles may require exclusive recourse to the text for their interpretability (Baicchi 2004:18).

Nella stragrande maggioranza dei casi i titoli di post del corpus sono endoforici, e quindi infratestuali, mentre scarseggiano quelli esoforici dotati di una funzione diversa da quella indessicale. Se ne contano solo tre nell'intero corpus:

(57) (post_070) New Zeland......
(58) (post_081) Richard Dawkins (1)
(59) (post_085) Balene

È interessante infine dare uno sguardo ai titoli dei 13 post pluritematici. Come risulta dalla lettura dalla tabella proposta sotto solo in un caso (post_095) la pluritematicità viene segnalata già nel titolo. Nei casi restanti i blogger o rinunciano del tutto al titolo o ne inventano uno indessicale o endoforico, in linea con la tendenza accennata sopra, dal che conseguono comunque esiti enigmatici caratterizzati da uno scarso valore informativo.

Tabella 5.5. Titoli dei post pluritematici

	post n°	Titolo
1.	POST_004	–
2.	POST_006	Sparirò per un pò...
3.	POST_020	SEMPRE...
4.	POST_022	–
5.	POST_029	De – narcotizzare se stessi

	post n°	Titolo
6.	POST_035	–
7.	POST_038	–
8.	POST_041	Una giornata qualsiasi (prime esperienze sessuali con una chitarra).
9.	POST_049	Liquidi di malaffare
10.	POST_051	Si' va bene, pero' non va bene
11.	POST_060	...che afa...
12.	POST_086	Minchia e russi
13.	POST_095	Varie ed eventuali

Nel complesso i titoli di post, come del resto già anticipato all'inizio di questa sezione, non risultano una risorsa testuale pienamente sfruttata né informativamente né espressivamente. Si pensi non solo ai dati già discussi sopra, fra i quali spicca l'esiguità testuale dei titoli in termini di lunghezza, bensì la scarsità delle soluzioni ad effetto. Nell'intero corpus vi è un solo titolo allusivo, intertestuale (60), in cui riecheggia il titolo del racconto di Italo Calvino, e un solo gioco di parole (61).

(60) (post_069)prima che tu dica -pronto-
(61) (post_015)rissosi risotti

5.4.3.2. Tema, rema, progressione tematica

Nella presente sezione si offre uno sguardo all'organizzazione tematica locale dei post secondo i vari tipi del possibile collegamento fra i temi dei singoli enunciati con il cotesto precedente. Conformemente a quanto proposto negli scritti di Daneš, e più in generale nella riflessione linguistica che fa capo alla "prospettiva funzionale della frase" elaborata nella cosiddetta Scuola di Praga, una frase non risulta analizzabile solo in termini sintattici o semantici, bensì anche come una struttura informativa dotata di due componenti: il tema e il rema, ovvero "una parte che codifica ciò di cui si parla e un'altra che dice qualcosa a proposito della prima (ossia fornisce una predicazione su di essa)" (Ferrari 2011: on-line). L'articolazione delle espressioni linguistiche attraverso le relazioni tema/rema assicurano così la progressione, lo sviluppo tematico del testo.

Riducendo le varie proposte di classificazione, a cominciare da quella originale di Daneš, ai loro aspetti fondamentali, la progressione tematica[223] di un testo si lascia cogliere in termini di combinazione dei quattro tipi esposti sotto.

---

223 Cfr. Daneš (1974: 114): "By this term we mean the choice and ordering of utterances themes, their mutual concatenation and hierarchy, as well as their relationship to the hyperthemes of the superior text units (such as the paragraph, chapter, etc.),

i) Progressione con tema costante, illustrabile con il seguente schema:

Figura 5.10.

```
F1        T1 → R1
F2        T1 → R2
F3        T1 → R3
F4        T1 → R4
```

Ciascuna frase ripropone come tema la parte tematica della frase precedente, mentre varia di volta in volta il rema. Ne è l'esempio il brano (62) in cui il legame anaforico tra la F1 e la F2 attraverso un'espressione sinonimica, fra la F2 e la F3, invece, attraverso una semplice ripetizione dello stesso sintagma nominale.

(62) (post_097)
(...)
F1 L'*annoiarsi*[TEMA 1] è considerato oggi socialmente in maniera disdicevole, come una incapacità del soggetto ad essere felice, e nei casi gravi è il sintomo di una depressione da curare.
F2 **La noia**[TEMA 1] può essere sintomo di depressione clinica.
F3 **La noia**[TEMA 1] può essere indifendibilità appresa, un fenomeno strettamente collegata alla depressione.
(...)

ii) Progressione tematica lineare, illustrabile con il seguente schema:

Figura 5.11.

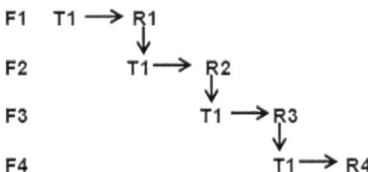

Questo tipo di progressione tematica consiste nel riproporre nella parte tematica di una data frase l'elemento rematico della frase precedente, come nell'esempio sotto in cui il sintagma nominale *buone notizie*, elemento della parte rematica della F2 viene ripreso nella parte tematica della F3.

(63) (post_006)
F1 Ieri ho incontrato il mio relatore per la tesi.
F2 Ho ricevuto **buone notizie** e cattive notizie.

---

to the whole text, and to the situation. Thematic progression might be viewed as the skeleton of the plot".

F3 La buona notizia^(TEMA 1) è che **la tesi** che ho scritto per ora va bene, ci sono solo piccole modifiche da fare, che ho già effettuato, e al mio relatore piace.

F4 E' **una tesi** sui CMS principalmente, ma mi allargo anche a parlare dell'uso giornalistico del web (blog e social networks compresi), più vedrò di metterci qualche spunto su altre cose.

iii) Progressione per tematizzazione di più unità informative (temi o remi), ovvero di un intero frammento di testo, illustrabile con il seguente schema:

Figura 5.12.

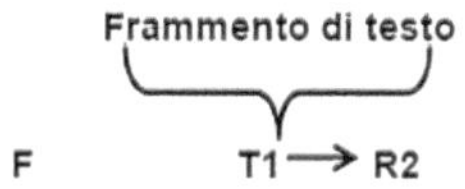

Si veda a tal proposito l'esempio riportato sotto in cui il sintagma nominale *la cosa* funziona da incapsulatore anaforico che tematizza l'intero co-testo precedente costituito dalle F1 e F2:

(64)   (post_034)
       (...)
       F1 Il pupo piange.
       F1 Piange troppo.
       F3 E **la cosa** è un problema.

iv) Legame tematico derivato.

I tre tipi di progressione tematica visti sopra possono, infine, realizzarsi attraverso un legame derivato. Si tratta di casi in cui un tema ripropone ciò a cui si riferisce il co-testo antestante, che sia tema dell'enunciato precedente, rema dell'enunciato precedente o una porzione di testo più ampia, in maniera indiretta, ovvero attraverso un rapporto tra il tutto e una parte (come nell'esempio (65)), tra le parti di un tutto oppure tra il membro e l'insieme. Lo schema sottostante illustra la prima delle tre possibilità appena elencate, ovvero quella in cui il tema della F1, funzionando da ipertema, viene ripreso nei temi delle frasi successive in maniera indiretta.

Figura 5.13.

F1   T1 → R1
F2   → T2 → R2
F3   → T3 → R3
F4   → T4 → R4

Se ne veda l'illustrazione offerta dall'estratto (65):

(65) (post_041)
(...)
F1 Così mi appresto a leggere **questo primo numero della ristampa**:
F2 ad una prima occhiata (sogg. sottinteso = esso)^(TEMA 1) sembra interessante;
F3 **i titoli**^(TEMA 2) sono diversi, e la qualità dei fumetti, benchè altalenante, ci mostra tutto sommato cose carine.
F4 Perfettamente strutturate **le rubriche**^(TEMA 3), chiare e leggibili, forse abbastanza simili a quelle della fu Kappa Magazine...
(...)

Tema 1, riempito dall'anafora zero, si riferisce al primo numero della ristampa, parte rematica della F1, mentre tra i Temi 2 e 3 da un lato e Tema 1 dall'altro c'è un rapporto parte-tutto.

5.4.3.2.1. Commento

Nel corpus Splinder-post si riscontrano tutti i tipi di successione tematica, ma – come risulta dall'estensione degli estratti, cosa non casuale – è difficile trovare frammenti testuali caratterizzati da uno stesso tipo di connessità tematica che vadano oltre un'estensione di tre frasi. Di solito del resto nei testi reali i vari tipi di progressione sono compresenti intrecciandosi in varie combinazioni. A prescindere da generi testuali particolari[224], ovvero caratterizzati fortemente da un concreto tipo di successione tematica, è raro, quindi, che uno stesso tipo di connessità tematica possa essere mantenuto a lungo senza comportare una malformazione testuale[225]. È interessante osservare a tal proposito che nel nostro corpus ci sono esempi, seppur pochi di post caratterizzati esclusivamente, o quasi, da un unico tipo di progressione tematica. Si tratta sempre in tali casi della progressione a tema costante, come nel post riportato sotto in cui quasi tutte le anafore in posizione tematica hanno il riempimento Ø equivalente al soggetto sottinteso *io*, il che inevitabilmente crea un effetto di monotonia informativa alquanto evidente.

(66) (post_031)
Nel periodo in cui non ho postato: sono tornata a Pisa per due giorni per verbalizzare l'Inutile Laboratorio di Latino; sono andata al mare tossico di Rosignano Solvay; mi sono scottata con il sole tossico di Rosignano Solvay, che sembra

---

224 Cfr. a tal proposito Bartmiński/Niebrzegowska (2009: 280), che fanno l'esempio di preghiera come genere testuale spesso caratterizzato da uno stesso tipo di progressione tematica.
225 Cfr. a tal proposito Ferrari/Zampese (2000: 353): "Per esempio, mantenere a lungo il tema costante produce monotonia informativa, oltre ad essere fondamentalmente incompatibile con la varietà e complessità propria di ogni discorso. O ancora, la progressione lineare, se mantenuta troppo a lungo, fa perdere il filo del discorso, non è in sintonia con il carattere unitario che dovrebbe avere il contenuto testuale".

Chernobyl mascherata con più piante e più persone e il tennis club; mi sono spalmata l'aloe sulle ustioni di quarantacinquesimo grado che mi ricoprono; ho camminato per tredici chilometri in un pomeriggio; ho preso dei treni; ho pensato; ho studiato; ho guardato i famosi spezzoni di House che NON dovevo vedere; ho fatto la babysitter a una unenne parlante ("Pacu! Ceh-cih-ja! Mami, tato, papi! Nu! Leo! Anda, Angio, Angia, Anto, Ste! April! Su! Acqua! Aho! Mimmi! Pompom! Desi! Op! Tuc!").

Vi sono poi legami tematici più allentati rispetto a quanto proposto sopra. È il caso di connessioni tematiche mediate da conoscenze enciclopediche o contestuali specifiche. Ne offre l'illustrazione il brano seguente:

(67) (post_041)
(...)
Uscendo mi è capitato pure di reincontrare **Iacobellis**, compagno di scuola che alcuni ricorderanno e che non vedevo più da quando si era unito agli uomini-granchio ehm... evangelici. **Persona** ancora interessante e piena di progetti che spaziano dalla scrittura al teatro al cinema, è un peccato che una persona come lui sia improgionata in una vita lavorativa che gli permetta a mala pena di sopravvivere, lavorando tutti i santi giorni della settimana, sopratutto visto il suo talento e gusto nello scrivere e nell'immaginare... ma in fondo cosa si pretende? **I bravi** son divisi dagli incapaci da semplici fogli di carta, tra poco Ø istituiranno un patentino per lo scopare e se non lo farai sarai considerato una sega a letto e non potrai spiegare come nascono i bambini, e ancora di più che da attestati e fogli di carta bianca, siam divisi da piccoli pezzi di carta chiamati soldi e dalla levatura sociale della nostra famiglia (che ci si creda o no, la famiglia d'origine conta ancora molto, sopratutto quando si deve emergere). Lavorava come promoter di Sky al Mediaworld del Fiordaliso, e facendo da quel che ho capito si impara a riconoscere velocemente il tipo di persona che hai di fronte:
(...)

Si noti che il tema *i bravi* non si lega al cotesto precedente, ovvero al periodo che inizia con il tema *Persona* per nessuno dei legami tematici fra quelli discussi finora. Per conoscenza acquisita contestualmente all'atto di lettura si arriva ad ogni modo ad individuare Iacobellis, ripreso successivamente dal tema *Persona*, come uno dei *bravi*, dal che risulta un legame analogo a quello membro-insieme, solo che ricostruibile su base inferenziale. Fra il tema *i bravi* e quello della frase successiva, costituito dal soggetto sottinteso *loro*, vi è invece una rottura tematica. Si tratta di un fenomeno che, anche se sfuggente alla griglia dei possibili tipi di progressione tematica, ricorre non di rado nei testi reali[226] e non passò inosservato da Daneš, il

---

226 Per un'esposizione dei limiti della progressione tematica di stampo praghese cfr. Ferrari/De Cesare (2009: 102): "Quando si provi ad applicare il concetto di progressione tematica a testi di una certa complessità e appartenenti a tipologie diverse

quale per designarlo coniò il termine 'salto tematico'[227]. Questa espressione coglie il fatto che esistano testi che a dispetto delle rotture tematiche non possono definirsi come incoerenti, quindi non-testi, in virtù della loro struttura[228]

> data dall'interazione di diverse dimensioni organizzative concettualmente indipendente che interagiscono in modo modulare: ci sono spazi testuali in cui una dimensione – poniamo, quella logico-argomentativa – predomina sulle altre, rendendole inattive o secondarie (Ferrari/De Cesare 2009: 102).

Così, nel frammento analizzato la rottura tematica data dall'introduzione del tema costituito dal soggetto sottinteso *loro* si spiega se si tiene presente il contenuto logico e globale del brano, ovvero il fatto che chi scrive porta una giustificazione a sostegno della sua tesi appena formulata sull'ingiustizia del mondo.

La presenza dei legami tematici allentati nel corpus conferma nel complesso il carattere poco vincolante del genere testuale in questione, questione già discussa in § 2.3.3.6.

5.5. Segnali discorsivi, connettivi e glosse metatestuali nel corpus

5.5.1. Precisazioni terminologiche

Nella presente sezione ci si concentra su quelli che vogliamo etichettare in un primo momento con la denominazione 'organizzatori testuali'. La dicitura, volutamente imprecisa, ha il vantaggio di non coincidere con altri termini radicati nella letteratura sull'argomento e perciò carichi di connotazioni. Si tratta in altri termini di un insieme di mezzi linguistici che hanno un ruolo precipuamente coesivo e che risultano suddivisibili in:

- segnali discorsivi;
- connettivi;
- glosse metalinguistiche.

Questa tripartizione[229], sia pure con qualche variazione terminologica, è in linea con quella di Gałkowski, che di fronte alla dovizia di proposte terminologiche,

---

da quelle espositiva o descrittiva, si fa immediatamente l'esperienza della sua insufficienza a definire la «felicità comunicativa» dei discorsi scritti".

227 Cfr. Daneš (1970: 138): "thematic jump consists of the omission of one (or more) utterances in a thematic progression when the thematic content of such an utterance is quite evident, plainly implied by the context".

228 Alla problematica della modularità della struttura del testo dedicano un ampio spazio diversi recenti lavori dell'analisi del discorso, come ad es. Roulet *et al.* (2001), Ferrari (2004), Ferrari (2005), Ferrari *et al.* (2008).

229 Cfr. Gałkowski (2003: 45): "In sostanza, si potrebbe quindi dire che i connettivi testuali come una classe di dispositivi coesivi, formalmente ricorrenti a diverse cate-

per altro non sempre coincidenti pienamente perché corrispondenti non di rado non allo stesso insieme, bensì a sotto-insiemi specifici (*connettivi testuali* (Berretta 1984), *connettivi* (Bazzanella 1985), *marcatori discorsivi* (Contento 1994), *marcatori pragmatici* (Stame 1994), *connettivi fàtici* Bazzanella 1990)), avverte la necessità di "una univoca «statuizione»" (Gałkowski 2003: 45).

Quanto ai segnali discorsivi l'immancabile punto di riferimento è costituito dalla definizione di Bazzanella:

> sono quegli elementi che, svuotandosi in parte del loro significato originario, assumono dei valori che servono 1) a connettere elementi frasali, interfrasali, extrafrasali, a sottolineare la strutturazione del discorso, 2) ad esplicitare la collocazione dell'enunciato in una dimensione interpersonale, 3) ad evidenziare processi cognitivi (Bazzanella 2005a: 137).

Ai fini dell'esame proposto di seguito si è optato per una concezione di 'segnale discorsivo' più ristretta rispetto a quella che emerge dalla definizione appena citata, facendo escludere dall'insieme in questione tutti gli elementi che conservano nel discorso la loro funzione di connettore (punto 1) della definizione). Si tratta ad es. delle congiunzioni *e* oppure *ma*, che, originariamente congiunzioni frasali, nel discorso, come nell'esempio (68), conservano il valore logico veicolato, ovvero quello di aggiunta, possono connettere porzioni di testo superiori al confine di clausola fungendo, quindi, da connettivi, detti anche congiunzioni testuali (vedi oltre).

(68) (post_042)
(...)
Se una persona pensasse o scrivesse di me in modo "carino", io credo che ne sarei felice. Forse non ne sarei felice se fosse qualcuno che odio.
Ed io spero proprio che lei non mi odi; mi dispiacerebbe se le parole che scrivo, invece di farla sorridere, la innervosissero o peggio.
(...)

Vi sono poi casi in cui una stessa forma, originariamente congiunzione frasale, può svuotarsi del valore logico veicolato per dotarsi di una funzione preminentemente pragmatica, tipica, appunto, dei SD. È il caso del brano riportato sotto in cui la forma *ma* (in neretto) sembra avere un valore a metà strada fra modalizzatore (rafforzativo) e segnale di *commitment* e perciò rientra nel novero dei SD.

---

gorie e combinazioni grammaticali, servono a connettere (legare) porzioni testuali (sequenze) tra esse e/o ad indicare e connettere una porzione testuale (sequenza informativa) nel/al testo. Solo in questo insieme va delineato un gruppo di connettivi argomentativi che veicolano le relazioni argomentative (logico-semantiche) e un gruppo di segnali discorsivi che pragmaticamente (illocutivamente) marcano il discorso. Tra l'uno e l'altro gruppo si situa invece un settore di organizzatori (metatestuali) che implicano la segmentazione (integrazione) dei frammenti del testo a diversi livelli della sua strutturazione".

(69) (post_022)
    (...)
    No...io rimango sempre come una cretina ad aspettare lui...
    Che nervi...
    Ed "il bello" è che gliel'ho detto mille volte...
    Ma niente...non cambia niente...
    Adesso voglio proprio vedere a che ora arriverà la sua chiamata...
    Ma perchè, gira e rigira, noi donne dobbiamo sempre finire con l'attendere una telefonata da parte di un uomo che tarda sempre ad arrivare???
    (...)

Per connettivo testuale, categoria qui tenuta separata da quella dei SD, si intende ciascuna delle forme invariabili (congiunzioni, locuzioni congiuntive, avverbi e locuzioni avverbiali) che veicolano valori relativi alla strutturazione logica del testo e fungono da elemento di collegamento al di là della soglia di frase, mettendo "in relazione atti linguistici autonomi e non proposizioni all'interno di un singolo atto" (Ferrari 2010: on-line). Nel loro novero rientrano, quindi, le espressioni avverbiali dal valore intrinsecamente connettore (come ad es. *dopo tutto, infine*, ecc.), le espressioni preposizionali (come ad es. *a causa di, eccetto*) che reggono sintagmi nominali con un nome argomentale come testa, nonché le congiunzioni, coordinanti e subordinanti, riconosciute dalla tradizione grammaticale. Queste ultime diventano connettivi nei contesti in cui operano fuori dai confini di frase, ovvero, per usare la distinzione di larga diffusione in Italia dopo la pubblicazione del dizionario DISC, da congiunzioni frasali diventano congiunzioni testuali. Di conseguenza nella concezione qui proposta la congiunzione *perché* sarà un connettivo nell'esempio (70) e nel (71) ma non più nell'impiego (72):

(70) Vattene! Perché non ne posso più. (esempio tratto da Ferrari 2010: on-line)
(71) Stavolta ho deciso che non verrò. Perché sono stanco di lavorare per tutti.
    (esempio tratto da Ferrari 2010: on-line)
(72) [Come mai sei così stanco?] Lo sono perché non ho chiuso occhio tutta la notte.
    (esempio tratto da Ferrari 2010: on-line)

Solamente nei primi due degli esempi sopra la clausola reggente è associabile a un atto linguistico autonomo (un ordine in (70) e un'asserzione in (71)) al quale segue un altro atto linguistico autonomo, quello di motivazione. Nel caso dell'esempio (72) si ha invece una classica congiunzione frasale dal valore causale.

Nella categoria delle glosse metatestuali rientrano invece organizzatori testuali di varia natura accomunati dalla funzione metacomunicativa che implica un'informazione sulla segmentazione testuale o un commento da parte dello scrivente sul proprio atteggiamento locutorio. Sul piano funzionale possono, quindi, entrare in parziale sovrapposizione con le due categorie definite sopra: si pensi ai demarcativi, SD dal chiaro valore metatestuale o ad alcuni connettivi che, come ad es. *in fin dei conti*, espressione che oltre ad avere il valore logico interpretabile in termini di relazione conclusivo-avversativa può veicolare l'informazione metatestuale esprimibile alternativamente con glosse metacomunicative del tipo *per concludere*. Sul piano della forma le glosse risultano invece ben distinte sia dai SD, a differenza dei quali hanno una forma più esplicita, sia dai connettivi, a differenza dei quali possono assumere forma di elementi dotati di flessione o di intere frasi (ad es. *per fare qualche esempio*).

5.5.2. Dati e commento

5.5.2.1. Segnali discorsivi

Quanto ai SD, ritenuti spesso una delle spie più tipiche dell'oralità, non avendo a disposizione un termine di confronto a cui fare riferimento per un eventuale confronto con il parlato, i valori assoluti sono poco significativi. Per il parlato disponiamo ad es. degli studi di De Mauro *et al.* (1993) e Bazzanella (1994), ma i dati sulla frequenza dei SD ivi contenuti, in mancanza del dato sulla lunghezza dei campioni espressa in numero di parole, sono rapportabili ai tempi di registrazione audio, mentre il nostro dato (186 SD, pari allo 0,8 % sul totale delle circa 20000 occorrenze del corpus) è ottenuto dal rapporto con il totale delle parole del corpus. Effettuabile risulta invece un confronto con il dato per la chat riportato in Mela (2004: 265), il 4,8 %. Nei post di blog, quindi, l'incidenza numerica dei SD risulta nettamente inferiore, il che trova la sua spiegazione in una testualità unidirezionale. La differenza rispetto alla testualità dialogica della chat, e a maggior ragione di quella di una conversazione parlato, risulta ancora più evidente se tenere presente non solo la quantità, bensì anche la natura dei SD presenti e assenti. Nella lista dei SD presenti nel corpus con il numero di occorrenze pari o superiore a 2 colpisce soprattutto la mancanza di indicatori di riformulazione (*diciamo* e simili) e di SD relativi all'interazione in corso (*senti, sai* e simili).

Tabella 5.6. Segnali discorsivi con una frequenza pari o superiore a 2 occorrenze nel corpus

rango	SD	numero di occorrenze
1.	ma	24
2.	sì	15
3.	beh	9
4.	e	8
5.	vabbé	5
	insomma	5
	eh	5
	ecco	5

rango	SD	numero di occorrenze
6.	punto	4
	dai	4
	certo	4
	bene	4
7.	ok.	3
	no	3
	he	3
	boh	3
	bhè	3
	ah	3
8.	va'	2
	va beh	2
	tipo che	2
	mamma mia	2
	mah	2
	essì	2
	ebbene	2
	cmq	2
	che	2
	cavolo	2
	allora	2

A prescindere dalle interiezioni, forme tipiche della lingua parlata, degni di nota appaiono soprattutto i segnali *ma* e *punto*. Il primo dei due non a caso occupa la posizione più alta nell'elenco: come dimostrato in diversi studi descrittivi si tratta di una forma tra le più frequente sia nelle liste di frequenza di congiunzioni frasali che di connettivi. Nel nostro corpus, in linea con il discorso fatto a proposito dell'esempio (69), osserviamo l'affievolirsi della componente avversativo-limitativa di *ma* a favore di un suo uso preminentemente pragmatico e rafforzativo che nel nostro corpus si produce tipicamente negli enunciati interrogativi ed esclamativi:

(73) (post_022)
(...)
Arriviamo nella sua via ed inizia a piovigginare...
Tempo che lei scende da casa e sale sulla mia macchina, inizia a diluviare! **Ma** di brutto proprio!!!
(...)

(74) (post_041)
(...)
Innanzitutto ho potuto vedere e provare la chitarra elettrica di mia sorella, mettendo per la prima volta le mani su uno strumento del genere: ed eccolo lì, questo nero oggetto lungo, lo impugno per il manico e la base e comincio a toccarlo (**ma** perchè scrivo delle frasi così fraintendibili?... -__-).
(...)

La forma *punto* è interessante dal momento che i suoi impieghi nel corpus rientrano in quella che Cignetti (2008: 389) descrive come "verbalizzazione del segno interpuntivo", fenomeno che in riferimento ai segni interpuntivi primari si rivela tipico del parlato. Si veda a questo proposito l'esempio sotto in cui emerge l'evidente valore rafforzativo ed enfatico dell'espressione in questione.

(75) (post_017) (neretto mio)
(...)
capisco che la competizione, quando è sana, è un buono stimolante, e che sono dinamiche d'ufficio vecchie così come sono vecchi gli uffici stessi, però a pensarci bene nel nostro caso sono situazioni ridicole
perchè lì siamo solo volontari. **punto**.
nessuno di noi sarà assunto per questo. si vocifera di un concorso, ma sappiamo già a chi sono destinati anche i relativi posti. quindi non mi spiego le staffette per accaparrarsi l'attenzione del capo, la volontà che viene fuori solo quando i suddetti capi guardano, l'ansia e lo stress che le persone si infliggono per mostrarsi sempre una spanna sopra delle altre.
io faccio il lavoro che devo fare. **punto**. lo faccio sempre al meglio ottenendo buoni risultati. **punto**.
(...)

Secondo Cignetti (2008: 390)

tale valore confermativo e enfatico può essere ritenuto caratteristico dei segni di punteggiatura primari, che risultano essere, inoltre – in contesti funzionali e fuori di citazione – forme pressoché esclusive della lingua parlata. Diversamente avviene per quel che riguarda i segni secondari: derivate con molta probabilità dal parlato, tali espressioni sono ormai comuni anche nello scritto in un ampio ventagli di tipologie.

Nel complesso, quindi, dall'esame dei SD presenti nel corpus la testualità dei post si presenta come ibrida rispetto alla dicotomia scritto/parlato. Se da un lato risulta avulsa dalle più evidenti spie di oralità (segnali di riformulazione e quelli relativi all'interazione in corso), dall'altro vi si può ravvisare una notevole distanza dalla testualità tipica di un testo scritto pubblicato a stampa. Questa lontananza risulta evidente non solo a partire dai valori assoluti dei SD o dall'esame della natura dei SD riscontrati nel corpus, bensì anche, se non soprattutto, dai rapporti percentuali tra le tre classi degli organizzatori testuali, SD, connettivi e glosse metacomunicative, decisamente insoliti nei testi scritti. Il dato emergente dalla lettura del grafico che presenta la distribuzione degli organizzatori testuali nelle tre classi è molto eloquente: nei testi scritti lo scarto a favore dei connettivi (qui di soli 16 punti percentuali) è di regolo decisamente più accentuato.

Grafico 5.5. La distribuzione dei diversi organizzatori testuali tra SD, connettivi e glosse metatestuali

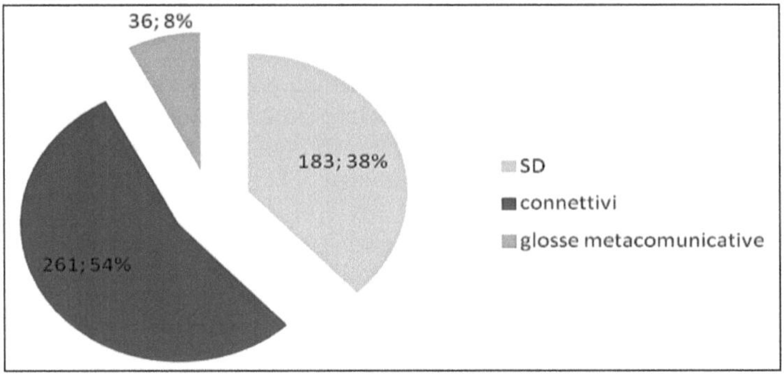

5.5.2.2. Connettivi

Nell'esaminare i connettivi e le relazioni logiche da essi veicolati è stata presa a modello la proposta di Ferrari/Mandelli (2007: 187), che sulla scia di Pasch et al. (2003) individuano le seguenti macroclassi delle relazioni logiche su cui si fonda la strutturazione dei contenuti semantico-pragmatici di un testo scritto:
- relazioni di aggiunta;
- relazioni di concessione-limitazione;
- relazioni di motivazione (inclusa la finalità);
- relazioni di consecuzione
- relazioni di contrasto;
- relazioni di rielaborazione semantica e formale (riformulazione parafrastica, illustrazione, esemplificazione, particolarizzazione, generalizzazione).

La distribuzione dei connettivi nelle diverse classi è raffigurata nel grafico sottostante.

Grafico 5.6.

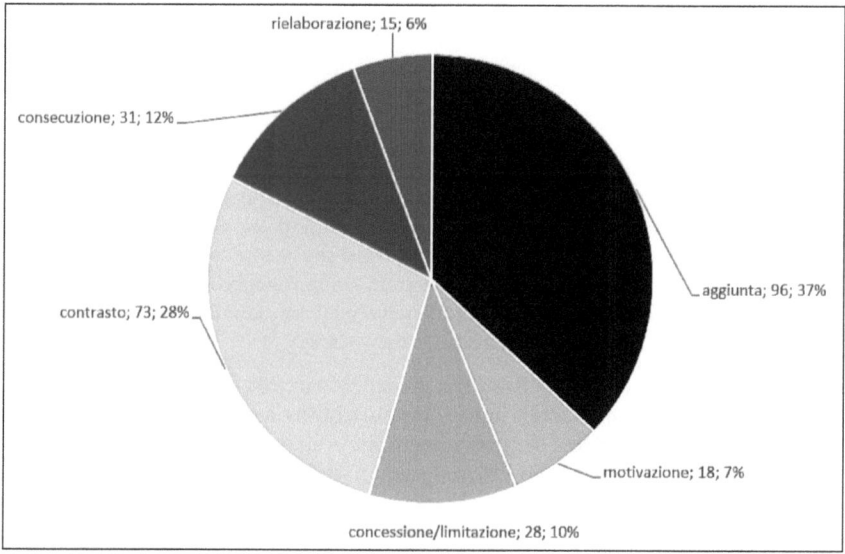

A giudicare dalla consistenza numerico delle diverse categorie il tipo di relazione su cui si fonda più caratteristicamente la strutturazione logica dei contenuti semantico-pragmatici dei post è quello di aggiunta. Il dato è riconducibile alle più generali condizioni enunciative in cui di regola ha luogo la produzione dei post di blog (cfr. § 3.3.3.4.4.). Ne consegue una testualità che non persegue la gerarchizzazione a favore di un'organizzazione più piatta e lineare avvicinandosi per certi versi alla strutturazione seriale indicata in § 3.3.3.2. come una delle principali spie di oralità. Va da sé che questa vicinanza non significhi una copia precisa dei movimenti testuali del parlato, bensì va colta piuttosto in una preferenza per le soluzioni poco onerose cognitivamente e quindi adatte ad una scrittura veloce. Il post riportato sotto ne è un esempio lampante.

(76)   (post_057) (neretto mio)
  (...)
  e poi c'è quella maledetta canzone di jovanotti che passano un sacco sempre in radio. **e** ogni volta che l'ascolto non posso fare a meno di piangere. perchè mi ricorda tante cose, una persona che non posso stringere, che sento che sto perdendo. quell'uomo così alto che mi chiama 'pesciotto', quell'uomo a cui, quando ero piccina, dormivo vicina vicina, quell'uomo che inventava per me milioni di giochi e riusciva sempre a farmi ridere. quell'uomo che mi fa dolore vedere così, messo all'angolo. quell'uomo che mi fa arrabbiare perchè non riprende in mano le sue cose. **e** nemmeno me. *papà me la canti una canzone?* **e** vorrei poter tornare bambina, non dover risolvere tutti questi problemi, vorrei averti con me e solo per me una volta e vorrei averti sempre....

Alle stesse ragioni esposte sopra risulta ascrivibile la relativa scarsa numerosità di connettivi che introducono le relazioni di rielaborazione. Nella scrittura dei blogger la componente esplicativa non è di certo quella dominante e tipicamente viene testualizzata non attraverso connettivi o glosse, bensì attraverso un andamento giustappositivo, a volte messo in atto con la parentesizzazione. Si consideri a tal proposito il brano sotto.

(77) (post_029)
L'anno scorso, quando ho lasciato il lavoro, è stato come uscire da una prigione che giorno dopo giorno mi stava uccidendo, sia psicologicamente che fisicamente (per alcuni anni sono stata soggetta a strane patologie, alcune abbastanza gravi tanto che i dottori non sapevano come spiegarsi e dove appigliarsi e che magicamente sparivano nel momento in cui io rimanevo a casa dal lavoro). Comunque, ho 'de-lobotomizzato' il mio cervello, mi sono depurata delle scorie tossiche del lavoro e sono rinata. Un nuovo inizio.

Il testo tra parentesi entra con il cotesto precedente in una relazione interpretabile in termini di illustrazione. La relazione si instaura tuttavia non attraverso un segnale esplicito, bensì – trattandosi di giustapposizione – su basi inferenziali.

Merita inoltre un commento l'esiguo numero dei connettivi di motivazione. Di solito, e anche nel nostro corpus, la relazione in questione è ben rappresentata a livello della connessione infraperiodale, ovvero sotto forma di classiche congiunzioni subordinanti, soprattutto *perché*, come in (78).

(78) (post_029) (neretto mio)
(...)
Mi aspetto che quando questo succede l'altro mi dia delle spiegazioni, **perché** a una certa età alcuni atteggiamenti da ragazzini non danno certo credito a una persona.
(...)

Vi sono poi casi, come già osservato a proposito degli esempi (70), (71) e (72), in cui un segno di punteggiatura forte (o nel parlato un break prosodico) isola quelle che da un punto di vista prettamente sintattico appaiono come clausole subordinate causali facendone enunciati autonomi. Di conseguenza la congiunzione in neretto in (79) è stata fatta rientrare nel novero dei connettivi di motivazione, il che non impedisce che – come si avrà modo di ricordarlo in – ad un'analisi non più testuale, bensì più squisitamente sintattica (come quella proposta in § 7.4.), le stesse occorrenze di *perché* verranno analizzate come congiunzioni subordinanti.

(79) (post_019) (neretto mio)
Che c'è di nuovo? Il capitolo 3 è stato finalmente revisionato e chiuso...ora è il 4 che ristagna, o meglio io ci ristagno sopra... **Perchè** c'è una parte che proprio non ne vuole sapere di funzionare!

Se sottrarre le occorrenze di *perché* dalla categoria in questione, il numero dei connettivi di motivazione si restringe notevolmente ammontando a soli due tipi (*infatti* e *se no*), distribuiti in 8 occorrenze.

(80) (post_045) (neretto mio)
Giuro che non avevo assolutamente fame, e non l'ho fatto neanche per un attacco nervoso, **infatti** la quantità era contenuta, il cibo sano e mi sono fermata a questo senza ripensamenti...

(81) (post_001) (neretto mio)
Ieri abbiamo consegnato l'ultima lettera ad Elena, prima non ne potevo parlare **se no** avremmo rovinato tutta la sorpresa.

Con ogni probabilità il debole ricorso alla motivazione come relazione organizzatrice dei contenuti semantico-pragmatici dei post trova la sua spiegazione di nuovo nell'andamento giustappositivo (se ne veda l'illustrazione in (82) dove la parte in neretto è la motivazione del cotesto precedente) nonché forse anche nella preferenza per le marche di relazioni di consecuzione, come in (83). Queste ultime, invertendo l'ordine effetto causa, veicolano una rappresentazione della realtà più iconica rispetto a quella veicolata dai connettivi di motivazione, ovvero meglio corrispondente al fatto che la causa precede l'effetto.

(82) (post_060) (neretto mio)
Oggi ho mangiato x la prima volta della stagione...il COCOMERO!!! **Io amo il cocomero!e poi non ingrassa...quindi!!!**

(83) (post_022) (neretto mio)
Tornata a casa prestissimo non avevo sonno...
così ho letto per un'oretta prima di buttarmi nel mondo dei sogni...

Molto significativo risulta infine lo scarso ventaglio dei connettivi osservati nel corpus. Si tratta di pochi tipi, al che si aggiunge la preferenza per le forme semanticamente deboli[230], che possono veicolare più di una relazione logica. Basti pensare al connettivo *e*, il quale a parte il valore di aggiunta spesso ne veicola degli altri, quello di consecuzione ad esempio:

(84) (post_022)
Se gli chiedo se usciamo e lui mi risponde di si, che si sveglia alle 16...logico che, facendosi 2 calcoli, vuol dire che usciremo verso le 17...e mi va bene...
Ma se alle 17 passate non sei ancora sveglio a che ora usciamo?
Non usciamo...punto...
E tutto quello che avevo da fare va a puttane...

---

230 Cfr. a tal proposito Ferrari/Mandelli (2007: 186): "Dal punto di vista della loro semantica, non tutti i connettivi sono caratterizzati dalla stessa ricchezza e dalla stessa univocità semantica. Accanto ad espressioni piene e semanticamente rigide come *vale a dire, al contrario, benché* od *a condizione che*, ci sono espressioni concettualmente caratterizzate ma più flessibili come *perché* o *quando*; espressioni ambigue (cioè provviste di almeno due valori in rapporto di esclusione) come *ovvero*, che può avere valore disgiuntivo o riformulativo; ed espressioni semanticamente povere quali – in un crescendo di sottospecificazione – la preposizione *per*, la congiunzione *se*, la congiunzione *e*".

> Ma è tanto difficile dirmelo? Almeno io mi organizzo in altro modo...esco da sola o trovo un'amica con cui sbrigare quello che devo fare...

Nel complesso dall'analisi fatta emerge una testualità poco gerarchizzata che privilegia l'organizzazione tematica su quella logica.

5.5.2.3. Glosse

Le glosse metadiscorsive, pur entrando in sovrapposizione con i SD e i connettivi sul piano funzionale, come del resto già anticipato sopra, sulla asse dell'esplicitezza, presa a prestito da Dinale (2001: 525) e rappresentato graficamente sotto, si situano in un settore evidentemente ben distinto.

Figura 5.14. I diversi organizzatori testuali lungo il continuum tra massima e minima esplicitezza

Quanto alla natura del materiale linguistico, le glosse riscontrate nel corpus risultano analizzabili in termini di:

- sintagmi nominali, come in

    (85) (post_025)
    (...) Conclusione: (...)

- sintagmi preposizionali, come in

    (86) (post_041)
    (...) Per ultimo (...)

- frasi semplici, come in

    (87) (post_092)
    Vi racconto una chicca di oggi. (...)

- frasi complesse, come in

    (88) (post_071)
    (...) sai cos'è (...)

- frasi incidentali con un forma verbale non flessa, come in

    (89) (post_053)
    (...) Umanamente parlando (...)

- formule fisse, come in

(90) (post_061)
   (...)
   P.S. Tra qualche giorno scriverò tutto quello che è accaduto da un anno a questa parte... si voglio proprio sfogarmi e togliermi qualche sassolino dalle scarpe!
   (...)

Sul piano funzionale, invece, le glosse metadiscorsive risultano suddivisibili da un lato in quelle dal valore metatestuale, ovvero dal valore strutturante il discorso nelle sue parti (come in (post_064 / post_041) e dall'altro in quelle dal valore pragmatico, ovvero quelle relative al rapporto fra autore e mittente (post_071 / post_092) del discorso oppure quelle consistenti nel dare un commento sulla propria attività locutoria (post_053). Nel corpus prevalgono le glosse del primo tipo (25 sul totale di 36 occorrenze), avvicinando di conseguenza la scrittura dei blogger allo scritto-scritto, caratterizzato in negativo dallo scarseggiare dei riferimenti all'atto comunicativo, attori, mittente e destinatario compresi, per le condizioni di lontananza comunicativa in cui di regola avviene la comunicazione scritta non telematica. Il dato è del resto in linea con quanto osservato a proposito dei sintomi di esiguità delle forme del dialogismo presenti nel corpus: numero di forme verbali alla seconda persona molto ridotto (cfr. Grafico 6.1.) e assenza di convenevoli in apertura dei post (cfr. § 5.4.1.). Se invece si prendono in considerazione i soli rapporti percentuali tra le diverse categorie degli organizzatori testuali, SD, connettivi e glosse metadiscorsive, c'è da dire che in un qualunque testo pubblicato a stampa bisognerebbe aspettarsi un rapporto invertito a favore delle glosse metadiscorsive e a scapito dei SD, cosa che avvicina i testi del nostro corpus al polo parlato degli usi della lingua.

5.6. Forme della ripetizione

Al fine di caratterizzare ulteriormente la veste testuale dei post del corpus è utile esaminare anche le forme della ripetizione. Il fenomeno, già menzionato in § 3.3.3.2. fra le spie di oralità sotto il nome di 'ridondanza', non si esaurisce nelle sue funzioni di espediente dilatorio e al tempo stesso coesivo, bensì, andando ben oltre il piano dell'esecuzione, può rivelarsi uno strumento retorico-discorsivo di molteplice impiego.

Innanzitutto occorre distinguere tra una ripetizione puramente esecutiva e quella programmata. La prima, tipica del discorso parlato, assume il più delle volte la forma di una semplice ripetizione a contatto di una parola o di un costituente della frase, profilandosi come un mezzo volto a ovviare a rotture dovute alle condizioni enunciative tipiche del parlato, quasi-contemporaneità del processo di pianificazione e di codifica *in primis*. Ne offrono l'illustrazione i due frammenti tratti da Corpus FTG (2005) (neretto mio):

(91) (tratto da Corpus FTG 2005)
   i bambini sono molto sinceri, ti dicono in faccia quello che pensano, poi dicono cose che fanno ridere, cioè, che per loro sembra chissà cosa e per noi sono ma-

> gari cavola- cioè e perchè+ li vedi sempre bon, sempre contenti, bon, magari si arrabbiano anche loro per cose che per noi non ci arrabbieremmo mai
>
> (92) (tratto da Corpus FTG 2005)
> I: Però non hai mai optato per vivere+
> M: Non ho **mai avuto la possibilità, mai avuto la possibilità, bon, bon,** mai voluto perchè chiaramente è bello anche tornare a casa, no, però se domani dovessi decidere di andare via andrei via tranquillamente e sceglierei sicuramente un paese asiatico.

È interessante notare che la testualità dei post del nostro corpus è avulsa dal fenomeno, come del resto lo è anche per quanto riguarda le più evidenti spie della pianificazione in contemporaneità all'esecuzione (false partenze, enunciati interrotti a metà), risultando in linea con quanto già osservato da Gaetano Berruto[231] in riferimento alle e-mail.

Quanto sopra non toglie che il corpus abbonda di fenomeni della ripetizione programmata (119 occorrenze in totale), che, limitatamente al solo piano dell'espressione, sulla scia di Danler (2011: 8) può essere a sua volta ulteriormente analizzata in quella formale e strutturale:

> La prima riguarda la ripresa di *materiale linguistico* nel senso di foni, grafemi, morfemi, parole, sintagmi e frasi. La seconda concerne la ripresa di strutture linguistiche rivestite di forme linguistiche distinte.

La ripetizione formale si realizza nel corpus quasi esclusivamente a livello lessico-sintagmatico, a scapito di impieghi individuabili a livello fonetico-grafematico. Quest'ultimo livello è interessato dal fenomeno in questione esclusivamente negli allungamenti vocalici (presenti per altro in un solo post), fenomeno riconducibile alle note strategie di mimesi dell'enfasi tipica del discorso parlato, mentre sono del tutto assenti assonanze, allitterazioni e rime, espedienti tipici dei testi dominati dalla funzione poetica.

> (93) (post_060) (neretto nostro)
> **Ahhhhhhh**...la mia amica si è fatta **sentireeeeee**!!!!!Dopo 27 giorni di attesa... ha ceduto al suo orgoglio!!!Sono contenta xk vuol dire che ci tiene...e vuol dire che ho battuto il suo orgoglio!!!Cosa non molto facile!!! ☺ Ora devo cercare di risanare il tutto...anche se credo dipenderà molto da lei...xk non mi ha fatto piacere affatto sentire quelle cose...vedremo come va!!!Per il resto...MI BRUCIA

---

[231] Berruto (2005: 147–148): "Di almeno uno dei tratti sintattici e testuali considerati caratteristici del parlato parlato si nota infatti l'assenza nei nostri generi testuali: intendo l'insieme dei fenomeni di disgregazione e sconnessione nella macrosintassi dovuti a problemi di pianificazione del discorso, quali esitazioni, false partenze, cambiamenti di progettazione, enunciati incompiuti, anacoluti, ecc.; ed è significativo, ancorché in buona parte ovvio, che si tratti di fatti macrosintattici specialmente connessi con la natura del mezzo fonico e le restrizioni poste dal suo canale alla processazione del tessuto testuale".

LA **SCHIENAAAAAA**!!!!Sono andata al mare...e mi sono bruciata un pò!!!Speriamo che venerdì sia bel tempo così torno al mare e mi ri- abbronzo di nuovo... così si definisce bene il colorito!!!! 😊 Cmq ragazzi...fa caldissimo..le previsioni oggi dicono che fa 34° e io **muoioooooo**!!!Fortuna che oggi pomeriggio me ne sto a casuccia...fresca fresca!!!Ora mi vado a fare un 40 minuti di cyclette... anche se ieri non ce l'ho fatta...ne ho fatti solo 30 xk faceva troppo caldo!!!Cmq poi doccia e credo di vedermi un dvd!!!Come ingannare il tempo quando vuoi fa 34 ° e tu hai caldo??!?!?!?!Un bel dvd...niente pop corn (mannaggia alla dieta) e...tanta tanta acqua fresca da bere!!!
....caldo...caldo...caldo...
(...)
Ecco il gelato...oddio lo **vogliooooooo**!!!!!!!

Ben più importante appare il livello lessico-sintagmatico al quale la ripetizione coinvolge parole o sintagmi sia a contatto (come in (94)), sia a distanza (come in (95))

(94) (post_084) (neretto nostro)
(...)
He va bhè, che ci volete fare, le persone sono complicate, e come succede anche a me di avere giorni no, tutti ne hanno. ed eccoci qua, il **pomeriggio**, un **pomeriggio** passato praticamente da solo nel **buco**, un **buco** dove oni tanto si vedono girare gente strana, dal capo che mi dice, vado un attimo in bagno e poi ti chiamo che dobbiamo fare un lavoro insieme, e poi non ti chiama più. Al montatore che ha bisogno di alcune grafiche per dei suoi clienti, al rappresentante che oltre che a farsi i cazzi degli altri non ha nulla da fare.
(...)

(95) (post_056) (neretto nostro)
(...)
Sono consapevole che la solitudine è dietro l'angolo... Non la solita ansia dell'uomo solo, tanto discusso e trattato dai letterati, poeti e scrittori più o meno remoti nel tempo... La **solitudine** dall'amore. La **solitudine** di vedere la mia fetta di mela generare vermi perchè incapace di trovare il suo mezzo tra la gente.
(...)

Nei casi simili a quello dell'esempio (94) si ha a che fare con un costrutto interpretabile, in termini retorici, come anadiplosi[232] oppure, in termini sintattici, come apposizione grammaticalizzata[233]. Si tratta quindi di un tipo particolare di apposizione che assume la forma di un sintagma nominale che si affianca al suo antecedente, anch'esso sintagma nominale, tipicamente dopo un segno di punteggiatura forte, e regge spesso una subordinata relativa (come in (94)) o anche una argomentale (come in (95)).

---

232 Cfr. Mortara Garavelli (2004: 52–53).
233 Cfr. Herczeg (1967: 121), Ferrari (1998) e Ferrari (2003: 247–254).

Berretta (1990: 96), che rileva una notevole presenza del costrutto in questione in un corpus di parlato di divulgazione scientifica, quindi di formalità medio-alta, lo interpreta in termini di "una strategia per prendere tempo nella pianificazione del discorso". Dardano, dal canto suo, registra il fenomeno nella prosa giornalistica individuandone la ragione nella preferenza per "nessi interfrasali cognitivamente poco onerosi" (Dardano 1986: 150). Una spiegazione analoga vale di sicuro anche per il nostro corpus, che accoglie materiali linguistici caratterizzati da una testualità aperta a espedienti di costruzione del discorso poco dispendiosi in termini di operazioni cognitive a carico dello scrivente. Tale interpretazione può essere indebolita, almeno in parte, dal fatto che nei post di blog ben più numerose sono le occorrenze di configurazioni del costrutto qui discusso più impegnative cognitivamente rispetto alla ripresa dell'antecedente del tipo "copia"[234]. Si tratta dei casi in cui in posizione di testa della clausola relativa si ha non un sintagma identico a quello in posizione di antecedente, bensì un altro, che può essere formata da un sinonimo o da un incapsulatore anaforico, che come in (96) condensa in sé il riferimento a una porzione del cotesto precedente più o meno ampia.

(96) (post_034) (la ripresa in neretto, l'antecedente in corsivo)
Facciamo un po' di moralismo, va'!
La premessa. *Chi scrive mal sopporta i neonati: li ho sempre trovati inutili e stupidi. E pure esteticamente sgradevoli.* **Affermazioni**, queste, che valgono le occhiatacce della gente normale, tra l'altro.
(...)

Nonostante l'indebolimento accennato sopra nel complesso il ricorso all'apposizione grammaticalizzata conferma quanto già rilevato a proposito dell'esame dei connettivi, ovvero una preferenza per i nessi appositivi, i quali risultano congeniali con una scrittura veloce e non vincolante e di conseguenza poco attenta alla gerarchizzazione dei rapporti logici tra clausole e periodi. Ne sono la prova più lampante quei casi (come quello del post_015 già citato in § 4.4. e riproposto qui sotto) in cui l'architettura coesiva dell'intero testo si fonda su una struttura in buon parte seriale.

(97) (post_015)
(...)
un libro bellissimo da finire di leggere con calma ed esclusività, voglia di ballare tango che sfogherò martedì, un risotto che fa chi è più scalzo di me, uno spritz con aperol fatto in casa con il ghiaccio a forma di puzzle, piedi scalzi sul tappeto, uno smalto melanzana da piedi da urlo, piedi da urlo, il cielo di un grigio burrascoso, una pioggia che promette una notte di sonno profondo, i tacchi che

---

234 Cfr. a tal proposito Simone (2005: 429–431) al quale risale il termine 'effetto copia', che si ha quando "la coesione di una catena anaforica si realizza mediante la pura e semplice ripetizione (la replica, la «copia», appunto) di un sintagma pieno (non composto cioè da materiale pronominale né da elementi zero) già menzionato che opera come punto di attacco della ripresa anaforica". Nella terminologia proposta da Simone per "punto di attacco" si intende 'antecedente'.

fanno rumore in un collegio docenti infinito, i miei fumi di londra incazzati che sbroccano e sono apprezzati perchè esagerati e quasi mai inutili, la gita di lunedì con la truppa della V b e i miei stivali da pioggia neri coi cuori colorati.. non si può pretendere che sappia fare anche una lavatrice giusta, ma si può pretendere che poi tutte le cose diventate grigio topastro per colpa del mio golfinetto nero finito chissà quando e chissà perchè nella divisa da vergine vestale buttata nel cesto della biancheria, tornino bianco splendente dopo il magheggio con quel prodotto meraviglioso della grey. venerdì da strega che un pò strega.

Capitolo 6. La lingua nei post di blog. Aspetti morfosintattici: tratti neostandard e substandard

Come argomentato in § 3.3.3.3. l'incidenza del *medium* interessa i livelli più alti dell'organizzazione del discorso, sintassi del periodo e testualità. Di conseguenza l'analisi dei fenomeni linguistici collocabili a livello della morfosintassi potrebbe apparire *in minore* rispetto all'analisi della testualità dei post (Cap. 5) e della sintassi del periodo (Cap. 7), il che, però, non toglie il suo vantaggio di rendere più completa la nostra ricerca attraverso la risposta all'interrogativo sulla varietà di lingua dominante nella produzione dei blogger. Che si tratti di un italiano complessivamente corretto, ma con i tratti neostandard ben attestati è abbastanza scontato se teniamo presente la caratterizzazione socio-culturale degli scriventi. Sembra comunque interessante verificare in quale misura la scrittura dei blogger risulti aperta rispetto a forme substandard e in quale misura le forme tipiche della norma *ancien régime* – per usare la dicitura proposta da Berruto (1999) – reggano la concorrenza di quelle neostandard.

L'analisi dei tratti linguistici proposta sotto si basa sull'elenco dei tratti neostandard, di Tavoni (2006), che alla definizione di base del neostandard (cfr. § 3.2.3.), a partire dallo spoglio di un campione di testi giornalistici, ha proposto un'importante variazione terminologica. La nozione di neostandard, nulla togliendo alla sua validità in sé, abbraccia infatti fenomeni caratterizzati da una gradualità piuttosto notevole della loro accettabilità tra scritto e parlato. Stando alla proposta di Tavoni, il termine 'neostandard' può dunque essere sfruttato per riferirsi ai tratti linguistici che sono ormai stati accolti nello scritto di media formalità, a cominciare da quello giornalistico (*lui* per *egli* e *gli* per *a loro/loro*). I tratti evitati nello scritto, anche se frequenti nell'italiano realmente parlato vanno invece etichettati come substandard (*gli* per *a lei*). Pertanto nell'elenco dei 41 tratti proposti sotto l'abbreviazione NS indica un tratto neostandard (presente nello scritto giornalistico) e l'abbreviazione SS si riferisce a un tratto substandard (non attestato nello scritto giornalistico e presumibilmente di uso solo parlato). L'accoppiamento delle due sigle NS-SS indica una situazione oscillante. I tratti, come del resto nelle formulazioni anteriori di Sabatini e Berruto, sono raggruppabili nei seguenti settori: sistema dei pronomi, ecc.

6.1. Pronomi

Data la sua complessità[235], il settore dei pronomi *lato sensu* – stando a Berruto (1999: 74) – è tra i più toccati dai fenomeni di semplificazione e ristandardizzazione. Questi processi interessano in particolar modo il sistema dei pronomi personali.

---

235 Berruto (1999: 74): "Il sistema pronominale personale dello standard è sovraccarico di differenziazioni e di forme; conta almeno 28 elementi, nelle due serie dei tonici e

☐ **Tratto 1. SS. *Te* in funzione di soggetto (*Questo lo dici te*).**

Il tratto in questione, classificato da Tavoni come SS, è assente negli elenchi dei tratti neostandard proposti da altri studiosi, Sabatini (1985) e Berruto (1999). In Sobrero/ Miglietta (2009: 120) lo troviamo invece fra le caratteristiche del parlato.

Se non contare le sole tre occorrenze di *te* soggetto riscontrate nel testo della canzone di Samuele Bersani "Senza titoli" incollata per esteso nel post_055, non ci sono occorrenze di *te* soggetto nel nostro corpus, il che però non permette di constatare in maniera netta il rifiuto da parte dei blogger di questa forma, dal momento che la concorrente forma standard *tu* ricorre solo una volta. Il dato è del resto in linea con scarsa presenza di dialogismo evidente alla luce dalla distribuzione delle forme verbali a seconda della persona (vedi il grafico sotto). Sul totale di 2939 verbi flessi le forme di seconda persona singolare sono solo 91, ovvero il 3,1 %.

Grafico 6.1. Distribuzione delle diverse persone sul totale delle forme verbali nel corpus Splinder-post

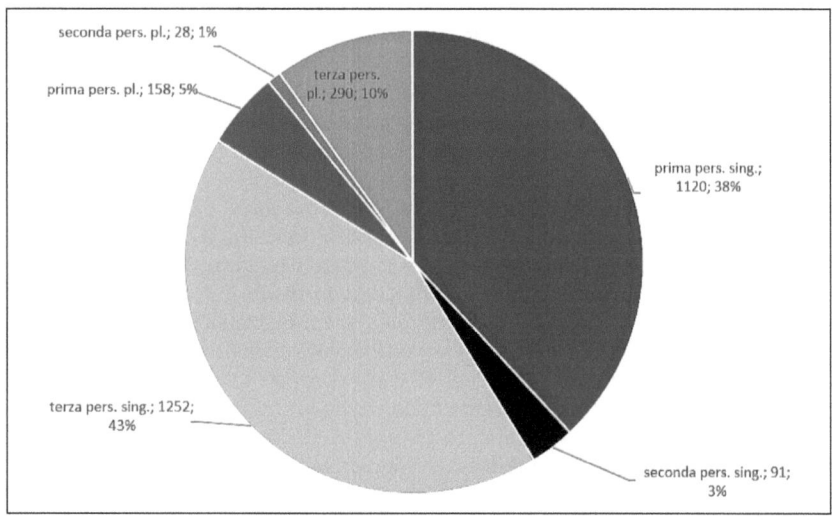

dei clitici (ed escludendo forme letterarie obsolete del genere di eglino e simili), che realizzano, in maniera non regolare e con doppioni, quattro fondamentali opposizioni grammaticali: singolare/plurale, maschile/femminile, caso (soggetto/oggetto/ oggetto indiretto/avverbiale), animato/non animato (e trascuriamo l'opposizione umano/non umano che pur sembra vigere fra *egli* e *esso*). Il tutto, ulteriormente complicato da differenziazioni diatopiche o diafasiche (*ella* per esempio è solo di stile molto elevato), e dagli usi allocutivi. Con la conseguenza che sono numerose le forme molto polisemiche (per es., *vi* è clitico oggetto di seconda plurale, clitico obliquo di seconda plurale, clitico avverbiale), e non mancano le incongruenze formali (*loro* per es. è sia forma piena, pronome tonico, che, almeno funzionalmente, clitico (...))".

☐ **Tratto 2. NS.** *Lui, lei, loro* **in funzione di soggetti (***Lui ha detto proprio questo, Non è detto che lei sia d'accordo, Loro non sono venuti***).**

I pronomi *lui, lei, loro* sono già da tempo entrati nella norma dell'italiano medio a scapito delle corrispondenti forme *ancien régime egli, ella, esso, essa, essi, esse* che oramai sono relegate agli usi scritti sorvegliati[236].

Nell'intero corpus si registra una sola occorrenza di *egli* (si veda l'esempio sotto), una di *essi*, per altro non in posizione di soggetto (vedi sotto), mentre le forme *ella* e *esse* sono del tutto assenti.

> (1) (post_080) (neretto mio)
> Ho letto ieri notte un trafiletto su Repubblica che mi era sfuggito. Erano un paio di domande-sfido chiunque a fargliene di più-a Borriello, il calciatore. Sostanzialmente **egli** rivendica la sua infanzia in mezzo alla strada in Campania e dice-senza spiegare perchè e manco glielo chiedono-che Bassolino a Iervolino hanno governato male e che lui ha fiducia in silvio berlusconi.
> Bravo Borriello,così si fa:mai andare contro il capo(SB è pur sempre presidente del Milan,checchè se ne dica,quindi padrone di mezzo cartellino del Borriello),si vede che in mezzo alla strada ti sei"disciulato"presto.

Per avere un termine di confronto si noti che nel corpus *lui* in posizione di soggetto ricorre solo 12 volte e il pronome di terza plurale *loro* una sola volta. Più frequente risulta invece l'uso del pronome *lei* in posizione di soggetto, le cui occorrenze sono 18. Se teniamo presente che le terze singolari costituiscono il 42,6 % del totale delle forme verbali e le terze plurali il 9,87 %, appare evidente che il mezzo preferito dai *blogger* per mantenere la continuità topicale è la forma Ø, soluzione del resto in linea con quanto osservato già da tempo da Berretta (1986b: 55), che in riferimento ai pronomi personali soggetto fa notare che essi

> paiono evitati nel monologo formale, sia perché inadatti ai tipi di referenti in gioco [concetti, più che persone o oggetti], sia perché la scelta fra le diverse forme (*egli, lui, esso, ciò*), tutte sociolinguisticamente marcate, produce evitamenti. (...) *Egli* è troppo formale nel parlato, *lui* troppo poco formale per il monologo, *esso* e ciò appartengono all'italiano scritto.

Le osservazioni di Berretta sembrano poter essere facilmente estese alla scrittura dei blogger.

A margine delle osservazioni relative al Tratto 1 si notino infine un'occorrenze di *esso* in un sintagma preposizionale, un'occorrenza di *essi* (contro 4 occorrenze di *loro*) sempre in un sintagma preposizionale.

---

236 Cfr. Berruto (1999: 74–75), Troncon/Canepari (1989: 78–79), D'Achille (1990: 313–327), Renzi (1994). Sull'espressione del soggetto nella storia linguistica italiana è fondamentale Palermo (1997).

☐ **Tratto 3. NS-SS.** *Lui, lei, loro* riferiti a cose (*L'automobile anche lei fa quello che può con queste salite*).

Non ci sono occorrenze di questo tratto nel nostro corpus.

☐ **Tratto 4. SS.** *Gli* per *a lei* (*Ho visto Maria e gli ho detto di venire anche lei*).

Il fenomeno, assieme al tratto successivo, rientra nella "nota da tempo tendenza a uniformare il microsistema dei clitici obliqui dativali, conguagliando le opposizioni maschile/femminile e singolare/plurale su uno *gli* sincretico" (Berruto 1999: 75)[237].

Nell'intero corpus non si registrano occorrenze di questo tratto, mentre il pronome obliquo femminile standard *le* ricorre una sola volta.

☐ **Tratto 5. NS.** *Gli* per *a loro*, **masch. e femm.** (*Ho visto quelli della III B e gli ho detto di venire anche loro*).

Il tratto risulta molto più frequente rispetto al precedente. Contrariamente a Serianni (1986: 57–58) che osserva una certa stabilità di *loro* clitico obliquo, Sabatini (1985: 158) considera *gli* per *loro* frequente nei giornali e nelle riviste e "quasi normale nella narrativa".

Nel corpus Splinder-post vi sono 4 occorrenze di *gli* per *loro* e nessuna occorrenza di *loro*. È interessante osservare che una delle occorrenze è errata:

(2) (post_085)
    gli vado a sterminare

Una delle possibili spiegazioni della forma *gli* al post di *li* potrebbe essere l'ipotesi del pronome *gli* non dativo, bensì accusativo, in conformità con le osservazioni sull'accusativo preposizionale formulate da Berretta (1989), ovvero sui casi in cui verbi transitivi reggono gli oggetti introdotti dalla marca *a*[238]:

> all'origine dell'uso di *a* come marca d'oggetto vi sia stato un accostamento degli accusativi riferiti ad esseri umani a dei dativi: gli esseri umani si configurano intuitivamente come destinatari o beneficiari meglio che come pazienti di azioni (Berretta 1989: 29).

È più probabile, però, che si tratti di una semplice svista giacché nello stesso post, poche righe prima, troviamo un verbo transitivo preceduto dal clitico accusativo *li*.

---

[237] Cfr. inoltre Berretta (1985a), che analizza la tendenza dell'italiano parlato nei registri meno sorvegliati a usare *ci* in alternativa a *gli* come dativo unificato: il fenomeno è assente dal nostro corpus.

[238] Cfr. Berretta (1989: 29), secondo cui è possibile che "questa *a* degli AP [accusativi preposizionali; M.D.] italiani non sia, o non sia più, una marca di dativo, né sia marca di messa in rilievo o enfasi (si applica sì ad oggetti in qualche modo messi in rilievo, ma non li marca come tali): è una vera nuova marca di accusativo, benché s'applichi solo ad alcuni, pochi, oggetti".

(3) (post_085) (neretto mio)
Stasera ho visto il video su RTL di Greenpeace che cercavano di fermare le baleniere giapponesi a caccia di balene, una cosa da vomito istantaneo. Titani metallici che rincorrono queste creature gigantesche indifese per ucciderle senza pietà. Non è nel primo documento e ne l'unico che gira in rete, ma così nitido e montato bene non ne ho ma visti. Mammiferi che cacciano senza pietà altri mammiferi, in un mondo dove dovremmo essere più civili, siamo alla frutta. In una società in cui queste creature sono in pericolo di estinzione e in cui non abbiamo più bisogno di grassi animali, perchè sostituibili sicuramente con altri prodotti, andiamo proprio in cerca di farle sparire dalle profondità dei mari. Bisogna essere malvagi bastardi per aver coraggio di **ucciderli** per estrarre alcuni prodotti utili alle nostre comodità. Se solo la differenza fisica e l'ambiente in cui vivono danno il diritto a questi nani dalle gambe storte di massacrarle, allora trovo giusto giustificare la bomba atomica del 45. La mia è una provocazione,ma se andiamo a valutare le motivazioni per cui gli è concessa la caccia è solo perchè le balene differenziano da noi da un semplice aspetto fisico, come i giapponesi si differenziano dagli americani e dagli europei. Mammiferi lo siamo tutti e tre e tutti e tre dinanzi alla morte soffriamo alla medesima maniera. Quale diritto hanno in più? la tecnologia che gli permette di primeggiare su animali indifesi? Allora anche gli americani nel 45 erano superiori, tecnologicamente. Hanno diritto perchè sono esseri inferiori? Allora io considerò questa gente inferiore rispetto all'intelletto della nostra società e domani **gli vado a sterminare**, vi sembra possibile o logico? No , non lo è sono solo pure violenze tutelate dai nostri politici, che avrei caro vedere infilzati quanto queste povere creature.

☐ Tratto 6. NS. Declino di *loro* come allocutivo di cortesia (*Loro si rendono conto / Voi vi rendete conto*).

Non si registrano occorrenze di questo tratto nel corpus.

☐ Tratto 7. NS. Dimostrativi usati come pronomi personali, spesso con una sfumatura negativa (*Ora questo mi si presenta, e cosa gli dico? Quelli non ne vogliono sapere*).

Non si registrano occorrenze di questo tratto nel corpus.

☐ Tratto 8. NS-SS. Forme rafforzate *questo qui*, *quello là* (*Se continua a tenere quell'atteggiamento là, fa poca strada*).

Nel corpus è stata riscontrata una sola occorrenza del tratto.

(4) (post_069)
(…)
camminando mi è tornato in mente il racconto di calvino, nel titolo. in questi tempi di telefonate facili e perlopiù inutili, dovrebbero leggerlo tutti quel racconto lì. ti fa capire che per l'altro si esiste in maniera più forte, irresistibile, nell'istante prima di quando si *è* veramente, di quando si compare fisicamente o con la propria voce, pronunciando un -*pronto*-, appunto.
(…)

☐ **Tratto 9. SS. Forme *'sto, 'sta*, ecc., per *questo, questa* (*E così c'è 'sto problema del rimborso*).**

Si tratta delle forme aferetiche marcate come colloquiali e impiegate prevalentemente oltreché nel parlato spontaneo, "nella narrativa attenta alla mimèsi del parlato" e tutte le volte in cui l'intento è di "ottenere l'effetto di una «riproduzione in presa diretta»" (Serianni 2006: 235).

Nel corpus sono state registrate 11 occorrenze di forme aferetiche contro le 72 occorrenze di *questo*/*questa*/questi/*queste*. Si noti inoltre che tutte le occorrenze sono prive dell'apostrofo al posto della sillaba caduta. Se ne vedano alcuni esempi:

(5) (post_045)
(...)
-dovrei assolutamente mettermi a preparare **sti cavolo** di esami che ormai mancano meno di due settimane e ho un sacco di roba da fare (studio architettura n.d.r.)...
(...)

(6) (post_070)
La mia prossima meta. Si si,domani ho "un'Interrogazione" (quanto mi mancava sta parola!!!) sul New Zealand English..... cioè in realtà la prof all'uni c'ha proposto ste ricerche.. ed io ovvio.. rifiutare mai....
(...)

Interessante, infine, appaiono le due occorrenze di *sta sera* scritto staccato:

(7) (post_087) (neretto mio)
Bhà... **Sta sera** mi sembra di avere la menopausa precoce (...a 20 anni...)!!! Dopo aver dormito un oretta circa, con Lara (mia nipote) che mi tirava calci e pugni, russava e digrignava i denti... Mi sono vegliata in questo stato di confusione... Prima ho caldo poi freddo! Prima mi sento pronta per scrivere un post che ho già in cantiere da qualche giorno poi ci ripenso, prima mi voglio vedere una puntata di Heroe che ho scaricato e poi mi dico che è troppo tardi... Son proprio stralunata **sta sera**... Meglio se torno a letto và!!
Bona cicci...

La grafia staccata vanifica l'effetto della lessicalizzazione evidente nella forma *stasera* e al tempo stesso avvalora l'interpretazione deducibile da Mancini/Voghera (1994: 231), che propongono l'inquadramento delle forme aferetiche nella generale tendenza della lingua parlata alla riduzione del corpo fonico delle parole più usate. Così si spiegherebbe del resto i cosiddetti fenomeni di allegro ravvisabile anche in altre forme presenti nel nostro corpus, specialmente nell'apocope dello *o* finale di *sono* (24 occorrenze), come in:

(8) (post_098)
(...)
Ciao Mondo, son tornata!!! forse mi ritrovo del tutto ! ☺

☐ **Tratto 10. NS.** *Niente* usato come aggettivo (*Niente scherzi, mi raccomando!*).

Il tratto in questione rientra in una più ampia categoria dei fenomeni di spostamento categoriale, ovvero dalla classe di appartenenza primaria ad un'alta classe grammaticale. Nel corpus si registra una sola occorrenza del fenomeno:

> (9) (post_060)
> (…)
> Come ingannare il tempo quando vuoi fa 34 ° e tu hai caldo??!?!?!?!Un bel dvd… niente pop corn (mannaggia alla dieta) e…tanta tanta acqua fresca da bere!!!
> (…)

6.2. Tempi e modi verbali

Un altro settore della morfosintassi interessato dal rimodellamento è il sistema verbale, che ha nello standard un ventaglio molto ampio di paradigmi temporali e modali. Nell'uso medio invece,

> e soprattutto nel registro informale, la suddivisione dei tempi è ridotta a un sistema di base costituito da presente, passato perfettivo (prossimo o remoto, o entrambi, a seconda delle regioni) e imperfetto quali tempi deittici, e trapassato prossimo quale tempo anaforico. Parleremo soprattutto dei tempi dell'indicativo, i più usati sia per frequenza di contesti ad essi adeguati sia per la loro tendenza ad espandersi a contesti di altri modi (Berretta 1993: 209).

☐ **Tratto 11. NS. Presente indicativo per il futuro** (*Stasera danno un film giallo; Dove vai per Pasqua? Mi laureo fra due anni*).

È nota la tendenza all'espansione del presente ai contesti riservati nello standard al futuro semplice e al contempo il ricorso a quest'ultimo per esprimere assumere valori modali e aspettuali[239]. Nei post di blog tale tendenza è ben attestata, anche se non predominante: nel corpus si registrano infatti 26 occorrenze del presente in luogo del futuro semplice (vedi l'esempio (10) riportato sotto) contro le 140 occorrenze del futuro semplice. In altri termini sul totale dei 165 contesti possibili nell'84,8% dei casi gli scriventi ricorrono al futuro, come nell'esempio:

> (10) (post_010) (neretto mio)
>   Tra qualche ora **parto**.
>   (…)
> (11) (post_015) (neretto mio)
>   un libro bellissimo da finire di leggere con calma ed esclusività, voglia di ballare tango che **sfogherò** martedì,
>   (…)

---

[239] Cfr. Berruto (1985: 137): "Il futuro sembra ridurre il suo raggio d'impiego per lo più a valori epistemici (l'estate prossima, ho fatto gli esami e sarò a posto; sarà vero, ma noi che ci possiamo?)".

È interessante far notare infine che la quasi totalità delle occorrenze dei verbi al futuro semplice (135 su 140) riceve un'interpretazione temporale a scapito di quella modale. Negli usi del futuro composto, attestato per altro solo in 3 occorrenze, predomina invece il valore epistemico (3 occorrenze su 3):

>(12) (post_056) (neretto mio)
>Oramai **saran trascorsi** più di 8 anni da quando questo pensiero si è radicato nella mia testa e nel mio cuore. Ed il dilemma non trova fine.

☐ **Tratto 12. NS-SS. Presente per il passato (presente storico vivace) (Si mette lì in fila, e chi si trova davanti?)**

Per 'presente per il passato' si intende il cosiddetto presente storico, ovvero un uso traslato del presente (cfr. Bertinetto 1997), il cui riferimento temporale va oltre quello primario, ovvero l'espressione della contemporaneità rispetto al momento dell'enunciazione denotando eventi collocati nel passato. Trattandosi di un uso attestato in tutte le principali lingue europee, comprese quelle classiche, e ben radicato nella narrazione letteraria e saggistica, la scelta di Tavoni di etichettarlo "NS-SS" appare per lo meno discutibile. Va da sé ad ogni modo la congenialità del fenomeno in questione alla narrazione spontanea. La versatilità del presente storico – che non solo si sostituisce sia all'imperfetto sia ai tempi perfetti neutralizzando l'opposizione tra il piano principale della trama e lo sfondo, ma risulta anche pluriprospettico, ovvero "capace di cumulare effetti di profondità temporale e di vicinanza" (Roggia 2011: on-line) – rende di sicuro meno oneroso cognitivamente il compito di strutturare la narrazione, il che ne fa un espediente usato molto volentieri nelle condizioni di scarsa pianificabilità che si hanno tipicamente all'orale.

Nel corpus il presente storico è ben attestato: le sue occorrenze sono 136 contro le 488 occorrenze del passato prossimo, 201 dell'imperfetto e 7 del passato remoto costituendo il 19,5% sul totale dei potenziali contesti d'uso. Occorre inoltre aggiungere che, al di là della sua consistenza numerica, si registrano nel corpus più di una delle possibili declinazioni del fenomeno. Lo troviamo ad esempio nel suo uso "prolungato" (il cosiddetto "presente narrativo", cfr. Roggia (2011)), ravvisabile in (13), dove risulta il tempo dominante.

>(13) (post_100) (neretto mio)
>Ieri sera ho passato una bella serata.Siamo stati alla casa al mare del ragazzo della sorella di mezzo e ci siamo divertiti.
>ELEMENTI CARATTERIZZANTI LA SERATA(che di scrivere ora non c'ho voglia)
>Io che **faccio** la Sangria sperando di diventare allegrotta in poco tempo..
>Mia cugina che **prepara** il tavolo "aperitivo"in veranda e intanto **parla** delle sue tette..
>Mia sorella che non si è resa conto di aver comprato una burrata al posto della mozzarella..**fa** finta di nulla e quella cosa **ha** un aspetto orribile..

Grida dall'angolo barbeque(come si scrive?mi scoccio anche a cercare su google), perchè, STRANAMENTE, un ritorno di fiamma stava per arrostire casa e cuoco..sarà mica perchè ha usato l'alcool per "ravvivare" la carbonella?mah
Io **inizio** a bere e mangiare frutta, ma non **sortisco** effetto.
Sono sempre le dieci e un quarto
"Ma non arrivano mai gli altri? sono le dieci e un quarto!"
L'orologio della cucina **è** fermo alle dieci e un quarto da un anno
La sangria **finisce** in buona parte sul fondo del congelatore che adesso **ha** un aspetto molto più fashion del classico bianco ghiaccio, che diciamolo, ha stancato!
Le patatine non **fanno** in tempo ad uscire della friggitrice che magicamente **scompaiono**..
Faccio pipì solo una volta pur bevendo in continuazione
La carne non **si arrostisce** ma **attiriamo** dei gatti..
i brindisi me li **devo** inventare sempre io..
Discorsi porno..ci **stanno** sempre..vabè..
io **bevo**
Uno si **ricorda** che a casa **ha** il narghilè..
Facciamo uno scherzo ai due che sono andati a prendere il narghilè
Tempo che **decidiamo** lo scherzo,quelli son tornati
Il narghile non **funziona**..più **si tira** e meno **va**
Altre battute porno
io **bevo**
le donne (tra cui io!!) **escono** a controllar le salsicce..
facciamo uno scherzo a quelli che son rimasti dentro!
quelli **escono**
noi **fuggiamo** senza meta precisa, ma essendo una strada privata piena di villette, non c'è nemmeno un palo dietro cui nascondersi.
figura di m..
io **bevo**..(si,anche mentre **sono** fuori)
risate che la gente **si affaccia** e per poco non **ci mena**...
finisce la sangria..
avanti col vino
il narghilè **fa** finta di funzionare, giusto il tempo di far diventare dipendente (e demente) la mia cuginetta!
faccio la barista davanti al frigo..
io **bevo**,ma caxxo,non **succede** nulla
a casa **sogno** di morire tra le braccia di dj francesco..amen

Accanto all'impiego prolungato del presente storico nel corpus vi è anche quello puntuale (il cosiddetto "presente drammatico" (cfr. Roggia 2011), illustrato in (14).

(14) (post_049) (neretto mio)
(...)
Abbiamo mangiato il bento insieme *-* il suo era tanto tanto bello e ha fatto gli onigiri anche per me T_T che carinaaah! L'alga nori mi ha fatto tanta tanta paura ma togliendo quella li ho mangiaiti felicemente XD erano buoni, lol. dove ci siamo sedute per pranzare stava praticamente iniziando un raduno di bentomaniache di un tal forum che Enna conosce, sentendoci parlare la tipa che avevamo davanti ci ha fatto pressioni per iscriversi XD vabbuà lol, poi fantastico che dietro di noi ci fossero delle famiglie composte da uomo italiano+donna giapponese+bambino e questi stavano mangiando in delle scatoline di quelle brutte per congerare i cibi XD e invece davanti a noi questo nugulo di occidentali col bento carino comprato in giappone... ma come funziona? XD Dopo aver girato per la decima volta il mercatino **ci spostiamo** a casa della Enna a prendere del fresco, **faccio** pefino la conoscenza della sua coniquilina che **sembra** una donna molto simpatica. Rinfrescateci siamo uscite di nuovo alla volta della fumetteria di piazza del popolo e poi corse via verso il mio pulman XD lol ho creato un sacco di casini a Enyou ma ci siamo divertiti *_* la lovvo tanto la Enna <3 ho anche ripetuto fin troppe volte il suo nome X°D più di quanto le frasi richiedessero penso, lol.
(...)

È interessante far notare come nei suoi usi "puntuali", a differenza di quanto osservabile in (13), il presente si abbini a forme dei tempi passati (*ci spostiamo, faccio, sembra, siamo uscite*) entrando con esse in un rapporto di alternanza così tipico del fenomeno in questione.

In alcuni casi l'impiego del presente in luogo di un tempo passato si configura come mezzo atto a isolare una sequenza narrativa con l'effetto di "una sorta di ravvicinamento improvviso (quasi uno zoom)" (Roggia 2011). Si veda a tal proposito l'esempio sotto:

(15) (post_041) (neretto mio)
Una giornata qualsiasi appunto, però costellata di un qualche elemento interessante. Innanzitutto ho potuto vedere e provare la chitarra elettrica di mia sorella, mettendo per la prima volta le mani su uno strumento del genere: ed eccolo lì, questo nero oggetto lungo, lo **impugno** per il manico e la base e **comincio** a toccarlo (ma perchè scrivo delle frasi così fraintendibili?... -__-).
(...)

☐ **Tratto 13. NS-SS. Passato prossimo invece del passato remoto nelle narrazioni storiche (*Nel 1968 il sindacato ha condotto delle lotte molto dure; Renzo e Lucia alla fine si sono ritrovati dopo molte peripezie*).**

Non si registrano occorrenze di questo tratto nel corpus.

☐ **Tratto 14. NS-SS Passato prossimo per futuro anteriore** (*Quando ho finito il servizio civile mi metto a cercare lavoro; Dopo che il Parlamento ha approvato la finanziaria forse si apre la crisi di governo*).

Non si registrano occorrenze di questo tratto nel corpus.

☐ **Tratto 15. NS Imperfetto attenuativo di cortesia** (*Volevo dirti un'altra cosa*).

Non si registrano occorrenze di questo tratto nel corpus.

Tratto 16. NS-SS Imperfetto per il condizionale nelle ipotetiche dell'irrealtà (*Se me lo dicevi in tempo, ti potevo dare una mano*; ma non *Se Kennedy accettava i missili sovietici a Cuba, era una sconfitta per gli Stati Uniti*).

Il fenomeno rientra in una più generale tendenza dell'imperfetto ad assumere funzioni modali oscillanti tra irreale, possibile e contro-fattuale. Di conseguenza, specie nei registri di bassa formalità esso si sostituisce al condizionale o ad altri modi verbali, ad es. congiuntivo (vedi il Tratto 19).

Il costrutto, qui etichettato "NS-SS" sulla scia di Tavoni (2006: 126), nella grammatica di Serianni (2006: 590) trattato come "tipico del registro colloquiale, benché in espansione", nella Mazzoleni (2001: 761) definito "substandard", consiste nell'sostituirsi dell'imperfetto sia nella protasi che apodosi ai modi previsti dal sistema standard, rispettivamente[240] il congiuntivo trapassato e il condizionale composto.

Nel corpus vi è una sola occorrenza del tratto in questione (vedi l'esempio sotto), mentre l'alternativa standard ricorre 5 volte.

(16) (post_092)
pure col bottone staccato e fili dappertutto! manco se me la regalavi la prendevo!!

☐ **Tratto 17. NS-SS Imperfetto per il futuro nel passato** (*Ha detto che veniva domani*, ma non *La Corte ha dichiarato che emetteva la sentenza domani*).

Non si registrano occorrenze di questo tratto nel corpus.

☐ **Tratto 18. NS-SS Imperfetto per significare intenzione e previsione** (*Partiva stasera*, ma non *La ditta appaltatrice consegnava l'edificio restaurato entro giugno*).

Non si registrano occorrenze di questo tratto nel corpus.

☐ **Tratto 19. NS-SS. Indicativo al posto del congiuntivo**

---

240 Per lo scrupolo della precisione occorre notare che in realtà, specie negli usi substandard, il costrutto con doppio imperfetto indicativo può avere diversi valori che vanno dal controfattuale (irrealtà nel passato) al possibile (cfr. Mazzoleni 1992: 177 e seguenti) risultando corrispondente in alcuni contesti all'alternativa standard con il congiuntivo imperfetto nell'apodosi e il condizionale semplice nella protasi.

La recessione del congiuntivo a favore dell'indicativo in diversi tipi di subordinate è uno dei più controversi tratti dell'italiano contemporaneo. Il tratto è presente in tutti gli elenchi delle marche linguistiche del neostandard[241] sin a partire dai primi anni Ottanta. Mioni (1983: 495–503) ad es. fa ricondurre la presunta crisi[242] del congiuntivo alla complessità morfologica delle sue forme, fonte dei dubbi dei parlanti, nonché all'omofonia di alcune sue forme con quelle dell'indicativo. La minore vitalità del congiuntivo può essere inoltre messa in relazione con una più generale tendenza del parlato a sostituire i profili sintattici ipotattici con quelli paratattici.

Secondo Sabatini (1985: 166–167 e 1990: 225) la tendenza è particolarmente evidente in alcuni tipi di costrutti, fra i quali in primo luogo le ipotetiche dell'irrealtà con doppio imperfetto indicativo (vedi il Tratto 16). Altre subordinate interessate dal fenomeno sono le interrogative indirette, proposizioni dipendenti da verbi di opinione o da verbi *sapere* e *dire* al negativo, nonché le relative restrittive.

Non mancano, però, pareri discordanti. Si pensi ad es. a Berruto, secondo cui la sostituzione del congiuntivo dall'indicativo interessa molto di più il presente che non il congiuntivo imperfetto. Serianni (2006: 555)[243], invece, osserva che nell'italiano parlato si ha un reale regresso del congiuntivo in favore dell'indicativo solo per alcune persone del verbo, e in particolare per la seconda persona, che può generare ambiguità con le altre forme del presente singolare: la forma *credo che hai* sembra preferita dai parlanti giacché è più esplicita da *credo che* [tu] *abbia* e non rende necessaria l'esplicitazione del soggetto (cfr. anche Berruto 1999: 71).

A sostegno della vitalità del congiuntivo vi sono poi dati empirici: secondo i calcoli proposti in Giordano/Voghera (2002: 293) e relativi al corpus del LIP le forme del presente indicativo, in tutti i tipi di testi parlati, costituiscono più della metà del totale complessivo delle forme verbali (in media, circa il 58%). Il congiuntivo presente, invece, ha una percentuale di frequenza del 2,1%. È interessante mettere questi dati a confronto con quelli relativi al LIF (1972), che essendo stato costruito a partire da un corpus di testi scritti pubblicati tra il 1947 e il 1968 è da considerarsi rappresentativo dello standard *ancien regime*. Nel LIF, sorprendentemente, si registra la stessa percentuale di congiuntivi presenti del LIP (2,1%), mentre il dato relativo alla percentuale dell'indicativo (49%) risulta inferiore rispetto a quello calcolato per il LIP (58%). I numeri, che al contempo sono la netta conferma dell'espansione dell'indicativo nell'italiano contemporaneo, dimostrano ad ogni modo la stabilità del congiuntivo.

---

241 Cfr. Cesare Marchi (1984), che in un capitolo del suo libro (di stampo divulgativo e di tono puristico) *Impariamo l'italiano* parla di "morte del congiuntivo".
242 Cfr. Mioni (1983: 499–502), che parla addirittura di "sparizione del congiuntivo" nell'italiano popolare.
243 Cfr. inoltre Serianni (1986: 59–60) che nota un'"ottima (…) resistenza del congiuntivo" nella «paraletteratura».

È interessante citare a questo punto Sgroi (2013), che nel suo recente studio dedicato interamente al congiuntivo liquida la questione della presunta moribondezza del congiuntivo in questo modo:

> Ora, diciamo subito che il congiuntivo non corre affatto alcun pericolo (di morte) e che semplicemente co-esiste con l'indicativo. Ovvero ciascun modo ha degli spazi sintattici che, in maniera del tutto normale, naturale, quasi meccanica per parlanti mediamente acculturati, non sono occupati dall'altro modo. In altri contesti sintattici (per esempio nelle frasi dipendenti soggettive, oggettive, interrogative indirette, ecc.), invece, gli stessi parlanti acculturati alternano (liberamente) i due modi.
> L'alternanza congiuntivo/indicativo in tali contesti è peraltro "legittima" e "corretta".
> L'Alternanza è operata da parlanti mediamente colti (e non già esclusivamente dagli incolti o dalle famigerate "classi subalterne"). Non prestandosi tra l'altro ad alcuna ambiguità comunicativa, l'indicativo al posto del congiuntivo è (ribadiamo) semplicemente "corretto", "legittimo", ecc. Di usi illustri, parlati e scritti, con l'indicativo *pro* congiuntivo nell'italiano contemporaneo (e dei secoli scorsi!, già in Dante, *Inf.* XIII, 25) ognuno ha solo l'imbarazzo della scelta nell'esemplificarli (Sgroi 2013: 13).

Nel corpus Splinder-post si registrano 139 occorrenze di congiuntivo di cui 1 in una frase indipendente (cfr. (17)) e 4 distribuite in clausole incidentali (cfr. (18)).

(17) (post_036) (neretto mio)
O meglio, con la memoria ho qualche problemino (**che sia già l'età????**).

(18) (post_039) (neretto mio)
Mamma mia che giornata persante! **Come se nn fosse abbastanza il fatto che oggi era la mia domenica di turno al lavoro**, oggi per fertuna è arrivato il sole ed'è stata una giornata di intenso lavoro....e fin qui sembra tutto ok, se nn fosse che con il sole si è alzata anche una fitta coltre di polline che ha mandato in tilt il mio organismo...morale della favola sono diventato un'immane massa di starnuti e cose strane che mi uscivano dalle fessure...detta così fà anche più schifo :)
(...)

Gli usi appena illustrati funzionano, per così dire, *hors syntaxe*. Anche se nel caso dell'esempio (18) si ha a che fare con la congiunzione *come se*, che tipicamente introduce le subordinate comparative con una sfumatura ipotetica[244], è evidente, data la sua posizione parentetica che la pone su un piano enunciativo diverso, che la sequenza "come se postare fosse una cosa di pubblica utilità" non è una subordinata bensì una clausola pseudoretta, un'incidentale.

---

244 Cfr. Serianni (2006: 614): "Gli ultimi due tipi di comparativa (quelli introdotti da *come uno che* e da *come per*) presentano un'evidente sfumatura ipotetica. Una più marcata connotazione in tal senso è affidata agli elementi introduttori *come se*, *quasi che* (di uso meno corrente) o anche soltanto da *come*, seguiti dal congiuntivo (*comparative ipotetiche*).

Le 134 restanti occorrenze di congiuntivo – come evidenziato nel grafico sottostante – sono distribuite in clausole subordinate di diversa tipologia.

Grafico 6.2. *Tipologia delle subordinate con il verbo al congiuntivo (corpus Splinder-post)*

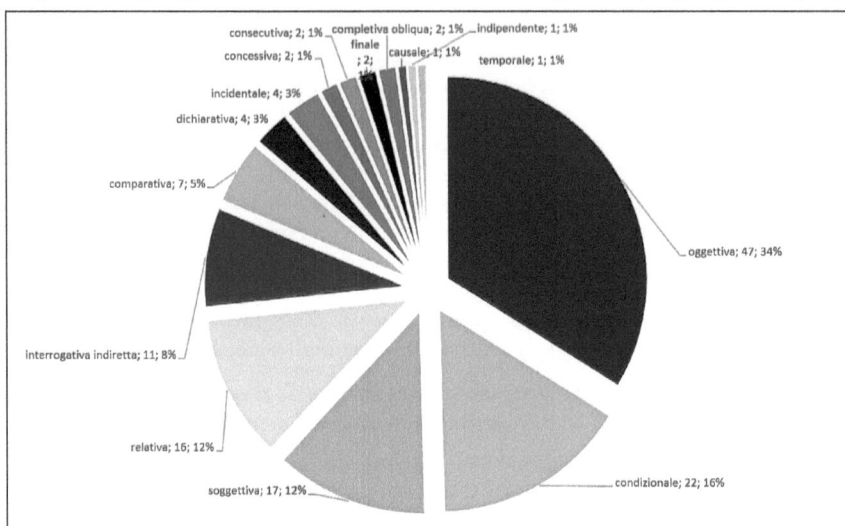

Come era del resto prevedibile, i tipi di subordinate più rappresentati sono le completive: oggettiva (come in (19)), soggettive (come in (20)) e oblique (come in (21)).

(19)   (post_014) (neretto mio)
       Spero solo **che le cose si mantengano così** e **che mi arrivi in fretta il PC**....
(20)   (post_017) (neretto mio)
       forse è naturale **che sia così**.
(21)   (post_036) (neretto mio)
       Cioè, mi spiego meglio: non mi son resa conto **di quanto siano passati i giorni!!!!!**

La seconda categoria più numerosa, subito dopo le oggettive, è quella delle subordinate condizionali, come in (22), il che testimonia la vitalità del congiuntivo nei periodi ipotetici.

(22)   (post_042) (neretto mio)
       Se una persona pensasse o scrivesse di me in modo "carino", io credo che ne sarei felice.

Tra le subordinate che scarseggiano meritano un commento le finali e le consecutive, le quali, se in forma esplicita, richiedono il congiuntivo, le prime obbligatoriamente, le seconde opzionalmente a seconda della congiunzione usata. Quanto all'espressione della finalità va notato il dominante ricorso alla forma implicita a scapito di subordinate con il verbo flesso al congiuntivo. Se veda a tal proposito l'esempio seguente:

(23) (post_001)
Oggi in realtà avrei un sacco di cose da raccontare ma sono stanca e non ho voglia di scrivere [finirò per scrivere lo stesso,lo so] cercherò di fare un riassuntino magari riprenderò la cosa in qualche modo nei post successivi **per approfondirla un pò**.

Nel corpus si registrano inoltre 6 casi di subordinate formalmente relative con valore finale, come in:

(24) (post_025) (neretto mio)
Spesso e volentieri, specialmente gli anziani, si rivolgono al medico di base non per una necessità effettiva, ma solamente perchè hanno bisogno di una parola **che curi la loro solitudine**.

Per la precisione si tratta di una sfumatura a metà tra finale e consecutivo[245]: la sequenza in neretto può essere infatti interpretata come "tale da curare la loro solitudine".

Per quanto riguarda, invece, le concessive con il verbo al congiuntivo, se ne segnalano solo due occorrenze, entrambe introdotte dalla congiunzione *nonostante*:

(25) (post_038) (neretto mio)
Comunque è stata una mattinata carina, **nonostante il lago sia immensamente triste** quando il cielo è cupo e grigio.

(26) (post_007) (neretto mio)
ora torno sulla cyclette, **nonostante mi senta ogni giorno più "fracica e rotondeggiante"** ma l'estate arriva e bisogna pur fare qualcosa, nel mio piccolo almeno!

Molto più spesso la concessività viene espressa attraverso le subordinate introdotte da *anche se*, congiunzione che regge l'indicativo[246] (18 occorrenze), come in

(27) (post_022) (neretto e sottolineatura miei)
Ancora non pioveva, **anche se da una buona mezz'ora tuonava e si vedevano dei lampi spaventosi all'orizzonte**...

---

245 Cfr. Serianni (2006: 623), che parla a tal proposito di "relative orientate verso altri domini sintattici" in cui "i diversi valori sfumano l'uno nell'altro".
246 Dardano/Trifone (1997: 464): "(...) *anche se* e *con tutto che* reggono (...) l'indicativo: *anche se avevo ragione, non ho voluto insistere*;
con tutto che avevo ragione, non ho voluto insistere.
Si potrebbe dire: *con tutto che avessi ragione, non ho voluto insistere*; ma non si potrebbe dire: *anche se avessi ragione, non ho voluto insistere*".

A ciò si aggiunge la presenza nel corpus degli usi preposizionali di *nonostante* in strutture nominali caratterizzate da una chiara valenza concessiva, come in:

(28) (post_082) (neretto mio)
Ero in paranoia perchè **nonostante gli straordinari** che faccio sono rimasta indietro con la chiusura del mese da fare e con la fatturazione sempre da iniziare e temevo di non farcela.

L'assenza del congiuntivo in subordinate concessive si spiega inoltre con il fatto che, come è ben noto, la concessività si realizza nel discorso con un'ampia gamma di mezzi non solo sintattici, bensì anche lessicali[247]. Si consideri a tal proposito l'esempio sotto in cui il primo costituente della concessione è marcato dalla struttura copula + *vero*, mentre il secondo è introdotto dalla congiunzione avversativa *ma*:

(29) (post_066) (neretto mio)
E' pur vero che ci sono meravigliose persone che vorrei succhiare le quali portano con Sè il dono dell'equilibrio e la saggezza………**ma** è una cosa rara, d'indole e non di "conoscenza".

A indebolire numericamente la categoria dei congiuntivi in subordinate concessive concorre infine un'occorrenza di verbo all'indicativo introdotto da *nonostante*:

(30) (post_082) (neretto mio)
C'è che l'ansia mi travolge per via di tutte le visite che faccio e che devo fare: martedì sono andata a Firenze a rifare una visita, **nonostante mi ha tranquillizzato** perchè mi ha spiegato per filo e per segno tutto quello che c'era da sapere, io mi logro e ho paura!

L'esempio riportato sotto rientra nella casistica dell'indicativo *pro* congiuntivo. Fra i suoi usi occorre distinguere due sottocategorie: quella dell'indicativo che si sostituisce al congiuntivo nei contesti in cui i due modi sono varianti libere (relazione *VEL*, per usare la dicitura di Sgroi 2013) e quella in cui la sostituzione avviene nei contesti in cui i due modi sono varianti combinatorie (relazione *AUT*). Mentre i casi della prima categoria sono tutti accettati dalla norma contemporanea, magari con qualche riserva sull'appropriatezza diafasica, le sostituzioni della seconda sono

---

247 Cfr. a tal proposito ad es. Detti (2009: 976): "Le relazioni concessive, marcate da forme lessicali, si presentano in genere come strutture formalmente coordinate e biproposizionali. Tali forme di concessività, definite da Berretta (1998: 80) «preconcessive», sono collocabili all'interno del *continuum* tra coordinazione e subordinazione e sono formate da due costituenti. Un primo costituente, concesso, che può essere marcato da copula + nome del predicato (es. *è chiaro, giusto, vero*), un avverbio (es. *certamente, naturalmente, veramente*), il futuro concessivo (es. *sarà*), un modale (es. *sapere, volere*) oppure un verbo *dicendi/putandi* (es. *capire, sapere, ammettere* etc.); e un secondo costituente, asserito ed introdotto da una congiunzione avversativa (es. *ma, tuttavia, però*) o anche da sintagmi (es. *fatto sta, fatto è, ciò non toglie*, ecc.)".

banditi sia dallo scritto che dal parlato di media formalità. Dei 31 casi dell'indicativo *pro* congiuntivo rilevati nel corpus solo 8 rientrano nella seconda categoria. A titolo illustrativo, oltre all'esempio (30) se ne vedano altri due:

(31) (post_035) (neretto mio)
Spero che di lacrime ne **hai versate** ben poco dopo le parole che l'altra sera ci siamo dette...

(32) (post_086) (neretto mio)
Quando il Mar Rosso è in secca **meglio che stò zitta**, altro non può fare che farmi solo innervosire.

A guardare il numero di occorrenze sia in termini assoluti sia in relazione ai contesti d'uso in sovrapposizione con l'alternativa data dall'indicativo, il congiuntivo si riconferma in definitiva abbastanza vitale nei post di blog e l'unica cosa che inficia la sua vigorosità è la notevole povertà delle congiunzioni che introducono il congiuntivo: nessuna occorrenza di *affinché* e solo due occorrenze di *nonostante*.

6.3. Preposizioni e particelle avverbiali

☐ **Tratto 20. NS-SS. Preposizioni + articoli partitivi** (*Sul tavolo c'è un bicchiere con del latte*, ma non *Si sono messi in delle situazioni difficili*).

Il tratto in questione, anche se presente negli elenchi dei tratti innovativi dell'italiano contemporaneo (Sabatini 1985 e Coveri/Benucci/Diadori 1998), risulta accettato, anche se con riserve, dalle grammatiche dell'italiano *ancien régime*, Fornaciari (1882) *in primis*. Anche in tempi più recenti, (cfr. Fogarasi 1983), il costrutto viene riconosciuto grammaticale, seppur da usare con parsimonia specie in contesti più controllati in cui risultano preferibili alternative con articolo zero o con specificatori *alcuni*, ecc. Discutibile appare, dunque, l'etichetta NS-SS proposta da Tavoni, dal momento che il costrutto pare ormai comunemente accolto nella lingua media:

(...)
la sequenza preposizione+articolo partitivo è largamente presente anche in saggi, trattati, manuali delle più svariate discipline (dalla storia dell'arte, alla storia antica, alle scienze) e in riviste specialistiche.
Si tratta quindi di un costrutto non solo radicato e ricorrente nella lingua italiana, ma che recentemente ha avuto una sorta di lasciapassare normativo anche nella scrittura, proprio in virtù della non perfetta sovrapponibilità ed equivalenza semantica di costrutti affini (Setti 2012: on-line).

Nel corpus Splinder-post si contano 5 occorrenze del costrutto. Eccone alcuni esempi:

(33) (post_001) (neretto mio)
Dal primo maggio abbiamo iniziamo a portare delle lettere stile lettere minatorie [ovvero staccando lettere **da dei** giornali e rincollandole **su dei fogli** di carta bianchi] ad Elena cercando di farle indovinare di chi parlavamo (lei ovviamen-

te, era difficile?) l'idea mi è venuta perché lei è nata il 22 Maggio e quest'anno compie proprio 22 anni, tanto vale approfittarne no?

(34) (post_084) (neretto mio)
Al montatore che ha bisogno di alcune grafiche **per dei suoi clienti**, al rappresentante che oltre che a farsi i cazzi degli altri non ha nulla da fare.

Per avere un termine di confronto va fatta notare la presenza di 15 esempi di sintagmi preposizionali potenzialmente ospitanti un articolo partitivo, come in

(35) (post_097) (neretto mio)
La noia (oppure monotonia o tedio) è uno stato di disinteresse o mancanza di energia, come reazione **a stimoli** che si recepiscono come ripetitivi o soporiferi.

Alla luce di questo dato da cui si ricava la proporzione, il costrutto risulta ben attestato, anche se non dominante sull'alternativa standard.

☐ **Tratto 21. SS.** *Gli* **per** *ci* **locativo [ipercorrettivo da** *ci* **italiano popolare per gli:** *Ce lo dico io***]** (*Non portarglielo il bambino in quell'ambulatorio*).

Non si registrano occorrenze di questo tratto nel corpus.

6.4. Posizione dei clitici

☐ **Tratto 22. NS. Risalita del clitico con verbi modali** (*Non ci posso credere* invece di *Non posso crederci*; *Ora te lo posso dire*; *Non ti voglio far perdere tempo*; *Lo devo incontrare*).

Il tratto in questione è problematico almeno per due motivi. In primo luogo, nella norma dell'italiano standard – a differenza di quanto succede nei verbi ausiliari veri e propri, *avere* e *essere* – in riferimento ai verbi modali è possibile parlare di "cliticizzazione doppia", data dalla facoltatività della risalita del clitico sul verbo modale. In secondo luogo non vi è pieno accordo sull'inquadramento variazionale del fenomeno. Secondo Cordin/Calabrese (2001: 572–575) l'enclisi è tipica dell'italiano connotato in diatopia come settentrionale, mentre la risalita è tipica dell'italiano toscano e centro-meridionale. Anche Skytte/Salvi/Manzini (2001: 513–514) optano per un'interpretazione diatopica del costrutto *verbo modale + l'infinito* che nell'ottica da loro proposta risulta analizzabile in due modi diversi: come struttura bifrasale oppure come struttura monofrasale. Nel primo caso il verbo modale regge una proposizione infinitiva ("Gianni vuole [$_F$ mangiare la torta].") non ammettendo di conseguenza la risalita del clitico. Nel secondo caso, invece, il verbo modale appare in una forma ristrutturata in cui "verbo reggente e infinito costituiscono un complesso verbale" (Skytte/Salvi/Manzini 2001: 513) seconda la struttura monofrasale ("Gianni [vuole mangiare] la torta."). In quest'ultimo caso i complementi dell'infinito sono trattati come complementi del complesso verbale con la loro conseguente cliticizzazione davanti al verbo reggente. Secondo i tre autori nei dialetti mediani e in Toscana esistono entrambi le strutture, nei dialetti settentrionali solo la costruzione senza ristrutturazione, nei dialetti meridionali, invece, solo quella con ristrutturazione.

Berretta (1986a: 72) dal canto suo dà un'interpretazione diamesica[248] all'espansione della posizione proclitica dei pronomi nel parlato ipotizzando due possibili spiegazioni:

> Questa maggiore tendenza alla risalita può essere (...) dovuta ad una maggiore sensibilità del parlato all'esigenza di porre il tema il più possibile a sinistra dell'enunciato (...); la si può però anche attribuire ad una maggiore tendenza del parlato a trasformare i verbi reggenti infiniti preposizionali in ausiliari, per erosione semantica dovuta alla frequenza d'uso, e/o per ridurre le incassature, ovvero per semplificazione sintattica.

Nel corpus Splinder-post sui 48 contesti di possibile risalita, esclusi quelli con il *si* impersonale-passivante, che rimane sempre legato al modale, si contano 34 casi di enclisi e solo 14 casi di proclisi. Un termine di confronto può essere offerto dai numeri citati in Berretta nel cui corpus costruito a partire da 5 ore di parlato, per la maggior parte dialogico e informale, i casi di risalita sono il 40% del totale dei contesti di possibile risalita. È interessante osservare, inoltre, che vi è una notevole disparità fra la posizione proclitica e quella enclitica a seconda del verbo. Il rapporto proclisi: enclisi è di 1:5 per il verbo *dovere*, di 6:7 per il verbo *volere* e di 1:3. I risultati non sono di facile interpretazione vuoi per il basso numero di esempi, vuoi per le variabili pragmatiche e semantiche che ostacolano o favoriscono la risalita ancora da esplorare. Da ultimo va ribadita la problematicità del tratto in sé che manca del potere categorico di spia del neostandard essendo piuttosto correlato sia a diversi tipi di testo diversi sia alla variabilità regionale.

☐ **Tratto 23. SS. Risalita "lunga" del clitico in complessi verbali (*Ci continuano a far aspettare*; *La sto cercando di rintracciare*).**

Il tratto, particolarmente evidente nel parlato informale, "dà luogo non tanto a risalite percentualmente più frequenti, quanto a un'estensione del tipo e numero di verbi reggenti che permettono la risalita stessa" (Berretta 1986a: 72). Si tratta dei verbi che introducono subordinate infinitivali (cercare di fare qualcosa, provvedere a fare qualcosa, aiutare a fare qualcosa, ecc.) e in quanto tali non ammettono la risalita dei complementi cliticizzati dell'infinito. Stando all'interpretazione di Berretta proposta in riferimento al Tratto 22, si tratta della trasformazione dei verbi reggenti in ausiliari, con la conseguente riduzione delle incassature. Secondo tale interpretazione il fenomeno sarebbe riconducibile alla semplificazione sin-

---

248 Cfr. Berretta (1986a: 72): "(...) nel parlato i clitici 'risalgono' nei contesti di possibile ristrutturazione (...) più che nello scritto". Cfr. inoltre Serianni (2006: 259) che non considera la risalita come tipica del parlato, sottolineando semplicemente la libertà di collocazione del pronome atono, "anche presso lo stesso scrivente o parlante e con lo stesso verbo servile".

tattica, ipotesi "sostenuta dal fatto che (...) le risalite sono più frequenti in frasi dipendenti" (Berretta 1986a: 72).

Nel corpus si registrano 4 occorrenze del tratto in questione. Eccone una:

(36)　(post_059) (neretto mio)
Ora **mi vado a fare** un 40 minuti di cyclette...anche se ieri non ce l'ho fatta... ne ho fatti solo 30 xk faceva troppo caldo!!!

6.5. Fenomeni di tematizzazione

I fenomeni in questione rientrano in un più ampia categoria delle strutture sintatticamente marcate dell'italiano nelle quali l'ordine dei costituenti non rispetta la canonica sequenza soggetto-verbo-oggetto. Le alterazioni di tale ordine basico hanno la "funzione di mettere in evidenza una parte dell'enunciato rispetto al resto, e quindi sono strumenti della focalizzazione" (Lombardi Vallauri 2010: on-line): messa a tema, ovvero tematizzazione (o anche topicalizzazione) e messa a rema, ovvero rematizzazione. L'elenco di Tavoni, riduttivo rispetto all'intero ventaglio delle possibilità, contempla le dislocazioni a sinistra e a destra (Tratto 24.), il tema pendente (Tratto 25.) e la frase scissa (Tratto 26.).

☐ **Tratto 24. NS. Frase segmentata (***Il giornale non l'ho ancora letto; Le conosco bene, queste situazioni; Lo so che non è vero***).**

Per 'frasi segmentata' – come si evince dagli esempi dati tra parentesi – Tavoni intende frasi con un costituente dislocato dotate di ripresa pronominale. Si tratta quindi di una concezione più restrittiva rispetto a quella più ampia, espressa ad esempio in Benincà (2001: 144), che abbraccia anche i costrutti del tipo (37).

(37)　A Perugia sono già stato (es. tratto da Ferrari *et al.* 2008: 212)

In linea con Ferrari *et al.* (2008) il costrutto riportato sopra può essere ricondotto alla categoria delle anteposizioni sintattiche, le quali a loro volta rientrano nella più ampia classe delle "costruzioni marcate a sinistra" (Ferrari 2003: 152). La ragione dell'esclusione di tali strutture sta nella loro minore marcatezza sintattica rispetto alle dislocazioni con ripresa pronominale: esse, infatti, non hanno mai posto il problema dell'accettazione normativa (D'Achille 1990: 98).

Le occorrenze dei costrutti dislocati nel corpus Splinder-post sono 44: 29 dislocazioni a sinistra (DS) e 15 dislocazioni a destra (DD), il che dà un rapporto di 3:1 a favore delle DS. Una maggiore incidenza delle DS risulta quindi in linea con i dati disponibili per il parlato spontaneo in cui si nota generalmente una minore frequenza delle DD (pari a circa un terzo) rispetto alle DS (cfr. Berruto 1986: 63). Le prime, come emerge dallo studio di Rossi (1999) sull'italiano cinematografico, risultano invece superiori numericamente alle DS nel parlato filmico, pubblicitario e televisivo, mentre negli SMS e nelle chat "i valori dei due tipi tendono ad avvicinarsi (Pistolesi 2004: 233). Al di là dei confronti relativi al rapporto fra le DD e le DS in diversi corpora, ciò che conta è lo scarseggiare del fenomeno: le clausole con un costituente dislocato, come in (38), oppure le clausole dipendenti dislocate rispetto alla principale dotata di ripresa pronominale, come in (39), sono solo lo 0,72 % del totale delle clausole del corpus, dato nettamente inferiore rispetto a quello calcolato da Cresti (2000: 250) per il parlato, il 3 %).

(38) (post_047) (neretto mio)
(...)
"Vabbè, ormai son qui, proviamo". I miei due compagni di corsia indossavano la muta...incoraggiante! Primi metri senza quasi riuscire a respirare, poi piano piano ho preso il mio ritmo e **il freddo l'ho sentito meno**.
(...)

(39) (post_051) (neretto mio)
(...)
Sì però **perché quello volesse a tutti i costi farsi ammazzare** mica l'ho capito... io sono per l'autoconservazione

Il dato è ancora più eloquente se consideriamo che buona parte delle DD (4 per la precisione) sono casi ormai grammaticalizzati del tipo *lo so che....* Nel complesso, quindi, i blogger fanno delle dislocazioni un uso piuttosto moderato, il che può trova la sua spiegazione presumibilmente nella funzionalità dei costrutti segmentati in questione, poco congeniale alle necessità degli autori di post. Mentre nel parlato le DS, essendo un efficace strumento interazionale interpretabile in termini di "conquista del banco" (Duranti/Ochs 1979: 294–299), premettono, specie in apertura del turno dialogico, di riallacciarsi con facilità al tema dello scambio verbale, nello scritto, invece, possono funzionare da mezzo coesivo. In quest'ultimo impiego la DS si dimostra particolarmente efficace, specialmente se abbinata a espressioni anaforiche, ad es. a dimostrativi, come in:

(40) (esempio tratto da Cignetti 2006: 212)
Diviso tra un impegno governativo gravoso e deludente e i suoi studi di economia e storia, tra il 1777 e il 1781, Pietro Verri affiancò a queste attività un'esperienza singolare ed intensissima. Segue e cura – fin dai primi giorni – l'educazione della primogenita Teresa, anche nei momenti più quotidiani e domestici. E di questa esperienza stende un resoconto in cui registra con meticolosa memoria ogni particolare. [E. Soletti, *L'indice*, 1984/02]

Nel corpus non si registrano occorrenze di questi due tipici usi delle dislocazioni, i quali evidentemente non sono strumenti di prima necessità dal punto di vista di chi scrive sul blog.

☐ **Tratto 25. SS. Anacoluto o tema pendente (*L'ingegner Bertocchi, non ne voglio più sentir parlare; I figli, ci pensa lei*).**

Per 'tema pendente' (o 'tema libero' o anche *nominativus pendens*) si intendono quei casi in cui, essendo il costituente anticipato privo sia della ripresa pronominale sia della preposizione, l'integrazione del tema nell'enunciato avviene esclusivamente a livello semantico. La loro estrema marcatezza ne fa un costrutto riconducibile tuttora a varietà sub-standard (cfr. a tal proposito ad es. Berruto 1999: 66).

Nel corpus vi sono solo due occorrenze del tratto:

(41) (post_094) (neretto mio)
Io che già con mamma odio discorrere (dato che ogni volta si allunga il discorso inutilmente... qualche volta pare lo faccia tanto per parlare, non la capisco lo giuro... o meglio, non sopporto che lo faccia unicamente con me solo perchè non la mando a quel paese come papino o mio fratello...), **mi ci manca solo** che il mio "idolo casalingo" non sia più un vero padre, ma una specie di fratello maggiore... si, è bruttissimo da dire ma non lo sento come un padre.

(42) (post_042) (neretto mio)
Poi, tornata alla classe, mi sono messa poggiata alla ringhiera del corridoio di fronte, a guardarla da sopra, da lontano: **quello** ho l'impressione che le abbia dato fastidio o che, almeno, l'abbia imbarazzata.

Entrambi i casi sono alquanto curiosi. Innanzitutto è interessante notare che in posizione di tema sospeso si ha non un nome, bensì un pronome, personale in (41) e dimostrativo in (42). Nel primo dei due esempi, inoltre, insolita risulta la distanza che separa l'elemento sospeso e la frase in cui esso viene ripreso come, appunto, tema: si tratta di una relativa ("che già con mamma odio discorrere") e un lungo inciso. La particolarità del secondo esempio sta invece nel fatto che l'elemento sospeso, il pronome *quello* funziona da incapsulatore anaforico integrando come tema nella frase "ho l'impressione che le abbia dato fastidio o che, almeno, l'abbia imbarazzata" tutta la porzione testuale precedente ("Poi, tornata alla classe, [...] da lontano").

□ **Tratto 26. NS. Frase scissa (*Sono io che lo chiedo a te; È Giovanna che si è tirata indietro; È per amicizia che ti ha fatto questa proposta*)**

Frase scissa è un costrutto bimembre, ovvero formato "da una frase principale, retta dal verbo *essere* e priva di soggetto, e da una frase subordinata introdotta da *che*" (Roggia 2006: 223), come in

(43) È Giovanna che si è tirata indietro (tratto da Tavoni 2006: 525).

Lo status della subordinata all'interno del costrutto scisso è incerto. Sulla scia dalla tradizione anglosassone la si considera "come frase relativa dipendente dall'elemento scisso" (Panunzi 2011: on-line). Tale interpretazione vale però solamente per i casi in cui l'elemento scisso è costituito dal soggetto o dal complemento oggetto. Per i casi restanti, ovvero quelli in cui in posizione dislocata si ha un elemento avverbiale (come in *È a causa di mio figlio, che vi importuno*) è difficile identificare un antecedente nominale per la subordinata. Di conseguenza, sulla proposta di Cinque (2001), ormai è invalso interpretare la parte subordinata di una scissa in termini di pseudorelativa retta dall'elemento scisso.

Sempre sul piano sintattico occorre segnalare quelle che sono le due declinazioni principali del costrutto: scissa esplicita (come in (43)) e scissa implicita (come nell'esempio sotto).

(44)   È stato Marco a venirci a trovare in maggio (es. tratto da Roggia 2006)

A ciò si aggiungono le scisse, per le quali Benincà (1978) ha coniato l'etichetta 'scisse spurie'. Si tratta dei casi in cui l'elemento scisso, saturato da un sintagma indicante durata temporale, perde la preposizione segnacaso. Si osservi a tal proposito l'esempio di scissa spuria in (45) confrontata con la corrispondente scissa classica (46):

(45)   È un anno che non lo vedo. (es. tratto da Panunzi 2010: on-line)
(46)   È da un anno che non lo vedo. (es. tratto da Panunzi 2010: on-line)

Spostando ora l'attenzione al piano funzionale occorre ricordare che il costrutto è comunemente ritenuto tipico della lingua orale e ciò per la sua caratteristica di segmentare l'informazione in parti e di esplicitare "i rapporti informativi tra queste parti, il che è generalmente gradito all'espressione orale, perché agevola sia la pianificazione che la decodificazione del discorso (Roggia 2006: 222).

Nel nostro corpus le occorrenze delle scisse sono solo 21: 19 scisse esplicite, di cui 11 spurie, e 2 scisse implicite. Occorre quindi sottolineare da un lato l'incidenza numerica del costrutto decisamente ridotta e dall'altro il fatto che nella casistica degli usi che ne fanno i blogger prevale il tipo spurio in cui la scissione riguarda un'indicazione di tempo, come in (45). L'interpretazione di questa prevalenza è da cercare a nostro avviso nell'importanza della dimensione temporale nella testualità di qualsiasi blog, cosa che a livello macro è stata osservata sia nella data, elemento di prima importanza nella cornice paratestuale del post di blog (cfr. § 5.1.3.), sia nei frequenti incipit di post a carattere temporale (cfr. § 5.4.1.) e che a livello micro riemerge appunto nella dominanza fra le scisse del tipo spurio.

(47)   (post_022)
       Sono ormai troppi giorni che la situazione meteorologica fa schifo!

6.6. 'Che polivalente'

Per 'che polivalente' si intende la tendenza "a estendere l'uso del che, con significato generico, anche come introduttore di subordinate che nell'italiano standard avrebbero più spesso congiunzioni subordinanti semanticamente più precise" (Fiorentino 2010). In particolare, il 'che polivalente' può introdurre frasi dal valore esplicativo-consecutivo (come in (48)), frasi causali (come in (49)), frasi consecutivo-presentative (come in (50)), frasi relative temporali (come in (51)), frasi finali (come in (52)), frasi in cui che ha valore enfatizzante-esclamativo (come in (53)), frasi relative deboli[249] (come in (54)):

(48) vieni che ti pettino (es. tratto da Fiorentino 2010: on-line)
(49) vai a dormire che ne hai bisogno (es. tratto da Fiorentino 2010: on-line)
(50) io sono una donna tranquilla che sto in casa, lavoro (es. tratto da Sornicola 1981: 70–71)
(51) maledetto il giorno che ti ho incontrato (es. tratto da Fiorentino 2010: on-line)
(52) fai in modo che è tutto pronto al mio arrivo (es. tratto da Fiorentino 2010: on-line)
(53) che sogno che ho fatto (es. tratto da Berruto 1999: 69)
(54) li vedo che scendono (es. tratto da Berruto 1999: 69)

Vi sono infine casi estremi in cui risulta difficile stabilire la natura logica del legame sintattico (si parla a tal proposito di subordinazione generica) non solo rispetto alla semantica del che, ma anche rispetto alla possibilità che si tratti di coordinazione e non di subordinazione, come in:

(55) Prestami la penna che te la do subito. (es. tratto da Fiorentino 2010: on-line)

La distribuzione del che polivalente in diafasia varia a seconda del singolo sottotipo. Mentre il *che* relativo-temporale gode di una relativa accettabilità anche nello standard, gli usi come in (55) sono tipici di varietà diafasicamente marcate come basse o popolari. Anche il *che* delle relative deboli, trattandosi di una violazione forte delle regole di formazione della relativa in italiano, risulta relegato agli usi substandard (vedi i tratti 30 e 31). I casi restanti, ovvero quelli che rientrano nel tratto 27, si qualificano come neostandard.

☐ **Tratto 27. NS. Con valore temporale (*Il giorno che ci siamo conosciuti; Mi sono alzato che era ancora notte*), finale (*Vieni, che te lo spiego*) consecutivo o causale, o di subordinazione generica.**

Nel corpus si registrano 8 occorrenze di 'che polivalente': 3 con valore causale (come in (56)), 2 con valore temporale (come in (57)), 2 con valore generico (come in (58)) e una con valore consecutivo (come in (59)).

(56) (post_045) (neretto mio)
Secondo la scala delle priorità:
-dovrei assolutamente mettermi a preparare sti cavolo di esami **che** ormai mancano meno di due settimane e ho un sacco di roba da fare (studio architettura n.d.r.)...
(57) (post_100) (neretto mio)

---

249 Con il termine 'relativa debole', coniato da Fiorentino (1999), ci si riferisce a relative che hanno come l'unico introduttore *che*, che svolge anche le funzioni oblique.

Le patatine non fanno in tempo ad uscire della friggitrice **che** magicamente scompaiono..
(58) (post_022) (neretto mio e corsivo miei)
E la mia vita va **che** *se non smette di fare brutto tempo e piovere mi incazzo sul serio...*
(59) (post_100) (neretto mio)
risate **che** la gente si affaccia e per poco non ci mena...

Nell'esempio (58) il *che* risulta di difficile interpretazione semantica e la principale (evidenziata in corsivo), data la sua povertà contenutistica, si avvicina alle principali ridotte del tipo *è che, c'è che, fatto sta che*. Sono tutte "strutture che non hanno, in sé, un significato specifico, ma servono a introdurre la subordinata che segue dandole il rilievo di una costatazione obiettiva" (Serianni 2006: 567).

Come risulta dagli esempi, la subordinazione generica è presente nel corpus, ma, la sua incidenza numerica è estremamente ridotta.

☐ **Tratto 28. NS.** *Che* **in frase scissa: vedi sopra il Tratto 26.**

☐ **Tratto 29. NS. Nessi dichiarativi (*il fatto che*, ecc.) ridotti al solo *che* (*Tieni conto che abbiamo poco tempo*).**

Non si registrano occorrenze di questo tratto nel corpus.

6.7. Frase relativa

Nell'italiano contemporaneo vi sono due strategie di base per la formazione della relativa. La prima è data dall'uso del paradigma standard con *che* (o in alternativa *quale*[250] preceduto dall'articolo) e, nei casi diversi dal soggetto e dall'oggetto, *cui* (o in alternativa *il/la quale*) preceduto da preposizione. *Cui* da solo può inoltre svolgere la funzione del dativo, specie nell'italiano formale, nonché quella di relativo possessivo. Questo microsistema dei pronomi relativi viene di regola adoperato nell'italiano accurato e formale, mentre "se usato nell'italiano colloquiale, questo modello ideale risulta spesso forzato e innaturale" (Benincà 1993: 279). Accanto ad esso, specie nelle varietà marcate come basse in diastratia o in diafasia, vi è una seconda strategia che consiste nell'uso indistinto di *che* non flesso per tutti i casi, soluzione che rientra nella più generale tendenza delle varietà basse di estendere i valori del *che*, che sfuma verso una marca generica di subordinazione[251]. L'accettabilità delle diverse possibilità di realizzazione del relativo varia a seconda del singolo sottotipo (vedi i tratti sotto).

---

250 Va detto che *il/la quale* non è sostituibile a *che* in tutti i contesti. Diversamente da quanto indicato in molte grammatiche, anche scolastiche, *il/la quale* può fungere soltanto da soggetto della relativa non restrittiva. Cfr. a tal proposito ad es. Cinque 2001.
251 Cfr. Benincà (1993: 279): "(...) *che*, come è stato dimostrato da analisi molto accurate, non è in effetti un pronome relativo, bensì lo stesso elemento che introduce altri tipi di subordinate, esattamente come il corrispondente francese *que/qui* e inglese *that*".

☐ **Tratto 30. NS-SS.** *Che* **invariabile + clitico di ripresa** (*È un gatto che non gli piace la carne; Il problema del conflitto di interessi è un problema che non se ne esce*).

Si tratta di una codificazione separata della dipendenza (*che*) e del caso (clitici). Nel corpus non se ne registrano occorrenze.

☐ **Tratto 31. SS.** *Che* **invariabile senza clitico di ripresa** (*Ho un amico che la madre lavora alla ASL; È un'azienda che i dipendenti non si trovano bene*). **A volte poco distinguibile dal** *che* **congiunzione polivalente del Tratto 27.**

Nella presente soluzione si perdono le opposizioni del caso. Nel corpus è stata registrata una sola occorrenza di questo tratto nella quale un *che* si sostituisce a *in cui*:

>   (60) (post_085) (neretto mio)
>   Stasera ho visto il video su RTL di Greenpeace **che** cercavano di fermare le baleniere giapponesi a caccia di balene, una cosa da vomito istantaneo.
>   (…)

☐ **Tratto 32. SS.** *Di cui, a cui* **ecc. + clitico di ripresa** (*È proprio questo di cui non posso farmene carico*).

Si tratta di una soluzione con doppia codificazione del caso. Non si registrano le occorrenze del tratto in questione.

☐ **Tratto 33. NS.** *Cosa* **interrogativo invece di** *che, che cosa* (*Cosa sei venuta a fare?*).

Il tratto compare in tutti i principali studi all'origine del dibattito sviluppatosi a partire dagli anni '80 sul neostandard: si confronti a tal proposito ad es. Sabatini (1985: 165), Serianni (1986: 61–62) e Berruto (1999: 79). Quest'ultimo parla di *cosa* in termini di una forma che "ha guadagnato vistosamente terreno rispetto allo standard *ancien régime che cosa* e a *che*, come pronome neutro". Nencioni (1987: 17), invece, sottolinea il carattere riduttivo della forma in questione, evidente per il fatto che "un elemento di un sintagma (…) si trasferisce e concentra il significato dell'intero". Vi è infine in gioco il probabile influsso del sostrato dialettale:

> forme corrispondenti a *cosa* sono diffusissime nei dialetti settentrionali (che non conoscono *che/che cosa*, ma semmai *cosa che*), e l'uso del semplice *cosa* sembra infatti più esteso al Nord (Berruto 1999: 79).

Nel corpus prevale la forma *cosa*, le cui occorrenze ammontano a 19 (12 nelle interrogative indirette, come in (61) e 7 nelle dirette, come in (62)).

>   (61) (post_026) (neretto mio)
>   Non mi ricordo quasi più **cosa** si prova!
>   (62) (post_045) (neretto mio)

Io dopo due ore e dopo un litro e mezzo d'acqua, giuro non per fame, ho fatto a pezzetti una pera e una nocipesca e le ho mangiate immerse nello yogurt al naturale magro?!?!?!?!?!? **Cosa** significa?

Il *che interrogativo* ricorre solo 7 volte, sempre nelle interrogative dirette:

(63) (post_017) (neretto mio)
Che si fa in questi casi?

Con tre occorrenze, tutte fra l'altro nelle interrogative indirette, ancora meno numerosa risulta *che cosa*, "oggi la forma percepita come più formale" (Grammatica Treccani 2013: 242):

(64) (post_035) (neretto mio)
I maschi non sanno **che cosa** si perdono

☐ **Tratto 34. NS. *Che* + aggettivo (*Che bello! Che simpatico Guido!*).**

Il tratto in questione manca negli elenchi di fenomeni innovativi proposti in altri autori (Berruto 1999, Sabatini 1985, Renzi 2000 e 2014). Dato che si tratta di una struttura esclamativa nominale, essa è senz'altro tipica di enunciati valutativi nell'orale (cfr. Cresti 1997).

Nel corpus si registra una sola occorrenza del costrutto esclamativo *che* + aggettivo (come in (65)), mentre quello *che* + *nome* (come in (66)) compare 9 volte.

(65) (post_049)
Abbiamo mangiato il bento insieme *-* il suo era tanto tanto bello e ha fatto gli onigiri anche per me T_T **che carinaaah!**

(66) (post_026) (neretto mio)
Certo, poi magari la sera non saprò cosa fare, perchè dopo un po' ti annoi, ma vuoi mettere uscire il sabato pomeriggio senza l'ansia di dover andare a lavoro mentre gli altri si preparano per l'aperitivo? O andare al mare senza guardare di continuo l'orologio? O poter organizzare un giretto in moto e guardare sempre il paesaggio invece che l'ora? **Che goduria**...

6.8. Concordanze a senso

Con l'etichetta 'concordanza a senso' ci si riferisce a fenomeni di accordo in cui "ci si allontana dalle norme grammaticali che regolano la concordanza tra le parti variabili del discorso, privilegiando elementi che si rifanno al significato (al senso, appunto) della frase" (Grammatica Treccani 2013: 89). L'accettabilità normativa dell'accordo a senso varia a seconda dei singoli sottotipi (vedi sotto).

☐ **Tratto 35. NS. Concordanza a senso di verbo plurale con soggetto collettivo + complemento di specificazione (*Una decina di sciatori rimasero bloccati dalla bufera*).**

Il tratto è attestato nel corpus con una sola occorrenza:

(67) (post_038) (neretto mio)
Il 23 maggio 2007 è ben impresso nella mia mente per una serie di motivi che non sto a narrare, dato che fanno parte di qualcosa di molto privato e personale, legato a sentimenti ed emozioni che vorrei restassero mie il più possibile... ed esattamente un anno dopo **ci sono stati un paio di avvenimenti molto simili** a quelli dell'anno precedente...

☐ **Tratto 36. SS. Concordanza a senso di verbo plurale con soggetto collettivo (*La gente muoiono*).**

Nel corpus vi è una sola occorrenza del tratto in questione:

(68) (post_084) (neretto mio)
ed eccoci qua, il pomeriggio, un pomeriggio passato praticamente da solo nel buco, un buco dove ogni tanto **si vedono girare gente strana**, dal capo che mi dice, vado un attimo in bagno e poi ti chiamo che dobbiamo fare un lavoro insieme, e poi non ti chiama più.

☐ **Tratto 37. NS o SS. Riprese anaforiche a senso di verbo plurale con soggetto collettivo: come i nn. 35 e 36.**

Non si registrano occorrenze di questo tratto nel corpus.

☐ **Tratto 38. NS-SS. Concordanza del verbo con la persona del soggetto logico (*Io sono uno che mi alzo presto*; *Voi siete dei giudici che non perdonate*).**

Non si registrano occorrenze di questo tratto nel corpus.

☐ **Tratto 39. SS. Mancata concordanze del verbo con soggetti posposti che rappresentano il NUOVO (*Non c'è problemi*; *Ci vorrebbe degli strumenti adatti*).**

Non si registrano occorrenze di questo tratto nel corpus.

A margine dei tratti relativi al fenomeno della concordanza a senso è utile accennare a quelle che sono concordanze devianti, ben più numeroso di quelle a senso e che sono con ogni probabilità dovute alla frettolosità della scrittura. Se ne vedano alcuni esempi:

(69) (post_085) (neretto mio)
Stasera ho visto il video su RTL di Greenpeace che cercavano di fermare le baleniere giapponesi a caccia di balene, una cosa da vomito istantaneo. Titani metallici che rincorrono queste creature gigantesche indifese per ucciderle senza pietà. Non è nel primo documento e ne l'unico che gira in rete, **ma così nitido e montato bene non ne ho ma visti**.

(70) (post_097) (neretto mio)
La noia può essere indifendibilità appresa, un **fenomeno** strettamente **collegata** alla depressione.

(71) (post_029) (neretto mio)

Era più forte di me, non riuscivo a fermarmi, saltavo pranzi e cene e a volte anche il dormire, **tanto** era **la foga** di mettere nero su bianco la storia che continuava a crearsi nella mia testa.

6.9. Altre costruzioni

☐ Tratto 40. NS. Costruzioni pronominali affettive (*Ci prendiamo un tè; Stasera mi guardo la partita; Fatti una bella dormita; La vacanza non me la sono goduta per niente*).

Le costruzioni in questione rientrano in una più generale casistica del pronome riflessivo indiretto (o anche dativo). Nei suoi usi canonici esso compare con i verbi ditransitivi: "il secondo argomento non è coreferente col soggetto, il pronome riflessivo è coreferente con il soggetto e denota il destinatario (o beneficiario) dell'azione o un oggetto posseduto" (Cennamo 2011: on-line). Sul piano funzionale si tratta quindi di un oggetto indiretto, il più spesso delle volte complemento di vantaggio di verbi come *comprarsi, prepararsi* e simili. Vi sono poi realizzazioni meno canoniche, ma di alto uso specialmente nella lingua colloquiale, in cui il pronome riflessivo (detto anche 'dativo etico') non india un argomento del verbo, bensì è la spia di una "partecipazione intensa del soggetto nell'azione" (Salvi 2001: 77), come nell'esempio riportato sotto.

(72)   Stasera mi sono guardato la partita (es. tratto da Tavoni 2006).

Nel corpus il fenomeno in questione è attestato con solo 2 occorrenze:

(73)   (post_087) (neretto mio)
       Prima mi sento pronta per scrivere un post che ho già in cantiere da qualche giorno poi ci ripenso, prima **mi** voglio vedere una puntata di *Heroe* che ho scaricato e poi mi dico che è troppo tardi...
(74)   (post_029) (neretto mio)
       Ho iniziato ad avere relazioni esclusivamente sessuali, non tantissime perché in fondo certe cose non **me** la vado a cercare.

☐ **Tratto 41. NS. Costrutti vari di senso impersonale: III p. pl. senza soggetto espresso** (*Finalmente hanno ridato la luce; Dicono che sarà un'estate tropicale*); **soggetto indefinito** *uno* (*Capita sempre quando uno non se l'aspetta*) **o il** *tu* **generico** (*Tu credi di aver finito, e ti danno dell'altro lavoro da fare*).

I costrutti in questione, similmente del resto all'alternativa standard del 'si impersonale', fanno tutti capo alla nozione di 'interlocutore generico'. Con questo termine

> si designa, in senso lato, l'interlocutore indeterminato, implicito, non identificato a cui ci si rivolge durante l'enunciazione. A tale uso si ricorre nel discorso per alludere o a un interlocutore qualunque, con cui ciascuno può identificarsi, o a un individuo indeterminato, che non si conosce o non si vuol nominare: tale risorsa serve specialmente per evocare casi generali, formule normative e simili (Cimaglia 2010: on-line).

Dei tre sottotipi solo due sono attestati nel corpus per un totale di 11 occorrenze ripartite come segue:

- III p. pl. senza soggetto espresso: una sola occorrenza:

    (75)(post_041) (neretto mio)
    I bravi son divisi dagli incapaci da semplici fogli di carta, tra poco **istituiranno** un patentino per lo scopare e se non lo farai sarai considerato una sega a letto e non potrai spiegare come nascono i bambini, e ancora di più che da attestati e fogli di carta bianca, siam divisi da piccoli pezzi di carta chiamati soldi e dalla levatura sociale della nostra famiglia (che ci si creda o no, la famiglia d'origine conta ancora molto, soprattutto quando si deve emergere).

- tu generico: 10 occorrenze:

    (76)(post_066) (neretto mio)
    E poi, lo so che prima o poi capita a tutti....e le teorie **te le attacchi** al culo.!

È interessante notare infine che l'alternativa standard del *si impersonale* con 65 occorrenze (al netto delle occorrenze del *si* passivante) supera di gran lunga le soluzioni neostandard elencate sopra.

6.10. Conclusioni

La tabella proposta sotto accoglie tutti i 41 tratti morfosintattici di Tavoni al netto di quelli lessicali (9 per la precisione) fornendo per ognuno di essi il numero di occorrenze riscontrate nel corpus.

Tabella 6.1. Le occorrenze dei tratti di Tavoni (2006) nel corpus Splinder-post

Tratto n°			Numero di occorrenze
1.	SS	*Te* in funzione di soggetto	0
2.	NS	*Lui, lei, loro* in funzione di soggetti	12
3.	NS-SS	*Lui, lei, loro* riferiti a cose	0
4.	SS	*Gli* per 'a lei'	0
5.	NS	*Gli* per 'a loro', masch. e femm.	4
6.	NS	Declino di *loro* come allocutivo di cortesia	0
7.	NS	Dimostrativi usati come pronomi personali, spesso con una sfumatura negativa	0
8.	NS-SS	Forme rafforzate *questo qui, quello là*	1
9.	SS	Forme *'sto, 'sta*, ecc., per *questo, questa*	11
10.	NS	*Niente* usato come aggettivo	1

Tratto n°			Numero di occorrenze
11.	NS	Presente indicativo per il futuro	26
12.	NS-SS	Presente per il passato	142
13.	NS-SS	Passato prossimo invece del passato remoto nelle narrazioni storiche	0
14.	NS-SS	Passato prossimo per futuro anteriore	0
15.	NS	Imperfetto attenuativo di cortesia	0
16.	NS-SS	Imperfetto per il condizionale nelle ipotetiche dell'irrealtà	1
17.	NS-SS	Imperfetto per il futuro nel passato	0
18.	NS-SS	Imperfetto per significare intenzione e previsione	0
19	NS-SS	Indicativo al posto del congiuntivo	31
20.	NS-SS	Preposizioni + articoli partitivi	5
21.	SS	*Gli* per *ci* locativo [ipercorrettivo da *ci* italiano popolare per *gli*: *Ce lo dico io*]	0
22.	NS	Risalita del clitico con verbi modali	14
23.	SS	Risalita "lunga" del clitico in complessi verbali	0
24.	NS	Frase segmentata	46
25.	SS	Anacoluto o tema pendente	3
26.	NS	Frase scissa	32
27.	NS	*Che* polivalente con valore temporale (*Il giorno che ci siamo conosciuti; Mi sono alzato che era ancora notte*), finale (*Vieni, che te lo spiego*) consecutivo o causale, o di subordinazione generica.	19
28.	NS	*Che* in frase scissa ???	32
29.	NS	Nessi dichiarativi (*il fatto che*, ecc.) ridotti al solo *che*	14
30.	NS-SS	*Che* invariabile + clitico di ripresa	0
31.	SS	*Che* invariabile senza clitico di ripresa	0
32.	SS	*Di cui, a cui* ecc. + clitico di ripresa	0
33.	NS	*Cosa* interrogativo invece di *che, che cosa*	18
34.	NS	*Che* + aggettivo	1
35.	NS	Concordanza a senso di verbo plurale con soggetto collettivo + complemento di specificazione	1

Tratto n°			Numero di occorrenze
36.	SS	Concordanza a senso di verbo plurale con soggetto collettivo	0
37.	NS-SS	NS o SS. Riprese anaforiche a senso di verbo plurale con soggetto collettivo: come i nn. 35 e 36.	0
38.	NS-SS	Concordanza del verbo con la persona del soggetto logico	0
39.	SS	Mancata concordanze del verbo con soggetti posposti che rappresentano il NUOVO	0
40.	NS	Costruzioni pronominali affettive	4
41.	NS	Costrutti vari di senso impersonale:	16
Totale			402*

* Il totale è dato dalla somma dei valori della colonna al netto dei doppino (vedi i tratti 26 e 28).

Il dato più eloquente non è tanto quello che sta nel numero delle occorrenze, quanto piuttosto quello ricavabile dal rapporto tra il peso percentuale delle tre classi, NS, NS-SS e SS, sulla lista tratti e sul totale delle occorrenze (vedi il Grafico 6.3.).

Grafico 6.3. *Peso percentuale delle tre categorie di tratti (NS, NS-SS e SS) nell'elenco tratti di Tavoni (2006) e nel corpus Splinder-post*

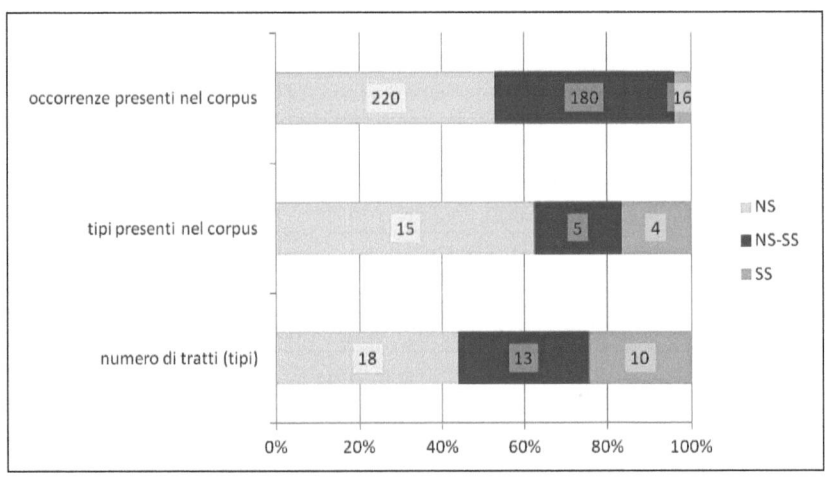

Si badi che i tratti neostandard, che coprono oltre il 40% dell'intera lista tratti, sono da soli responsabili dell'oltre 60% del totale delle occorrenze. Invece i tratti SS, potenzialmente ben rappresentati dato il loro peso sulla lista tratti, scarseggiano: se ne contano solo quattro tipi per un totale di 16 occorrenze. Il loro potere diagnostico, ovvero quello che indurrebbe a qualificare la veste linguistica dei post di blog moderatamente aperta a eventuali slittamenti vero il basso, viene ulteriormente sminuito se confrontiamo le 11 occorrenze di 'st-o/a/i/e in luogo di quest-o/a/i/e con le 72 occorrenze standard, ovvero non aferetiche. La concorrenza delle forme standard vale anche in più di un caso per i tratti NS. Così ad esempio, per il Tratto 22 si hanno 14 occorrenze di proclisi contro 34 di enclisi. Per quanto riguarda invece il congiuntivo c'è da notare che nel corpus si registrano 30 casi dell'indicativo *pro* congiuntivo. Sono però tutti casi in cui l'indicativo e il congiuntivo sono varianti libere (relazione *VEL*), casi quindi in cui anche l'indicativo è ammesso dalla norma, mentre nei contesti obbligatori (relazione *AUT*) il congiuntivo c'è sempre con un'unica eccezione (vedi l'esempio (30)). Nel complesso, quindi, la tenuta della morfosintassi è buona e la superficie linguistica dei post del corpus appare poco penetrata dalle forme substandard.

Capitolo 7: La lingua nei post di blog: sintassi del periodo

Mentre per alcune forme di CMC disponiamo di dati empirici specificatamente sulla sintassi del periodo (o macrosintassi[252]), quella fetta della blogosfera che ci interessa in questa sede rimane ancora da esplorare. Il presente capitolo si propone di colmare questa lacuna offrendo l'analisi di una serie di tratti sintattici ritenuti comunemente pertinenti per la caratterizzazione di testi in prospettiva diamesica. Tali tratti, sulla scia di Voghera (1992), (2001a) e Voghera *et al.* (2004) sono i seguenti:

- lunghezza di frasi e clausole;
- presenza di enunciati nominali, ovvero materiali predicativi non aventi struttura frasale;
- proporzione di frasi pluriclausali e monoclausali;
- proporzione di principali e subordinate;
- distribuzione di modi finiti e non finiti;
- quantità e natura della subordinazione.

Nel fare riferimento al dibattito tra le differenze fra scritto e parlato occorre precisare che l'impostazione dello studio è quella formale a scapito di quella funzionale, dove per formale si intende attenzione alle forme linguistiche e non formalizzazione della loro descrizione. A differenza degli approcci funzionali che partono dall'idea di riconoscere al parlato e allo scritto rispettivamente un'organizzazione informativa autonoma per arrivare ai fatti sintattici solo in un secondo momento e solo in prospettiva funzionale e comunicativa, le nostre analisi partono sempre dalla forma sintattica, il che implica una serie di conseguenze[253].

---

252 Con il termine 'macrosintassi' ci riferiamo – come orami invalso nei lavori di linguistica in ambito italiano – alla sintassi della frase complessa. Va però almeno segnalato che accanto a quest'accezione ne esiste un'altra, nata e diffusasi negli studi sul parlato, specialmente in Francia (cfr. ad es. Blanche-Benveniste *et al.* 1990 e Berrendonner 1990) e in Italia nei lavori del gruppo LABLITA di Firenze (cfr. ad es. Cresti 2000), che relega il suo riferimento a relazioni "que l'on ne peut décrire à partir des rection de catégories grammaticales" (Blanche-Benveniste *et al.* 1990: 113), ovvero a configurazioni sintattiche difficilmente analizzabili nel quadro di una semplice grammatica dei costituenti. Una buona introduzione al filone di studi in questione è offerta da Mandelli (2011).

253 L'approccio assunto determina concrete scelte sul piano analitico. Si pensi ad esempio a nomi d'azione, che in un'ottica nozionale-funzionale sono da considerarsi una risorsa subordinativa al pari di clausole subordinate. Di conseguenza la frase *Al mio ritorno ti spiegherò la situazione*, nell'ottica sintatticista tradizionale è una frase semplice, mentre in quella nozional-funzionale, risultando corrispondente

Al di là dei suoi limiti, più di una volta messi in evidenza da vari studiosi (cfr. ad es. Miller/Weinert 1998, Sornicola 1981, Voghera 1992, Cresti 2000), ci sono buoni motivi per aderire ad un'ottica formale tradizionale dei fatti sintattici, fra i quali – conformemente a Fiorentino (2007b: 98) – spiccano due:

- la possibilità di un confronto più semplice e sistematico tra dati provenienti da contesti anche molto diversi;
- l'utilità di continuare ad accumulare dati (e riflessioni) sulla costruzione della sintassi complessa in italiano.

Ai vantaggi così formulati come sopra bisogna aggiungere infine che sono proprio le forme l'aspetto più facilmente quantificabile, mentre le analisi che partono non dalle forme, bensì dalle funzioni mal si sposano con campioni di una certa ampiezza.

Il quadro teorico di riferimento per le analisi proposte di seguito è quello della sintassi tradizionale: in particolare è stata presa a modello la grammatica di Serianni (1988), integrata dai tre volumi di Renzi/Salvi/Cardinaletti (2001) e quella di Dardano/Trifone (1997), il che non toglie che alcune nostre scelte, specialmente quelle metodologiche relative al computo delle clausole e delle loro concatenazioni, si allontanano dalle soluzioni tradizionali e perciò necessitano di un commento.

7.1. Individuazione di periodi tipografici e frasi sintattiche. Fenomeni di frammentazione e giustapposizione assoluta

Dal punto di vista teorico, dunque, preliminarmente a un'analisi sintattica occorre esplicitare alcuni concetti chiave, frase *in primis*. A prescindere dalla dovizia di definizioni accumulatesi nella storia del pensiero linguistico – dovuta almeno in parte al fatto che il termine frase fa parte del linguaggio non specialistico in cui ha un significato piuttosto vago designando espressioni linguistiche di varia natura[254] la nozione in questione, nei moderni[255] approcci alla grammatica, è definibile, oltre che in termini semantici[256], soprattutto in termini sintattici:

---

a *Dopo che sarò ritornato, ti spiegherò la situazione* può essere considerata frase complessa.

[254] Basti citare a tal proposito il DISC: on-line, che sotto la voce "frase", oltre all'eccezione strettamente grammaticale, ne riporta anche quella che, per estensione, designa "espressione linguistica". (http://dizionari.corriere.it/dizionario_italiano/F/frase.shtml).

[255] Si badi che ancora nel XVII secolo il termine 'frase' "s'utilisait avec le sens de «locution». Il s'appliquait, en gros, à des lexies figées de la dimension du syntagme" (Béguelin 2002: 88).

[256] Sebbene Stati (1976) sostenga che nella storia del pensiero linguistico sono state formulate più di 300 definizioni di frase, un'accezione tradizionale, a cui in genere si rifà la maggior parte delle definizioni, rimane quella per cui frase sarebbe ogni

La frase è l'unità massima in cui vigono delle relazioni di costrizione (Salvi 2001: 37).

Tale visione, se confrontata con l'analisi di reali produzioni verbali, specialmente orali, ma non solo, risulta fortemente riduzionista:

> Essa non riesce (...) a segmentare tutto il tessuto testuale, finendo così col lasciare residui quantitativamente e qualitativamente troppo importanti (Ferrari 2009: 763).

Si consideri a questo proposito la sequenza evidenziata in neretto nell'esempio seguente:

> (1) Chiedeva, infatti, il signor Roccella, del questore: **una follia, specialmente a quell'ora e in quella particolare serata** (es. tratto da Cresti 2008).

Di conseguenza, specialmente se si tratta di uno studio che – come il nostro – di fronte a un corpus di testi reali si pone in primo luogo finalità squisitamente descrittive, la concezione di frase delineata sopra andrebbe integrata con indispensabili considerazioni di tipo pragmatico-testuali e grafico-testuali, il che ci porta a prendere in considerazione accanto alla nozione di frase anche quella di enunciato e di periodo tipografico.

Per enunciato – in linea con Ferrari (2004) e (2005) e Cresti (2005) – intendiamo qui il corrispettivo linguistico dell'atto linguistico. Il termine così definito si applica sia allo scritto che al parlato e designa ogni espressione linguistica interpretabile pragmaticamente. Mentre nello scritto i confini dell'enunciato sono in linea di massima segnalati da segni di punteggiatura forti (vedi oltre), nell'orale la chiusura di un enunciato coincide sistematicamente con un *break* prosodico terminale. Così l'enunciato risulta definito dall'interpretabilità, e di conseguenza autonomia, pragmatica, e l'indice linguistico necessario alla sua realizzazione è l'intonazione nel parlato e la punteggiatura nello scritto.

L'introduzione del concetto di enunciato ha il vantaggio di consentire di non escludere dall'analisi tutti quei casi che

> corrispondono ad espressioni che raggiungono il valore comunicativo (per esempio: *bello!, piovesse, grazie, vattene, partire?, o Silvia*), perché in contesto, sia scritto ma soprattutto parlato, essi hanno interpretabilità pragmatica, e quindi sono enunciati, ma che evidentemente non hanno compiutezza semantica, e quindi non sono frasi. Vengono meno così una gran parte di quelli che tradizionalmente sono considerati esempi difficili da accordare con una qualsiasi definizione di frase, dal momento che per una ragione o un'altra essi non possono essere ricondotti a schemi di saturazione del verbo o di relazione soggetto-predicato (Cresti 2005a: 252).

Per periodo tipografico intendiamo un brano di testo che termina con il punto (.), il punto interrogativo (?) o il punto esclamativo (!), ma non con virgola (,), punto e virgola (;) o con due punti (:). Il periodo è quindi un'entità testuale e tipografica

---

espressione di senso compiuto. Così ad es. in Serianni (1989: 85): "La frase o proposizione è l'unità minima di comunicazione dotata di senso compiuto".

e come tale può, ma non deve necessariamente coincidere con il periodo definito tradizionalmente come frase complessa[257]. Il periodo tipografico può essere formato da materiale linguistico di diversa estensione e natura:

- Una frase semplice a predicazione verbale. È la saturazione più canonica e perciò meno problematica:

    (2) (post_048)
    Sto diventando matto!

- Una frase nominale, come in:

    (3) (post_019)
    colpo di spugna e via daccapo...

- Un enunciato nominale (per la differenza tra frase ed enunciato nominale vedi oltre), come in:

    (4) (post_022)
    Che nervi...

- Una frase complessa, come in:

    (5) (post_048)
    Sta di fatto che ho riconosciuto uno di quei miei periodi in cui devo darmi nuovi orizzonti e nuove mete.

- Più frasi giustapposte senza alcuna marca di collegamento sintattico, come in (6), dove vi sono due frasi complesse poste l'una accanto all'altra.

    (6) (post_048)
    Ieri ero contento perchè mi sono messo a scrivere, con grande entusiasmo, il mio nuovo romanzo (sono ritornato a scrivere quello ambientato a Vienna).

Come si evince da quanto detto finora la canonica coincidenza fra periodo tipografico, enunciato e frase è puramente convenzionale e non di rado viene meno dal momento che le tre unità di riferimento in questione pertengono a livelli di analisi diversi: rispettivamente, quello formale-grafico, testule-pragmatico e sintattico. Mentre la non coincidenza fra enunciato e frase, dovuta in primo luogo alla presenza di enunciati nominali, ovvero sequenze non definibili sintatticamente in termini di frase, ma al tempo stesso interpretabili pragmaticamente, è un fenomeno relativamente frequente, meno tipici risultano i casi della non coincidenza fra enunciato e periodo tipografico da un lato e tra frase e periodo tipografico dall'altro dal momento che sono proprio i segni di punteggiatura forti (il punto *in primis*), ad essere, in

---

257 Cfr. Marotta (2004: 584): "unità sintattica di massima estensione, di norma identificabile con una frase composta da almeno due proposizioni".

mancanza di intonazione, principali indici formali dell'enunciato scritto[258]. Nei testi che rispettano la punteggiatura standard sono quindi relativamente rari gli enunciati chiusi con un segno diverso dal punto fermo. È il caso dell'esempio seguente:

> (7) // Il loro agire ha contribuito ad accrescere il grado di incertezza sul futuro nei tassi dell'interesse e sulla praticabilità della politica di riduzionismo del costo del denaro; //$_{E1}$ questo, naturalmente, è un dato di fatto non una critica. //$_{E2}$ (Lala 2011: 75)

Stando a Lala (2011: 75), da cui l'esempio in questione è stato tratto, si tratta della frontiera di enunciato realizzata da un punto e virgola, segno che coincide a livello composizionale con il passaggio "da una sequenza narrativa a un intervento autorale di commento all'atto linguistico".

Mentre in (7) abbiamo più unità sintattiche definibili in termini di frase all'interno di un unico periodo tipografico (una frase complessa che coincide con l'enunciato E1 e una frase semplice che coincide con l'enunciato E2), vi sono anche casi contrari, ovvero tali in cui un periodo tipografico è saturato da un materiale linguistico inferiore al livello della frase, il che avviene ogniqualvolta un costituente viene isolato tramite la punteggiatura da una frase sintatticamente e semanticamente coerente. Ne è l'esempio il testo riportato sotto:

> (8) Il colpo è stato assordante. A bordo del Segesta Jet è calato un buio improvviso. **Terrorizzante**. La forza d'urto ha scagliato Giorgio contro la parete (es. tratto da Lala 2011: 77).

In (8) l'unità isolata acquisisce uno status testuale importante risultando interpretabile come enunciato, ovvero "un enunciato nominale fortemente brachilogico, caratterizzato da sincretismo insolubile, corrispondente a grandi linee a riformulazioni come: *Un buio che era terrorizzante, Un buio che è apparso terrorizzante, Un buio che possiamo immaginarsi sia stato fonte di terrore*" (Lala 2011: 77). Il fenomeno in questione, identificato da Ferrari con l'etichetta di "frammentazione sintattica"[259], consistente nello spezzare una sequenza sintatticamente legata tramite un segno di interpunzione con importanti ricadute informativo-testuali e costituisce una tendenza stilistica notevolmente presente nella prosa giornalistica e letteraria a partire degli anni '80 e '90.

Nel corpus abbiamo individuato in totale 1325 periodi tipografici contro le 1588 frasi sintattiche. Dal momento che non tutti i periodi tipografici sono per forza saturati dal materiale linguistico analizzabile in termini di struttura frasale, è opportuno sottrarre al loro numero complessivo il dato relativo ai periodi tipografici costituiti da enunciati nominali (vedi oltre). Si arriva così a 1205 periodi tipografici e lo scarto a favore delle frasi sintattiche, fatta la dovuta sottrazione, è ancora più

---

258 Cfr. Serianni (2006: 532): "Nella sequenza scritta, per l'individuazione dei periodi si potrebbe tener conto del punto fermo".
259 Esiste ampia letteratura in merito: cfr. ad esempio Lala (2005) e (2008).

eloquente. Se ne evince che spesso si ha la giustapposizione all'interno di un unico periodo tipografico di più frasi come in:

(9) (post_041)
I bravi son divisi dagli incapaci da semplici fogli di carta, tra poco istituiranno un patentino per lo scopare e se non lo farai sarai considerato una sega a letto e non potrai spiegare come nascono i bambini, e ancora di più che da attestati e fogli di carta bianca, siam divisi da piccoli pezzi di carta chiamati soldi e dalla levatura sociale della nostra famiglia (che ci si creda o no, la famiglia d'origine conta ancora molto, soprattutto quando si deve emergere). (...)

Ad una redazione più attenta all'uso canonico della punteggiatura il testo in questione risulterebbe suddividibile almeno in tre periodi tipografici.

(10) I bravi son divisi dagli incapaci da semplici fogli di carta. Tra poco istituiranno un patentino per lo scopare e se non lo farai sarai considerato una sega a letto e non potrai spiegare come nascono i bambini. E ancora di più che da attestati e fogli di carta bianca, siam divisi da piccoli pezzi di carta chiamati soldi e dalla levatura sociale della nostra famiglia (che ci si creda o no, la famiglia d'origine conta ancora molto, soprattutto quando si deve emergere). (...)

Con Serianni potremmo parlare a tal proposito di "giustapposizione assoluta", dal momento che si tratta di un accostamento di proposizioni, o addirittura frasi complesse, che "non si prestano ad essere collegate con segnali formali, né di coordinazione né di subordinazione" (Serianni 2006: 532).

Il fenomeno della dilatazione del periodo tipografico si colloca all'estremo opposto rispetto alla già menzionata "frammentazione sintattica", in virtù della quale i costituenti isolati acquisiscono un'importanza testuale e informativa particolare. Ne è l'esempio il frammento riportato sotto in cui grazie allo stacco interpuntivo si crea l'effetto di *ajout après coup* che dà alla sequenza "e di sicuro, a pensare" una maggiore salienza comunicativa:

(11) (post_090) (neretto mio)
E domani si sposano Paolo e Marica... Una giornata intera a non fare nulla. **E di sicuro, a pensare.** Ma mi impegnerò a non farlo! :)

Mentre la frammentazione della sintassi con la punteggiatura è un utile strumento per gestire le dinamiche architettoniche della testualità scritta, la giustapposizione assoluta porta ad una testualità informativamente piatta, che nei casi estremi, come in, assume forma di una struttura accumulatrice seriale, in cui si perde del tutto la dinamica fra i primi piani e gli sfondi:

(12) (post_055)
Gli esami, la fine di un capitolo importante della mia vita, gli amici di sempre che non sono più quello che sono sempre stati o semplicemente non lo sono mai stati e solo ora me ne accorgo, la dieta per le intolleranze a cose che ho tranquillamente mangiato per 20 anni e nonostante la quale per ora continuo

a stare poco bene, lo studio, la mancata crociera nei Fiordi quasi regalata a causa dei miei esami e di lei che non può prendersi ferie, le cose di tutti i giorni, sempre lei, che è stravolta e momenti per me non ne ha mai, il tempo che scorre troppo in fretta, tutto che mi scivola dalle mani e corre via davanti al mio sguardo attonito...

Fra le due tendenze del periodare in antiorientamento alla sintassi nel corpus prevale nettamente la prima, ovvero quella alla giustapposizione assoluta. Come risulta dalla lettura del grafico riportato sotto la percentuale dei post con il numero di periodi tipografici superiore al numero di frasi sintattiche sfiora il 60 %.

Grafico 7.1. Ripartizione percentuale dei post del corpus a seconda della proporzione di frasi sintattiche e periodi tipografici

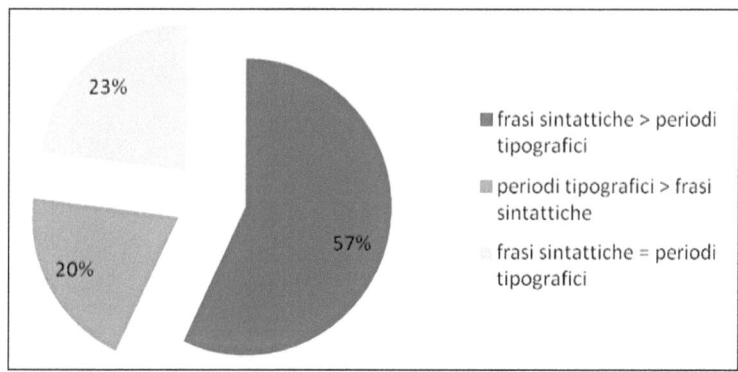

Questa tendenza a dilatare eccessivamente il periodo tipografico dipende probabilmente da due fattori, interrelati fra di loro: dalla sovra-estensione funzionale della virgola, fenomeno osservato da Ferrari (2012) nella testualità dello scritto mediato dalla rete e presente anche nel corpus qui indagato, nonché dalla comune concezione della frase come unità di comunicazione dotata di senso compiuto. Riguardo al primo fattore occorre tener presente che di regola "nessuna frase (frase complessa, periodo) ha "senso compiuto", se con questo si intende che può essere compiutamente interpretata senza ricorrere a informazioni presenti in altre frasi" (Colombo 2012: 20–21). Se, quindi, una certa unità e compiutezza di senso si sviluppa in una dimensione testuale, ovvero oltre i legami strutturali all'interno della frase, è facile che gli scriventi che rinunciano al ricorso a unità testuali superiori (capoverso e paragrafo) tendano a dilatare i confini dei periodi tipografici.

7.2. Frasi verbali e frasi/enunciati nominali

Veniamo ora ai dati relativi alla frequenza dei vari tipi di frase presentati nel grafico sotto.

Grafico 7.2. Distribuzione percentuale delle frasi verbali e frasi/enunciati nominali

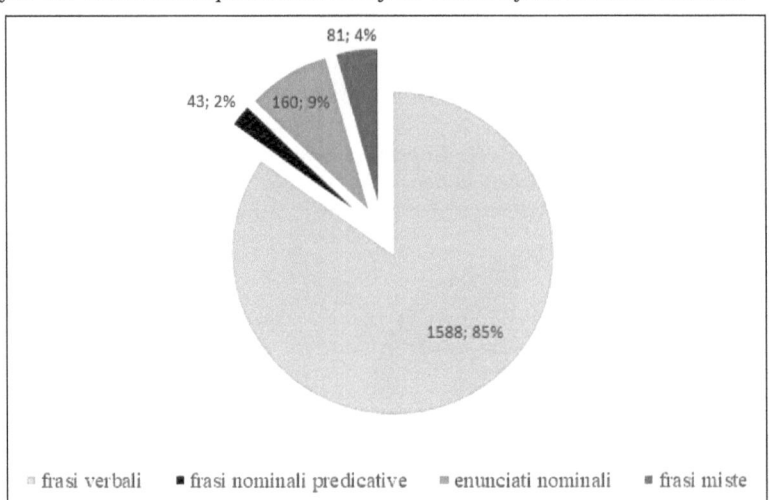

Come risulta dalla lettura del grafico la categoria delle strutture senza verbo si suddivide in frasi nominali ed enunciati nominali seguendo il tradizionale distinguo tra frasi senza verbo predicative e non predicative. Fa parte del primo tipo la frase nominale classica, come in (13) e (14), "tipicamente dirematica, in cui è facilmente individuabile l'elemento predicativo e il soggetto della predicazione" (Giordano/Voghera 2009: 1006).

(13) (post_024)
    morale della storia.. soddisfatto del film!! :)
(14) (post_047)
    Sorpresa: temperatura acqua 22 gradi.

Tra le strutture senza verbo prevalgono quelle che non rientrano nella casistica della frase nominale classica: si tratta infatti di espressioni non predicative, come in (15), che pongono dei problemi alla teoria sintattica, poiché non rispondono ai criteri tradizionali di buona costituenza delle frasi. Tuttavia, ciò non toglie a tali espressioni interpretabilità pragmatica in relazione al loro riferimento co-testuale o contestuale, dal che deriva la scelta di etichettare tali strutture 'enunciati nominali'.

(15) (post_056) (neretto mio)
    Molte cose avrebbero preso strade differenti questo è certo. **Nuove emozioni. Nuove conoscenze. Nuovi amici. Nuova vita.**

L'incidenza numerica delle strutture senza verbo (frasi nominali predicative ed enunciati nominali messi insieme) sul corpus è del 11%, risultando in linea con quello ottenuto da Pistolesi (2004: 223) per gli sms (l'11%). A guardare invece i dati particolareggiati per i singoli sottocampioni del corpus di Voghera, 19,8% per il parlato conversazionale spontaneo (sottocampione *Caffè*) e 6,3% per il parlato monologico formale (sottocampione *Leibniz*), la percentuale delle strutture senza verbo nel corpus Splinder si colloca a metà strada fra i due poli del parlato individuabili sul piano della formalità e pianificabilità del discorso. Va da sé che più dialogico risulta il testo più frequenti sono gli enunciati nominali. E ciò per il forte disgregazione della testualità che si sviluppa per turni dialogici, cosa che si aveva modo di mettere in evidenza già in § 3.3.2.2. Ricordiamo a tal proposito che nel corpus dell'italiano parlato di Cresti (2000: 251–252) gli enunciati nominali sono ancora più numerosi rispetto ai dati ricavabili da Voghera (1992) e sfiorano il 40% per il parlato informale e il 36% per il parlato formale.

Alla luce del confronto tra i dati proposti sopra la presenza degli enunciati nominali nel corpus Splinder da un lato si discosta nettamente dai valori tipici per il parlato-parlato, dall'altro risulta comunque notevole per un corpus di testi che, anche se veicolati da un *medium* particolare quale Internet, rimangono produzioni realizzate nel codice scritto, specialmente se consideriamo che il tratto in questione è considerato "congeniale con il parlato" (Cresti 1997: 632)[260]. La lontananza dallo scritto-scritto risulta infine avvalorata non tanto dal mero dato statistico, bensì anche, se non soprattutto dalla natura degli enunciati nominali presenti nel corpus, fra i quali non mancano quelli saturati da segnali discorsivi ed esclamazioni, di regola banditi dallo scritto-scritto. Se ne vedano alcuni esempi:

(16) (post_005) (neretto mio)
(...) mal di testa... sono un relitto. Bellaaaaaaaaaaaaaa!!!

(17) (post_017) (neretto mio)
(...)
boh. forse semplicemente non sono fatta per la vita d'ufficio. e meno male che si tratta solo di volontariato!

(18) (post_065) (neretto mio)
(...)
Giornate così, un pò tutte uguali, appiattite dai bisogni materiali, private di qualsiasi forma di " elevazione " che non sia sollevare la cesta dei panni da stendere.....Insomma!

Dalla lettura del grafico emerge inoltre un altro dato interessante, ovvero la presenza di quelle che sulla scia di Voghera (1992) sono state individuate come frasi miste. Si tratta di strutture costituite da un sintagma nominale (o anche di un altro tipo, sintagma preposizionale ad es. come in (21)) che, come in (19) e (20), regge una subordinata relativa:

---

260 Cfr. anche Voghera (1992: 184–190).

(19) (post_034)
  (...)
  Affermazioni, queste, che valgono le occhiatacce della gente normale, tra l'altro.
  (...)
(20) (post_038)
  Fine del weekend e inizio di una settimana in cui finalmente accadrà qualcosa che desidero molto e che segnerà una tappa molto importante nella mia vita.
  (...)
(21) (post_041)
  Ad un prossimo intervento per delle considerazioni più approfondite sul volume, che mi sembra già da adesso una proposta molto interessante.

L'elemento reggente in tali strutture, conformemente a quanto proposto in Serianni (2006: 546), è stato classificato in termini di "principale incompleta".

7.3. Il computo e la lunghezza delle frasi e delle clausole

Il corpus di 22478 parole grafiche è costituito da 1588 frasi per una media di 14,15 parole per frase e da circa 4045 clausole per una media di 5,6 parole per clausola. Tutti questi dati sono al netto degli enunciati nominali che da soli costituiscono periodi tipografici autonomi (160 per una media di 1,74 parole per enunciato). Il rapporto fra le frasi mono- e pluri-clausali è ricavabile dal grafico sotto, che oltre a presentare i dati riferiti al corpus Splinder offrono anche una base rapida di confronto con dati analoghi disponibili per campioni di parlato e di scritto mediato dal computer.

Tabella 7.1. *Alcuni dati statistici su fatti di sintassi:* Splinder-post *vs diversi tipi di scritto e parlato*

Corpus	A			B		C	
	Parole/ Periodo sintattico	Parole/ Clausola	Clausole/ Periodo sintattico	Mono-clausali %	Pluri-clausali %	Principali %	Subordinate %
Splinder	14,15	5,55	2,55	35,26	64,8	52,8	47,2
Parlato (corpus intero di Voghera 1992)	11,2	6,4	1,8	61,41	38,61	59,4	40,6
Parlato conversazionale spontaneo (sottocampione *Caffè* di Voghera 1992)	5,9	4,5	1,3	75,5	24,5	76,5	23,5

	A			B		C	
Parlato formale monologico (sottocampione *Leibniz* di Voghera 1992)	21,6	8,1	2,7	42,7	57,3	46,2	53,8
Messaggi e-mail (Fiorentino 2004)	9	5,5	1,6	64	36	69	31
Lettere (Dinale 2001)	11	5,3	2	49	51	59	41
Saggistica (Penelope)	23,05	11,4	2,89	–	–	45,45	54,55
Ling. Burocratico (Penelope)	44,5	9,56	4,65	–	–	27,95	72,05

A seguire il metro della estensione della frase misurata in numero di parole per frase e per clausola, la sintassi dei post di blog diaristici risulta non molto dissimile dai valori rilevati per il corpus di lettere private di Dinale, il che non deve sorprendere trattandosi, se togliamo il fattore tecnologico, dello stesso *medium* scritto in condizioni che non prevedono un filtro redazionale di alcun tipo. Per quanto riguarda, invece, il rapporto tra clausole e frasi, il dato ottenuto per i diari on-line risulta sostanzialmente in linea con quello per il sottocampione di saggistica del corpus Penelope da un lato, e dall'altro per il campione di parlato monologico pianificato (*Leibniz*). I blogger, quindi, costruiscono frasi con molte clausole, queste ultime non hanno però la complessità interna pari a quanto risulta tipico dei testi saggistici o di un monologo formale, lezione universitaria di filosofia ad esempio. Emblematico in questo senso è il post riportato sotto (esempio (22)) in cui la maggior parte delle frasi è costituita da più di una clausola, ma sono tutte clausole leggere, ovvero senza nominalizzazioni né complessi sintagmi preposizionali, presenti invece in frasi tratti dal campione di saggistica del corpus Penelope. Si veda a tal proposito l'esempio (23) costituito da un'unica clausola di 13 parole grafiche.

    (22)   (post_017)
             in ufficio l'aria è strana
             a tratti tranquilla, sembra che tutto vada bene
             poi basta uno scambio di sguardi e ti accorgi che qualcosa (o qualcuno) trama nel sottobosco della prefettura romana
             capisco che la competizione, quando è sana, è un buono stimolante, e che sono dinamiche d'ufficio vecchie così come sono vecchi gli uffici stessi, però a pensarci bene nel nostro caso sono situazioni ridicole

> perchè lì siamo solo volontari. punto.
> nessuno di noi sarà assunto per questo. si vocifera di un concorso, ma sappiamo già a chi sono destinati anche i relativi posti. quindi non mi spiego le staffette per accaparrarsi l'attenzione del capo, la volontà che viene fuori solo quando i suddetti capi guardano, l'ansia e lo stress che le persone si infliggono per mostrarsi sempre una spanna sopra delle altre.
> io faccio il lavoro che devo fare. punto. lo faccio sempre al meglio ottenendo buoni risultati. punto.
> non capisco le moine, il volersi mettere in mezzo a tutto ad ogni costo al punto da rasentare il ridicolo anche agli occhi dei capi stessi.
> forse è naturale che sia così. forse dovrei imitare alcuni miei colleghi. o forse continuare per la mia strada.
> boh. forse semplicemente non sono fatta per la vita d'ufficio. e meno male che si tratta solo di volontariato!

(23) (es. tratto da *Penelope*)
> Difatti i prezzi dell'aggressione i dirigenti americani non li pagarono solo nel Vietnam.

7.3.1. Frasi pluriclausali *vs* frasi monoclausali

Per quanto concerne, invece, le frasi mono- e pluri-clausali, preliminarmente al commento dei dati ricavabili dalla Tabella 1. occorre accennare ai problemi riscontrati nel computo delle frasi complesse. Mentre il conteggio di quelle monoclausali, essendo la clausola un'entità individuabile in termini di grammatica della dipendenza, non ha posto grandi difficoltà, più complicato è stato il computo delle frasi pluriclausali, in particolare di quelle costituite da più clausole principali coordinate tra loro. Tali problemi sono ascrivibili a due ordini di cause: in primo luogo al modesto uso del punto fermo (cfr. § 5.3.) e in secondo luogo al fatto che le congiunzioni coordinanti di debole carica semantica, *e* e *ma in primis*, spesso funzionano da connettivi testuali (cfr. § 5.5.2.2.), dando luogo a collegamenti transfrastici non avulsi da dubbi sull'opportunità di classificarli in termini di sintassi periodale, ovvero come relazione di coordinazione tra clausole all'interno di un'unica frase complessa, oppure in termini di relazioni che si sviluppano a un livello superiore, ovvero nella dimensione testuale, quindi tra frasi indipendenti.

Da un punto di vista puramente strutturale, imprescindibile punto di riferimento per approcci che, come il nostro, si focalizzano sull'aspetto formale, il distinguo tra le tre macroclassi del collegamento transfrastico può apparire schietto:

> si può dire che c'è subordinazione quando una frase occupa una posizione all'interno della rappresentazione strutturale di un'altra; coordinazione quando le due frasi entrano a far parte pariteticamente di una unità frasale più ampia che le include entrambe; giustapposizione in tutti gli altri casi (Roggia 2009: 1540).

D'altra parte nelle relazioni strutturali accanto al piano puramente formale vi è una controparte logico-semantica costituita dalla relazione instaurata tra gli stati di cose espressi nelle rispettive clausole strutturalmente collegate. Tale collegamento, dal canto suo, è codificato alla superficie verbale tramite un set di marche formali, che, in italiano, sono principalmente le seguenti[261]:

- congiunzioni subordinanti o preposizioni in apertura della clausola subordinata;
- verbo di modo infinito (infinito, participio, gerundio) nella clausola subordinata;
- restrizioni sul tempo e modo verbale del predicato della clausola subordinata.

Quanto invece alla coordinazione tra le marche esplicite vi sono in primo luogo le congiunzioni coordinanti (e, ma, o), al che si aggiungono i cosiddetti marcatori deboli di coordinazione, ovvero altri indizi formali (vedi oltre).

Illustriamo la problematica in questione con degli esempi, a cominciare da quelli che illustrano gli indubbi casi di coordinazione, come in (24) e in (25).

(24) (post_099)
[sei lì]^{Principale} e [ti guardi intorno]$^{Coordinata\ copulativa}$.

(25) (post_076)
[Le potenzialità ce le hai però]^{Principale}, ma [non le mostri]$^{Coordinata\ avversativa}$.

Più problematici risultano i casi in cui si ha una congiunzione coordinante all'interno di un unico periodo tipografico costituito da frasi che non soddisfano i criteri di individuazione della coordinazione. Ricordiamo che per poter parlare di coordinazione è necessario "che i costituenti coordinati abbiano la stessa funzione e facciano parte della stessa configurazione sintattica, (...) avendo tutti la stessa modalità" (Cresti 2011: on-line) La modalità, invece, può essere espressa attraverso tutta una serie di tratti linguistici (marcatori deboli), fra i quali:

- tipologia illocutiva (*assertiva, direttiva, espressiva*, ecc.);
- tipologia sintattica di frase (*dichiarativa, interrogativa, imperativa, esclamativa*, ecc.);
- polarità di frase (*positiva / negativa*);
- struttura di frase (*nominale / verbale*);
- grado di evidenza della frase (*base / citazione / discorso riportato*);
- tratti semantici del predicato (*verbi di moto, di azione, di percezione, di credenza, di dire*, ecc.);
- morfologia verbale (*persona, tempo, modo, diatesi, aspetto*);
- tipo di soggetto;
- presenza di espressioni deittiche e anaforiche;
- lessico modale (Cresti 2012:497).

Alla luce di quanto sopra non è possibile di parlare di coordinazione in termini sintattici in riferimento agli esempi (26) e (27).

(26) (post_064)
Alla fine abbiamo fatto solamente la verifica e mi interroga la prossima volta.
(27) (post_071)

---

261 Cfr. a tal proposito Jamrozik (2002) e (2009).

> porca merda è un vero incubo..
> e non mi piace nemmeno
> come sono!

In (26) i soggetti sono diversi e i predicati hanno una morfologia dissimile (passato prossimo *vs* presente), si ha quindi a che fare con due frasi monoclausali indipendenti, che di certo non fanno parte di un'unica configurazione sintattica. Lo stesso vale per (27), in cui le due frasi variano nella tipologia illocutiva, essendo la prima frase espressiva, mentre la seconda assertiva. Consideriamo infine un caso un po' più complesso.

> (28) soffio, soffio su petali instabili di corolle recise e disperse e penso, non è un soffio di vento, ma il mio stesso respiro che si agita e va lontano, raggiunge respiri di idiomi e lingue sconosciute e si posa sul viso di un bimbo che piange.

Per motivi di chiarezza espositiva riproponiamo sotto il brano verticalizzato e corredato di metadati linguistici per ogni clausola.

(29)

soffio,	**principale 1**
soffio su petali instabili di corolle recise e disperse	coordinata giustapposta alla principale
e,	**connettivo (= e aggiunta) princi...**
penso,	incidentale
non è un soffio di vento,	...pale 2
ma il mio stesso respiro	coordinata avversativa elittica
che si agita	subordinata relativa esplicita di I grado
e va lontano,	coordinata copulativa alla subordinata relativa esplicita di I grado
raggiunge respiri di idiomi e lingue sconosciute	coordinata (asindetica) alla subordinata esplicita di i grado
e si posa sul viso di un bimbo	coordinata copulativa alla subordinata relativa esplicita di I grado
che piange.	subordinata relativa esplicita di II grado

Il frammento, un unico periodo tipografico, contiene, come evidenziato in neretto, due frasi pluriclausali e una frase monoclausale (incidentale). Quest'ultima, essendo svincolata sintatticamente dal cotesto, non risulta interpretabile né come coordinata né come subordinata. La *e* in neretto, formalmente analizzabile in termini di congiunzione copulativa, nel brano in questione non mette le clausole "soffio su petali instabili di corolle recise e disperse" e "non è un soffio di vento" in un rapporto di coordinazione, bensì funziona da connettivo testuale connettendo su un piano testuale, e non più strettamente sintattico, l'intera frase complessa (principale 1 + coordinata giustapposta) con il resto del cotesto, un'unica frase complessa (principale 2 + incidentale + coordinata avversativa ellittica + subordinata relativa + coordinata copulativa + coordinata asindetica + coordinata copulativa + subordinata relativa).

I casi evidenziati sopra rientrano, quindi, non nell'ambito delle relazioni propriamente sintattiche, bensì in quello della connessità testuale. Per lo scrupolo della precisione occorre notare che il confine tra i due domini è più sfumato di quanto assunto ai fini del computo delle frasi e, se ci poniamo in una prospettiva più generale, le possibili relazioni interfrasali[262] risultano analizzabili in termini di *continuum* tra costrutti via via meno legati, come argomentato da Jamrozik (2009: 808) nel seguente passo:

> La paratassi e l'ipotassi non costituiscono due sistemi totalmente disgiunti: tra di essi intercorrono delle zone di più o meno forte permeabilità (...). Ne consegue un'immagine complessa delle relazioni frasali (...) per cui mi sembra lecito considerare la paratassi e l'ipotassi come un vasto *continuum* di forme sintattiche.

Tornando al dato statistico contenuto nella sezione B della Tabella 1., occorre notare che la forbice che separa le frasi monoclausali (35,26 %) da quelle pluriclausali (64,8 %), risulta rovesciata rispetto al dato tratto da Voghera (1992) per il corpus di parlato intero. Anche al confronto con i singoli sottocampioni la lingua dei post appare caratterizzata sempre da un periodare più complesso: il 64,8 % delle frasi pluriclausali conto il 24,51 % per il sottocampione di parlato spontaneo conversazionale e il 57,3 % per il parlato formale e pianificato. Si badi, però che la complessità misurata in termini di proporzione tra frasi mono- e pluriclausali non deve per forza tradursi in un periodare necessariamente altamente gerarchizzato, cosa che emerge a chiare lettere dal commento ai dati proposti oltre.

7.3.2. Principali *vs* subordinate

Dopo aver discusso la frequenza delle frasi mono- e pluri-clausali nel corpus, dati per altro discutibili per il margine di discrezionalità insito nell'operazione dell'individuazione e del computo delle frasi, passiamo ora ad esporre dati più precisi, perché riferiti all'incidenza numerica della subordinazione, fenomeno senz'altro più codificato e perciò più facilmente identificabile. Questa incidenza è desumibile dal rapporto tra le principali (ovvero tutte le clausole che non siano subordinate) e le subordinate. Come risulta dalla lettura della sezione C della Tabella 1. il dato relativo al tratto in questione colloca i post di blog in una posizione intermedia: si noti che da un lato la percentuale di subordinate nei post di blog supera quella rilevata in un campione di parlato-parlato, ma rispetto a quella relativa al parlato formale pianificato risulta addirittura inferiore. È interessante citare a questo proposito Policarpi/Rombi (2005: 152-153) che ascrivono una minore presenza di subordinazione, intesa come uno dei principali correlati della complessità sintattica, alla dialogicità e alle condizioni particolari di enunciazione ad essa legate:

---

262 Per lo scrupolo della precisione occorre notare che il confine tra i due domini è più sfumato di quanto assunto in questa sede ai fini del computo delle frasi. In una prospettiva sufficientemente lassa le diverse possibili relazioni interfrasali sono collocabili in un continuum.

(...) questo dato di semplificazione nel dialogo – paratassi o comunque uso di strutture poco articolate sintatticamente – non ci stupisce più di tanto. Abbiamo sempre pensato che la sintassi, l'articolazione sintattica, sia uno strumento per grammaticalizzare il contesto: cioè concede e, in certa misura ineliminabile, impone di riportare il contesto dento il discorso (...). È il motivo, quasi banale, per cui negli scambi veloci del dialogo, dove la situazione comunicativa condensa su di sé il maggior numero di informazioni contestuali (dall'identità degli interlocutori alla presupposizione dell'argomento, alla possibilità di un veloce e attualizzato feed-back e di integrazioni e correzioni, ecc.), una stessa articolazione sintattica, portatrice potenziale delle stesse informazioni, diventa largamente superflua.

Alla luce di tali considerazioni non deve stupire, quindi, che in discorsi monologici prodotti da parlanti colti, come quello del sottocampione *Leibniz*, si possa avere un periodare con più subordinazione rispetto al parlato dialogico e – come si è appena visto – ad alcuni tipi di scrittura, fra i quali anche i post di blog.

7.3.3. Subordinazione esplicita e implicita

Ancora prima di arrivare al dato statistico relativo alla proporzione delle subordinate esplicite e implicite occorre esplicitare alcune scelte preliminari all'operazione stessa dell'individuazione delle implicite[263] e del loro computo. Innanzitutto si considerano come subordinate implicite tutte le clausole subordinate dotate di verbo di modo non finito: infinito (30), gerundio (31) o participio (32).

(30) (post_86)
E' inutile **trattenere** il mare con le mani, no?
(31) (post_69)
ci pensavo poco fa **tornando** a casa.
(32) (post_11)
Appena **arrivato** oggi cerco di rimpiazzare le cose che si sono vendute mentre ero in ferie e dopo aver portato su tutto scopro che non ci sono più allarmi disponibili ragion per cui non posso fare niente.

Sono stati esclusi dal novero delle subordinate implicite gli infiniti retti dai verbi servili o modali (*potere, dovere, volere, solere* e *sapere* nell'accezione 'essere in grado di'), dai costrutti *stare per* e *avere da*, nonché i gerundi e i participi passati retti da *stare, andare* e *venire*[264]. L'esclusione non vale per gli infiniti retti dai verbi causali o fattivi (*fare, lasciare*), dai verbi percettivi (*udire, intendere, vedere, sentire*, ecc.) e dai verbi aspettuali (*stare a, finire di, cominciare a*, ecc.) ad eccezione del verbo *stare per*. Di conseguenza i casi come quelli in (33) e (34) sono stati analizzati in termini

---

263 Sulla problematicità della definizione del concetto di subordinazione implicita oltre al qui citato Rossi (1999: 151–155) cfr. anche Voghera (1992: 229–230).
264 Per un approfondimento sulle perifrasi verbali cfr. Bertinetto (2001: 129–161)

di un unico predicato, quindi una frase semplice, invece i casi come quelli in (35) e (36) in termini di due clausole, reggente e subordinata implicita.

(33) (post_034) (neretto mio)
E in cosa **può diventare** fuori norma?
(34) (post_ 042) (neretto mio)
avevo la testa chissà dove, non la **stavo** neppure **guardando**.
(35) (post_057) (neretto mio)
quell'uomo che mi **fa arrabbiare** perchè non riprende in mano le sue cose.
(36) (post_82) (neretto mio)
E poi i tecnici hanno quasi **finito di installare** tutto a dovere e non devo più star dietro a loro.

A monte dei problemi esposti sopra vi è quindi il problema di dover distinguere tra la categoria di strutture monclausali, con una specie di verbo composto, e quella di strutture biclausali, in cui "l'infinitiva costituisce un membro indipendente del SV (sintagma verbale)" (Skytte/Salvi/Manzini 2001: 497). Rispetto a questo distinguo si è cercato di seguire il criterio proposto in Rossi (1999: 152), che sembra sufficientemente omogeneo: fanno parte della categoria biclausale

> (...) gli infiniti e i participi retti dai verbi causativi e percettivi ("l'ho visto provato dalla recente disgrazia"), perché, a differenza dei costrutti con i verbi modali e aspettuali, non presentano l'obbligo di identità di soggetto tra verbo reggente e verbo dipendente e non ammettono la mobilità dei clitici ("vi ci lascio andare", "te lo faccio portare", "gliel'ho sentito dire").

Sempre sulla scia di Rossi (1999) si è cercato di ridurre il numero di costrutti aspettuali analizzabili come strutture biclausali, dal momento che

> (...) sembra che solo in quelli scelti (*stare per* + infinito e *stare/ andare/ venire* + gerundio) sia esclusiva la funzione aspettuale (e sia quindi avanzata la grammaticalizzazione del verbo reggente), a differenza degli altri (insistere a, seguitare a, finire di, stare a ecc., (...)), in cui (...) sembra prevalere, o quantomeno coesistere, la funzione finale o completiva (e in cui, quindi, lo stato di grammaticalizzazione del verbo reggente appare meno avanzato) (Rossi 1999: 152).

La distribuzione delle subordinate esplicite e implicite sul totale delle clausole subordinate del corpus è ricavabile dal grafico sotto, che presenta anche dati analoghi disponibili per il parlato (campioni di Voghera 1992) e per lo scritto (corpus Penelope).

Grafico 7.3. Proporzione di subordinate esplicite e implicite in diversi corpora di scritto e parlato

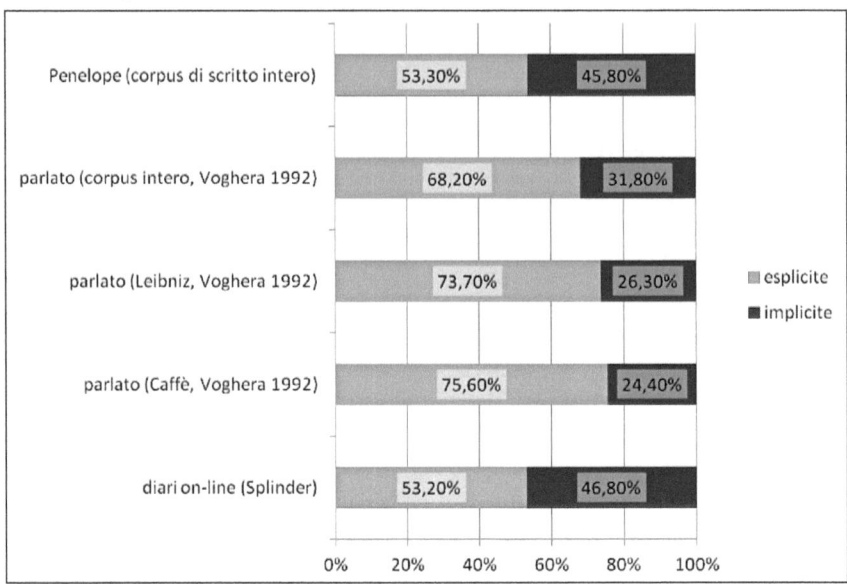

Alla luce del confronto ricavabile dal grafico la lontananza del dato ottenuto per il diario on-line da quello relativo al parlato è più che evidente. La scrittura dei blogger sembra pertanto aderire a quello che Fiorentino (2007: 121) definisce *pattern* sintattico tipico dello scritto, che, in opposizione al parlato, risulta caratterizzato "da alte frequenze di forme verbali non finite nel rendere la concatenazione di clausole (e da nomi d'azione usati)". Tale interpretazione può essere in parte messa in crisi se guardiamo al dato sulla presenza dei nomi d'azione, il cui numero nell'intero corpus Splinder (poco più di 22000 parole grafiche) si arresta a 49 occorrenze. Per avere un termine di confronto basti citare Fiorentino (2007: 111), che per arrivare alla quota di 100 occorrenze di nomi d'azione ha dovuto spogliare un campione di testi parlati (con grado diverso di pianificazione e dialogicità) per il totale di 17687 parole, mentre per quanto riguarda lo scritto sono bastate 5980 parole grafiche (frammento di un saggio di architettura e di testi giuridici). Ancora una volta, quindi, l'assetto sintattico dei post di blog riceve una collocazione intermedia, vicina al *pattern* sintattico scritto per l'alta percentuale della subordinazione implicita, ma lontana da esso per il basso numero di occorrenze dei nomi d'azione.

7.4. Subordinazione: grado e tipologia delle subordinate

Le clausole subordinate sono state analizzate in base al grado di dipendenza oltre che in base al tipo di subordinatore. Per ottenere una tipologia che tenga conto non solo dell'aspetto più squisitamente sintattico, ma anche di quello funzionale, le esplicite sono state ordinate secondo il valore logico veicolato. Per le implicite, invece, ci si è limitati ad una classificazione puramente formale, ovvero basata sul modo usato, dal momento che spesso alle subordinate implicite, specialmente quelle al gerundio, "non si può assegnare un valore univoco (temporale, causale, ipotetico o concessivo)" (Rossi 1999: 153).

I dati sul grado di dipendenza di tutte le clausole del corpus sono riportati nella Tabella 7.2., che presenta inoltre valori rilevati per il parlato (Voghera 1992: 214), utili per eventuali considerazioni in chiave diamesica.

Tabella 7.2. *Il grado di dipendenza delle subordinate del corpus Splinder-post (diari on-line), del campione* Caffè *(parlato dialogico informale) e* Leibniz *(parlato monologico formale)*

grado di sub.	diario on-line (Splinder)	*Caffè*	*Leibniz*	Parlato
I	70,40%	84,50%	51,30%	63,80%
II	22,50%	10,60%	27%	23,30%
III	5,20%	3,20%	14,10%	8,10%
IV	1,50%	1,60%	7%	3,40%
V	0,30%		0,60%	0,70%
VI	0,10%			0,40%
VII				0,30%

Al confronto con il parlato la lingua dei diari on-line risulta nettamente più complessa sintatticamente del parlato-parlato, mentre non lo è rispetto al parlato pianificato, monologico e formale del sottocampione *Leibniz* costituito – ricordiamo – dal materiale linguistico registrato ad una relazione ad un convegno di filosofia. Merita un commento infine la presenza delle subordinate di VI e VII grado nei dati per il corpus di Voghera considerato nella sua interezza, presenza dovuta al sottocampione del parlato radiofonico contenente a tratti esempi di "parlato esecutivo", quindi di uno scritto diventato parlato solo all'atto di lettura.

Alla luce di quanto sopra i diari on-line risultano da un lato distanti dal *pattern* sintattico del campione *Caffè* (poca subordinazione, netta prevalenza tra le subordinate di quelle di I grado), dall'altro non poi così diversi dai dati per il corpus di Voghera nella sua interezza. Occorre aggiungere che, pur in mancanza dei dati analoghi per lo scritto, pare che chi posta sul blog non sfrutti a pieno le possibilità offerte dal ritmo di produzione autonomo – una delle caratteristiche che con più evidenza mettono in contrasto la comunicazione orale a quella scritta – di strutturare i periodi in profondità. Nei post del corpus Splinder rarissime sono già le subordinate che raggiungono il IV grado e quelle di I grado costituiscono poco meno dei tre quarti del totale. Di clausole subordinate di VI grado, invece, si conta solo un'occorrenza:

(37) (post_029)

Naturalmente lo mandai	principale (indicativo passato remoto 1)
a cagare,	subordinata implicita (a + infinito) I grado
anche se la cosa non sembrò turbarlo,	subordinata concessiva (anche se indicativo passato remoto 1) esplicita II grado
visto che per oltre dieci anni ha continuato	subordinata implicita (infinito) III grado subordinata causale (visto che + indicativo
a chiamarmi	p.p. 3) esplicita IV grado
per mettere in pratica questa sua	subordinata implicita (a + infinito) V grado
strana teoria dell'amicizia.	subordinata implicita (per + infinito) VI grado

L'assetto sintattico dei post è quindi caratterizzato tipicamente da frasi relativamente lunghe, come era emerso all'esame della lunghezza delle frasi espressa in numero di parole per frase e in numero di clausole per frase, ma non necessariamente strutturate in profondità da rapporti gerarchici.

I valori relativi alla presenza dei diversi tipi di subordinate nel corpus sono riassunti nel grafico seguente:

Grafico 7.4. Distribuzione dei diversi tipi di subordinate sul totale delle clausole subordinate esplicite (corpus Splinder-post)

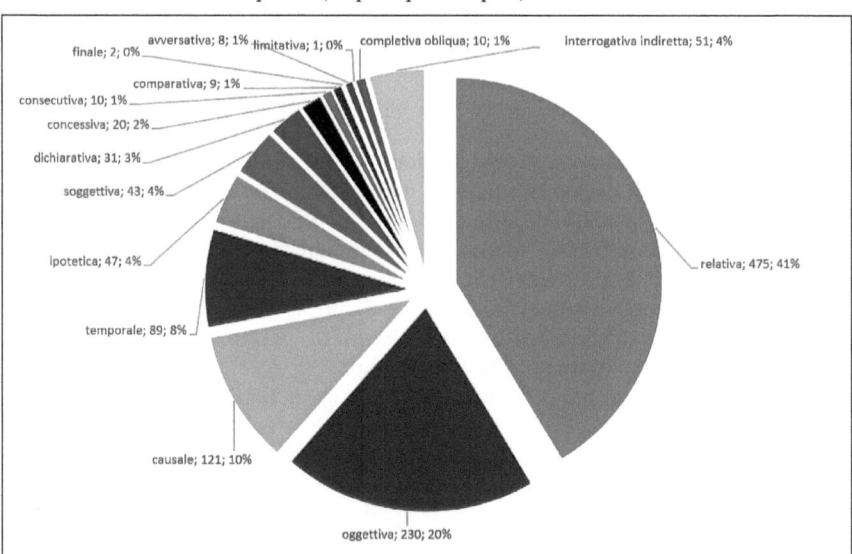

Il primo posto spetta alle relative, che risultano essere così uno dei tratti più caratterizzanti della sintassi dei post di blog. Una loro così massiccia presenza si spiega per il frequente ricorso ad quella che risulta – come si aveva già avuto modo di osservare in § 4.4. – una strategia facile di costruzione del discorso.

La secondo più numerosa categoria di subordinate è quella delle completive, distribuite come segue: oggettive, come in (38); soggettive, come in (38) e oblique, come in (40).

(38) (post_002) (neretto mio)
Per ora, attraverso queste parole di un blog di cui non sapete neppure l'esistenza, vi dico **che siete entrambi nel mio cuore**.

(39) (post_017) (neretto mio)
(…)
in ufficio l'aria è strana a tratti tranquilla, sembra **che tutto vada bene**

(40) (post_056) (neretto mio)
Ripenso giorno dopo giorno **a cosa sarei stato** se quel mattino… quel 10 agosto… a nascere fosse stato un Marco differente da ciò che sono.

Quanto alle soggettive, occorre far notare che un buon numero tra quelle riscontrate nel corpus sono casi in cui la subordinata dipende da "particolari strutture che non hanno, in sé, un significato specifico, ma servono a introdurre la subordinata che segue dandole il rilievo di una costatazione obiettiva (…): è che, c'è che, (…), il fatto è che, ecc." (Serianni 2006: 567). Se ne vedano alcuni esempi:

(41) (post_032) (neretto mio)
Mi passerà, è solo **che ora son tornato fresco fresco dal mare e son stanco e svogliato**; scrivo solo per onor di cronaca.

(42) (post_045) (neretto mio)
(…) il fatto è **che poi alle 21.00 ho cenato con i miei!** (…)

(43) (post_048) (neretto mio)
Sta di fatto **che ho riconosciuto uno di quei miei periodi** in cui devo darmi nuovi orizzonti e nuove mete.

(44) (post_069) (neretto mio)
è **che mi manchi, tanto**, proprio come se fossi qui.

La restante fetta delle subordinate è costituita da clausole circostanziali, fra le quali le più numerose sono le causali (45) e le temporali (46).

(45) (post_056) (neretto mio)
E adesso voglio andare a dormire… **perchè le cazzate non mi faranno mai dimenticare** chi sono (una fallita? Oh, yes.) quanto una bella dormita.

(46) (post_013) (neretto mio)
Pensavo alla sensazione che avevo **quando vivevamo nella nostra isola**: che non fosse nostra, che non ci appartenesse, che, seppure tutt'uno con lei, rimanessimo comunque a lei estranei.

Per concludere la rassegna occorre accennare ai 2 casi di subordinazione generica, ovvero casi – di regola banditi dalla lingua scritta – in cui non è possibile stabilire con certezza la relazione logica introdott dal subordinatore *che*, come in (47):

(47) (post_022)
   Così va la vita...
   E la mia vita va che se non smette di fare brutto tempo e piovere mi incazzo sul serio...

Quanto alla subordinazione implicita, come già anticipato sopra, le clausole sono state classificate secondo il modo verbale. La loro distribuzione nel corpus è rappresentata nel Grafico 7.5.

Grafico 7.5. *Distribuzione dei diversi tipi di subordinate implicite nel corpus Splinderpost*

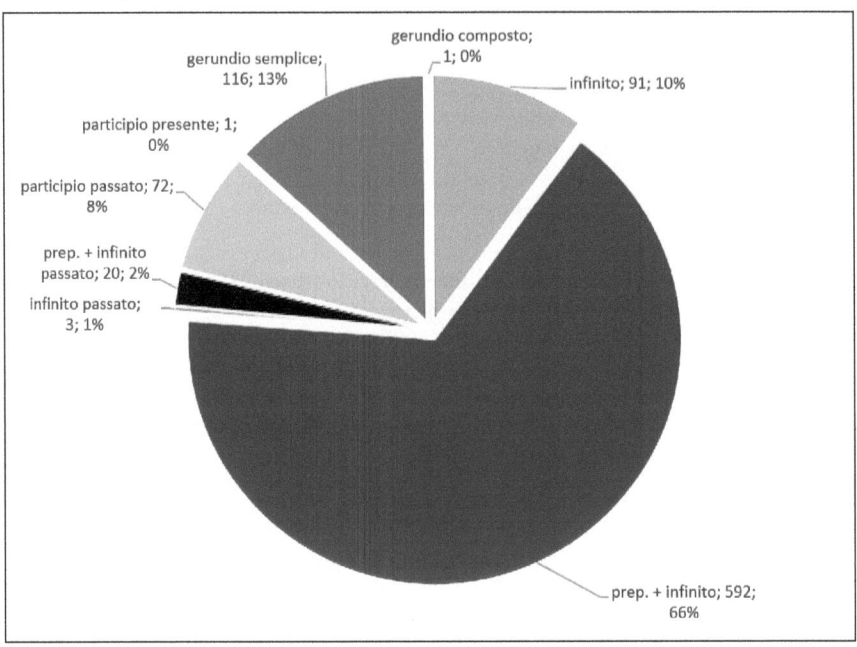

Come era da prevedere, visto che ormai i due modi verbali in questione sembrano ormai relegati agli usi scritti molto formali, sono quasi del tutto assenti le subordinate con il verbo al participio presente, una sola occorrenza (48) e al gerundio composto, una sola occorrenza (49):

(48) (post_051) (neretto mio)
   Farei solo notare che mi tocca vedere al telegiornale i servizi sul caldo mentre qui fa sempre un fottuto freddo e non piove solo perché si è distratto, e stanno facendo esplodere il cemento della strada qui sotto col martello pneumatico perché si sono intasati i tombini, più **conseguente** tinteggiatura color fango a ogni cosa.

(49) (post_006) (neretto mio)
Quel periodo tipico di tesi in cui si sparisce e si pensa solo a quella... e del resto, **avendo cazzeggiato** anche troppo in questi giorni, è un pò un prezzo che mi aspettavo di pagare.

Più problematica risulta l'interpretazione (diafasica e diamesica) delle subordinate al participio passato e al gerundio semplice. Quest'ultimo[265] (cfr. (50)) con 116 occorrenze supera non solo le participiali (cfr. (51)), bensì anche le clausole all'infinito non introdotte da preposizione (cfr. (52)) senza comunque eguagliare numericamente le clausole all'infinito introdotte da preposizione (come in (53)), che costituiscono il tipo più frequente di subordinate implicite.

(50) (post_017) (neretto mio)
lo faccio sempre al meglio **ottenendo** buoni risultati.
(51) (post_011) (neretto mio)
Appena **arrivato** oggi cerco di rimpiazzare le cose che si sono vendute mentre ero in ferie e dopo aver portato su tutto scopro che non ci sono più allarmi disponibili ragion per cui non posso fare niente.
(52) (post_042) (neretto mio)
Non pentirsene sarebbe anormale.
(53) (post_001) (neretto mio)
Oggi in realtà avrei un sacco di cose **da raccontare** ma sono stanca e non ho voglia **di scrivere** (...).

Il primato dell'infinito quale il più frequente fra i modi non finiti presenti nelle clausole subordinate implicite si piega per il fatto che esso ricorre sia nelle completive che nelle avverbiali, al che – in virtù della sua versatilità funzionale – si aggiungono i suoi usi in dipendenza da sintagmi nominali, come in (54) e aggettivali, come in (55).

(54) (post_083)
come al solito in questi anni conta quasi solo la forma,mentre per la sostanza non è il **caso di perdere tempo**!
(55) (post_009)
è come un dipinto al vento che si sgretola lento dalla sua tela.... resterà solo il suo fantasma... e qualche brandello qui e là a penzolare ..**duro a staccarsi**.

Occorre notare inoltre che in tutti i casi in cui

l'infinito sostituisce una completiva è strettamente integrato nel verbo reggente, al punto da esser percepito come un'unica forma verbale, e quando il soggetto delle principale e della subordinata coincidono, difficilmente esso viene sostituito da una esplicita: *voglio venire / voglio che vengo* (Fiorentino 2007b: 120).

---

265 Sulla ripresa della vitalità del gerundio negli ultimi anni cfr. ad es. Rossi (1999: 154): "Se da un lato la frequenza di subordinate al gerundio è comunque più bassa, nel parlato e nello scritto, rispetto a quella delle infinitive, dall'altro è stato notato un uso crescente del gerundio semplice negli ultimi vent'anni".

Anche a scartare gli infiniti retti dai verbi modali e simili, i restanti casi degli infiniti interpretabili in termini di subordinata implicita (come ad es. in (55)) risultano senz'altro ben integrati nella clausola reggente, di sicuro più integrati rispetto alle gerundive (cfr. (49)) o participiali (cfr. (51)). Se ci poniamo, quindi, in una prospettiva diamesica l'assetto sintattico dei post di blog si presenta decisamente più compatto e integrato rispetto al parlato: nel corpus Splinder le subordinate con il verbo all'infinito costituiscono il 39,9 % del numero complessivo di subordinate di ogni tipo, mentre nei dati di Voghera tale percentuale arriva solo al 22,8 %.

7.5. Costrutti problematici

Per avere un'immagine più completa dell'assetto sintattico dei post del corpus è utile infine offrire una panoramica della casistica dei costrutti che pongono problemi dal punto di vista della loro aderenza sul piano formale alla norma dell'italiano scritto. Tali costrutti sono interpretabili sulla scia di Roggia (2009: 1541) in termini di fenomeni di "marcatura", "ancoraggio" e "flusso".

I fenomeni di "marcatura" sono quelli che "interessano l'espressione formale del legamento sintattico" (Roggia 2009: 1541). Mentre non si registrano nel corpus le occorrenze di ipermarcatura, non mancano i casi di ipomarcatura, ovvero quelli in cui si ha una marcatura del legame sintattico o carente o sottospecificata. Fanno parte della categoria in questione i già discussi casi di giustapposizione di frasi sintatticamente autonome e, quindi, analizzabili non più in termini di legami strutturali, bensì in termini di relazioni testuali. Se ne veda l'illustrazione offerta dall'esempio (56), in cui manca una marcatura formale ai confini delle due frasi complesse.

(56) (post_024)
il film merita di essere visto, non è forse il miglior Indy mai girato, ma non stona se messo a confronto con gli altri già girati.

Il tutto, ad una riscrittura più attenta a esplicitare tutte le relazioni, altrimenti ricostruibili su basi inferenziali, potrebbe ricevere i contorni strutturali di un'unica frase complessa:

(57)
Anche se non è forse il miglior Indy mai girato, il film merita di essere visto perché non stona se messo a confronto con gli altri già girati.

Vi sono poi casi in cui la marcatura c'è, ma è deviante, anche se chi legge è in grado di capire perfettamente la struttura logica che l'autore del post ha inteso veicolare. Se ne veda un esempio sotto:

(58) (post_024)
ora torno sulla cyclette, nonostante mi senta ogni giorno più "fracica e rotondeggiante" ma l'estate arriva e bisogna pur fare qualcosa, nel mio piccolo almeno!

Le due frasi collegate dal *ma* non entrano in una relazione di contrapposizione, anzi, sono, per così dire, semanticamente co-orientate, ovvero la seconda esprime la motivazione dello stato di cose codificato dalla prima. Riscrivendo l'intero frammento testuale si potrebbe arrivare quindi a:

(59)
Ora torno sulla cyclette, nonostante mi senta ogni giorno più "fracica e rotondeggiante", **perché** l'estate arriva e bisogna pur fare qualcosa, nel mio piccolo almeno!

La relazione di contrapposizione sussiste, però, ad un altro livello: tra un implicito (l'essere insoddisfatta dei risultati finora ottenuti) e lo stato di cose espresso dall'ultima clausola, ovvero la necessità di fare esercizi fisici. Il problema si pone quindi non solo a livello della codifica stessa, bensì anche a livello dell'ancoraggio della relazione logica.

Un po' diverso è il caso seguente, nel quale si hanno due marche in contrapposizione, una di subordinazione (verbo al gerundio) e una di coordinazione (congiunzione *ma*):

(60) (post_029) (neretto mio)
Nel giro di pochi anni ho imparato a narcotizzare il mio cuore, a relegarlo in un angolino dove potesse continuare a battere, **ma impedendogli** di interferire con la mia vita privata.

L'esito è decisamente grammaticalmente inaccettabile, il che non toglie che basterebbe sostituire il *ma* con *tuttavia* o *però*, ovvero avverbi connettori che veicolano sempre l'idea di contrasto. Essendo appunto avverbi, essi risultano meno vincolanti a livello strutturale e perciò conciliabili con marche di subordinazione:

(61) (post_029) (neretto mio)
Nel giro di pochi anni ho imparato a narcotizzare il mio cuore, a relegarlo in un angolino dove potesse continuare a battere, **impedendogli tuttavia** di interferire con la mia vita privata.

Quanto ai fenomeni di "ancoraggio", ovvero quelli "che interessano la selezione dell'elemento reggente o antecedente cui viene ancorata la frase coordinata o subordinata" (Roggia 2009: 1541), nel corpus si registrano casi in cui la subordinata è ancorata ad un implicito, vale a dire ad una frase non espressa linguisticamente. Un caso interessante è il seguente:

(62) (post_029) (neretto e corsivo miei)
Iniziando a lavorare ho instaurato nuovi rapporti, **non più amici ma semplici conoscenti**, con cui si usciva la sera a fare baldoria e si chiacchierava di cose superficiali, ma senza creare con essi qualcosa di più profondo.

Il sintagma evidenziato in neretto ha la struttura di un'apposizione, solo che manca l'elemento modificato, il quale, anche se non realizzato linguisticamente, implicitamente fa parte del contenuto proposizionale della frase in corsivo:

(63) (neretto mio)
Iniziando a lavorare ho instaurato nuovi rapporti [con delle persone], **non più amici ma semplici conoscenti**, con cui si usciva la sera a fare baldoria e si chiacchierava di cose superficiali, ma senza creare con essi qualcosa di più profondo.

Vi sono infine quei casi che con Roggia (2009: 1541) risultano interpretabili in termini di flusso, ovvero "quelli che derivano da un controllo solo locale e non globale delle strutture sintattiche". La mancanza di una visione sinottica del periodo può portare a strutture globalmente incoerenti in cui i rapporti tra clausole contigue sono tuttavia coerenti. Si veda a tal proposito l'esempio sotto:

(64) (post_038) (neretto e corsivo miei)
Morirà, infine, di stenti e per un'intossicazione alimentare in Alaska nell'agosto del 1992, dopo aver raggiunto il suo scopo, **rimanere** solo, in quella terra aspra e selvaggia, per un lungo periodo di tempo, **ma** *disperato per l'inevitabilità del suo destino*, di cui è chiaramente e drammaticamente consapevole.

La marca di coordinazione *ma* inserisce l'elemento introdotto (evidenziato in corsivo) nella portata del verbo copulativo *rimanere* dando luogo a un legame accettabile sul piano formale, ma strano sul piano semantico: in virtù delle conoscenze enciclopediche sul mondo sappiamo che difficilmente il rimanere disperati rientra nel dominio dell'intenzionalità. L'enciclopedia riesce tuttavia a ovviare a questa sfasatura tra i due piani, strutturale e semantico, reindirizzando l'interpretazione del ricevente cooperativo sui binari probabilmente voluti dall'autore ma maldestramente espressi: il soggetto in questione morì disperato nonostante avesse raggiunto il suo scopo.

Nel complesso i fenomeni di cui sopra si iscrivono in una problematica più generale della specificazione del legame semantico-logico a livello strutturale. Questa specificazione, come abbiamo visto negli esempi tratti dal corpus, può essere o carente (casi di ipomarcatura) o deviante (casi di ancoraggio problematico e di marche di subordinazione devianti) dando luogo a configurazioni periodali caratterizzati da un diverso grado di accettabilità. Mentre i casi del primo tipo, ovvero come quello in (56), di gran lunga superiori a quelli del secondo tipo, non sono di certo grammaticalmente opinabili, essendo la giustapposizione "parte a pieno titolo dei mezzi di espressione delle relazioni transfrastiche" (Prandi 2006: 216), i casi di marcatura deviante non lo sono più. Sarebbe riduttivo però interpretarli come semplici errori di sintassi periodale. Il fenomeno va colto piuttosto sullo sfondo delle condizioni enunciative tipiche dell'atto di produrre i post di blog, condizioni non tanto determinate dal *medium* stesso (il *medium* elettronico in sé non riduce le possibilità redazionali a disposizione dello scrivente, al contrario, le potenzia), quanto piuttosto dalle abitudini scrittorie createsi in relazione al suo impiego, frettolosità *in primis*. Tali condizioni – come si aveva già avuto modo di osservare in § 3.3.3.4.4. – si traducono in poca attenzione attribuita alla cura formale del messaggio, al che nella superficie linguistica corrispondono le già viste sfasature, di regola assenti nello scritto, la cui sintassi richiede di regola "caratteristiche di continuità, strutturazione ed esplicitezza non necessariamente richieste nell'orale" (Roggia 2009: 1539).

Capitolo 8. Considerazioni conclusive

8.1. I risultati

In sede di conclusioni non sarà inopportuno ripercorrere la traiettoria della ricerca ricordando che le finalità descrittive del presente lavoro si collocano all'intersezione di due prospettive di ricerca:

- quella testuale, con il conseguente compito di studiare le peculiarità testuali e comunicative che contraddistinguono il diario on-line come genere testuale all'interno dei seguenti insiemi: famiglia dei generi autobiografici, famiglia dei generi della comunicazione mediata dal computer e categoria dei testi poco vincolanti;
- quella varietistica, con il conseguente compito di indagare sulle caratteristiche linguistiche, testuali, sintattiche e morfo-sintattiche della veste verbale dei post, parte centrale all'interno del diario on-line.

Si tratta di prospettive complementari, dal momento che il genere testuale può essere considerato elemento fondamentale nell'individuazione delle caratteristiche di registro di un testo o di un corpus di testi (Halliday 1978).

Mentre al raggiungimento del primo compito ha concorso l'esame delle fonti teoriche sull'argomento, nonché una riflessione sulle funzionalità associa al diario on-line come genere, ai fini del secondo è stata avviata un'analisi empirica. Oggetto di studio è stato un corpus di blog diaristici della piattaforma Splinder.

Alla luce dell'esame di alcune misure statistiche proposto in Cap. 4 il corpus ha ricevuto una collocazione diamesica intermedia, essendo i post di blog simili da un lato allo scritto-scritto, nei valori relativi alla TTR (type/token ratio) (cfr. § 4.3.3.1.) e in quelli relativi alla densità lessicale (cfr. § 4.3.3.3.), ma dall'altro lato al parlato monologico, nei valori relativi alla prevalenza dei verbi sui nomi (cfr. § 4.3.3.4., Grafico 6.).

L'appena menzionata vicinanza al parlato non va travisata. Sul piano del *medium* i post di blog sono sempre testi scritti, ovvero testi realizzati nel codice grafico-visivo, mentre sul piano concezionale, alle luce delle considerazioni proposte in § 3.2., risultano oscillanti tra tratti dell'immediatezza (tipica della comunicazione orale) e quelli della distanza (tipica della comunicazione scritta) con conseguenti ripercussioni sulla veste linguistica, il che non toglie che non di rado i testi del corpus assumono le qualità specifiche della comunicazione scritta. Basti pensare a tal proposito all'unitarietà tematica della stragrande maggioranza dei post emersa all'esame proposto in § 5.4.3.1. (vedi anche oltre).

L'adesione del diario on-line ai tratti della vicinanza comunicativa e il suo conseguente avvicinarsi al parlato anche sul piano della veste linguistica non si esaurisce nei classici fenomeni dell'internettese (*emoticons* e simili), per altro poco presenti nel corpus (cfr. § 5.3.), bensì vanno cercati a livelli alti della costruzione del discorso, ovvero nei fatti testuali e macrosintattici. Ha quindi ragione Corino (2007: 229) quando afferma che il riferimento alla lingua orale ha

> spinto i linguisti ad un'attenzione spesso fuorviante ed anomala, ad analisi troppo legate alla spontaneità (vera o presunta) del discorso, alla presenza di elementi quali interiezioni, ideofoni, espressioni gergali o volgari, *emoticons* (certamente tentativi di rendere alcuni tratti del discorso orale, cosa che ha per l'italiano valenza particolare, visto lo sviluppo diacronico diversificato che lingua orale e scritta hanno seguito), ma che colgono solo una dimensione stilistico-espressiva superficiale, forse importante ma non esaustiva.

Non a caso, quindi, la nostra attenzione analitica si è concentrata in buona parte sui livelli alti dell'organizzazione del discorso.

Come risulta dall'esame proposto nel Cap. 5, dedicato specificatamente alla testualità nonché nel Cap.7, dedicato ai fatti macro-sintattici, la specificità testuale della lingua dei post di blog va colta in termini di quello che con Simone ci eravamo proposti di definire grafismo (cfr. § 3.2.5.3.). Si tratta in altre parole di una testualità a monte della quale è ipotizzabile una certa riluttanza da parte dei blogger al dispendioso cognitivamente compito di strutturare il messaggio scritto a favore dell'esclusivo esercizio di competenze praticate nel discorso orale. Questa ipotesi è corroborata in primo luogo dal rifiuto di una buona fetta dei blogger di parcellizzare il testo conformemente alle convenzioni tipiche delle scritture competenti. Come risulta dall'esame del numero di paragrafi per post (cfr. § 5.2.) si nota una notevole presenza delle due strategie estreme del paragrafare: paragrafi costituiti da un intero post (anche lungo) e paragrafi costituiti da singole frasi. Si tratta in altri termini della rinuncia dello scrivente a strutturare accuratamente il testo scritto in unità che vadano oltre la dimensione della frase a favore dell'esercizio delle competenze relative alla gestione del discorso a livello locale. Un discorso analogo vale in riferimento all'importante presenza del fenomeno della giustapposizione assoluta che consiste nel dilatare i confini dei periodi tipografici oltre quelli delle strutture sintatticamente legate. Ne consegue un divario fra il numero di frasi sintattiche e quelle tipografiche a favore delle prime: molte volte quindi si hanno periodi tipografici che contengono frasi indipendenti, anche complessi, le quali non entrano tra di esse in rapporti sintattici, né di coordinazione né tantomeno di subordinazione (cfr. § 7.1.). Un'ulteriore conferma dell'ipotesi in questione è data dalle sfasature periodali, esaminate in § 7.5., nonché dai fenomeni della ripetizione (cfr. § 5.6.).

La scarsa attenzione alla strutturazione sintattica del discorso si traduce in ultima analisi in tutta una serie di scelte testuali e sintattiche che permettono di parlare dei diari on-line del corpus in termini di 'testi di facile scrittura'. In questa etichetta ad effetto riecheggia la dicitura "testi di facile lettura" usata da Piemontese (1996) in riferimento al mensile di facile lettura "Dueparole", nato per iniziativa di Tullio De Mauro e rivolto a giovani e adulti con difficoltà ad accedere al linguaggio giornalistico corrente, sia per motivi socio-culturali sia per quelli dovuti a forme di lieve ritardo mentale. Mentre nel caso dei testi di facile lettura si trattava di una facilità da parte del ricevente, ottenuta con una meticolosa attenzione alla leggibilità garantita dalla massima esplicitezza linguistica ed enciclopedia dei contenuti comunicati, nel caso dei post del corpus la facilità sta dalla parte dello scrivente comportando sul versante della ricezione un'accresciuta onerosità cognitiva della decodifica che a volte richiede integrazioni inferenziali o, in caso di sfasature periodali, veri e propri aggiustamenti, sempre su basi inferenziali.

Occorre essere attenti a non dare giudizi di valore agli effetti testuali di questa sorta di pigrizia di cui sopra. Rimane da sottolineare piuttosto che la testualità emersa dalle analisi proposte è semplicemente funzionale a tutte le scritture *currenti calamo*, a cominciare dai diari tradizionali. Non deve stupire che molte osservazioni sul carattere telegrafico dei diari proposte in Ricci (2014) sono in linea con quanto si può osservare anche nei blog diaristici. Così ad es. Ricci indica come tipica dei diari "una spiccata tendenza allo stile nominale" (Ricci 2014: 184), illustrata in (1), e "una certa ricorrenza di fenomeni di elissi" (*ibid.*), illustrata in (2), tutti fenomeni[266] facilmente riscontrabili anche nel nostro corpus (cfr. (3) e (4)).

(1) (es. tratto da Saporita 1986: 328)
A Riposto per la festa di S. Pietro. La sera, grande illuminazione e corse di cavalli.

(2) (es. tratto da Aleramo 1978: 113)
Cercato di dormire, per poco. Dati alcuni punti a vecchi indumenti. Fumate le penultime sigarette della razione lasciatami da Franco.

(3) (post_049) (neretto mio)
Il riassunto pressoché sommario della giornata di domenica a Roma è: **detto** per sbaglio tiburtina invece di termini alla Enna la sera prima su msn, **ritrovata** non si sa come (da leggersi: avevo registrato il suo numero male e non riuscivo a chiamarla, mi ha chiamata lei) incontriamo le sue amiche con un notevole ritardo causato da me e ci dirigiamo verso il mercatino.
Il posto è piccolo, tre bancarelle in croce, molte con cose autoprodotte da gente e per nulla giapponesi ma comunque carine insomma XD ho comprato un po' di cose che non ho tanta voglia di elencare, magari quando avrò le foto mie e di Enna da postare metterò anche quelle della roba XD è stato divertente comunque. **Incontrata** anche Yumildia totalmente a caso tra l'atro XD.

(4) (post_056)
Molte cose avrebbero preso strade differenti questo è certo. Nuove emozioni. Nuove conoscenze. Nuovi amici. Nuova vita.

La novità dei blog diaristici non sta quindi tanto nei fenomeni linguistici stessi quanto nel fatto che le scritture segnate nella superficie verbale dai limiti contingenti dell'atto scrittorio arrivino così facilmente alla pubblicazione, cosa che non sarebbe stata possibile nel mondo ante-Internet.

---

266   A proposito di frasi senza verbo o ellittiche cfr. anche Barthes (1988: 369) che così commenta il proprio diario: "procedendo nella mia rilettura, ne ho abbastanza di quelle frasi senza verbo («Notte di insonnia. Già la terza di séguito, ecc.») o il cui verbo è abbreviato negligentemente («Incrociato due ragazze in piazza St.0S.»)".

Le soluzioni "facili" sono infine da ricondurre al carattere intrinsecamente anarchico del diario on-line, che in § 2.3.3.6. abbiamo collocato tra i testi poco vincolanti e quindi avulsi da esplicite norme testuali. Nonostante questa collocazione all'esame proposto in § 5.4. si è scoperto che ci sono testualizzazioni più ricorrenti delle altre. Si pensi a tal proposito alle indicazioni di tempo, che risultano essere l'incipit più tipico, nonché a quella che appare un'assenza significativa, ovvero assoluta mancanza di saluti a inizio post.

Sempre a livello della testualità, riassumendo alcuni dei dati emersi, occorre innanzitutto riconoscere che nella prassi scrittoria i blogger aderiscono nella stragrande maggioranza dei casi all'idea di post come un testo unitario tematicamente. Questo dato non era scontato, vista la natura del fenomeno del *blogging*, che proprio per l'importanza della disposizione cronologica dei post si avvicina all'esperienza dello scrivere un diario cartaceo. Quest'ultimo, essendo sempre esistito "come registrazione e memoria di eventi quotidiani" (Folena 1985: 7), privilegia la dimensione temporale a scapito dell'unitarietà tematica dei contenuti registrati. D'altro canto, però, il blog possiede un elemento di novità dovuto all'esistenza di una dimensione ulteriore, quella tecnologica, gravida di conseguenze. Si pensi in primo luogo alla sua fruibilità a distanza da un pubblico di lettori. Così, come fa notare Orsucci (2007: 72), molto spesso i blogger tendono piuttosto a pubblicare meno per farlo più spesso nell'intento di far apparire il proprio blog come aggiornato, il che aumenta le possibilità che vengano pubblicati contenuti tematicamente coerenti. Un'ulteriore spinta in questo senso sarebbe offerta dall'interfaccia grafica, che prevedendo il campo 'titolo' da riempire per ogni post induce ad una riflessione, anche metatestuale, sul proprio scritto. Questa potenziale risorsa espressiva e informativa, come risulta dall'analisi proposta, spesso non viene sfruttata a pieno. Degno di nota risulta infine il dato sul comportamento scrittorio degli autori dei post pluritematici, che nella totalità dei casi cercano di ovviare in qualche modo all'incoerenza tematica: segnalando lo scarto tematico o ricorrendo a espedienti di sutura superficiale.

A livello della morfosintassi infine, a differenza di quanto accade ai due livelli di analisi estremi (macrosintattico e ortografico-interpuntorio), interrelati fra di loro per l'ovvia dimensione testuale dei fenomeni interpuntivi, si registra un comportamento non molto distante dalle convenzioni praticate nella scrittura competente: una sostanziale adesione alla norma nella sua declinazione neo-standard, resistenza di alcune forme dello standard *ancien régime* e poca apertura verso soluzioni substandard. Nel complesso la tenuta della morfosintassi è quindi buona.

8.2. Ulteriori prospettive di ricerca

Ci auguriamo che le analisi proposte abbiano contribuito a fornire tasselli utili nella ricostruzione dell'identikit linguistico-testuale del diario on-line inteso come genere testuale, anche se le scelte operate fanno sì che il quadro che ne emerge certamente non sia da considerarsi completo. Si tratta però delle scelte che ci sono sembrate maggiormente corrispondere tanto alle finalità del presente studio quanto alle risorse disponibili per portarlo a termine. Pensando a ulteriori prospettive di ricerca ci sarebbe da indicare in primo luogo analisi che vadano oltre i limiti del nostro lavoro: un esame della dimensione dialogica presente nei commenti ai post e un'analisi dell'ambito lessicale, volutamente trascurato in questa sede. Tale ricerca, però, richiederebbe un materiale notevolmente più ampio rispetto al nostro per poter offrire un lessico di frequenza rappresentativo. A ciò occorre aggiungere ulteriori ricerche su corpora, questa volta contrastive, volte a cogliere la specificità del genere in questione rispetto ad altre fette della blogosfera, blog tematici *in primis*, nonché ai profili su Facebook, i quali condensano e mescolano funzionalità dei diversi generi presenti nella CMC, blog inclusi. Il fattore tempo infine – anche se il nostro è uno studio focalizzato su fatti testuali e sintattici, fenomeni soggetti a obsolescenza nella misura assai più ridotta rispetto a quelli lessicali – rende auspicabili ulteriori ricerche in futuro su un materiale linguistico analogo per cogliere un'eventuale variazione in micro-diacronia. Non possiamo che auspicare che la trattazione qui proposta, seppur imperfetta e limitata, possa servire in futuro da termine di confronto per tali ricerche.

Bibliografia

Corpus

Corpus Splinder (post + paratesto): https://drive.google.com/open?id=0B96HLu2G PeZecmNPMllYSElBR0U

Corpus Splinder (solo post): https://drive.google.com/open?id=0B96HLu2GPeZeS 0ZiY3NuS0dMN0U

Riferimenti bibliografici

Aarseth, E.J. (1994), «Nonlinearity and Literary Theory». In: G.P. Landow (eds.), *Hyper/Text/Theory*. Baltimore & London: Johns Hopkins University Press, pp. 51-86.

Aarseth, E.J. (1999), «Aporia and epiphany in "Doom" and "The speaking clock"». In: M.-L. Ryan (eds.) (1999), *Cyberspace textuality. Computer technology and literary theory*. Bloomington-Indianapolis: Indiana University Press, pp. 32-33.

Adam, J.-M. (1990), *Éléments de linguistique textuelle. Théorie et pratique de l'analyse textuelle*. Liège: Mardaga.

Adam, J.-M. (2002), «Texte». In: P. Charaudeau / D. Maingueneau (éd.), *Dictionnaire d'analyse du discours*. Paris: Seuil, pp. 570-572.

Adam, J.-M. (2006), *La linguistique textuelle. Introduction à l'analyse textuelle des discours*. Paris: Armand Colin (I edizione 2005).

Adam, J.-M. / Herman, T. / Lugrin, G. (éd) (2001), "Semen. Revue de sémio-linguistique des textes et discours, 13: Genres de la presse écrite et analyse de discours".

Adamiszyn, Z. (1991), «Kategoria potoczności w polskich pracach językoznawczych». In: S. Gajda / Z. Adamiszyn, (red.), *Język potoczny jako przedmiot badań językoznawczych*. Opole: Wyższa Szkoła Pedagogiczna im. Powstańców Śląskich w Opolu.

Akinnaso, F.N. (1982), «On the differences between spoken and written language». In: Language and Speech, 25(2), pp. 97-125.

Albano Leoni, F. (2005), «Studiare l'italiano parlato ieri e oggi». In: F. Lo Piparo / G. Ruffino (a c. di), *Gli italiani e la lingua*. Palermo: Sellerio Editore, pp. 43-61.

Albrecht, J. (1986; 1990), «"Substandard" und "Subnorm". Die nichtexemplarischen Ausprägungen de "Historischen Sprache" aus varietätenlinguistischer Sicht». In: G. Holtus / E. Radtke (Hrsg.), Sprachlicher Substandard. Vol. I (1986). Tübingen: Niemeyer, pp. 65-88.

Aleramo, S. (1978), *Diario di una donna. Inediti 1945–1960, con un ricordo di Fausta Cialente e una cronologia della vita dell'autrice*, scelta e cura di A. Morino. Milano: Feltrinelli.

Allora, A. (2000), «Usi della deissi in Internet Relay Chat». In: "Linguistica e Filologia", 15, pp. 61–87.

Antonelli, G. (2016), *L'italiano nella società della comunicazione 2.0*. Bologna: Il Mulino.

Ash (2003), «Archipelag blogów», intervista a c. di J. Sowa. In: P. Marecki, *liternet. pl*. Kraków: Rabid, pp. 158–168.

Askehave, I. / Nielsen, A.E. (2005), «What are the Characteristics of Digital Genres? – Genre Theory from a Multi-modal Perspective». In: Aa.Vv, *Proceedings of the 38th Hawaii International Conference on System Science*. CDROM Collection – Track 4. Hawaii: IEEE Press. Accesso on-line full text all'URL: http://www.computer.org/portal/web/csdl/doi/10.1109/HICSS.2005.687 (data ultima consultazione: 2011/06/23).

August, G. (1986), «Descriptively and explanatorily adequate models of orthography». In: G. August (eds.), *New trends in Graphemics and Orthography*. Berlin/New York: De Gruyter, pp. 25–42.

Austin, J.L. (1974), *Come fare cose con le parole*. Genova: Marietti (Ed. originale 1962).

Bachtin, M. (1988), «Il problema dei generi del discorso». In: M. Bachtin, *L'Autore e l'eroe: teoria letteraria escienze umane*. Torino: Einaudi, pp. 245–290 (Ed. originale 1952–53).

Baicchi, A. (2004), «The cataphoric indexicality of titles». In: K. Aijmer / A.-B. Stenström (eds.), *Discourse Patterns in Spoken and Written Corpora*. Amsterdam/Philadelphia: John Benjamins Publishing Company, pp. 17–38.

Bakuła, K. (2001), «Czy istnieje język mówiony i pisany?». In: K. Bakuła / J. Miodek (red.), "Kształcenie językowe", t.1 (11), pp. 47–56.

Bakuła, K. (2008), *Mówione ~ pisane: komunikacja, język, tekst*. Wrocław: Wydawnictwo Uniwersytetu Wrocławskiego.

Balbus, S. (1999), «Zagłada gatunków». In: "Teksty drugie", vol. 6., pp. 29–38.

Balcerzan, E. (1972), *Przez znaki. Granice autonomii sztuki poetyckiej. Na materiale polskiej poezji współczesnej*. Poznań: Wydawnictwo Poznańskie.

Bally, Ch. (1950), *Linguistique générale et linguistique française*. Berne: Francke Verlag.

Barberi Squarotti G. *et al.* (2004), *Dizionario di Retorica e Stilistica*. Torino: UTET.

Bardini, T. (1993), «Bridging the Gulfs: from Hypertext to Cyberspace». In: "Journal of Computer-Mediated Communication", 3/2. Accesso on-line full text all'URL: http://jcmc.indiana.edu/vol3/issue2/bardini.html (data ultima consultazione: 2010/09/10).

Barnes, S.B. (2002), *Computer-Mediated Communiation: HUman-to-Human Communication Across the Internet*. Boston: Allyn & Bacon Publishers.

Baron, N.S. (1984), «Computer mediated communication as a force in language change». In: "Visible Language", XVIII 2, pp. 118–41.

Baron, N.S. (1998), «Letters by phone or speech by other means: the linguistics of email». In: "Language and Communication", 18, pp. 133–170.

Baron, N.S. (2008), *Always on: Language in an Online and Mobile Word*. New York: Oxford University Press.

Baron, N.S. (2010), «Discourse Structures in Instant Messaging: The Case of Utterance Breaks». In: "Language @ internet". Accesso on-line full text all'URL: http://www.languageatinternet.org/articles/2010/2651 (data ultima consultazione: 2011/05/23).

Barthes, R. (1988), «Riflessione». In: R. Barthes, *Il brusio della lingua. Saggi critici, IV*. Torino: Einaudi (Ed. originale 1984).

Barthes, R. (2002), *Oeuvres complètes*, tome 1: *Livres, textes, entretiens*, 1942–1961. Paris: Seuil.

Bartmiński, J. (1974), «O pewnej różnicy między językiem pisanym i mówionym (zasada minimalizacji wyboru)». In: "Prace Filologiczne", t. XXV.

Bartmiński, J. (1998), «Tekst jako przedmiot tekstologii lingwistycznej». In: J. Bartmiński / B. Boniecka (red.), *Tekst. Problemy teoretyczne*. Lublin: Wydawnictwo UMCS, pp. 9–25.

Bartmiński, J. / Niebrzegowska Bartmińska, S. (2009), *Tekstologia*. Warszawa: PWN.

Basile, G. (2006), «Parlare e scrivere: due modi diversi di significare». In: M.G. Di Monte (a c. di), *Immagine e scrittura*. Roma: Meltemi, pp. 26–42.

Baule, G. (2004), «Testi migranti». In: "Linea grafica", 351, pp. 10–16.

Baym, N.K. (1998), «The Emergence of the On-line Community». In: S.G. Jones (eds.), *Cybersociety 2.0: Revisiting Computer-Mediated Communication and Community*. Thousand Oaks, CA: Sage, pp. 35–68.

Bazzanella, C. (1985), «L'uso dei connettivi nel parlato: alcune proposte». In: A. Franchi de Bellis / L.M. Savoia (a c. di), *Sintassi e morfologia della lingua italiana d'uso. Teorie e applicazioni descrittive*. Atti SLI, 24. Bulzoni: Roma, pp. 83–94.

Bazzanella, C. (2001), «I segnali discorsivi». In: Renzi / Salvi / Cardinaletti (2001), vol. III, pp. 225–257.

Bazzanella, C. (2001), *Segnali discorsivi e contesto*. In: W. Heinrich / C. Heiss (a c. di), *Modalità e Substandard*. Bologna: Clueb, pp. 41–64.

Bazzanella, C. (2005a), «Tratti prototipici del parlato e nuove tecnologie». In: E. Burr (a c. di), *Tradizione ed innovazione. Il parlato: teoria – corpora – linguistica dei corpora*. Firenze: Franco Cesati Editore, pp. 427–441.

Bazzanella, C. (2005b), *Linguistica e pragmatica del linguaggio. Un'introduzione*. Roma-Bari: Laterza.

Bazzanella, C. (2011), «Segnali discorsivi». In: R. Simone (a c. di), *Enciclopedia dell'italiano*. Roma: Istituto della Enciclopedia Italiana. Accesso on-line full text all'URL: http://www.treccani.it/enciclopedia/segnali-discorsivi_(Enciclopedia-dell%27Italiano)/ (data ultima consultazione: 2013/04/13).

Beaugrande, R.A. de (1980), *Text, Discourse and Process*. Norwood (N.J.): Ablex.

Beaugrande, R.A. de / Dressler, W.U. (1994), *Introduzione alla linguistica testuale*. Bologna: Il Mulino (Ed. originale1984).

Béguelin, M.-J. (2002), «Clause, période ou autre? La phrase graphique et la question des niveaux d'analyse». In: "Verbum", XXIV 1-2, pp. 85-107.

Benedetti, C. (1999), *L'ombra lunga dell'autore. Indagine su una figura cancellata*. Milano: Feltrinelli.

Benincà, P. (1978), «Sono tre ore che ti aspetto». In: "Rivista di Grammatica Generativa", 3, pp. 321-345.

Benincà, P. (1993), «Sintassi». In: A.A. Sobrero (a c. di), *Introduzione all'italiano contemporaneo. Le strutture*. Roma: Laterza, pp. 247-290.

Benincà, P. (2001), L'ordine degli elementi della frase e le costruzioni marcate. In: Renzi / Salvi / Cardinaletti (2001), vol. I, pp. 115-194.

Benveniste, E. (1967), *Problèmes de linguistique générale*. Paris: Editions Gallimard.

Bereiter, C / Scardamalia, M. (1987), *The psychology of written composition*. New Jersey: Lawrence Erlbaurn Associates.

Berrendonner, A. (1990), «Pour una macrosyntaxe». In: "Travaux de Linguistique", 21, pp. 25-36.

Berretta, M. (1984), «Connettivi testuali in italiano e pianificazione del discorso». In: L. Coveri (a c. di), *Linguistica testuale*. Atti del XV congresso internazionale della Società di Linguistica Italiana (Genova – Santa Margherita Ligure, 8-10 maggio 1981). Roma: Bulzoni, pp. 237-254.

Berretta, M. (1985), «Ci vs. gli: un microsistema in crisi?». In: A. Franchi De Bellis / L.M. Savoia (a c. di), *Sintassi e morfologia della lingua italiana d'uso. Teorie ed applicazioni descrittive*. Atti del XVII congresso internazionale di studi [della Società di Linguistica Italiana]. Urbino 11-13 settembre 1983. Roma: Bulzoni, pp. 117-233.

Berretta, M. (1986a), «Struttura informativa e sintassi dei pronomi atoni: condizioni che favoriscono la 'risalita'». In: H. Stammerjohann (a c. di), *Tema-rema in italiano*. Tübingen: Narr, pp. 71-83.

Berretta, M. (1986b), «Riprese anaforiche e tipi di testo: il monologo espositivo». In: K. Lichem / E. Mara / S. Keller (a c. di), *Parallela 2. Aspetti della sintassi dell'italiano contemporaneo*. Atti del 3° incontro italo-austriaco di linguisti a Graz, 28-31 maggio 1984. Tübingen: Narr, pp. 47-59.

Berretta, M. (1989), «Sulla presenza dell'accusativo preposizionale in italiano». In: "Vox Romanica", 48, pp. 13–37.

Berretta, M. (1993), «Morfologia». In: A.A. Sobrero (a c. di), *Introduzione all'italiano contemporaneo. Le strutture*. Roma: Laterza, pp. 193–245.

Berretta, M. (1994), «Il parlato italiano contemporaneo», L. Serianni / P. Trifone (a c. di), *Storia della lingua italiana*. Torino: Einaudi, 3 voll., vol. II (*Scritto e parlato*), pp. 239–270.

Berretta, M. (1998), «Il continuum fra coordinazione e subordinazione: il caso delle preconcessive». In: G. Bernini / P. Cuzzolin / P. Molinelli (a c. di), *Ars linguistica. Studi offerti a Paolo Ramat*. Roma: Bulzoni, pp. 79–93.

Berruto, G. (1981), «Tipologia dei testi e analisi degli eventi comunicativi: tra sociolinguistica e Texttheorie». In: D. Goldin (a c. di), *Teoria e analisi del testo*. Atti del V Convegno interuniversitario si studi (Bressanone 1977). Padova: CLEUP, pp. 29–46.

Berruto, G. (1985), «Per una caratterizzazione del parlato: l'italiano parlato ha un'altra grammatica?». In: G. Holtus / E. Radtke (Hrsg.), *Gesprochenes Italienisch in Geschichte und Gegenwart*. Narr, Tübingen: Narr, pp. 154–184.

Berruto, G. (1986), «Le dislocazioni a destra in italiano». In: H. Stammerjohann (a c. di), *Tema-Rema in Italiano. Theme-rheme in Italian. Thema-Rhema im Italienischen*. Symposium (Frankfurt am Main, 26/27-4-1985). Tübingen: G. Narr, pp. 55–69.

Berruto, G. (1995), *Fondamenti di sociolinguistica*. Roma-Bari: Laterza.

Berruto, G. (1999), *Sociolinguistica dell'italiano contemporaneo*. Roma: Carocci (I edizione 1987).

Berruto, G. (2004), «Varietà diamesiche, diastratiche, diafasiche». In: A.A. Sobrero (a c. di), *Introduzione all'italiano contemporaneo. La variazione e gli usi*. Roma-Bari: Laterza, pp. 37–92 (I edizione 1993).

Berruto, G. (2005), «Italiano parlato e comunicazione mediata dal computer». In: K. Hölker / Chr. Maaß (a c. di), *Aspetti dell'italiano parlato*. Münster: LIT Verlag.

Bertinetto, P.M. (1997), *Il dominio tempo-aspettuale. Demarcazioni, intersezioni, contrasti*. Torino: Rosenberg & Sellier.

Bertinetto, P.M. (2001), «Il verbo». In: Renzi / Salvi / Cardinaletti (2001), vol. II, pp. 13–161.

Beszterda, I. (2007), *La questione della norma nel repertorio verbale della comunità linguistica italiana: tra lingua e dialetti*. Poznań : Wydawnictwo Naukowe UAM.

Bhatia, V.K. (2004), *Worlds of Written Discourse*. London: Continuum.

Biber, D. (1988), *Variation Across Speech and Writing*. Cambridge: CUP.

Biber, D. (1989), «A typology of English texts». In: "Linguistics", 27; pp. 3–45.

Biber, D. et al. (2009), *Longman Grammar of Spoken and Written English*. Harlow: Pearson Education Limited.

Blanche-Benveniste, C. et al. (a c. di) (1990). *Le français parlé. Études grammaticales*. Paris: Édition di CNRS.

Blood, R. (2000), «Weblogs: A History and Perspective». Accesso on-line full text all'URL: http:// www.rebeccablood.net/essays/weblog_history.html (data ultima consultazione: 2014/02/21).

Blood, R. (2003), *Weblog... Il tuo diario on-line*. Milano: Mondadori Informatica.

Bloomfield, L. (1934), «Review of Handbuch der erklarenden Syntax by Wilhelm Havers (Heidelberg Winters, 1931)». In: "Language", 10, pp. 32–39.

Bobryk, J. (2001), *Spadkobiercy Teuta. Ludzie i media*. Warszawa: Wydawnictwo UW.

Bobryk, J. (2004), *Świadomość człowieka w epoce mediów elektronicznych*. Warszawa: Polskie Towarzystwo Semiotyczne.

Bobryk, J. (2011), «Język mówiony, pismo, Internet». In: I. Kurcz / H. Okuniewska (red.), *Język jako przedmiot badań psychologicznych. Psycholingwisyka ogólna i neurolingwistyka*. Warszawa: Wydawnictwo SWPS "Academica", pp. 168–183.

Bolasco, S. (1999), *Analisi multidimensionale dei dati*. Roma: Carocci.

Bolinger, D.L. (1946), «Visual Morphemes», in "Lg", 22 (1946).

Boniecka, B. (2003), «Rozmowa jako całość semiotyczna». In: J. Gardzińska / A. Maciejewska (red.), *Znak językowy w pejzażu semiotycznym*. Siedlce: Wydawn. Akademii Podlaskiej.

Boniecka, B. / Grabias, S. (red.) (2007), *Potoczność a zachowania językowe Polaków*. Lublin: Wydawnictwo Uniwersytetu Marii Curie-Skłodowskiej.

Bonomi, I. (2002), *L'italiano giornalistico. Dall'inizio del Novecento ai quotidiani on line*. Firenze: Franco Cesati Editore.

Bonomi, I. (2011, ma 2013), «Aspetti sintattici dei blog informativi». In: "Studi di Grammatica Italiana", XXIX–XXX, pp. 289–328.

Borges, J. L. (1956/1984), *El jardín de senderos que se bifurcan*. In: Id., *Ficciones*. Trad. it. (1984), Lucentini, Franco, *Il giardino dei sentieri che si biforcano*. In: Borges, *Tutte le opere*. Vol. I. Milano: A. Mondadori Ed., pp. 688–702.

Boyd, D. (2006), «A Blogger's Blog: Exploring the Definition of a Medium». In: "Reconstruction", 6(4). Accesso on-line full text all'URL: http://reconstruction.eserver.org/064/boyd.shtml (data ultima consultazione: 2010/09/10).

Bucy, E.P. (2004), «Interactivity in Society: Locating an Elusive Concept». In: "The Information Society", 20, pp. 373–383.

Bußmann, H. (Hrsg.) (2002), *Lexikon der Sprachwissenschaft*. Stuttgart: Alfred Körner Verlag (I edizione 1990).

Calaresu, E. (2004), «Le "violazioni" della norma. Percorsi aperti dalle riflessioni teoriche di Eugenio Coseriu». In: V. Orioles (a c. di), *Studi in memoria di Eugenio Coseriu* (Supplemento di "Plurilinguismo. Contatti di lingue e culture", 10), Udine: Forum Società Editrice Universitaria Udinese srl., pp. 75–93.

Camporese, F. (2009), «I blog e le scritture del sé. Verso un nuovo genere di narrazione identitaria». In: "Informatica Umanistica", 2/2009. Accesso on-line full text all'URL: http://www.ledonline.it/informatica-umanistica/Allegati/IU-02-09-Camporese.pdf (data ultima consultazione: 2014/02/21).

Canobbio, A.T. (2005), «Blog: la lingua che uccide». In: "Lingua italiana d'oggi", 2, pp. 307–318.

Cardona, G.R. (1983), «Culture dell'oralità e culture della scrittura». In: A. Asor Rosa (a c. di), *Letteratura italiana, II, Produzione e consumo*. Torino: Einaudi, pp. 25–101.

Cardona, G.R. (2009), *Antropologia della scrittura*. Torino: UTET.

Carlini F., (1999), *Lo stile del Web*. Torino: Einaudi.

Casoni, M. (2011), *Italiano e dialetto al computer*. Bellinzona: OLSI.

Castelfranchi, C. (2000), «Lingua e Web». In: S. Gozzano (a c. di), *I volti della mente. Coscienza, cervello e calcolatori*. Napoli: CUEN.

Catricalà, M. (2004), *Forme, parole e norme. Lineamenti sociolinguistici dell'italiano contemporaneo*, Milano: Francoangeli.

Celiński, P. (2013), *Postmedia. Cyfrowy kod i bazy danych*. Lublin: Wydawnictwo Uniwersytetu Marii Curie-Skłodowskiej.

Cennamo, M. (2011), «Verbi riflessivi». In: R. Simone (a c. di), *Enciclopedia dell'italiano*. Roma: Istituto della Enciclopedia Italiana G. Treccani. Accesso on-line full text all'URL: http://www.treccani.it/enciclopedia/verbi-riflessivi_(Enciclopedia-dell%27Italiano)/ (data ultima consultazione: 2014/02/21).

Chabrol, C. (1994), *Discours du travail social et pragmatique*. Paris: PUF.

Charaudeau, P. (1983), *Langage et discours. Éléments de sémiolinguistique*. Paris: Hachette.

Chiari, I. (2007), *Introduzione alla linguistica computazionale*. Roma-Bari: Laterza.

Cicalese, A. (1999), «Testo e testualità» In: S. Gensini (a c. di), *Manuale della comunicazione*. Roma: Carocci.

Cicalese, A. (2007), «La scrittura nelle chat lines». In: A. Elia / A. Landi (a c. di), *La testualità, Testo, materia, forme*. Roma: Carocci, pp. 43–83.

Cicchetti, A. / Mordenti, R., «La scrittura dei libri di famiglia». In: Aa. Vv., *Letteratura Italiana Einaudi, III. Le forme del testo. 2. La prosa*. Torino: Einaudi: pp. 1117–1159.

Cignetti, L. (2006), «L'ordine delle parole nello scritto e nel parlato (con alcune osservazioni sul fenomeno della "doppia dislocazione"». In: A. Ferrari (a c. di), *Parole frasi testi, tra scritto e parlato* (= Cenobio LV/3), pp. 207–2014.

Cignetti, L. (2008), «"Dire" la punteggiatura. Sul fenomeno della verbalizzazione dei segni interpuntivi nell'italiano scritto e parlato». In: E. Cresti (a c. di), *Prospettive nello studio del lessico italiano*. Atti del IX congresso della Società Internazionale di Linguistica e Filologia Italiana (Firenze, 14–17 giugno 2006). Firenze: Firenze University Press, 2 voll., vol. 2°, pp. 389–395.

Cimaglia, R. (2010), «Interlocutore generico». In: R. Simone (a c. di), *Enciclopedia dell'italiano*. Roma: Istituto della Enciclopedia Italiana. Accesso on-line full text all'URL: http://www.treccani.it/enciclopedia/interlocutore-generico_%28Enciclopedia-dell%27Italiano%29/ (data ultima consultazione: 2012/05/06).

Cinque, G. (2001), «La frase relativa». In: Renzi / Salvi / Cardinaletti (2001), vol. I, 457–517.

Collot, M. / Belmore, O. (1996), «Electronic language: A new variety of English». In: S. Herring (eds.), *Computer-mediated communication: Linguistics, social and cross-cultural perspectives*. Amsterdam: John Benjamins, pp 13–28.

Colombo, A. (2012). *La coordinazione*. Roma: Carocci.

Compagnone, M.R. (2014), *Linguaggio SMS: il parlato digitato*. Napoli: Liguori Editore.

Contento, S. (1994), «I marcatori discorsivi del colloquio psicologico». In: F. Orletti (a c. di), *Fra conversazione e discorso. L'analisi dell'interazione verbale*. Roma: Carocci, pp. 217–232.

Conti, A. (2010), *Analisi delle prestazioni di lettura: un esperimento comparativo tra media di vecchia e nuova generazione*, elaborato di laurea triennale, Università di Pisa.

CorDIC = *Corpora Didattici Italiani di Confronto*. Accesso on-line all'URL: http://corporadidattici.lablita.it.

Cordin, P. / Calabrese, A. (2001), «I pronomi personali». In: Renzi / Salvi / Cardinaletti (2001), vol. I, pp. 549–606.

Corino, E. (2007), *NUNC est disputandum. Questioni metodologiche ed aspetti della testualità*. In: M. Barbera / E. Corino / C. Onesti (a c. di), *Corpora e linguistica in rete*. Perugia: Guerra Edizioni, pp. 225–252.

Corno, D. (1999), «Il curricolo di scrittura nell'era di Internet». In: "Italiano e oltre", 14, pp. 211–217.

Corpus FTG 2005 = Corpus di F. Taddei Gheiler (2005). In: E. M. Pandolfi (2006), *Misurare la regionalità*. Bellinzona: OLSI, CD-Rom.

Cortelazzo, M. (2004), «Prefazione». In: E. Pistolesi, *Il parlare spedito*. Padova, Esedra, pp. 7–8.

Corti, M. (1972), «I generi letterari in prospettiva semiologica». In: "Strumenti critici", 1, pp. 1–18.

Cosenza, G. (2004), *Semiotica dei nuovi media*. Roma-Bari: Editori Laterza.

Coserio, E. (1988a), «Die Begriffe Dialekt, Niveau und Sprachstil und der eigentliche Sinn der Dialektologie». In: J. Albrecht / J Lüdtke / H Thun, Harald (Hrsg.), *Energeia und Ergon. Sprachliche Variation, Sprachgeschichte, Sprachtypologie. Studia in honorem E. Coseriu* (Tübingen Beiträge zur Linguistik, vol 300), 3 vol. Tübingen: Narr, pp. 15–43.

Coseriu, E. (1971), «Sistema, norma e 'parole'». In: Id., *Teoria del linguaggio e linguistica generale: sette studi*. Roma-Bari, Editori Laterza, pp. 19–103.

Coseriu, E. (1973), *Lezioni di linguistica generale*. Torino: Bollati Boringhieri.

Coseriu, E. (1975), «Die sprachlichen (und die anderen) Universalien». In: B. Schlieben-Lange (Hrsg.), *Sprachtheorie*. Hamburg: Hoffmann und Campe, pp. 127–161.

Coulmas, F. (1989), *The writing systems of the world*. Oxford: Basil Blackwell.

Coulthard, M. (1977), *An Introduction to Discourse Analysis*. London: Longman.

Coveri, L. / Benucci, A. / Diadori, P. (1998), *Le varietà dell'italiano. Manuale di sociolinguistica italiana*. Roma: Bonacci.

Cresti, E. (1997), «Confronto tra la 'resa informativa' del dialogo spontaneo e dell'intervista radiofonica». In: Aa.Vv. *L'italiano trasmesso: la radio*. Firenze: Accademia della Crusca, pp. 611–657.

Cresti, E. (2000), Corpus di italiano parlato, 2 voll. Firenze: Accademia della Crusca.

Cresti, E. (2005a), «Enunciato e frase: teoria e verifiche empiriche». In: M. Biffi / O. Calabrese / L. Salibra (a c. di), *Italia Linguistica: discorsi di scritto e di parlato. Scritti in onore di Giovanni Nencioni*. Siena: Prolagon, pp. 249–260.

Cresti, E. (2005b), «Brevi note sulle principali strategie lessicali e strutturali del parlato di quattro lingue romanze (italiano, francese, portoghese e spagnolo): dati dal corpus C-Oral-Rom». In: I. Korzen (a c. di), *Lingua, cultura e intercultura: l'italiano e le altre lingue*. Atti del VIII Convegno SILFI (Copenaghen, 22–26 giugno 2004). Copenhagen: Samfundslitteratur Press, pp. 163–176.

Cresti, E. (2008), «La parataxe: articulation informative dans le parlé spontané vs juxtaposition syntaxique dans l'écrit littéraire?». In: M.J. Beguelin / M. Avanzi (éd.), *La parataxe*. Actes du I° Colloque international de macro-syntaxe (Neuchâtel 12–15 février 2007). Tübingen: Niemeyer.

Cresti, E. (2011), «Paratassi». In: R. Simone (a c. di), *Enciclopedia dell'italiano*. Roma: Istituto della Enciclopedia Italiana G. Treccani. Accesso on-line full text all'URL: www.treccani.it/enciclopedia/paratassi_(Enciclopedia-dell%27Italiano)/ (data ultima consultazione: 2015/06/05).

Cresti, E. (2012), «Costrutti paratattici nell'italiano parlato spontaneo e nell'italiano scritto letterario». In: P. Bianchi / N. De Blasi / C. De Caprio / F. Montuori (a c. di), *Varietà e varianti linguistiche e testuali*. Atti dell'XI Congresso SILFI (Napoli, 5–7 ottobre 2010). Firenze: Franco Cesati Editore, pp. 495–506.

Cresti, E. / Panunzi, A. (2013), *Introduzione ai corpora dell'italiano*. Bologna: Il Mulino.

Crowston, K. / Williams, M. (1997), «Reproduced and Emergent Genres of Communication on the World Wide Web». In: Aa.Vv., *Proceedings of the 30th Annual Hawaii International Conference on System Sciences*. CDROM Collection – Volume 6. Hawaii: IEEE Press.

Crystal, D. (1993), *The Cambridge Encyclopedia of Language*. Cambridge University Press (I edizione 1987).

Crystal, D. (2006), *Language and the Internet*. Cambridge: Cambridge University Press (I edizione 2001).

D'Achille, P. (1990), *Sintassi del parlato e tradizione scritta della lingua italiana. Analisi di testi dalle origine al secolo XVIII*. Roma: Bonacci.

D'Achille, P. (2010), *L'italiano contemporaneo*. Bologna: Il Mulino (I edizione 2003).

D'Agostino, E. (2001), *Le forme lessicali del parlare: analisi quantitativa e qualitativa del parlato italiano*. Napoli: Ed. Scientifica.

D'Alessandro, P. (2005), «Lettore e la funzione ipertestuale». In: P. D'Alessandro / I. Domanin (a c. di), *Filosofia dell'ipertesto: esperienza di pensiero, scrittura elettronica, sperimentazione didattica*. Milano: Apogeo Editore, pp. 33–47.

Dabène, M. (1987), *L'adulte et l'écriture*. Paris: Nathan.

Damiani, M. (2008), «I prototipi testuali». In: "Revista Rhêtorikê", 1, 1–42. Accesso on-line full text all'URL: http://www.rhetorike.ubi.pt/01/pdf/matteo-damiani-prototipi-testuali.pdf (data ultima consultazione: 2010/11/19).

Daneš, F. (1970), «One instance of prague school methodology: functional analysis of utterance and text». In: P.L. Garvin (eds.), *Method and Theory in Linguistics*. The Hague/Paris: Mouton, pp. 132–141.

Daneš, F. (1974), «Functional Sentence Perspective and the Organization of the text». In: F. Daneš (eds.), *Papers on Functional Sentence Perspective*. Praha: Academia, pp. 106–28.

Dardano, M. (1986), *Il linguaggio dei giornali italiani*. Roma-Bari: Laterza (I edizione 1973).

Dardano, M. / Giovanardi, C. / Pelo, A. / Trifone, M. (1992), «Testi misti». In: B. Moretti/ D. Petrini / S Bianconi (a c. di), *Linee di tendenza dell'italiano contemporaneo*. Atti del XXV Congresso internazionale di studi della Società di Linguistica Italiana (Lugano, 19–21/9/1991). Roma: Bulzoni; pp. 323–352.

Dardano, M. / Trifone, P. (1997). *La nuova grammatica della lingua italiana*. Bologna: Zanichelli.

Dardano, Maurizio (1994), «Profilo dell'italiano contemporaneo». In: Serianni, Luca/ Trifone, Pietro (a c. di), Storia della lingua italiana, vol.2: Scritto e parlato. Torino: Einaudi, pp. 343–430.

De Cesare, A.-M. (2009), «La lingua dei quotidiani ticinesi. I titoli». In: B. Moretti / E.M. Pandolfi / M. Casoni (a c. di), *Linguisti in contatto. Ricerche di linguistica italiana in Svizzera*. Bellinzona: OLSI, pp. 349–367.

De Francis, J. (1989), *Visible Speech, the diverse oneness of writing systems*. Honolulu: University of Hawaii Press.

De Mauro, T. (1971), «Tra Thamus e Theuth. Uso scritto e parlato dei segni linguistici». In: Id., *Senso e significato. Studi di semantica teorica e storica*, Bari: Adriatica Editrice, pp. 96–114.

De Mauro, T. (a c. di) (1994), *Come parlano gli italiani*. Firenze: La Nuova Italia.

December, J. (1997), «Notes of Defining of Computer-Mediated Communication», [on-line]. Accesso on-line full text all'URL: http://www.december.com/cmc/mag/1997/jan/december.html (data ultima consultazione: 2010/05/21).

Degl'Innocenti-Ferraris, M. (1990), «Le colpe del computer. In: "Italiano & Olre", n.2. Firenze: la Nuova Italia.

Deleuze, G. / Guattari, F. (1976), *Rhizome*. Paris: Editions de Minuit.

Derrida, J. *De la grammatologie*. Paris: Ed. De Minuit.

Detti, T. (2009), «Le marche d'espressione della concessività in italiano. Alcuni risultati di uno studio condotto su un corpus di italiano scritto contemporaneo». In: A. Ferrari (a c. di), *Sintassi storica e sincronica dell'italiano. Subordinazione, coordinazione, giustapposizione*. Atti del X Congresso della Società Internazionale di Linguistica e Filologia Italiana (Basilea, 30 giugno-3 luglio 2008). Firenze: Franco Cesati Editore, 3 voll., vol. II, pp. 971–986.

Di Fraia, G. (2007), «Blog-grafie». In: Id. (a c. di), *Blog-grafie, identità narrative in rete*. Milano: Studio Guerini: pp. 76–140.

Diller, H.-J. (2002), «Genre vs. text type: Two typologies and their uses for the newspaper reader». In: A. Fischer / G. Tottie / U. Fries / H. M. Lehmann, *Text types and corpora: studies in honour of Udo Fries*. Tübingen: Gunter Narr Verlag, pp. 1–12.

Dillon, A. (1992), «Reading from Paper versus Screens: A Critical Review of the Empirical Literature». In: "Ergonomics", 35, 10, pp. 1297–1326.

Dillon, A. / McKnight, C. / Richardson, J. (1991), *Hypertext in Context*. Cambridge: Cambridge University Press.

Dinale, C. (2001), *I giovani allo scrittoio*. Padova: Esedra.

DISC: on-line = Edizione online tratta da: Sabatini, F. / Coletti V. (1997), *Dizionario italiano Sabatini Coletti*. Firenze: Giunti.

Dobrzyńska, T. (1974), *Delimitacja tekstu literackiego*. Wrocław: Zakład Narodowy im. Ossolińskich.

Domanin, I. (2005), «Esperienze di pensiero e media tecnologici». In: P. D'Alessandro / I. Domanin (a c. di), *Filosofia dell'ipertesto: esperienza di pensiero, scrittura elettronica, sperimentazione didattica*. Milano: Apogeo Editore, pp. 41–58.

Dressler, W.U. (1970), «Textsyntax». In: "Lingua e stile", Anno V, 2, agosto 1970, pp. 191–213.

Dróżdż, A (2009), *Od liber mundi do hipertekstu. Książka w świecie utopii*. Warszawa: Biblioteka analiz.

Duranti, A. (2000), *Antropologia del linguaggio*. Roma: Meltemi (Ed. originale 1997).

Duranti, A. / Ochs, E. (1979), «Left-dislocation in Italian conversation». In: T. Givón (eds.), *Syntax and Semantics*. New York – SanFrancisco – London: Academic Press, pp. 377–416.

Durkiewicz, M. (2008), «Raccontarsi bloggando o giocare con la propria identità? La dimensione identitaria nell'apparato paratestuale dei diari on-line». In: "Kwartalnik Neofilologiczny", 4/2008, pp. 455–471.

Durkiewicz, M. (2009), «I bloggers scrivono come parlano? Osservazioni sulla testualità e sulla sintassi dei diari on-line». In: C. Albizu *et al.* (eds.), *Alltag – Quotidien – Quotidiano – Cotidiano* (Akten – Actes – Atti – Actas, III Dies Romanicus Turicensis, Zürich, 17–18 Juni 2006). Aachen: Shaker Verlag, pp. 131–152.

Durkiewicz, M. (2012), «*Ciao Splinder, sei stato un buon confidente... Buon riposo...* L'agonia di Splinder: fine di un capitolo del blogging in Italia nelle parole di blogger». In: E. Jamrozik / K. Miłkowska-Samul (red.), *L'italiano e l'Italia del Terzo Millennio: uno sguardo dalla* Polonia. Varsavia: Lingo, pp. 99–110.

Durkiewicz, M. (2014), «Scrivere del più e del meno sul diario on-line». In: e. Jamrozik / R. Sosnowski (a c. di), *Percorsi linguistici tra Italia e Polonia. Studi di linguistica italiana offerti a Stanisław Widłak*. Firenze: Franco Cesati Editore, pp. 205–217.

Duszak, A. (1998), *Tekst, dyskurs, komunikacja międzykulturowa*. Warszawa: Wydawnictwo Naukowe PWN.

Eckkrammer, E.M. (2009), «Czy potrzebujemy nowego pojęcia tesktu?». In: Z. Bilut-Homplewicz / W. Czachur / M. Smykała (2009), *Lingwistyka tekstu w Niemczech. Pojęcia, problemy, perspektywy*. Wrocław: Oficyna Wydawnicza ATUT, pp. 316–342 (Ed. originale 2002).

Eco, U. (2006), *A passo di gambero. Guerre calde e populismo mediatico*. Milano: Bonpiani.

Erickson, T. (2000), «Making Sense of Computer-Mediated Communication: Conversation as Genres, CMC Systems as Genre Ecologies». In: *Proceedings of the 33rd Annual Hawaii International Conference on System Sciences*. CDROM Collection – Volume 3. Hawaii: IEEE Press. Accesso on-line full text all'URL: http://www.pliant.org/personal/Tom_Erickson/genreEcologies.html (data ultima consultazione: 2010/09/13).

Esser, J. (2006), *Presentation in language. Rethinking Speech and Writing*. Tübingen: Gunter Narr Verlag.

Ferrara, K. / Brunner, H. /Whittemore, G (1991), «Interactive Written Discourse as an Emergent Register» In: "Written Communication", 1991, 8, 8. Accesso on-line full text all'URL:http://wcx.sagepub.com/cgi/content/abstract/8/1/8 (data ultima consultazione: 2012/06/20).

Ferrari, A (2009), «Note sulle unità di analisi dello scritto e del parlato. Convergenze e divergenze funzionali e strutturali». In: Id. (a c. di), *Sintassi storica e sincronica dell'italiano. Subordinazione, coordinazione, giustapposizione*. Atti del X Congresso della Società Internazionale di Linguistica e Filologia Italiana (Basilea, 30 giugno-3 luglio 2008). Firenze: Franco Cesati Editore, 3 voll., vol. II, pp. 759–779.

Ferrari, A. (1998), «Note sull'"apposizione grammaticalizzata"». In" "Cahiers de l'Institut d'Italien de l'Université de Neuchâtel", 6–7, pp. 2–29.

Ferrari, A. (2003), *Le ragioni del testo. Aspetti sintattici e interpuntivi dell'italiano contemporaneo*. Firenze: Accademia della Crusca.

Ferrari, A. (2010), «Connettivi». In: R. Simone (a c. di), *Enciclopedia dell'italiano*. Roma: Istituto della Enciclopedia Italiana G. Treccani. Accesso on-line full text all'URL: http://www.treccani.it/enciclopedia/connettivi_(Enciclopedia-dell%27Italiano)/ (data ultima consultazione: 2014/03/11).

Ferrari, A. (2011), «Struttura tematica». In: R. Simone (a c. di), *Enciclopedia dell'italiano*. Roma: Istituto della Enciclopedia Italiana G. Treccani. Accesso on-line full text all'URL: http://www.treccani.it/enciclopedia/struttura-tematica_(Enciclopedia-dell%27Italiano)/ (data ultima consultazione: 2014/03/11).

Ferrari, A. (2012), «La virgola e il punto nello scritto-scritto e nello scritto mediato dalla rete. Descrizione e spiegazione». In: P. Bianchi / N. De Blasi / C. De Caprio / F. Montuori (a c. di), *Varietà e varianti linguistiche e testuali*. Atti dell'XI Congresso SILFI, Napoli, 5–7 ottobre 2010). Firenze: Franco Cesati Editore, 2 voll. Vol. II, pp. 413–427.

Ferrari, A. (a c. di) (2004), *La lingua nel testo, il testo nella lingua*. Torino: Istituto dell'Atlante Linguistico Italiano.

Ferrari, A. (a c. di) (2005), *Rilievi. Le gerarchie semantico-pragmatiche di alcuni tipi di testo*. Firenze: Franco Cesati Editore.

Ferrari, A. (a c. di) (2006), *Parole, frasi, testi fra scritto e parlato*. Pregassona: Cenobio Edizioni.

Ferrari, A. / De Cesare, A.-M. (2009), «La progressione tematica rivisitata». In: "Vox Romanica", 68, pp. 98–128.

Ferrari, A. / Mandelli, M. (2007), «Note sull'impiego dei connettivi nei notiziari accademici del corpus *Athanaeum*». In: M. Barbera (a c. di), *Corpora e linguistica in rete*. Perugia: Guerra Edizioni, pp. 183–198.

Ferrari, A. / Zampese, L. (2000), *Dalla frase al testo. Una grammatica per l'italiano*. Bologna: Zanichelli.

Ferrari, A. et al. (2008), *L'interfaccia lingua-testo. Natura e funzioni dell'articolazione informativa dell'enunciato*. Alessandria: Edizioni dell'Orso.

Fievet, C. / Turrettini, E. (2004), *Blog Story. Onde de choc*, Paris: Eyrolles.

Fiorentino, G. (1999), *Relativa debole. Sintassi, uso, storia in italiano*. Milano: Franco Angeli.

Fiorentino, G. (2002), «Computer – Mediated Communication: lingua e testualità nei messaggi di posta elettronica in italiano». In: R. Bauer / H. Goebl (a c. di/

Hrsg.), *Parallela IX. Testo, variazione, informatica / Text, Variation, Informatik.* Wilhelmsfeld: Egert, pp. 187–208.

Fiorentino, G. (2004), «Scrivere come si parla. Variabilità diamesica e CMC: il caso dell'e-mail». In: "Horizonte", 8, pp. 83–110.

Fiorentino, G. (2005), «Così lontano, così vicino: coerenza e coesione testuale nella scrittura in rete». In: I. Korzen (a c. di), *Lingua, cultura e intercultura: l'italiano e le altre lingue.* Atti dell'VIII convegno internazionale della SILFI, Copenaghen giugno 2004. Frederiksberg: Samfundslitteratur Press, cd-rom.

Fiorentino, G. (2007a), «Nuove scritture e media: le metamorfosi della scrittura». In: Id. (a c. di), *Scrittura e società.* Roma, Aracne, pp. 175–207.

Fiorentino, G. (2007b), «Complessità sintattica e subordinazione non finita tra scritto e parlato». In: A.-M. De Cesare / A. Ferrari (a c. di), *Lessico, grammatica, testualità. ARBA 18,* (Acta Romanica Basiliensia). Basilea: Università di Basilea: pp. 97–125.

Fiorentino, G. (2010), «Che polivalente». In: R. Simone (a c. di), *Enciclopedia dell'italiano.* Roma: Istituto della Enciclopedia Italiana G. Treccani. Accesso on-line full text all'URL http://www.treccani.it/enciclopedia/che-polivalente_(Enciclopedia-dell%27Italiano)/ (data ultima consultazione: 2013/05/06).

Fiorentino, G. (2014), «"Ti auguro tanta fortuna, ma non dev'esser così...": norma liquida tra Internet e scrittura accademica». In: S. Lubello (a c. di), *Lezioni d'italiano. Riflessioni sulla lingua del nuovo millennio.* Bologna: Il Mulino, pp. 181–204.

Fiorentino, G. (2016), «Scrittori per caso: scritture spontanee sul web». In: S. Lubello (a c. di), *L'e-taliano. Scriventi e scritture nell'era digitali.* Firenze: Franco Cesati Editore, pp. 53–72.

Fiormonte, D. (2003), *Scrittura e filologia nell'era digitale.* Torino: Bollati Boringhieri.

Fiormonte, D. (2004), «La testualità digitale oggi: dalla scrittura on-line alla Web usability». In: F. Orletti (a c. di), *Scrittura e nuovi media. Dalle conversazioni in rete alla Web usability.* Roma: Carocci, pp. 43–67.

Fiormonte, D. / Cremascoli, F. (1998), *Manuale di scrittura.* Torino: Bollati Boringhieri.

Fogarasi, M. (1983), *Grammatica italiana del Novecento.* Roma: Bulzoni (I edizione 1969).

Folena, G. (1985), «Premessa». In: "Quaderni di retorica e poetica", 2: "Le forme del diario", pp. 2–9.

Foresti, F. (1977), «Il rapporto tra sistemi grafici e sistemi fonologici, con particolare riguardo all'italiano». In: "Rivista Italiana di Dialettologia", 1, pp 121–152.

Fornaciari, R. (1882), *Grammatica Italiana dell'uso medio.* Firenze: Sansoni.

Freedman, A. / Medway, P. (1994), *Genre and the New Rhetoric.* London: Taylor and Francis.

Frye, H.N. (1957), *Anatomy of Criticism. Four Essays.* Princeton: Princeton University Press.

Gajda, S. (1993), «Gatunkowe wzorce wypowiedzi». In: J. Bartmiński (red.), *Encyklopedia kultury polskiej XX w.* Vol. II, *Współczesny język polski.* Wrocław: Wiedza o Kulturze, pp. 245–258.

Gałkowski, A. (2003), *Connettivi nella comunicazione pastorale.* Łask: Leksem.

Gamaleri, G. (1991), *La Galassia McLuhan. Il mondo plasmato dai media.* Roma: Armando (I edizione 1976).

Gastaldi, E. (2002), «Italiano digitato». In: "Italiano & Oltre", XVII, pp. 134–139.

Geertz, C. (1980), «Blurred Genres: The Refiguration of Social Thought». In: "The American Scholar", 49(2), pp. 165–179.

Genette, G. (1982), *Palimpsestes.* Paris: Seuil.

Genette, G. (1987), *Seuils.* Paris: Seuil.

Gheno, V. (2003), «Prime osservazioni sulla grammatica dei gruppi di discussione telematici di lingua italiana». In: "Studi di grammatica italiana", vol. XXII, pp. 267–308.

Gheno, V. (2017), *Social-linguistica. Italiano e italiani dei social network.* Firenze: Franco Cesati Editore.

Giordano, R. / Voghera, M. (2002), «Verb system and verb usage in spoken and written Italian». In: A. Morin / P. Sébillot (a c. di), *Jadt 2002, 6èmes Journées Internationales d'Analyse Statistique des Données Textuelles.* Rennes: IRISA, pp. 289–299.

Giordano, R. / Voghera, M. (2009), «Frasi senza verbo: il contributo della prosodia». In: A. Ferrari (a c. di), *Sintassi storica e sincronica dell'italiano. Subordinazione, coordinazione, giustapposizione.* Atti del X Congresso della Società Internazionale di Linguistica e Filologia Italiana (Basilea, 30 giugno-3 luglio 2008). Firenze: Franco Cesati Editore, 2 voll., vol. II, pp. 1005–1024.

Giovanardi, C. (2010), *L'italiano da scrivere. Strutture, risposte, proposte,* Napoli: Liguori.

Givòn, T. (1984), *Syntax. A functional-typological introduction.* Amsterdam: Benjamins.

Głowiński (1967), «Dzieło wobec odbiorcy. Szkice z komunikacji literackiej». In: R. Nycz (red.) (1998), *Prace wybrane.* Kraków: Towarzystwo Autorów i Wydawców Prac Naukowych Universitas, t. 3, pp. 34–56.

Goody, J. (1987), *The interface between the written and the oral.* Cambridge – New York – Melbourne: Cambridge University Press.

Górska-Olesińska (2009), *Słowo w sieci.* Opole: Wydawnictwo Uniwersytetu Opolskiego.

Grabmann, M. (1980), *Storia del metodo scolastico.* Firenze: La Nuova Italia (Ed. originale 1909/11).

Grammatica Treccani (2013) = Aa.Vv., *Grammatica*. Roma: Istituto della Enciclopedia Italiana fondata da Giovanni Treccani.

Green, G.M. / Morgan, J. L. (1981), «Pragmatics, grammar, and discourse». In: P. Cole (eds.), *Radical Pragmatics*. New York: Academic: pp. 167–181.

Gumperz, J. J. (1972), «Introduction». In: J. Gumperz, J. / D. Hymes (a c. di), *Directions in sociolinguistics: The Ethnography of Communication*. New York: Holt, Rinehart & Winston: pp. 1–25.

Gwóźdź, A. (2004), *Technologie widzenia, czyli media w poszukiwaniu autora: Wim Wenders*. Kraków: Uniersitas.

Habrajska, G. (2006), «Wpływ internetu na typologizację w języku». In: I. Kamińska-Szmaj / T. Piekot / M. Zaśko-Zieliński, *Oblicza komunikacji 1. Perspektywy badań nad tekstem, dyskursem i komunikacją*. Kraków: tEertium, pp 56–68.

Halliday, M.A.K. (1978), *Language as Social Semiotics: The Social Interpretation of Language and Meaning*. Baltimore: EUA, University Park.

Halliday, M.A.K. (1987), *Sistema e funzione nel linguaggio: saggi raccolti da Günther Kress*. Bologna: Il Mulino (Ed. originale 1976).

Halliday, M.A.K. (1992), *Lingua parlata e lingua scritta*. Scandicci: La Nuova Italia (Ed. originale 1985).

Hans-Bianchi, B. (2005), *La competenza scrittoria mediale. Studi sulla scrittura popolare*. Tübingen: Max Niemeyer Verlag.

Harris, R. (1994a), *Sémiologiede l'écriture*. Paris: CNRS.

Harris, R. (1994b), «Semiotic aspects of writing». In: G. Hartmut / L.Otto (eds.), *Writing and its Use*. Berlin/New York: De Gruyter, vol. 1, pp. 41–48.

Harris, R. (1998), *L'origine della scrittura*. Roma: Stampa alternative & graffiti (Ed. originale 1986).

Havelock, E. (1991), «The oral-literature equation: a formula for the modern mind». In: D.R. Olson / N. Torrance (eds.), *Literacy and Orality*. Cambridge: University Press, pp. 11–27.

Hayles, N.K. (2002), «Materiality Has always Been in Play», intervista a c. di L. Gitelman. Accesso on-line full text all'URL http://en.wikipedia.org/wiki/N._Katherine_Hayles (data ultima consultazione: 2011/06/14).

Held, G. (1999), «Il titolo come strumento giornalistico: Strutture, funzioni e modalità di un tipo di testo esemplificate sulle forme del riuso linguistico in chiave comparativa». In: G. Skytte / F. Sabatini (a c. di), *Linguistica testuale comparativa*. Copenhagen: Museum Tusculanum Press, pp. 173–189.

Herczeg, G. (1967), *Lo stile nominale in italiano*. Firenze: Le Monnier.

Herring, S.C. (2001), «Computer-Mediated Discourse». In: D. Schiffrin / D. Tannen / H.E. Hamilton (eds.), *The Handbook of Discourse Analysis*. Oxford: Blackwell Publishing Ltd.

Herring, S.C. (eds.) (1996), *Computer Mediated Communication: Linguistics, Social and Cross-cultural Perspectives*. Amsterdam: John Benjamins.

Herring, S.C. / Scheidt, L.A. / Wright, E. / Bonus, S. (2005), «Weblogs as a bridging genre». In: "Information, Technology & People", vol. 18(2), pp. 142–171.

Hiltz, S.R. / Turoff, M. (1978), *The Network Nation: Human Communication Via Computer*. Boston: Addison-Wesley Publishing Company.

Hjelmslev, L. (1971). *Le verbe et la phrase nominale*. In: Id. *Essais linguistiques*. Paris: Les editions de minuit, pp. 174–200.

Hjelmslev, L. (1987), *I fondamenti della teoria del linguaggio*. Torino: Einaudi (Ed. originale 1947).

Hoek, L.H. (1995), «La transposition intersémiotique pour une classification pragmatique». In: L.H. Hoek / K. Meerhoff (éd.), *Rhétorique et image*. Amsterdam – Atlanta, (GA): Editions Rodopi B.V., pp. 65–83.

Holtus, G. (1984), «Codice parlato e codice scritto». In: Aa.Vv., *Il dialetto dall'oralità alla scrittura*, Atti del XIII Convegno per gli Studi Dialettali Italiani (Catania – Nicosia, 28-09-1981). Pisa: Pacini, vol. I, pp. 125–143.

Hopfinger, M. (2003), *Doświadczenia audiowizualne. O mediach w kulturze współczesnej*. Warszawa: Wydawnictwo Sic!.

Hymes, D. (1964), «Introduction: toward ethnographies of communication». In: "American Anthropologist", 66, 6, pp. 13–25.

Hymes, D. (1972), «Models of the interaction of language and social life». In: J. Gumperz / D. Hymes (eds.), *Directions in Sociolinguistics: The Ethnography of Communication*. New York: Holt, Rinehart & Winston: pp. 58–71.

Jakobsen, M.M. (2002), *Transformations of Literacy in Computer-Mediated Communication. Orality, Literacy, Cyberdiscursivity*. New York: Leviston.

Jakobson, R. / Waugh, L.R. (1979), *The Sound Shape of Language*. Brighton: Harvester.

Jamrozik, E. (2009), «Il *continuum* tra subordinazione e coordinazione». In: A. Ferrari (a c. di), *Sintassi storica e sincronica dell'italiano. Subordinazione, coordinazione, giustapposizione*. Atti del X Congresso della Società Internazionale di Linguistica e Filologia Italiana (Basilea, 30 giugno-3 luglio 2008). Firenze: Franco Cesati Editore, 3 voll., vol. II, pp. 797–812.

Jamrozik. E. (2002), *Tra paratassi e ipotassi: I confini del collegamento sintattico*. In: "Studi di Grammatica italiana", XXI (2002), pp. 125–193.

Jensen, J.F. (1998), «Interactivity. Tracking a New Concept in Media and Communication Studies». In: "Nordicom Review", 19, pp. 185–204.

Jespersen, O. (1924), *The philosophy of grammar*. London: George Allen & Unwin LTD.

Jücker, A.H. (2005), «Hypertextlinguistics: Textuality and typology of hypertexts». In: A. Fischer / G. Tottie / H.M. Lehmann, *Text types and corpora. Studies in Honour of Udo Fries*. Tübingen: Gunter Narr Verlag, pp. 29–51.

Kędzierzawski, W. (2009), «Mowa – pismo – druk. Słowo poddane wtórnej piśmienności a blogi internetowe». In: G. Gończarczyk / P. Grochowski (red.), *Folklor w dobie internetu*. Toruń: Wydawnictwo Naukowe UMK.

Kerebel, A. (2006), «'Claviers intimes': les journaux en ligne comme nouvel espace d'intimité». In: "RiLUnE", n. 5/2006, pp. 107–120. Accesso on-line full text all'URL: http://www.rilune.org/mono5/10_kerebel.pdf (data ultima consultazione: 2011/03/20).

Khachaturyan, E. (2011), «Discourse markers in Romance languages». In: "Oslo Studies in Language", 3(1), 2011, pp. 95–116.

Kita, M. (1998), *Wywiad prasowy. Język – gatunek – interpretacja*. Katowice: Wydawnictwo UŚ.

Kita, M. / Grzenia, J. (2003), *Porozmawiajmy o rozmowie. Lingwistyczne aspekty dialogu*. Katowice: Wydawnictwo Uniwersytetu Śląskiego.

Kleibert, G. (1994), *Anaphores et pronoms*. Bruxelles: Duculot.

Kloss, Heinz (1978), *Die Entwicklung neuer germanischer Kultursprachen seit 1800*. Düsseldorf: Schwann.

Koch, P. (2005), «'Parlato / scritto' quale dimensione centrale della variazione linguistica». In: E. Burr (a c. di), *Innovazione e tradizione. Linguistica e filologia alle soglie del nuovo millenni*. Firenze: Franco Cesati Editore: pp. 41–56.

Koch, P. / Oesterreicher, W. (1990), *Gesprochene Sprache in der Romania: Französisch, Italienisch, Spanisch*. Tübingen: Niemeyer.

Koch, W.A. (1966), «Einige Probleme der Textanalyse». In: "Lingua", 16, pp. 383–398.

Koch, W.A. (1969), «Vom Morphem zum Textem». Hildesheim: Georg Olms Verlagsbuchhandlung.

Kress, G. (2002), «Colour as a semiotic mode: notes for a grammar of colour». In: "Visual Communication" 1(3).

Kristeva, J. (1967), «Bakhtine, le mot, le dialogue et le roman». In: "Critique", XXIII. 239. Aprile 1967, pp. 438–465.

Labbe, H. / Marcoccia, M. (2005), «Communication numérique et continuité des genres: l'exemple du courrier électronique». In: "Texto!", [on line]. Septembre 2005, vol. X, 3. Accesso on-line full text all'URL: http://www.revue-texto.net/Inedits/Labbe-Marcoccia.html (data ultima consultazione: 2010/09/10).

Labocha, J. (2008), *Tekst, wypowiedź, dyskurs w procesie komunikacji językowej*. Kraków: Wydawnictwo Uniwersytetu Jagiellońskiego.

Lala, L. (2005), «'A voi lettori. L'ardua sentenza. Barrate la crocetta. Sulla risposta. Prescelta.': le articolazioni informative di (certa) riflessione politica». In: A. Ferrari (a c. di), *Rilievi. Le gerarchie semantico-pragmatiche di alcuni tipi di testo*. Firenze: Cesati, pp. 217–244.

Lala, L. (2009), «La lingua dei quotidiani ticinesi. La punteggiatura: un'analisi corpus driven». In: B. Moretti / E. M. Pandolfi / M. Casoni (a c. di), *Linguisti in contatto. Ricerche di linguistica in Svizzera*. Atti del Convegno OLSI (Bellinzona, 16–17 Novembre 2007). Bellinzona: Osservatorio Linguistico della Svizzera Italiana, pp. 299–313.

Lala, L. (2011), *Il senso della punteggiatura nel testo. Analisi del punto e dei due punti in prospettiva testuale*. Firenze: Franco Cesati Editore.

Lana, M. (2004), *Il testo nel computer. Dal web all'analisi dei testi*. Torino: Bollati Boringhieri.

Landow, G.P. (1998), *L'ipertesto: tecnologie digitali e critica letteraria*. Milano: Bruno Mondadori (Ed. originale 1997).

Lane, P. (1992), *La Périphérie du texte*. Paris: Nathan.

Lane, P. (2008), «Les frontières des textes et des discours: pour une approche linguistique et textuelle du paratexte». In: J. Durand / B. Habert / B. Laks (éd.), *Actes du 1er Congrès Mondial de Linguistique Française CMLF'08*. Paris: EDP Sciences, pp. 1379–1387.

Lanham, R.A. (1993), *The Electronic Word: Democracy, Technology and the Arts*. Chicago: The University of Chicago Press.

Lanham, R.A. (1995), «A Re/Inter/View with Richard Lanham». Accesso on-line full text all'URL: http://www.press.uchicago.edu/Misc/Chicago/468828in.html (data ultima consultazione: 2015/12/21).

Lavinio, C. (1990), *Teoria e didattica dei testi*. Firenze: La Nuova Italia.

Lejeune, P. (1975), *Le Pacte autobiographique*. Paris: Seuil.

Lemke, J.L. (2005), «Multimedia Genres and Traversals». In: "Folia Linguistica", Vol. 39, Issue 1–2, pp. 45–56.

Lenci, A. / Montemagni, S. / Pirelli, V. (2005), *Testo e computer. Elementi di linguistica computazionale*. Roma: Carocci.

Lepschy, G. (1981), «Mutamenti di prospettiva nella linguistica» ["Studi linguistici e semiologici", vol. 14]. Bologna: Il Mulino.

LIF = U. Bortolini / C. Tagliavini / A. Zampolli (1971), *Lessico di frequenza della lingua italiana contemporanea*. Milano: IBM (1971), Garzanti (1972).

LIP = T. De Mauro / F. Mancini / M. Vedovelli / M. Voghera (1993), *Lessico di frequenza dell'italiano parlato*. Milano: Etaslibri.

LIPSI = Pandolfi, E.M. (2009), *LIPSI: lessico di frequenza dell'italiano parlato nella Svizzera italiana*. Bellinzona: OLSI.

Loewe, I. (2007), *Gatunki paratekstowe*. Katowice: Wydawnictwo Uniwersytetu Śląskiego.

Lombardi Vallauri, E. (2002), *La struttura informativa dell'enunciato*. Scandicci: La Nuova Italia.

Lombardi Vallauri, E. (2004), «Grammaticalization of syntactic incompleteness. Free conditionals in Italian and other languages». In: "SKY Journal of linguistics", 17, pp. 189–215.

Lombardi Vallauri, E. (2010), «Focalizzazioni». In: R. Simone (a c. di), *Enciclopedia dell'italiano*. Roma: Istituto della Enciclopedia Italiana G. Treccani. Accesso on-line full text all'URL: http:// www.treccani.it/enciclopedia/focalizzazioni_ (Enciclopedia-dell%27Italiano)/ (data ultima consultazione: 2012/05/04).

Lotman, J.M. (1980), *Testo e contesto: semiotica dell'arte e della cultura*. Roma-Bari: Laterza.

Lüdtke, H. (1978), «Tesi generali sui rapporti fra i sistemi orale e scritto del linguaggio». In: Aa.Vv., *Atti del XIV Congresso internazionale di linguistica e filologia romanza (Napoli, 15–20 Aprile 1974)*, pp. 433–443.

Lughi, G. (1996), «Browsing e controllo del testo: intorno agli ipertesti narrativi». In: M. Ricciardi (a c. di), *Lingua, letteratura e computer*. Torino: Bollati Boringhieri.

Lyons, J. (1977), *Semantics*. Cambridge: Cambridge University Press, vol.

Maggi, A. (1995), «Ubi scripta volant». In: "Italiano & Oltre", 10.

Maingueneau, D. (2007), *Analyser les textes de communication*. Paris: Armand Collin (I edizione 1998).

Mancini, F. / Voghera, M. (1994), «Struttura fonologica e vincoli enunciativi». In: T. De Mauro (a c. di), *Come parlano gli italiani*. Firenze: La Nuova Italia, pp. 307–364.

Mandelli, M. (2011), *La coordinazione sintattica nella costruzione del testo*. Genève: Slatkine.

Manovich, L. (2002), *The language of new media*. Cambridge (MA): MIT Press.

Marcato, G. (1978), «Achille e la tartaruga. Note su una pedagogia linguistica alternativa». In: E. Banfi (eds.), *Pedagogia del linguaggio adulto*. Milano: Angeli, pp. 222–240.

Marchese, A. (1978), *Dizionario di retorica e di stilistica*. Milano: Mondadori.

Marchi, C. (1984), *Impariamo l'italiano*. Milano: Rizzoli.

Marcoccia, M. (2003), «La communication médiatisée par ordinateur: problèmes de genres et de typologie». In: *"Les genres de l'oral" Contributions à la journée organisée par Catherine Kerbrat-Orecchioni et Véronique Traverso le 18 avril 2003*. Université Lumière Lyon 2: [on-line]. Accesso on-line full text all'URL: http:// icar.univ-lyon2.fr/Equipe1/actes/journees_genre.htm (data ultima consultazione: 2010/09/10).

Marotta, G. (2004). «Periodo». In: G. L. Beccaria (a c. di), *Dizionario di linguistica*. Torino: Einaudi, p. 584.

Marrone, G. (1999), *C'era una volta il telefonino: un'indagine socio-semiotica*. Roma: Meltemi.

Martinet, A. (1980), *Eléments de linguistique générale*. Paris: Colin.

Mathesius, V. (1991), *Sulla cosidetta articolazione attuale di frase*. In: R. Sornicola / A. Svoboda (a c. di), *Il campo di tensione. La sintassi della scuola di Praga*. Napoli: Liguori, pp. 181-194 (Ed. originale 1939).

Mayenowa, M.R. (2000), *Poetyka teoretyczna. Zagadnienia języka*. Wrocław: Zakład Narodowy im. Ossolińskich (I edizione 1974).

Maynor, N. (1994), «The Language of Electronic Mail: Written Speech». In: "Publication of the American Dialect Socicety", 78 (1), pp. 48-54.

Mazzoleni, M. (1992), «Se lo sapevo non ci venivo: L'imperfetto indicativo ipotetico nell'italiano contemporaneo». In: B. Moretti / D. Petrini / S. Bianconi (a c. di), *Linee di tendenza dell'italiano contemporaneo*. Atti del XXV Congresso Internazionale di Studi della Società di linguistica Italiana (Lugano, 19-21 settembre 1991). Roma: Bulzoni.

Mazzoleni, M. (2001), «Le frasi ipotetiche». In: Renzi / Salvi / Cardinaletti (2001), vol. II, pp. 751-784.

Mazzoleni, M. (2004), «Dai tipi ai generi: una tipologia testuale in chiave di didattica della traduzione». In: P. D'Achille, *Generi, architetture e forme testuali*, Atti del VII Convegno SILFI – Società Internazionale di Linguistica e Filologia Italiana (Roma, 1-5 ottobre 2002). Firenze: Franco Cesati Editore, 2 voll., vol. I, pp. 401-413.

McLuhan, M. (1964), *Understanding Media: The Extensions of Man*. New York: McGraw-Hill.

McNeill, L. (2003), «Teaching an Old Genre New Tricks: The Diary on the Internet». In: "Biography", vol. 26, n. 1 (winter 2003).

Mela, M. (2004), «"C6? I seek you" Comunicare in chat». In: Lingua italiana oggi, I-2004, pp. 251-317.

Miani, M. (2002), «La semplificazione amministrativa nell'era di Internet». In: "Rivista Italiana di Comunicazione Pubblica", No. 14, 2002, pp. 70-87.

Miller, C.R. (1984), «Genre as Social Action». In: "Quarterly Journal of Speech", vol. 70, pp. 151-176.

Miller, C.R. / Shepherd, D. (2004), «Blogging as social action: A genre analysis of the weblog». In: L.J. Gurak / S. Antonijevic / L. Johnson / C. Ratliff / J. Reyman (eds.), *Into the Blogosphere: Rhetoric, Community, and Culture of Weblogs*. Minneapolis: University of Minnesota.

Miller, J. / Weinert, R. (1998), *Spontaneous Spoken Language. Syntax and Discourse*. Oxford: Clarendon Press.

Mioni, A. (1983), «Italiano tendenziale: osservazioni su alcuni aspetti della standardizzazione». In: Aa.Vv., *Scritti in onore di Giovan Battista Pellegrini*. Pisa: Pacini, pp. 495-517.

Moirand, S. (2003), «Quelles catégories descriptives pour la mise au jour des genres du discours?». In: *"Les genres de l'oral" Contributions à la journée organisée par*

Catherine Kerbrat-Orecchioni et Véronique Traverso le 18 avril 2003. Université Lumière Lyon 2: [on-line]. Accesso on-line full text all'URL: http://icar.univ-lyon2.fr/Equipe1/actes/journees_genre.htm (data ultima consultazione: 2010/09/10).

Mondada, L. (1999), «Formes de séquentialité dans les courriels et les forums de discussion. Une approche conversationnelle de l'interaction sur Internet». In: "Apprentissage des langues et systèmes d'information et de communication", 2 (1), pp. 3–25.

Mortara Garavelli, B. (1988), «Italienisch: Textsorten. Tipologia dei testi». In: G. Holtus / M. Metzeltin / C. Schmitt (Hrsg.), *Lexikon der romanistischen Linguistik*, t. IV. Tübingen: M. Niemeyer Verlag; pp. 157–168.

Mortara Garavelli, B. (2004), *Manuale di retorica*. Milano: Bompiani (I edizione 1988).

Mourlhon-Dailles, F. (2007), «Communication electronique et genres du discours». In: "Glottopol. Revue de sociolinguistique en ligne", n. 10/2007. Accesso on-line full text all'URL: https://halshs.archives-ouvertes.fr/halshs-00550162 (data ultima consultazione: 2010/09/28).

Narasimhan, R. (1991), «Literacy: its characterization and implications». In: D.R. Olson / N. Torrance (eds.), *Literacy and Orality*. Cambridge: University Press, pp. 177–197.

Nelson, T.H. (1992), *Literary Machines 90.1. Il progetto Xanadu*. Padova: Franco Muzzio Editore (Ed. originale 1981).

Nencioni, G (1976), «Parlato-parlato, parlato-scritto, parlato-recitato». In: "Strumenti critici", LX, pp. 1–56.

Nencioni, G. (1987), «Costanza dell'antico nel moderno parlato». In: Aa.Vv., *Gli italiani parlati. Sondaggi sopra la lingua di oggi*. Firenze: Accademia della Crusca, pp. 7–26.

Nielsen, J. (1997), «How Users Read on the Web». In: "Alertbox", October 1. Accesso on-line full text all'URL: http://www.useit.com/alertbox/9710a.html (data ultima consultazione: 2010/06/15).

Nielsen, J. (2000), *Designing Web Usability*. Indianapolis: New Riders.

Nielsen, J. (2010), «iPad and Kindle Reading Speeds» [on line]. Accesso on-line full text all'URL: https://www.nngroup.com/articles/ipad-and-kindle-reading-speeds/ (data ultima consultazione 2014/06/07).

Nielsen, J. / Loranger, H. (2006), *Prioritizing Web Usability*. Indianapolis: New Riders.

Norrick, N.R. (1981), *Semiotic principles theory*. Amsterdam: J. Benjamins.

Nycz, R. (1984), *Sylwy współczesne. Problem konstrukcji tekstu*. Wrocław: Zakład Narodowy im. Ossolińskich, Wydawnictwo Polskiej Akademii Nauk.

Nycz, R. (1993), *Tekstowy świat. Poststrukturalizm a wiedza o literaturze*. Warszawa: Wydawnictwo IBL.

Nystrand, M. (1986), *The structure of Written Communication. Studies in the Reciprocity between Writers and Readers*. Orlando: Academic Press.

Oesterreicher, W. (1995), «L'oral dans l'écrit». In: Callebat, Louis (éd.), *Latin vulgaire, latin tardif IV*. Actes du 4e colloque international sur le latin vulgaire et tardif (Caen, 2–5 septembre 1994). Hildesheim: Olms-Weidmann.

Olagnero, M. / Saraceno, C. (1993), *Che vita è. L'uso dei materiali biografici nell'analisi sociologica*. Roma: La Nuova Italia Scientifica.

Olson, D.R. (1991a), «Literacy and objectivity». In: D.R. Olson / N. Torrance (eds.), *Literacy and Orality*. Cambridge: University Press, pp. 149–164.

Olson, D.R. (1991b), «Literacy as Metalinguistic Activity». In: D.R. Olson / N. Torrance (eds.), *Literacy and Orality*. Cambridge: University Press, pp. 251–270.

Ong, W. (1977), *Interfaces of the Word*. Ithaca: Cornell UP.

Ong, W. (1986), *Oralità e scrittura. Le tecnologie della parola*. Bologna: Il Mulino (Ed. originale 1982).

Orletti, F. (a c. di) (2004), *Scrittura e nuovi media. Dalle conversazioni in rete alla Web usability*. Roma: Carocci.

Orsucci, (2007), «Le scritture del sé». In: G. Di Fraia (a c. di), *Blog-grafie: identità narrative in rete*. Milano: Guerini studio, pp. 48–75.

Paccagnella, L. (2000), *La comunicazione al computer*. Bologna: Il Mulino.

Paccagnella, L. (2004), *Sociologia della comunicazione*. Bologna: Il Mulino.

Palermo, M. (1997), *L'espressione del pronome personale soggetto nella storia dell'italiano*. Roma: Bulzoni.

Palermo, M. (2017), *Italiano scritto 2.0. Testi e ipertesti*. Roma: Carocci.

Panosetti, D. (2004), «Netpoetica. Teoria e pratica degli ipertesti narrativi». In: "E|C Rivista on-line dell'Associazione Italiana Studi Semiotici". Accesso on-line full text all'URL: http://www.ec-aiss.it/includes/tng/pub/tNG_download4.php?KT_download1=7007303dc517c7b034685f9f6f9d6bef (data ultima consultazione: 2012/11/13).

Panunzi, A. (2011), «Frasi scisse». In: R. Simone (a c. di), *Enciclopedia dell'italiano*. Roma: Istituto della Enciclopedia Italiana G. Treccani. Accesso on-line full text all'URL: http://www.treccani.it/enciclopedia/frasi-scisse_(Enciclopedia-dell%27Italiano)/ (data ultima consultazione: 2014/02/21).

Paolillo, J.C. (2001), «Language variation on Internet Relay Chat: A social network approach». In: "Journal of sociolinguistics", vol. 5, No 2., pp. 180–213.

Parisi, D. / Castelfranchi, C. (1979), «Scritto e parlato». In: Aa.Vv., *Per una educazione linguistica razionale*. Bologna: Il Mulino.

Pasch, R. et al. (2003), *Handbuch der deutschen Konnektoren. Linguistische Grundlagen der Beschreibung und syntaktische Merkmale der deutschen Satzverknüpfer*

(*Konjunktionen, Satzadverbien und Partikeln*). Berlino-New York: Walter de Gruyter.

Penelope = Corpus PENELOPE. Accesso on-line all'URL: http://www.parlaritaliano. it/index.php/it/corpora-di-parlato/643-corpus-penelope (data ultima consultazione: 2014/1/17).

Petöfi, J. (2004), *Scrittura e interpretazione*. Roma: Carocci.

Peytard, Jean (1970), «Oral et scriptural: deux ordres de situations et de descriptions linguistiques». In: "Langue Française", 6 (1970), pp. 35–47.

Piemontese, M.E. (1996), *Capire e farsi capire. Teorie e tecniche della scrittura controllata*. Napoli: TECNODID Editrice.

Pierazzo, E. (2005), *La codifica dei testi. Un'introduzione*. Roma: Carocci.

Pistolesi, E. (1997), «Il visibile parlare di IRC (Internet Relay Chat)». In: "Quaderni del Dipartimenti di Linguistica", vol. 8. Firenze: Università di Firenze, pp. 213–246.

Pistolesi, E. (2002), «Flame e coinvolgimento in IRC (Internet Relay Chat)». In: C. Bazzanella / P. Kobau (a c. di), *Passioni, emozioni, affetti*. Milano: McGraw-Hill, pp. 261–277.

Pistolesi, E. (2003), «L'italiano nella rete». In: N. Maraschio (a c. di), *Italia linguistica anno Mille. Italia linguistica anno Duemila*. Roma: Bulzoni, pp. 431–447.

Pistolesi, E. (2004), *Il parlar spedito*. Padova: Esedra Editrice.

Pistolesi, E. (2014), «Scritture digitali». In: G. Antonelli / M. Motolese / L. Tomasin (a c. di), *Storia dell'italiano scritto*. Roma: Carocci, 3 voll., III vol., pp. 349–375.

Policarpi, G / Rombi, M. (2005). «Tendenza nella sintassi dell'italiano contemporaneo». In: T. De Mauro / I. Chiari (a c. di), *Parole e numeri*. Roma: Aracne, pp. 139–156.

Polidoro, P. (2003), «Teoria dei generi e siti Web». In: G. Cosenza (a c. di), *Semiotica dei nuovi media*, numero monografico di "Versus", 94/95/96 gennaio-dicembre 2003. Milano: Bompiani, pp. 213–229.

Prada, M. (2003), «Lingua e Web». In: I. Bonomi / A. Masini / S. Morgana (a c. di), *La lingua italiana e i mass media*. Roma: Carocci pp. 249–289.

Prada, M. (2015), *L'italiano in rete. Usi e generi della comunicazione mediata tecnicamente*. Milano: Franco Angeli.

Prada, M. (2016), «Lingua e Internet». In: I. Bonomi / S. Morgana (a c. di), *La lingua italiana e i mass media*. Roma: Carocci pp. 333–384 (I edizione 2003).

Prandi, M. (2006), *Le regole e le scelte. Introduzione alla grammatica italiana*. Torino: UTET.

Radtke, E. (2000), «Processi di de-standardizzazione nell'italiano contemporaneo». In: S. Vanvolsem / D. Vermandere / Y. D'Hulst / F. Mussara, *L'italiano oltre frontiera*. V convegno internazionale, Leuven, 22–25 aprile 1998. Leuven: University Press / Firenze: Franco Cesati Editore, 2 voll., vol. 1, pp. 109–118.

Rapallo, U. (1994), *La ricerca in linguistica.* Roma: La Nuova Italia Scientifica.

Rastier, F. (2003), *Arti e scienze del testo.* Roma: Meltemi (Ed. originale 2001).

Reboli, F. (2003), «Dieci, cento, mille blog». In: "L'espresso", 10 gennaio 2003, citato in G. Granieri (2005), *Blog generation.* Roma-Bari, Laterza, p. 72.

Renzi, L (2000), «Le tendenze dell'italiano contemporaneo. Note sul cambiamento linguistico nel breve periodo». In: "Studi di lessicografia italiana", 17, pp. 279–319.

Renzi, L. (1994), «Egli- lui- il- lo». In: T. De Mauro (a c. di), *Come parlano gli italiani.* Firenze: La Nuova Italia, pp. 247–250.

Renzi, L. (2014), *Come cambia la lingua. L'italiano in movimento.* Bologna: Il Mulino.

Renzi, L. / Salvi, G. / Cardinaletti, A. (a c. di), *Grande Grammatica Italiana di Consultazione.* Bologna: Il Mulino, 3 voll., vol. I (I edizione 1988), vol. II (I edizione 1991), vol. III (I edizione 1995).

Ricci, A. (2014), «Libri di famiglia e diari». In: G. Antonelli / M. Motolese / L. Tomasin (a c. di), *Storia dell'italiano scritto.* III. *Italiano dell'uso.* Roma: Carocci, pp. 159–194.

Richards, C. (2000), «Hypermedia, internet communication, and the challenge of redefining literacy in the electronic age». In: "Language learning & Technology", vol. 4, No. 2, pp. 59–77.

Ricoeur, P. (1998), *Język, tekst, interpretacja.* Warszawa: PIW (Ed. originale 1989).

Rodak, P. (2010), «Dziennik osobisty jako praktyka piśmienna: działanie, materialność, tekst». In: P. Artières / P. Rodak (red.), *Antropologia pisma. Od teorii do praktyki.* Warszawa: Wydawnictwo Uniwersytetu Warszawskiego.

Roggia, C.E. (2006), «Costruzioni marcate tra scritto e parlato: la frase scissa». In: A. Ferrari (a c. di), *Parole frasi testi, tra scritto e parlato* (= Cenobio LV/3), pp. 222–230.

Roggia, C.E. (2009), «A proposito del continuum sintattico-semantico delle relazioni interfrasali: il caso della scrittura degli apprendenti». In: A. Ferrari (a c. di), *Sintassi storica e sincronica dell'italiano. Subordinazione, coordinazione, giustapposizione.* Atti del X Congresso della Società Internazionale di Linguistica e Filologia Italiana (Basilea, 30 giugno-3 luglio 2008). Firenze: Franco Cesati Editore, vol. III, pp. 1537–1556.

Roggia, C.E. (2011), «Presente storico». In: R. Simone (a c. di), *Enciclopedia dell'italiano.* Roma: Istituto della Enciclopedia Italiana G. Treccani. Accesso on-line full text all'URL: http://www.treccani.it/enciclopedia/presente-storico_(Enciclopedia-dell%27Italiano)/ (data ultima consultazione: 2013/05/06).

Rogozińska, A. (2009), «Multimedialność, multimodalność, remediacja – o relacjach między tekstem a obrazem w internecie». In: Aa.Vv. "Communicare. Słowo/obraz". Warszawa: WUW, pp. 217–232.

Roncaglia (1997), «Ipertesti e argomentazione». In: P. Carbone / P. Ferri (a c. di) (1999), *Le comunità virtuali e i saperi umanistici.* Milano, 249–65. Accesso on-line full text all'URL: http://www.merzweb.com/testi/saggi/ipertesti_e_argomentazione.htm (data ultima consultazione: 2011/06/24).

Rossi, F. (1999), *Le parole dello schermo. Analisi linguistica del parlato di sei film dal 1948 al 1957.* Roma: Bulzoni.

Roulet, E. et al. (éd.) (2001), *Un modèle et un instrument d'analyse de l'organisation du discours.* Bern: Peter Lang.

Rychly, P. (2007), «Manatee/Bonito – A Modular Corpus Manager». In: P. Sojka / A. Horak (eds.), Proceedings of the First Workshop on Recent Advances in Slavonic Natural Languages Processing (RASLAN 2007). Brno: Masarykova Univerzit, pp. 65–70.

Sabatini, F. (1985), «L'italiano dell'uso medio: una realtà tra le varietà linguistiche italiane». In: G. Holtus / E. Radtke (Hrsg.), *Gesprochenes Italienisch in Geschichte und Gegenwart.* Tübingen: Narr, pp. 154–184.

Sabatini, F. (1999), «"Rigidità-esplicitezza" vs "elasticità-implicitezza": possibili parametri massimi per una tipologia dei testi». In: G. Skytte / F. Sabatini (a c. di), *Linguistica testuale comparativa. In memoriam Maria-Elisabeth Conte.* København: Museum Tusculanums Forlag.

Salvi G. / Vanelli, L. (1992), *Grammatica essenziale di riferimento della lingua italiana.* Novara: Istituto geografico De Agostini.

Salvi, G. (2001), «La frase semplice». In: Renzi / Salvi / Cardinaletti (2001), vol. I, pp. 37–127.

Salvi, G. (2013), *Le parti del discorso.* Roma: Carocci.

Sandig, B. (1972), «Zur Differenzierung gebrauchssprachlicher Textsorten im Deutsch». In: E. Gülich / W. Raible (Hrsg.), *Textsorten. Differenzierungskriterien aus linguistischer Sicht.* Frankfurt: Wilhelm Fink, pp. 113–124.

Santini, M. (2006), «Interpreting Genres on the web: Preliminary Results». In: EALC 2006 Workshop. Accesso on-line full text all'URL: http:// www.sics.se/jussi/newtext/working_notes/06_santini.pdf (data ultima consultazione: 2010/10/27).

Santini, M. (2007), «Characterizing Genres of Web Pages: Genre Hybridism and Individualization». In: Proceedings of the 40th Hawaii International Conference on System Science. CDROM Collection. Hawaii: IEEE Press. Accesso on-line full text all'URL: http://ieeexplore.ieee.org/xpl/freeabs_all.jsp?arnumber=4076514 (data ultima consultazione: 2011/02/23).

Sapir, E. (1921). *Language. An introduction to the study of speech.* New-York: Harcourt, Brace & World.

Saporita, F. (1986), *Dal «Diario di mia madre» (Acireale, 1910–1921).* Acireale: Galatea.

Saussure, F. de (2005), *Cours de linguistique générale.* Paris: éditions Payot & Rivages (I edizione 1916).

Scalise, S. / Bisetto, A. (2008), *La struttura delle parole.* Bologna: Il Mulino.

Scarano, A. (2004), «Enunciati nominali in un corpus di italiano parlato. Appunti per una grammatica corpus based», In: F. Albano Leoni *et al.* (a c. di), *Il parlato italiano*. Atti del Convegno nazionale (Napoli, 13–15 febbraio 2003). Napoli: M. D'Auria.

Scavetta, D. (1992), *Le metamorfosi della scrittura. Dal testo all'ipertesto*. Firenze: La Nuova Italia.

Schaffer, J.-M. (1989), *Qu'est-ce qu'un genre littéraire?* Paris: Seuil.

Schlieben-Lange, B. (1998), «Les hypercorrectismes de la scripturalité». In: "Cahiers de linguistique francaise", n° 20, pp. 255–273.

Schmidt, S. (1982), *Teoria del testo*. Bologna: il Mulino (Ed. orginale 1973).

Schwarze, S. (2005), «Dialogare online: le mailing-list tra comunicazione epistolare e conversazione orale». In: E. Burr (a c. di), *Tradizione e innovazione. Il parlato: teoria – corpora – linguistica dei corpora*. Firenze: Franco Cesati Editore, pp. 457–469.

Scinto, L.F.M. (1986), *Written language and Psychological Development*. Orlando (Florida): Academic Press.

Segre, C. (1985), *Avviamento all'analisi del testo letterario*. Torino: Einaudi.

Sekowska, E. (1999), «Język pisany a język mówiony». In: S. Dubisz (red.), *Nauka o języku dla polonistów*. Warszawa: Książka i Wiedza.

Serianni, L. (1986), «Il problema della norma linguistica dell'italiano». In: "Annali dell'Università per Stranieri di Perugia", VII 1986, pp. 47–69.

Serianni, L. (2006), *Grammatica italiana. Italiano comune e lingua letteraria*. Torino: UTET (I edizione 1989).

Serianni, L. (2007), *Italiani scritti*. Bologna: Il Mulino (I edizione 2003).

Serianni, L. (2010), «Lingua scritta». In: R. Simone (a c. di), *Enciclopedia dell'italiano*. Roma: Istituto della Enciclopedia Italiana G. Treccani. Accesso on-line full text all'URL: http://www.treccani.it/enciclopedia/lingua-scritta_(Enciclopedia-dell%27Italiano)/ (data ultima consultazione: 2013/03/20).

Setti, R. (2012), «La sequenza preposizione + articolo partitivo si può usare in dei casi? E in quali?». Accesso on-line full text all'URL: http://www.accademiadellacrusca. it/it/lingua-italiana/consulenza-linguistica/domande-risposte/sequenza-preposizione-articolo-partitivo-si- (data ultima consultazione: 2013/01/27).

Sgroi, S.C. (2013), *Dove va il congiuntivo? Ovvero il congiuntivo da nove punti di vista*. Torino: UTET.

Shepherd, M. / Watters, C. (1998), «The Evolution of Cybergenres». In: *Proceedings of the 31th Annual Hawaii International Conference on System Sciences*. CDROM Collection – Volume 2. Hawaii: IEEE Press.

Shepherd, M. / Watters, C. / Kennedy, A. (2004), «Cybergenre: Automatic Identification of Home Pages on the Web». In: "Journal of Web Engineering", Vol. 3, No.3 & No.4., 236–251. Accesso on-line full text all'URL: http://citeseerx.ist.psu.

edu/viewdoc/download?doi=10.1.1.84.6625&rep=rep1&type=pdf (data ultima consultazione: 2011/01/27).

Simone, R (1980), *Il trionfo del privato*. Roma-Bari: Laterza.

Simone, R. (1978), «Scrivere, leggere e capire». In: "Quaderni storici", vol. 13, No 38 (2), Alfabetismo e cultura scritta (maggio / agosto 1978), pp. 666–682.

Simone, R. (1992), *Il sogno di Saussure. Otto studi di storia delle idee linguistiche*. Roma-Bari: Laterza.

Simone, R. (1996), «Testo parlato e testo scritto». In: M. de las Nies Muñiz / F. Amella, *La costruzione del testo in italiano. Sistemi costruttivi e testi costruiti*. Firenze: Franco Cesati Editore, pp. 23–61.

Simone, R. (2000), «Testo scritto, testo parlato, testo digitato». In: "Scrittura e diritto. Rivista trimestrale di Diritto e Procedura Civile", n. 3. Milano: Giuffrè, pp. 3–30.

Simone, R. (2006), *La terza fase. Forme di sapere che stiamo perdendo*. Roma-Bari: Laterza (I edizione 2000).

Simone, R. (2009), «Espaces instables entre coordination et subordination». In: A. Ferrari (a c. di), *Sintassi storica e sinronica dell'italiano. Subordinazione, coordinazione, giustapposizione*. Atti del X Congresso della Società Internazionale di Linguistica e Filologia Italiana (Basilea, 30 giugno-3 luglio 2008). Firenze: Franco Cesati Editore, 3 voll., vol. I, pp. 119–144.

Skowronek, B. / Skowronek, K. (2007), «Szkolny "świat odwrócony". Analiza lingwistyczno-kulturowa uczniowskich taśm video (na materiale filmu z Torunia)». In: P. Nowak / R. Tokarski, *Kreowanie światów w języku mediów*. Lublin: Wydawnictwo UMCS, pp. 37–52.

Skytte, G. (1999), «"Mr. Bean in danese e in italiano" Presentazione di una ricrca di linguistica testuale comparativa». In: G. Skytte / F. Sabatini (a c. di), *Linguistica testuale comparativa*. Copenhagen: Museum Tusculanum Press, pp. 295–303.

Skytte, G. / Korzen, I. / Polito, P. /Strudsholm, E. (a c. di) (1999), *Strutturazione testuale in italiano e in danese. Risultati di una indagine comparativa*. Copenhagen: Museum Tusculanum Press, 3 voll.

Skytte, G. / Salvi, G. / Manzini, R. (2001), «Frasi subordinate all'infinito». In: Renzi / Salvi / Cardinaletti (2001), vol. II, pp. 483–569.

Slatka, D. (1985), «Grammaire du texte: synonymie et paraphrase». In: C. Fuchs (éd.), *Aspects de l'ambiguïté et de la paraphrase dans les langues naturelles*. Berne: Peter Lang, pp. 123–140.

Sobrero, A.A. (1997), «Varietà in tumulto nel repertorio italiano». In: K.J. Mattheier / E. Radtke (Hrsg.), *Standardisierung und Destandardisierung eurpäischer Nationalsprachen*. Frankfurt am Main: Peter Lang, pp. 41–59.

Sobrero, A.A. / Miglietta, A. (2009), *Introduzione alla linguistica italiana*. Roma: Laterza (I edizione 2006).

Söll, L. (1985), *Gesprochenes und geschriebenes Französisch* (Grundlagen der Romanistik, vol. 6). Berlin: Schmidt.

Sornicola, R. (1981), *Sul parlato*. Bologna: Il Mulino.

Sornicola, R. (1982), «L'italiano parlato: un'altra grammatica». In: Aa.Vv., *La lingua italiana in movimento*. Firenze: Accademia della Crusca, pp. 79–96.

Soutet, O. (2001), *Manuale di linguistica*. Bologna: il Mulino (Ed. originale 1998).

Stame, S. (1994), «Su alcuni usi di no come marcatore pragmatico». In: F. Orletti (a c. di), *Fra conversazione e discorso. L'analisi dell'interazione verbale*. Roma: Carocci, pp. 205–216.

Stark, E. (2004), «L'italiano parlato – varietà storica o variazione universale?». In: F. Albano Leoni / F. Cutugno / M. Pettorino / R. Savy (a c. di), *Il parlato italiano. Atti del Convegno nazionale di Napoli 13–15 febbraio 2003*. Napoli: M. D'Aurelia Editore, CR-ROM.

Stati, S. (1976), *Teoria e metodo nella sintassi*. Bologna: Il Mulino.

Storrer, A. (1999): «Kohärenz in Text und Hypertext». In: H. Lobin (Hrsg.), *Text im digitalen Medium. Linguistische Aspekte von Textdesign, Texttechnologie und Hypertext Engineering*. Opladen/Wiesbaden: Westdeutscher Verlag, pp. 33–66.

Storrer, A. (2001), «Schreiben, um besucht zu werden: Textgestaltung fürs World Wide Web». In: H.-J. Bucher / U. Püschel (Hrsg.), *Die Zeitung zwischen Print und Digitalisierung*. Opladen/ Wiesbaden: Westdeutscher Verlag, pp. 173–205.

Storrer, A. (2003), «Kohärenz in Hypertexten». In: "Zeitschrift für germanistische Linguistik", 31.2. Berlin / New York: Walter de Gruyter Verlag, pp. 274–292.

Swales, J.M. (1990), *Genre Analysis*. Cambridge: CUP.

Swales, J.M. (2004), *Research genres: explorations and applications*. Cambridge: Cambridge University Press.

Szczęsna, E. (2009), «Wprowadzenie do poetyki tekstu sieciowego». In: D. Ulicka (red.), *Tekst (w) sieci. T. 1, Tekst, język, gatunki*. Warszawa:Wydawnictwa Akadeickie i profesjonalne, pp. 67–75.

Szybowska, A. / Termińska, K. (2005), «Blog – zapiski z sieci. Narodziny gatunku». In: G. Szpila (red.), *Język trzeciego tysiąclecia III. Tom I: Tendencje rozwojowe współczesnej polszczyzny*. Kraków: Tertium, pp. 209–222.

Tavoni, M. (2006), «Padroneggiare i registri». In: M. Santagata / L. Carotti / A. Casadei / M. Tavoni, *Il filo rosso. Guida alla scrittura*. Roma-Bari: Laterza, pp. 108–131.

Tavosanis, M. (2011), *L'italiano del web*. Roma: Carocci.

Taylor, J.R. (2007), *Linguistic categorization*. New York: Oxford University Press (I edizione 1989).

Tereszkiewicz, A. (2010), *Genre analysis of online encyclopedias*. Kraków: Wydawnictwo Uniwersytetu Jagiellońskiego.

Tesnière, L. (1959). *Eléments de syntaxe structurale*. Paris: Editions Klincksieck.

Todorov, T. (1993), *I generi del discorso*. Firenze: La Nuova Italia (Ed. originale 1978).

Topolińska, Z. (1978), «Składnia języka mówionego jako przedmiot badania i opisu». In: T. Skubalanka (red.), *Studia nad składnią polszczyzny mówionej*. Wrocław: Wydawnitwo Uniwersytetu Wrocławskiego.

Tozzi, G. (2007), «Lingua e Web». In: A. Elia / A. Landi (a c. di), *La testualità. Testo, materia, forme*. Roma: Carocci, pp. 235–244.

Troncon, A. / Canepari, C. (1989), *La lingua italiana nel Lazio*. Roma: Jouvence.

Trumper, J. (1984), «Language variation, code switching, S. Chirico Raparo (Potenza) and the migrant question (Konstanz)». In: P. Auer / A. Di Luzio (eds.), *Interpretative sociolinguistics Migrants-Children-Migrant Children*. Tübingen: Narr, pp. 29–54.

Trumper, J. / Maddalon, M. (1982), *L'italiano regionale tra lingua e dialetto. Presupposti ed analisi*. Cosenza: Brenner.

Tylor, J.R. (2007), *Linguistic categorization*. New York: Oxford University Press (I edizione 1989).

Ulmer, G.L. (2003), *Internet Invention: From Literacy to Electracy*. New York: Longman.

Ursini, F. (2001), «Multimodalità nella scrittura? Gli SMS tra telefoni cellulari». In: E. Magno Caldognetto / P. Cosi (a c. di), *Multimodalità e multimedialità nella comunicazione*. Atti delle XI giornate di Studio del Gruppo di Fonetica sperimentale (A.I.A.). Padova: Unipress, pp. 75–80.

Ursini, F. (2005a), «La lingua dei giovani e i nuovi media: gli SMS». In: F. Fusco / M. Carla (a c. di), *Forme della comunicazione giovanile*. Roma: Il Calamo, pp. 323–336.

Ursini, F. (2005b), «Tra scritto e parlato: i 'messaggi brevi' tra telefoni cellulari». In: E. Burr (a c. di), *Tradizione e innovazione. Il parlato: teoria – corpora – linguistica dei corpora*. Firenze: Franco Cesati Editore, pp. 443–455.

Vachek, J. (1965), *Written language revisited*. Amsterdam: Benjamins.

Van Dijk, T. (1972), *Some Aspect of Text Grammars. A Study in Theoretical Linguistics and Poetics*. Hague: Mouton.

Vandendorpe, C. (1999), *Du papyrus à l'hypertexte*. Montréal: Éditions du Boréal.

Verlato, M. (1983), *Avviamento alla linguistica del testo*. Padova: CLEPS.

Violi, P. (1988), «Présence et absence. Stratégies d'énonciation dans la lettre». In: Aa.Vv., La Lettre, Approches sémiotiques. Fribourg (Suisse): Editions Universitaires de Friborg: pp. 27–35.

Violi, P. (1997), *Significato ed esperienza*. Milano: Bompiani.

Violi, P. (1998), «Electronic Dialogue between Orality and Literacy: A Semiotic Approach». In: S. Cmejrkova (eds.), *Dialogue in the Hearth of Europe*. Tübingen: Niemeyer, pp. 263–270.

Violi, P. / Coppock, P. (1999), «Conversazioni Telematiche». In: R. Galatolo / G. Pallotti (a c. di), *La conversazione*. Milano: Raffaello Cortina, pp. 319–364.

Voghera, M. (1992), *Sintassi e intonazione nell'italiano parlato*. Bologna: Il Mulino.

Voghera, M. (2001a), «Riflessioni su semplificazione, complessità e modalità di trasmissione: sintassi e semantica». In: M. Dardano / A. Pelo / A. Stefilongo (a c. di), *Scritto e parlato. Metodi, testi e contesti*. Roma: Aracne, pp. 65–78.

Voghera, M. (2001b), «Teorie linguistiche e dati di parlato». In: F.A. Leoni *et al*. (a c. di), *Dati empirici e teorie linguistiche*. Atti della SLI. Roma: Bulzoni, pp. 75–95.

Voghera, M. (2005a), «La misura delle categoria sintattiche». In: T. De Mauro / I. Chiari (a c. di), *Parole e numeri. Analisi quantitative dei fatti di lingua*. Roma: Aracne, pp. 125–138.

Voghera, M. (2005b), «Nouns and verbs in speaking and writing». In: E. Burr (a c. di), *Tradizione e innovazione. Il parlato: teoria – corpora – linguistica dei corpora*. Firenze: Franco Cesati Editore, pp. 485–498.

Voghera, M. / Turco, G. (2006), «Il peso del parlare e dello scrivere». In: M. Pettorino / A. Giannini / M. Vallone / R. Savy (a c. di), *La comunicazione parlata*. Liguori, Napoli, T. I, pp. 727–760.

Voghera, M. *et al.* (2004), «La sintassi della clausola nel dialogo». In: F.A. Leoni / F. Cutugno / M. Pettorino / R. Savy (a c. di), *Il parlato italiano*. Atti del Convegno Nazionale di Napoli. Napoli: M. D'Auria Editore, B17 (CD-rom).

Warchala, J. (2003), *Kategoria potoczności w języku*. Katowice: Wydawnictwo UŚ.

Warchala, J. (2006), «Reklama jako komunikat globalny». In: "Świat i słowo", 2, pp. 45–55.

Warschauer, M. (1999), *Electronic Literacies: Language, Culture and Power in Online Education*. Mahwah, NJ: Lawrence Erlbaum.

Wierzbicka, A. (1983), «Genry mowy». In: T. Dobrzyńska / E. Janus (red.), *Tekst i zdanie*. Wrocław: Wydawnictwo Uniwersytetu Wrocławskiego.

Wierzbicka, A. (1999), *Język – umysł – kultura*. Warszawa: Wydawnictwo Naukowe PWN.

Wikipedia = Wikipedia. Enciclopedia libera. Accesso on-line all'URL: https://www.wikipedia.org/ (data ultima consultazione: 2018/02/23).

Wilhelm, R. (2005), «Diskurstraditionen». In: "La linguistica italiana", 2005/I. Pisa-Roma: Istituti Editoriali e Poligrafici Internazionali, pp. 157–161.

Wilkoń, A. (2002), *Spójność i struktura tekstu*. Kraków: Universitas.

Witosz, B. (2003), «Schematy, wzorce tekstowe, gatunki mowy... (O kategoryzacji, kategoriach wypowiedzi językowych i ich modelowaniu)». In: "Przestrzenie teorii", 2. Poznań: Wydawnictwo Naukowe UAM, pp. 89–102.

Witosz, B. (2007), «Gatunek – sporny (?) problem współczesnej refleksji tekstologicznej». In: D. Ostaszewska / R. Cudak, *Polska genologia literacka*. Warszawa: Wydawnictwo Naukowe PWN; pp. 233–251 (I edizione 2002).

Witosz, B. (2009), «Lingwistyczne koncepcje tekstu wobec wyzwań komunikacji wirtualnej». In: D. Ulicka (red.), *Tekst (w) sieci*. Warszawa: Wydawnictwa Akademickie i Profesjonalne, pp. 15–26.

Wittgenstein, L. (1953), *Philosophical Investigations*. Oxford: Blackwell.

Wrycza-Bekier (2010), *Webwriting. Profesjonalne tworzenie tekstów dla Internetu*. Warszawa: HELION.

Wysłouch, S. (2001), *Literatura i semiotyka*. Warszawa: PWN.

Yates, J. / Orlikowski, W.J. (1992), «Genres of Organizational Communication: A Structurational Approach to Studying Communication and Media». In: "Academy of Management Review", 17/2, pp. 299–326.

Zaganelli, G. (2008), *Itinearari dell'immagine. Per una semiotica della scrittura*. Milano: Lupetti.

Zinna, A. (2004), *Le interfacce degli oggetti di scrittura*. Roma: Meltemi.

Żydek-Bednarczuk, U. (2001), «Typy, odmiany, klasy...tekstów». In: B. Witosz (red.), *Stylistyka a pragmatyka*. Katowice: Wydawnictwo UŚ, pp. 89–102.

Żydek-Bednarczuk, U. (2001), *Wprowadzenie do lingwistycznej analizy tekstu*. Kraków: Wydawnictwo Universitas.

Études de linguistique, littérature et art
Studi di Lingua, Letteratura e Arte

Dirigée par Katarzyna Wołowska et Maria Załęska

Volume 1 Teresa Muryn / Salah Mejri / Wojciech Prażuch / Inès Sfar (éds): La phraséologie entre langues et cultures. Structures, fonctionnements, discours. 2013.

Volume 2 Przemysław Dębowiak: La formation diminutive dans les langues romanes. 2014.

Volume 3 Katarzyna Wołowska: Le sens absent. Approche microstructurale et interpétative du virtuel sémantique. 2014.

Volume 4 Monika Kulesza: Le romanesque dans les *Lettres* de Madame de Sévigné. 2014.

Volume 5 Judyta Zbierska-Mościcka: Lieux de vie, lieux de sens. Le couple lieu/identité dans le roman belge contemporain. Rolin-Harpman-Feyder-Lalande-Lamarche-Deltenre. 2015.

Volume 6 Izabela Pozierak-Trybisz: Analyse sémantique des prédicats de communication. Production et interprétation des signes. Emplois de communication non verbale. 2015.

Volume 7 Maria Załęska: Retorica della linguistica. Scienza, struttura, scrittura. 2014.

Volume 8 Teresa Muryn / Salah Mejri / Wojciech Prażuch / Inès Sfar (éds.): La phraséologie entre langues et cultures. Structures, fonctionnements, discours. 2015.

Volume 9 Ewa Stala: El léxico español en el *Waaren-Lexicon in zwölf Sprachen* de Ph. A. Nemnich. 2015.

Volume 10 Paulina Mazurkiewicz: Terminologie française et polonaise relative à la famille. Analyses fondées sur les documents de la doctrine sociale de l'Église catholique. 2015.

Volume 11 Christophe Cusimano: Le Sens en mouvement. Études de sémantique interprétative. 2015.

Volume 12 Renata Jakubczuk: Téo Spychalski: Dépassement scénique du littéraire. 2015.

Volume 13 Katarzyna Gabrysiak: Analyse lexicale des verbes français exprimant la cause. À partir de l'exemple de *déterminer* et de *produire*. 2015.

Volume 14 Anna Grochowska-Reiter: Commedia all'italiana come specchio di stereotipi veicolati dal dialetto. Un approccio sociolinguistico. 2016.

Volume 15 Marta E. Cichocka: Estrategias de la novela histórica contemporánea. Pasado plural, Postmemoria, Pophistoria. 2016.

Volume 16 Anna Krzyżanowska / Katarzyna Wołowska (éds): Les émotions et les valeurs dans la communication I. Découvrir l'univers de la langue. 2016.

Volume 17 Anna Krzyżanowska / Katarzyna Wołowska (éds): Les émotions et les valeurs dans la communication II. Entrer dans l'univers du discours. 2016.

Volume 18 Edyta Kociubińska (éd.): Le jeu dans tous ses états. Études dix-neuviémistes. 2016.

Volume 19 Maria Załęska (ed.): Il discorso accademico italiano. Temi, domande, prospettive. 2016.

Volume 20 Adrianna Siennicka: Benito Mussolini retore. Un caso di persuasione politica. 2016.

Volume 21 Regina Bochenek-Franczakowa: Présences de George Sand en Pologne. 2017.

Volume 22 Andrzej Zieliński: Las fórmulas honoríficas con -ísimo en la historia del español. Contribución a la lexicalización de la deixis social. 2017.

Volume 23 Ewa Kalinowska: Lire en classe de français. Nouvelles d'expression française dans l'enseignement et l'apprentissage du FLE. 2017.

Volume 24		Paulina Malicka: Il movimento del dono nella poesia di Eugenio Montale. Rifiutare – ricevere – ricambiare. 2017.
Volume 25		Anne Isabelle François / Edyta Kociubińska / Gilbert Pham-Thanh / Pierre Zoberman (dirs.): Figures du dandysme. 2017.
Volume 26		Andrzej Zieliński / Rosa María Espinosa Elorza: La modalidad dinámica en la historia del español. 2018.
Volume 27		Wojciec Prażuch. Les langues de bois contemporaines. Entre la novlangue totalitaire et le discours détabouisé du néo-populisme. 2018.
Volume 28		Witold Wołowski (ed.): Le théâtre à (re)découvrir I. Intermédia / Intercultures. 2018.
Volume 29		Witold Wołowski (ed.): Le théâtre à (re)découvrir II. Intermédia / Intercultures. 2018.
Volume 30		Gilles Quentel: La genèse du lexique français. 2018.
Volume 31		Luca Palmarini: La lessicografia bilingue italiano-polacca e polacco-italiana dal 1856 al 1946. 2018.
Volume 32		Anna Krzyżanowska / Jolanta Rachwalska von Rejchwald (éds.): Texte, Fragmentation, Créativité I. Text, Fragmentation, Creativity I. Penser le fragment en linguistique. Studies on a fragment in linguistics. 2018.
Volume 33		Jolanta Rachwalska von Rejchwald / Anna Krzyżanowska (éds.): Texte, Fragmentation, Créativité II. Text, Fragmentation, Creativity II. Penser le fragment littéraire. Studies on a fragment in literature. 2018.
Volume 34		Tomasz Szymański : Texte, La morale des choses. Sur la théorie des correspondances dans l'œuvre de Charles Baudelaire. 2019.
Volume 35		Maciej Durkiewicz : Lingua e testualità dei diari on-line italiani. 2020.
Volume 36		Nikol Dziub / Tatiana Musinova / Augustin Voegele (éds): Traduction et interculturalité. Entre identité et altérité. 2019.
Volume 37		Krzysztof Kotuła: Voir à travers le texte, lire à travers l'image. Les mécanismes de la lecture du manuscrit médiéval. 2019.
Volume 38		Edyta Kociubińska (éd.): Le dandysme, de l'histoire au mythe. 2019.
Volume 39		Katarzyna Wołowska (éd.): Les facettes de l'interprétation multiple. 2019.

www.peterlang.com

www.ingramcontent.com/pod-product-compliance
Ingram Content Group UK Ltd.
Pitfield, Milton Keynes, MK11 3LW, UK
UKHW041924210426
5322IPUK00002B/47